Telekolleg II

Vektoren und Matrizen

Wolfgang Fraunholz

TR-Verlagsunion München

TELEKOLLEG II

wird im Medienverbund von den *Kultusministerien* der Bundesländer Baden-Württemberg, Bayern, Nordrhein-Westfalen, Rheinland-Pfalz und Saarland (in Nordrhein-Westfalen und im Saarland in Zusammenarbeit mit den Einrichtungen der Weiterbildung) sowie den *Rundfunkanstalten* Bayerischer Rundfunk, Südwestfunk (für den Sendebereich Südwest 3) und Westdeutscher Rundfunk durchgeführt.

Dieser Band enthält das Arbeitsmaterial zu den 1986 vom Südwestfunk produzierten Lehrsendungen Telekolleg II / Vektoren und Matrizen (Lektion 1-10).

2. durchgesehene Auflage 1988

Entwurf des Einbandes: Beate C. Eberle, München
Grafiken: Hartmuth Huber, München
Gesamtherstellung: Gebr. Bremberger, München
ISBN 3-8058-1718-5

Inhaltsverzeichnis

Liebe Teilnehmer am Telekolleg,

mit diesem Buch haben Sie den letzten Band zur Mathematik im Telekolleg II in der Hand. Er behandelt das Gebiet der linearen Algebra unter besonderer Herausstellung der Vektoren und Matrizen. Sie lernen einige Anwendungen von Vektoren und Matrizen in der Physik, in der Geometrie (der sogenannten analytischen Geometrie) und in der Wirtschaftswissenschaft kennen. Die insbesondere im Wirtschaftsbereich rechnerisch sehr umfangreichen Probleme können dabei nur in einer vereinfachten Form dargestellt werden, die aber die grundsätzliche mathematische Methode doch verdeutlicht. Nach der Bearbeitung der drei Bände zur Analysis mag Ihnen das Gebiet der linearen Algebra, zu dessen Haupthilfsmittel die Lösung linearer Gleichungssysteme gehört, nicht so schwierig vorkommen; trotzdem sollten Sie die einzelnen Kapitel des Buches mit Bleistift und Papier intensiv durcharbeiten. Vollziehen Sie die Berechnungen nach, indem Sie selbst schreiben und die einzelnen Rechenschritte überprüfen. Was schon zu den vorhergehenden Bänden gesagt wurde, gilt auch hier:

1. Lösen Sie selbst die in den Text eingestreuten Aufgaben, ehe Sie bei der angegebenen Nummer im Lösungsteil nachschauen.

2. Die Untergliederung der Lektionen können Sie zur Einteilung Ihrer Arbeitszeit benutzen. Allerdings wird nicht jeder Abschnitt die gleiche Arbeitszeit von Ihnen erfordern. Beschäftigen Sie sich möglichst jeden Tag etwas mit der Mathematik.

3. Die Texte im Kleindruck stellen ein Zusatzangebot dar, das Sie auch übergehen können.

4. Nach jedem Abschnitt finden Sie Übungsaufgaben. Wählen Sie bitte selbst aus. Ein Stern * steht bei Aufgaben, die mehr für eine spätere Wiederholung gedacht sind; die Aufgabennummer in eckigen Klammern · [] weist auf schwierigere und nicht zum verbindlichen Stoff gehörende Aufgaben hin. Die Wiederholungsaufgaben am Ende einer jeden Lektion können Sie zum Beispiel zur Wiederholung vor einer Prüfung verwenden.

5. Besonders für die Berechnung von Vektor- und Matrizenprodukten sowie für den Gauß-Algorithmus zur Lösung linearer Gleichungssysteme, aber auch für trigonometrische Funktionen ist ein Taschenrechner notwendig. Mit einem entsprechend programmierten Personal-Computer ließen sich viele Aufgaben natürlich noch einfacher berechnen.

6. Die wichtigsten Definitionen, Formeln und Sätze sind – evtl. in anderer Reihenfolge als im Lehrtext – auf den Seiten 233 bis 236 zusammengestellt. Auf den Seiten 237 bis 239 finden Sie das Stichwortverzeichnis.

Recht guten Erfolg für den Abschluß des Telekolleg II

Der Verfasser

1. Vektoren in der Physik I

Vor der Sendung

In der ersten Lektion zum Thema „Vektoren und Matrizen" geht es um den Begriff des Vektors, den Sie in der Physik schon kennengelernt haben. In der Physik unterscheidet man zwischen gerichteten Größen und nicht gerichteten Größen. Gerichtete Größen sind zum Beispiel Wege, Geschwindigkeiten, Kräfte, Feldstärken. Solche Größen sind Vektoren. Nicht gerichtete Größen nennt man auch skalare Größen oder Skalare. Beispiele dafür sind Massen, Wärmemengen, Zeitspannen. Vielleicht lesen Sie in Ihrem Physikbuch nochmals nach. In der Mathematik verwendet man den Begriff des Vektors und des Skalars verallgemeinert. Skalare sind zum Beispiel die reellen Zahlen, mit denen Sie bisher schon gerechnet haben.

Übersicht

1. Ein erstes Beispiel für Vektoren sind die **Verschiebungen** im Raum. Bei Verschiebungen muß man die Länge und die Richtung der Verschiebung angeben. Zur Darstellung verwendet man Pfeile. Man kann mehrere Verschiebungen nacheinander ausführen. Dies ist ein Beispiel für die Addition von Vektoren.

2. Auch die **Geschwindigkeiten** sind ein Beispiel für Vektoren. Sind zwei Geschwindigkeiten gleich gerichtet, aber von unterschiedlichem Betrag, so kann man die eine als ein Vielfaches der anderen schreiben. Sind zwei Geschwindigkeiten von gleichem Betrag, aber entgegengesetzt gerichtet, so stellt die eine den Gegenvektor der anderen dar. Die Summe eines Vektors und seines Gegenvektors ist der Nullvektor. Auch Geschwindigkeiten lassen sich zusammensetzen (addieren).

3. Allgemein werden **Vektoren addiert,** indem man die Pfeile der Vektoren aneinanderhängt. Diese Addition läßt sich für beliebig viele Vektoren ausführen. Eine Summe von Vektoren kann auch den Nullvektor ergeben. Man spricht dann von einem geschlossenen Vektorzug.

4. Die **Subtraktion von Vektoren** ist die Gegenoperation zur Addition. Ein Vektor wird subtrahiert, indem man seinen Gegenvektor addiert. Mit der Vektorsubtraktion kann man Vektorgleichungen der Art $\vec{a} + \vec{x} = \vec{b}$ lösen. In geometrischen Figuren lassen sich oft Vektoren als Summe oder Differenz einiger vorgegebener Vektoren schreiben.

5. Einen Vektor kann man mit einer Zahl, einem Skalar, multiplizieren. Man nennt diese Produktbildung **S-Multiplikation.** Das Produkt aus einer Zahl und einem Vektor ist wieder ein Vektor. Ein Produkt zweier Vektoren ist hier noch nicht erklärt. Durch einen Vektor kann man nicht dividieren.

1.1 Verschiebungen

Aus der Physik ist Ihnen der Begriff des Vektors bereits bekannt. Für die Physik gilt nämlich:

Ein Vektor ist eine Größe, die durch Betrag **und** Richtung festgelegt ist.

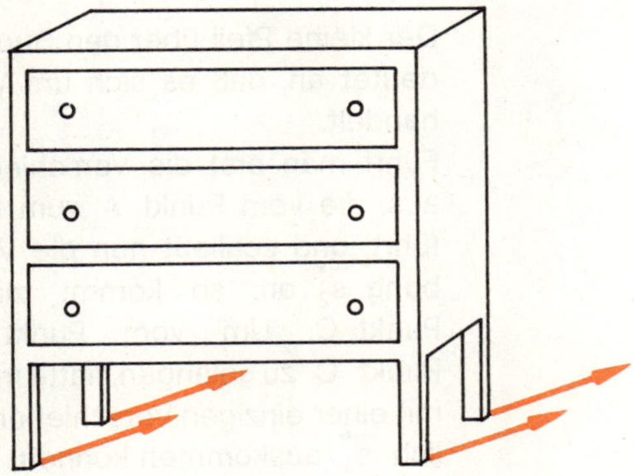

Um dies zu verdeutlichen, kann man das Beispiel der Verschiebungen im Raum heranziehen. Nehmen Sie an, die hier gezeichnete Truhe soll verschoben werden. Dann muß man zwei Angaben machen, nämlich **in welche Richtung** und **wie weit** die Truhe verschoben werden soll.
In der Zeichnung lassen sich die beiden Angaben durch einen **Pfeil** verdeutlichen, etwa den Pfeil an der rechten vorderen Ecke der Truhe.

Verschiebt man die Truhe tatsächlich, so entstehen auf dem Boden Bahnspuren. Die Bahnspuren der vier Ecken sind parallele gleich lange Strecken. Kennzeichnet man an diesen Strecken noch die Verschiebungsrichtung, so erhält man parallele gleich lange Pfeile. Die Richtung dieser Pfeile gibt die **Richtung der Verschiebung** an; ihre Länge gibt an, wie weit man verschoben hat: den **Betrag der Verschiebung**. Die Verschiebung stellt also eine Größe mit Betrag und Richtung dar:

Die Verschiebung ist ein Vektor.

An diesem Beispiel können Sie aber noch mehr erkennen: Eine Verschiebung im Raum läßt sich durch einen Pfeil kennzeichnen. Es können aber verschiedene Pfeile ein und dieselbe Verschiebung bezeichnen, wenn die Pfeile nur parallel, gleich lang und gleich gerichtet sind. Das heißt, eine ganze **Pfeilklasse** stellt einen Vektor dar.

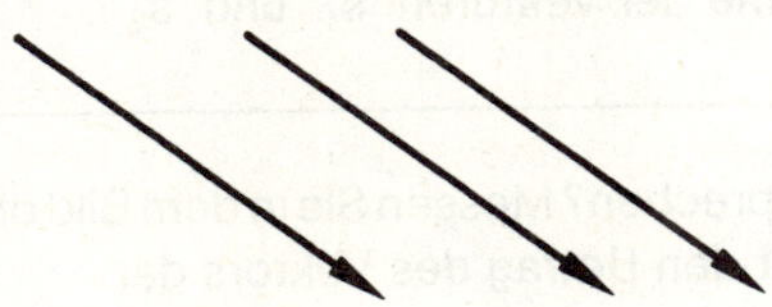

Zum Beispiel stellen die hier links gezeichneten Pfeile ein und denselben Vektor dar, weil die Pfeile alle gleich lang, parallel und gleich gerichtet sind.

Die drei Pfeile hier stellen nicht denselben Vektor dar; sie sind zwar parallel und gleich gerichtet, aber nicht gleich lang.

Um einen Vektor mit Hilfe eines Pfeils darzustellen, gibt es also viele Möglichkeiten. Dies erlaubt, jeweils den Pfeil auszuwählen, der für die Aufgabenstellung am günstigsten ist. Dies wird nachher noch wichtig werden.

Man kann mehrere Verschiebungen nacheinander ausführen. Dies haben Sie in der Fernsehsendung bei einem Gabelstapler gesehen. Hier sollen die Verschiebungen mit den Buchstaben $\vec{s_1}$, $\vec{s_2}$, $\vec{s_3}$ usw. bezeichnet werden.

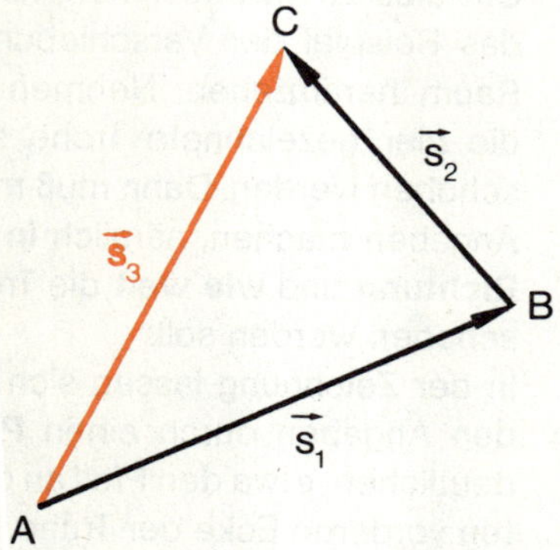

Der kleine Pfeil über den Buchstaben deutet an, daß es sich um Vektoren handelt.
Führt man erst die Verschiebung $\vec{s_1}$ aus, die vom Punkt A zum Punkt B führt, und schließt nun die Verschiebung $\vec{s_2}$ an, so kommt man zum Punkt C. Um vom Punkt A zum Punkt C zu gelangen, hätte man auch mit einer einzigen Verschiebung, nämlich $\vec{s_3}$ auskommen können.

Dieser Sachverhalt läßt sich so ausdrücken:

Die beiden nacheinander ausgeführten Verschiebungen $\vec{s_1}$ und $\vec{s_2}$ werden durch die eine Verschiebung $\vec{s_3}$ ersetzt.

oder

$\vec{s_3}$ ist das Ergebnis der Nacheinanderausführung von $\vec{s_1}$ und $\vec{s_2}$.

In der Mathematik schreibt man dafür:

$$\vec{s_1} + \vec{s_2} = \vec{s_3}$$

und sagt

Der Vektor $\vec{s_3}$ ist die Summe der Vektoren $\vec{s_1}$ und $\vec{s_2}$.

Ist es berechtigt, hier von einer Summe zu sprechen? Messen Sie in dem Bild oben die Längen der Pfeile. Die Länge eines Pfeils stellt den Betrag des Vektors dar.

Der Pfeil $\vec{s_1}$ hat die Länge ________ cm.
Der Pfeil $\vec{s_2}$ hat die Länge ________ cm.
Der Pfeil $\vec{s_3}$ hat die Länge ________ cm.

→ ①

Sie sehen: Die Summe der beiden Längen von $\vec{s_1}$ und $\vec{s_2}$ ist nicht die Länge von $\vec{s_3}$.

Das hier Summe genannte Ergebnis ist etwas anderes als die Summe von Zahlen; es ist eben die Summe von Vektoren, bei denen die Richtung noch eine Rolle spielt. Für einen Vektor war daher ja auch ein Buchstabe mit einem darübergesetzten Pfeil geschrieben worden. Will man nur den Betrag eines Vektors bezeichnen, so schreibt man die Betragsstriche zu dem Vektorzeichen dazu.

Der Betrag des Vektors $\vec{s}$ wird geschrieben als $\left|\vec{s}\right|$.

Für das obige Beispiel gilt also wie meistens bei Vektoren

$$\left|\vec{s}_1 + \vec{s}_2\right| \neq \left|\vec{s}_1\right| + \left|\vec{s}_2\right|$$

Gibt es einen Fall, in dem der Betrag der Summe zweier Vektoren der Summe der Beträge entspricht? Dazu brauchen Sie nur zwei Vektoren mit gleicher Richtung zu summieren.

Zum Beispiel: Es soll die Summe der Verschiebungen $\vec{s}_1$ und $\vec{s}_2$ gebildet werden. $\vec{s}_1$ und $\vec{s}_2$ haben dieselbe Richtung. $\vec{s}_1$ ist 3 cm lang, $\vec{s}_2$ ist 2 cm lang. Der Pfeil für die Summe der beiden Vektoren hat dann die Länge 5 cm.

In diesem Sonderfall kann man die Beträge der beiden Vektoren addieren und erhält den Betrag des Summenvektors.

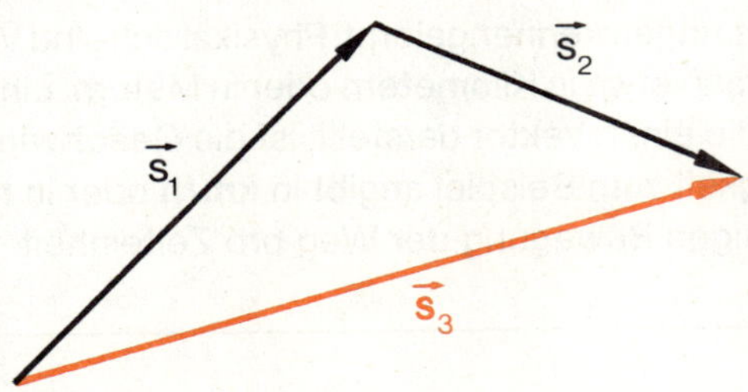

Sie sehen, wie die Summe zweier Vektoren gebildet wird: Man hängt die beiden Pfeile aneinander, den zweiten Vektor an die Spitze des ersten.
Ob die beiden Vektoren nun die gleiche Richtung haben oder nicht, immer wenn man dieses Verfahren anwendet, spricht man vom Addieren der beiden Vektoren.

Zwei Vektoren $\vec{s}_1$ und $\vec{s}_2$ werden addiert, indem der Pfeil von $\vec{s}_2$ an die Spitze von $\vec{s}_1$ gesetzt wird. Der Summenpfeil $\vec{s}_3$ weist vom Anfangspunkt von $\vec{s}_1$ zur Spitze von $\vec{s}_2$.

Aufgaben zu 1.1

1. Bestimmen Sie die Beträge der Vektoren (in cm gemessen).

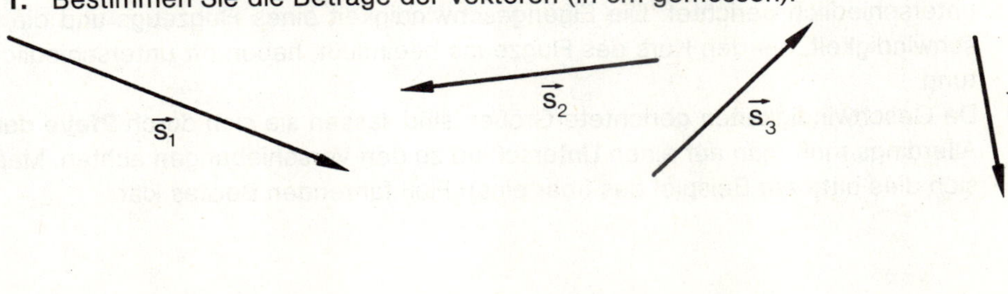

2. Zeichnen Sie Pfeile für die Verschiebungen

a) um 3,5 cm; 30° zur Waagerechten,

b) um 5 cm; 230° zur Waagerechten,

c) um 2,7 cm; −45° zur Waagerechten.

3. Zeichnen Sie jeweils den Summenvektor ein.

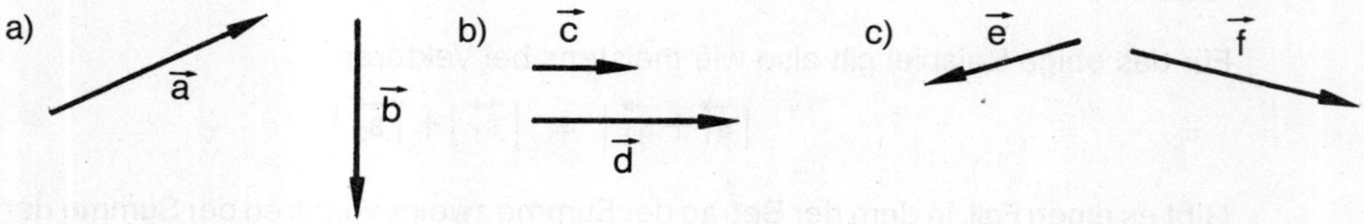

4. In welchem Fall ist der Betrag des Summenvektors gleich der Summe der Beträge?

1.2 Geschwindigkeiten

Im ersten Abschnitt haben Sie Verschiebungen kennengelernt. Physikalisch sind Verschiebungen geradlinige **Wege**. Wege mißt man etwa in Kilometern oder in Metern. Ein zweites Beispiel für eine physikalische Größe, die einen Vektor darstellt, ist die **Geschwindigkeit**. Sie wissen, daß man eine Geschwindigkeit zum Beispiel angibt in **km/h** oder in **m/s**. Die Geschwindigkeit ist bei der gleichförmigen Bewegung der Weg pro Zeiteinheit.

$$\text{Geschwindigkeit} = \frac{\text{Weg}}{\text{Zeit}} \qquad v = \frac{s}{t}$$

Daß Geschwindigkeiten gerichtete Größen sind, wissen Sie aus der Physik und auch von physikalischen Aufgaben, die Sie in der Trigonometrie gelöst haben: Wenn ein Schiff flußabwärts fährt, so haben seine Eigengeschwindigkeit und die Strömungsgeschwindigkeit des Flusses die gleiche Richtung.

Bei der Fahrt des Schiffes flußaufwärts sind diese beiden Geschwindigkeiten entgegengesetzt orientiert. Fährt ein Boot quer über einen Fluß, so sind die beiden Geschwindigkeiten unterschiedlich gerichtet. Die Eigengeschwindigkeit eines Flugzeugs und die Windgeschwindigkeit, die den Kurs des Flugzeugs beeinflußt, haben oft unterschiedliche Richtung.

Da Geschwindigkeiten gerichtete Größen sind, lassen sie sich durch **Pfeile darstellen**. Allerdings muß man auf einen Unterschied zu den Verschiebungen achten. Machen Sie sich dies bitte am Beispiel des über einen Fluß fahrenden Bootes klar:

Das Boot steuert senkrecht auf das Flußufer zu. Hätte der Fluß keine Strömung, so wäre sein **Weg** der hier eingezeichnete.

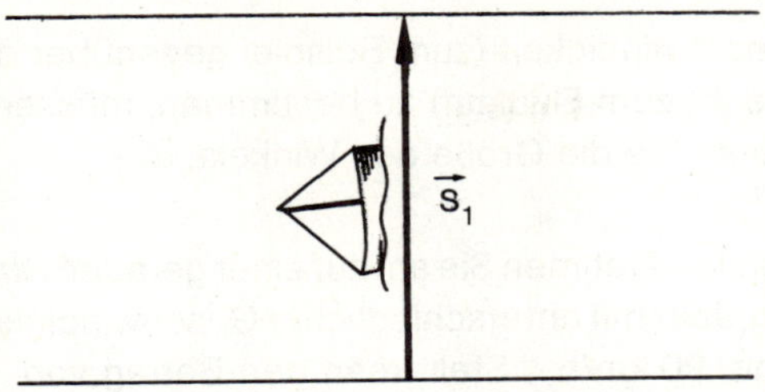

Das Wasser im Fluß legt in der gleichen Zeit den hier eingezeichneten Weg zurück.

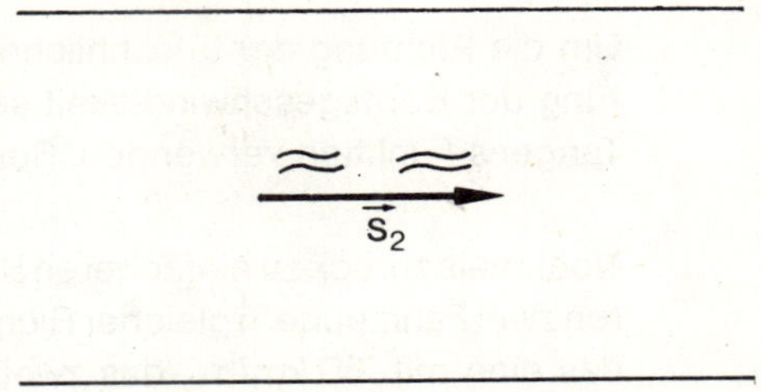

Deshalb geht der tatsächliche Weg des Bootes schräg über den Fluß.

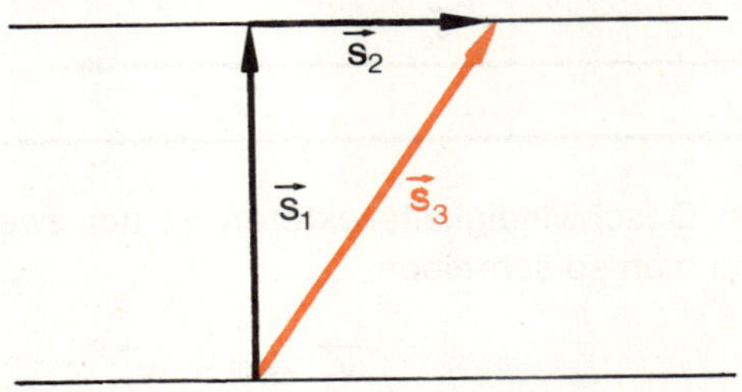

Die in den Bildern eingezeichneten Pfeile stellen die Wege dar, nicht die Geschwindigkeiten. Man spricht vom **Lageplan**. Die Länge der Pfeile gibt die Länge der Wege an. Sie müssen nur den Maßstab kennen, um die Weglänge ablesen zu können. Bitte bestimmen Sie die Weglängen unter der Annahme, daß der Maßstab der Zeichnung 1:10000 beträgt.

→ (5)

Die **Pfeile für die Geschwindigkeiten** stimmen in ihren Richtungen zwar mit den Pfeilen für die Wege überein, da Geschwindigkeit gleich Weg durch Zeit ist, ihre Länge muß aber dem Betrag der Geschwindigkeit entsprechen. Der **Geschwindigkeitsplan** ist also vom Lageplan zu unterscheiden.

Man muß ein Zuordnungsverhältnis zwischen der Pfeillänge und dem Betrag der Geschwindigkeit festlegen, zum Beispiel

1 cm ist zugeordnet 5 km/h

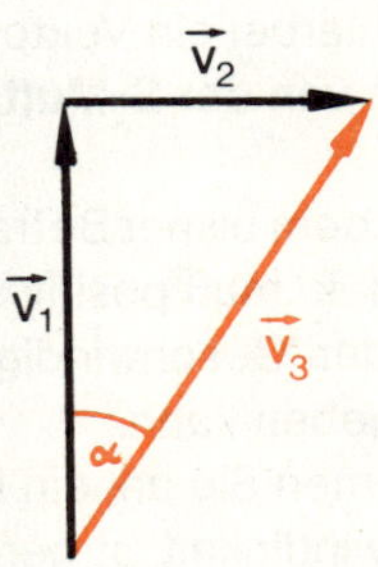

Hat das Boot eine Eigengeschwindigkeit von 15 km/h und die Strömung eine Geschwindigkeit von 10 km/h, dann sieht der Geschwindigkeitsplan so aus, wie es hier oben gezeichnet ist. Die tatsächliche Geschwindigkeit des Bootes „über Grund" erhalten Sie als **Summe der beiden Vektoren**.
Bestimmen Sie den Betrag dieser Summe, indem Sie die Länge des Pfeiles abmessen und in den Betrag der Geschwindigkeit umrechnen.

→ (2)

Da die Eigengeschwindigkeit des Bootes und die Strömungsgeschwindigkeit des Flusses senkrecht aufeinander stehen, können Sie den Betrag der tatsächlichen Geschwindigkeit auch mit Hilfe des Satzes von Pythagoras berechnen. Führen Sie dies bitte durch.

→ 6

Um die Richtung der tatsächlichen Geschwindigkeit (zum Beispiel gegenüber der Richtung der Bootsgeschwindigkeit senkrecht zum Flußlauf) zu bestimmen, müssen Sie die Tangens-Funktion verwenden. Berechnen Sie die Größe des Winkels α .

→ 9

Nochmals zurück zu einfacheren Beispielen. Nehmen Sie an, auf einer geraden Straße fahren zwei Fahrzeuge in gleicher Richtung, aber mit unterschiedlicher Geschwindigkeit, etwa das eine mit 60 km/h , das zweite mit 90 km/h . Stellt man den Betrag von 10 km/h durch 1 cm Pfeillänge dar, dann bezeichnen die folgenden Pfeile diese beiden Geschwindigkeiten:

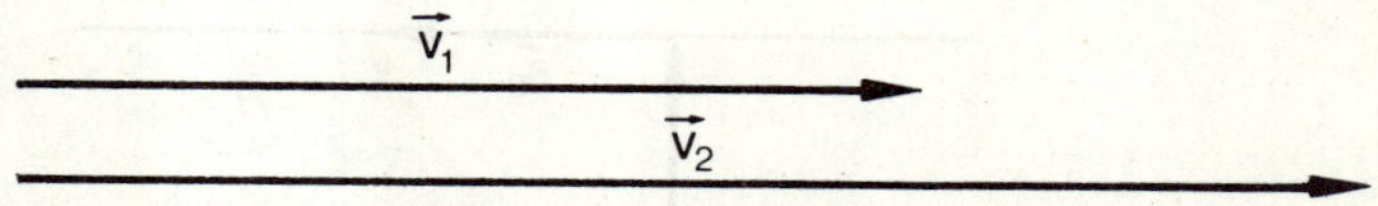

Von den beiden Geschwindigkeitsvektoren ist der zweite offenbar das 1,5-fache des ersten. Das kann man so schreiben.

$$\vec{v}_2 = 1{,}5 \cdot \vec{v}_1$$

Mathematisch gesehen handelt es sich hier um die Multiplikation eines Vektors, nämlich $\vec{v}_1$, mit einer Zahl, hier 1,5. Das Ergebnis ist der Vektor $\vec{v}_2$. Allgemein kann man erklären:

> Unter dem Produkt $k \cdot \vec{v}$ eines Vektors $\vec{v}$ mit einer positiven Zahl k versteht man den Vektor, dessen Betrag k-mal so groß ist wie der Betrag von $\vec{v}$ und der dieselbe Richtung wie $\vec{v}$ hat.

Da hierbei ein Vektor mit einer Zahl, also einer skalaren Größe, multipliziert wird, spricht man von der **S-Multiplikation** eines Vektors.

Aus dem bisher Betrachteten ergab sich eine Einschränkung für diese S-Multiplikation: die Zahl k muß positiv sein.
An den Geschwindigkeiten können Sie jedoch erkennen, daß man diese Einschränkung aufgeben kann.
Nehmen Sie an, ein Boot will auf einem reißenden Fluß aufwärts fahren. Seine Eigengeschwindigkeit ist gerade so groß wie die Strömungsgeschwindigkeit des Flusses.

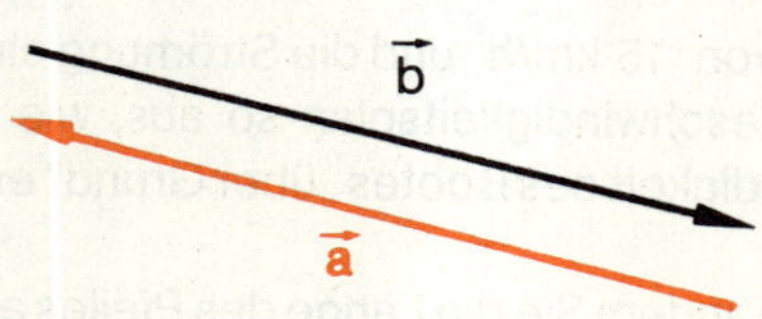

Was geschieht? Betrachten Sie den Geschwindigkeitsplan. Das Boot hat die Eigengeschwindigkeit $\vec{a}$, der Fluß die Strömungsgeschwindigkeit $\vec{b}$. Die beiden Geschwindigkeiten sind entgegengesetzt gerichtet. Das Boot kommt nicht voran.

Der Summenvektor $\vec{a} + \vec{b}$ hat den Betrag 0. Man sagt dann:
$\vec{a} + \vec{b}$ ergibt den **Nullvektor** und schreibt $\vec{a} + \vec{b} = \vec{o}$

Der Vektor $\vec{b}$ hat denselben Betrag wie $\vec{a}$ und weist in die Gegenrichtung. Deshalb sagt man: $\vec{b}$ ist der Gegenvektor von $\vec{a}$. Aus der Algebra wissen Sie, daß man zum Beispiel die negative Zahl -5 als die Gegenzahl von 5 bezeichnet. Diese Schreibweise mit dem Minuszeichen übernimmt man in die Vektoralgebra. Den Gegenvektor von $\vec{a}$ bezeichnet man mit $-\vec{a}$.

> Der Vektor $-\vec{a}$ hat denselben Betrag wie $\vec{a}$, aber die entgegengesetzte Richtung. Statt $-\vec{a}$ schreibt man auch $(-1) \cdot \vec{a}$.

Damit läßt sich auch die S-Multiplikation mit negativen Zahlen durchführen.

$(-3{,}5) \cdot \vec{a} = (-1) \cdot 3{,}5 \cdot \vec{a}$ bedeutet: Der Pfeil des Vektors $\vec{a}$ wird auf die 3,5-fache Länge gedehnt und dann in die zu $\vec{a}$ entgegengesetzte Richtung gedreht. Damit ist die S-Multiplikation verallgemeinert:

> Unter dem Produkt $k \cdot \vec{v}$ eines Vektors $\vec{v}$ mit einer Zahl k versteht man den Vektor, dessen Betrag $|k|$-mal so groß ist wie der Betrag von $\vec{v}$ und dessen Richtung
>
> – gleich der von $\vec{v}$ ist für $k > 0$,
>
> – entgegengesetzt der von $\vec{v}$ ist für $k < 0$.

Ist $k = 0$, so entsteht das Produkt $0 \cdot \vec{v}$, dies ist gleich dem Nullvektor.

Das folgende Beispiel kennen Sie bereits aus der Trigonometrie (vgl. Telekolleg II, Trigonometrie, S. 86):
Ein Flugzeug hat eine Eigengeschwindigkeit von 320 km/h. Ein Wind von der Stärke 8 m/s weht in einer Richtung, die mit der vom Flugzeug vorgehaltenen Richtung einen spitzen Winkel von 18° bildet, so daß das Flugzeug sozusagen schrägen Rükkenwind hat. Wie groß ist die tatsächliche Fluggeschwindigkeit und um welchen Winkel wird das Flugzeug vom vorgehaltenen Kurs abgetrieben?
In km/h gilt für die beiden Geschwindigkeiten

$|\vec{v_1}| = 320$ km/h $\qquad |\vec{v_2}| = 28{,}8$ km/h

Für die Zeichnung gilt 50 km/h $\hat{=}$ 1 cm.

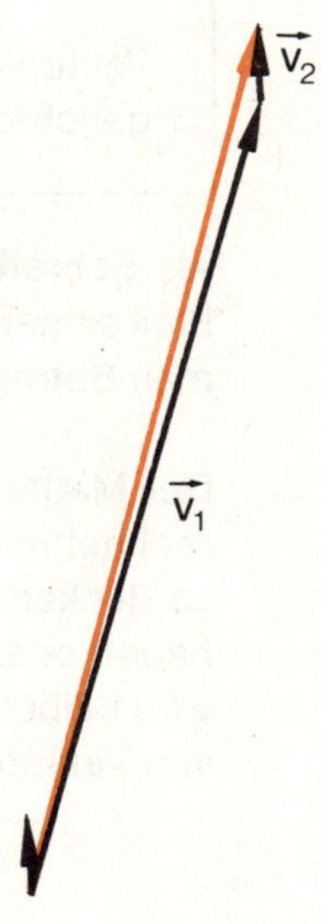

Zur Lösung muß man die Geschwindigkeitsvektoren $\vec{v}_1$ und $\vec{v}_2$ addieren, in der Zeichnung also die beiden Pfeile aneinanderhängen. In der Zeichnung kann man das Ergebnis (allerdings nicht mit besonderer Genauigkeit) ablesen. Zur genauen Berechnung muß man wie in der Trigonometrie den Kosinussatz und den Sinussatz verwenden. Bitte rechnen Sie oder überprüfen Sie die aus der Zeichnung abgelesenen Werte mit dem Ergebnis aus dem Trigonometrie-Buch. → 3

Aufgaben zu 1.2

1. Die Geschwindigkeit $\vec{v}$ sei durch den Pfeil  dargestellt.

Zeichnen Sie $2{,}3 \cdot \vec{v}$; $-1{,}4 \cdot \vec{v}$; $0{,}8 \cdot \vec{v}$.

2. Ein Boot fährt in einem Winkel von 30° zum Ufer eines 600 m breiten Flusses mit der Geschwindigkeit $|\vec{v}_1| = 12$ km/h gegen die Strömung. Das Wasser hat eine Strömungsgeschwindigkeit von $|\vec{v}_2| = 5$ km/h. Zeichnen Sie Lageplan (Maßstab 1:10000) und Geschwindigkeitsplan (3 km/h ≙ 1 cm).

3. Ein Flugzeug fliegt genau nördlichen Kurs mit einer Eigengeschwindigkeit von $|\vec{v}_1| = 150$ km/h . Welchen Kurs hat es über Grund bei SO-Wind und einer Windgeschwindigkeit von $|\vec{v}_2| = 30$ km/h ? Geschwindigkeitsplan und Berechnung der resultierenden Geschwindigkeit (1 cm ≙ 30 km/h).

1.3 Addition von Vektoren

In den Verschiebungen und den Geschwindigkeiten haben Sie Vektoren kennengelernt. Außerdem haben Sie gesehen

> Vektoren werden durch Pfeile dargestellt, die gleich lang, parallel und gleich gerichtet sind.

Als **Schreibweise für einen Vektor** wurde ein Buchstabe mit einem darübergesetzten Pfeil eingeführt: $\vec{a}$. Meint man nicht den Vektor, sondern nur seinen **Betrag**, so schreibt man Betragsstriche dazu: $|\vec{a}|$. Die Länge des Pfeiles gibt den Betrag des Vektors an.

Der Mathematiker verallgemeinert den Vektorbegriff. Er rechnet mit Vektoren, ohne jedesmal im einzelnen daran zu denken, welche physikalische Bedeutung sie gerade haben oder haben könnten. Die Darstellung durch Pfeile wird beibehalten und hilft auch zur Erklärung der Addition von Vektoren.

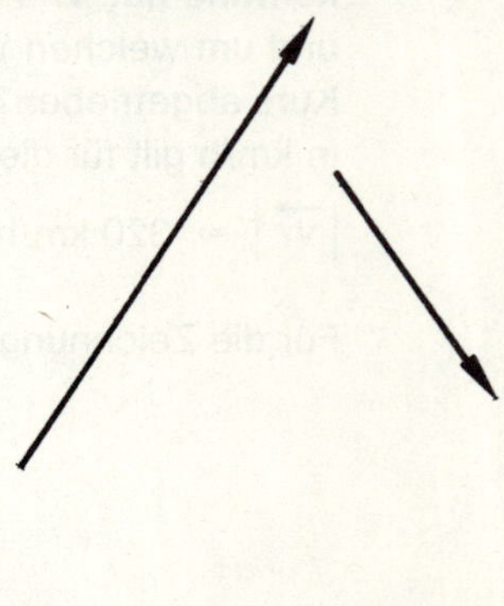

Zwei Vektoren $\vec{a}$ und $\vec{b}$ werden addiert, indem der Pfeil von $\vec{b}$ an die Spitze des Pfeiles von $\vec{a}$ angehängt wird. Der Summenpfeil $\vec{c}$ weist vom Anfangspunkt von $\vec{a}$ zur Spitze von $\vec{b}$.

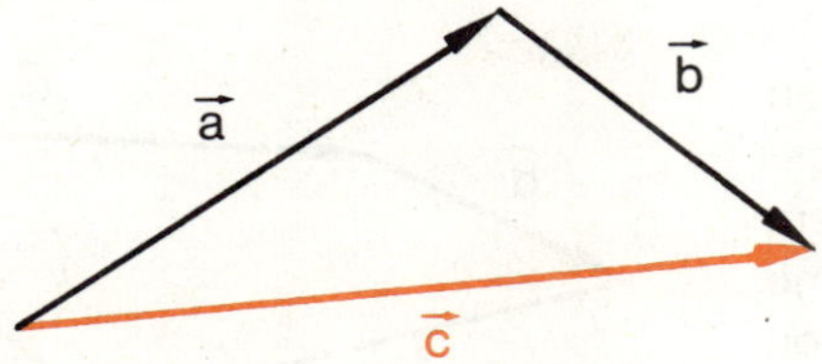

$$\vec{a} + \vec{b} = \vec{c}$$

Für die Addition von Vektoren gilt das Kommutativgesetz: $\vec{a} + \vec{b} = \vec{b} + \vec{a}$.

Hat man zum Beispiel die beiden Vektoren $\vec{e}$ und $\vec{f}$, so erhält man ihre Summe $\vec{e} + \vec{f}$ wie hier nebenstehend gezeichnet.

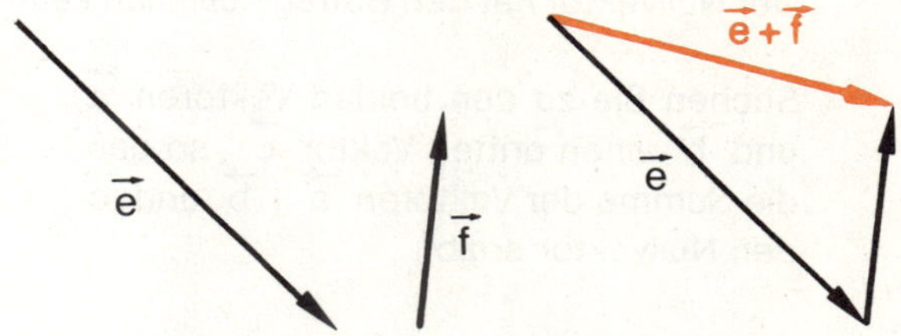

Die Definition der **Summe von Vektoren** kann man für mehr als zwei Vektoren erweitern. Ist zum Beispiel die Summe der Vektoren $\vec{a}$, $\vec{b}$ und $\vec{c}$ zu bilden, so werden zunächst $\vec{a}$ und $\vec{b}$ addiert. Zu dem Summenvektor addiert man anschließend den Vektor $\vec{c}$.

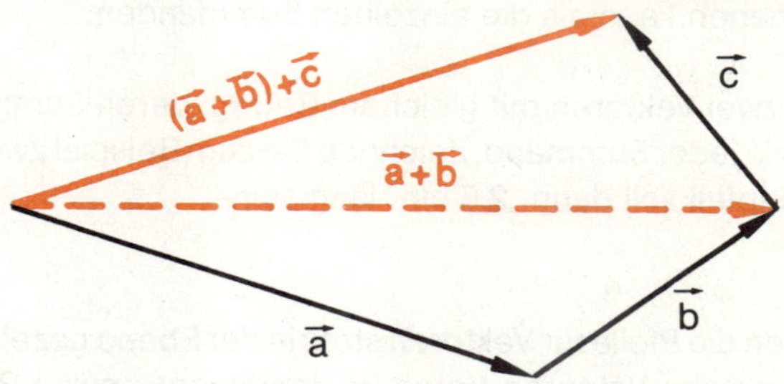

An der Zeichnung sehen Sie, daß man auch direkt so hätte vorgehen können: Man hängt alle Pfeile der Reihe nach aneinander, immer an die Spitze eines Vektors den Anfangspunkt des nächsten.

Zum Beispiel für drei Vektoren:

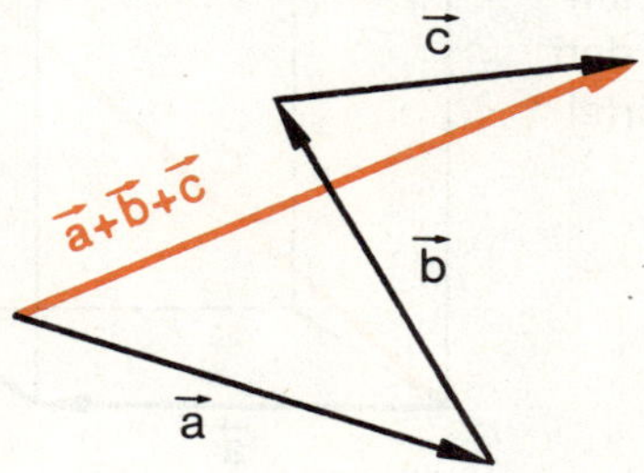

Oder für vier Vektoren:

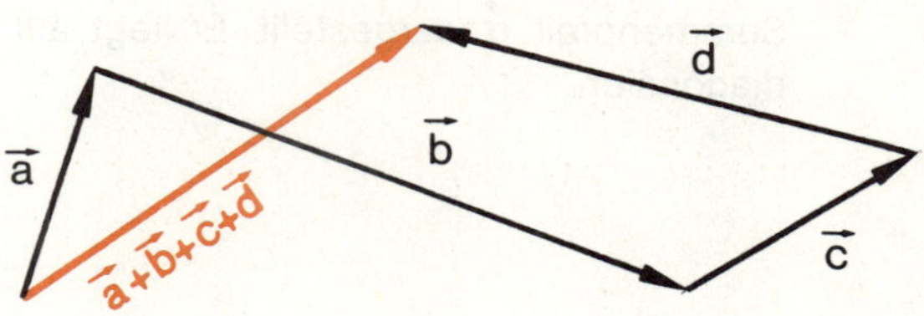

Zeichnen Sie in der Abbildung hier rechts einen Vektor $\vec{c}$ ein, so daß $\vec{a} + \vec{b} + \vec{c} = \vec{d}$ wird.

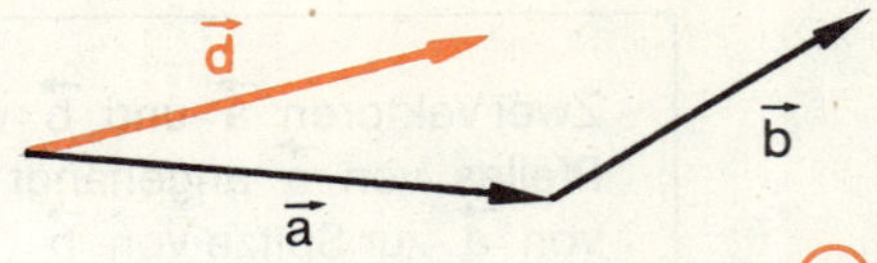

→ 10

Kommt man bei der Addition von einigen Vektoren wieder an den ersten Anfangspunkt zurück, so spricht man von einem geschlossenen Vektorzug. Die Summe von Vektoren, die einen geschlossenen Vektorzug bilden, ist der Nullvektor.

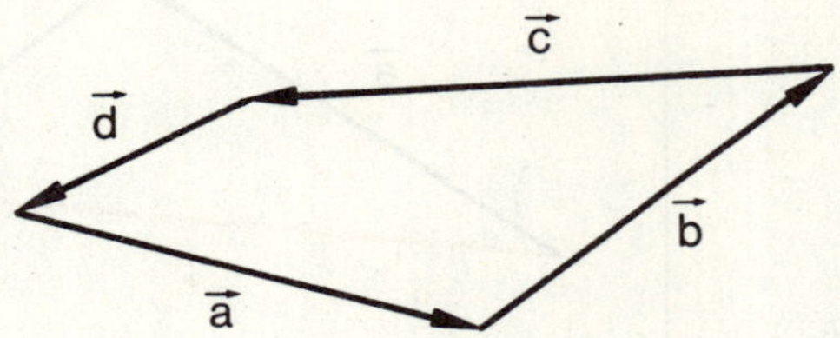

Der Nullvektor hat den Betrag null; man kann ihn daher nicht durch einen Pfeil darstellen.

Suchen Sie zu den beiden Vektoren $\vec{a}$ und $\vec{b}$ einen dritten Vektor $\vec{c}$, so daß die Summe der Vektoren $\vec{a}$, $\vec{b}$ und $\vec{c}$ den Nullvektor ergibt.

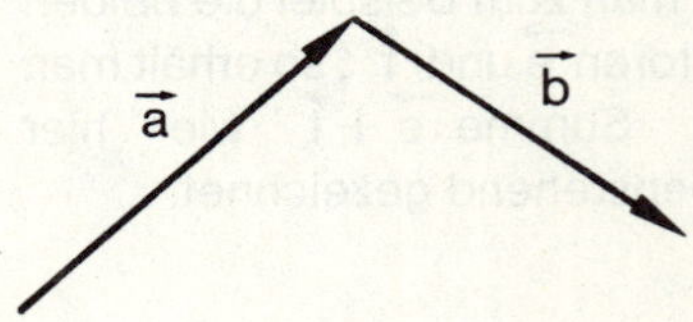

→ 8

An diesen Beispielen erkennen Sie, daß die Summe von Vektoren verschwinden kann, obwohl alle Summanden vom Nullvektor verschieden sind. Sie haben ja auch schon aus den vorhergehenden Beispielen gesehen, daß der Summenvektor durchaus einen kleineren Betrag haben kann als die einzelnen Summanden.

Suchen Sie zwei Vektoren mit gleichem Betrag, deren Summe nur einen halb so großen Betrag hat wie jeder Summand. Zeichnen Sie zum Beispiel zwei Pfeile mit der Länge 5 cm. Der Summenpfeil soll dann 2,5 cm lang sein.

→ 4

Bisher wurden die Pfeile für Vektoren stets in der Ebene gezeichnet. Das muß nicht so sein. Auch physikalische Vektoren treten im dreidimensionalen Raum auf: Zum Beispiel kann der Gabelstapler Verschiebungen im Raum ausführen. Oder: Ein Flugzeug trifft beim Steigflug auf eine Windströmung. Die entsprechenden Vektoren liegen dann im Raum, die darstellenden Pfeile müssen auch im Raum liegen.

Für Vektoren im Raum gilt für die Addition die gleiche Regel. Im nebenstehenden Würfel sehen Sie den Summenvektor der Vektoren $\vec{a}$, $\vec{b}$ und $\vec{c}$ durch den Summenpfeil $\vec{d}$ dargestellt. Er liegt auf der Würfeldiagonalen.

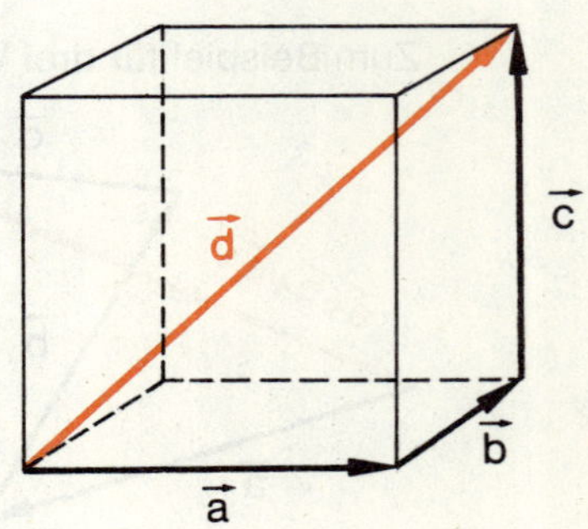

Aufgaben zu 1.3

1. Zeichnen Sie die Summe der Vektoren $\vec{x}$, $\vec{y}$ und $\vec{z}$.

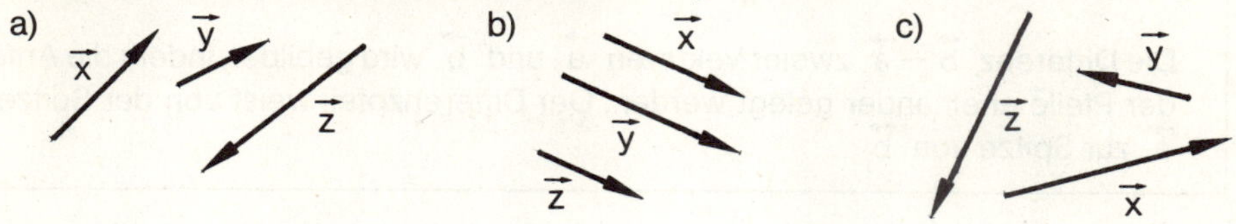

2. Gegeben ist das Vektorviereck ABCD. Die drei Vektoren $\vec{a}$, $\vec{b}$ und $\vec{c}$ sind vorgegeben. Stellen Sie die restlichen Vektoren als Summen aus diesen Vektoren dar.

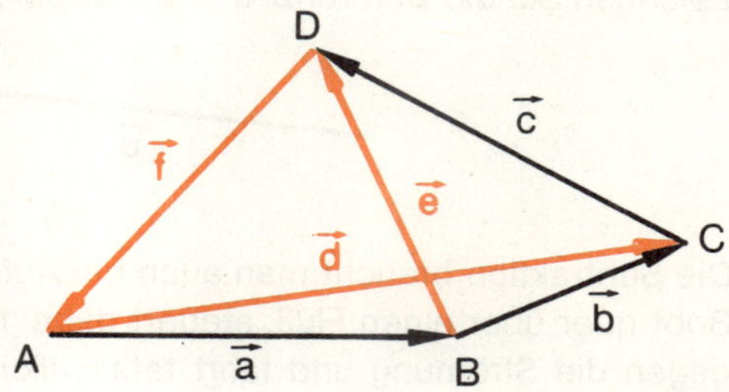

3. Geben Sie in dem Vektorviereck (vgl. Aufgabe 2) zwei Vektorsummen an, deren Ergebnis der Nullvektor ist.

4. In welchem Fall hat der Summenvektor zweier Vektoren von gleichem Betrag ebenfalls diesen Betrag?

1.4 Subtraktion von Vektoren

In Abschnitt 1.3 wurde die Addition von Vektoren durchgeführt. Kann man Vektoren auch subtrahieren? Beim Zahlenrechnen ist die Subtraktion die Umkehrung der Addition. Aus der Gleichung

$$a + x = b \quad \text{findet man} \quad x = b - a\,,$$

zum Beispiel

$$5 + x = 8 \quad \text{ergibt} \quad x = 8 - 5\,.$$

Ebenso kann man beim Rechnen mit Vektoren die Subtraktion als Umkehrung der Addition auffassen. Gilt für zwei Vektoren $\vec{a}$ und $\vec{b}$

$$\vec{a} + \vec{x} = \vec{b}\,, \text{ so ist } \vec{x} = \vec{b} - \vec{a}\,.$$

Der Vektor $\vec{x}$, den man zu $\vec{a}$ addieren muß, um den Vektor $\vec{b}$ zu erhalten, findet man in der Zeichnung als den Vektor, den man an $\vec{a}$ anhängen muß, um zur Spitze von $\vec{b}$ zu gelangen.

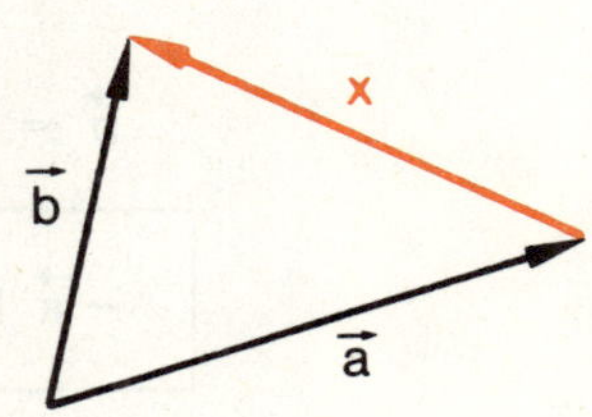

Der Pfeil für $\vec{x}$ weist also von der Spitze von $\vec{a}$ zur Spitze von $\vec{b}$. Daraus ergibt sich die Regel:

> Die Differenz $\vec{b} - \vec{a}$ zweier Vektoren $\vec{a}$ und $\vec{b}$ wird gebildet, indem die Anfänge der Pfeile aneinander gelegt werden. Der Differenzpfeil weist von der Spitze von $\vec{a}$ zur Spitze von $\vec{b}$.

Zeichnen Sie die Differenz $\vec{u} - \vec{v}$ der beiden Vektoren $\vec{u}$ und $\vec{v}$.

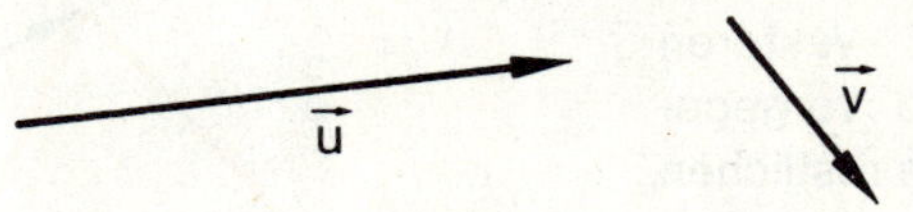

→ 11

Die Subtraktion braucht man auch bei Aufgaben aus der Physik. Fährt zum Beispiel ein Boot quer über einen Fluß, steuert dabei mit $|\vec{v_1}| = 15$ km/h unter 53,1° zum Ufer gegen die Strömung und fährt tatsächlich senkrecht zum Ufer mit $|\vec{v_2}| = 12$ km/h über Grund, so kann man daraus die Strömungsgeschwindigkeit des Flusses bestimmen.

Tragen Sie in die Zeichnung den Pfeil für die Strömungsgeschwindigkeit ein und lesen Sie den Betrag dieser Geschwindigkeit ab. (1 cm ≙ 3 km/h).

→ 7

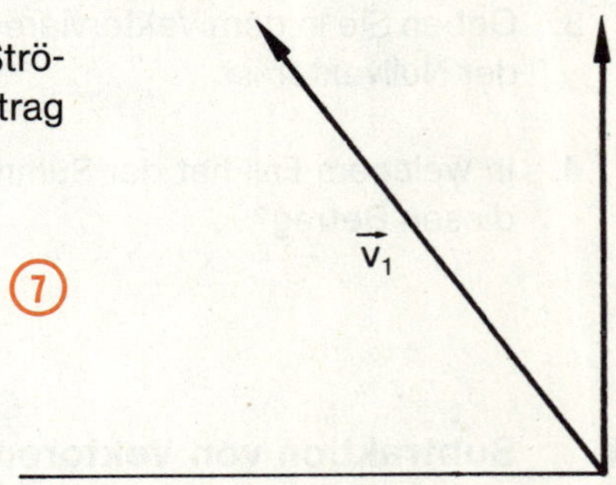

Bei der Addition von Vektoren haben Sie gesehen, daß es Summen von Vektoren gibt, die gleich dem Nullvektor sind. Was läßt sich über die Vektoren $\vec{a}$ und $\vec{b}$ sagen, wenn

$$\vec{a} + \vec{b} = \vec{o}$$ gilt?

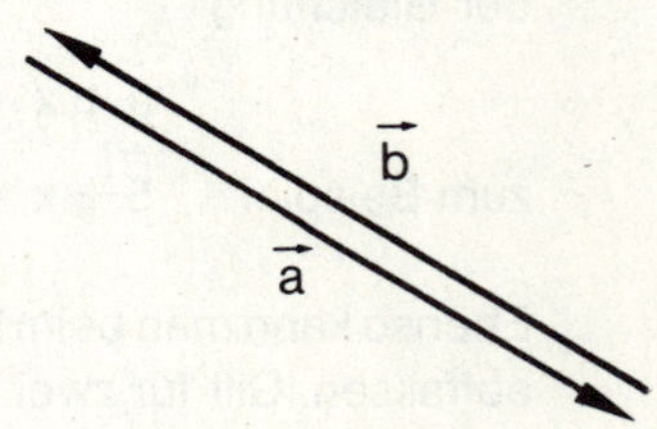

Aus der Zeichnung erkennt man, daß der Vektor $\vec{b}$ in diesem Fall den gleichen Betrag wie $\vec{a}$ haben und entgegengesetzt gerichtet sein muß.
Schreibt man die Gleichung $\vec{a} + \vec{b} = \vec{o}$ formal um, so erhält man

$$\vec{b} = \vec{o} - \vec{a} \qquad \text{oder kürzer} \qquad \vec{b} = -\vec{a}$$

> $-\vec{a}$ heißt der Gegenvektor von $\vec{a}$.

Jeder Vektor besitzt einen Gegenvektor, denn es läßt sich immer ein Vektor angeben, der den gleichen Betrag und die entgegengesetzte Richtung hat.

Für jeden Vektor $\vec{a}$ gilt $\vec{a} + (-\vec{a}) = (-\vec{a}) + \vec{a} = \vec{o}$.

Mit Hilfe des Gegenvektors kann man die Regel für die Subtraktion etwas anders schreiben. Die Gleichung

$$\vec{a} + \vec{x} = \vec{b}$$

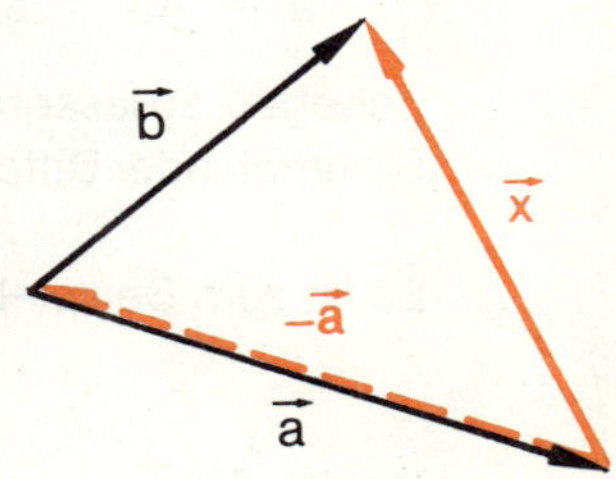

lösen, heißt ja: Welchen Vektor muß man zu $\vec{a}$ addieren, um $\vec{b}$ zu erhalten? Das kann man so erreichen: Man addiert zuerst den Gegenvektor von $\vec{a}$, also $(-\vec{a})$, dann addiert man $\vec{b}$, erhält also insgesamt $\vec{a} + (-\vec{a}) + \vec{b} = \vec{b}$, was sicher richtig ist, da $\vec{a} + (-\vec{a})$ den Nullvektor ergibt. Es gilt daher

einerseits $\vec{x} = \vec{b} - \vec{a}$, andererseits $\vec{x} = \vec{b} + (-\vec{a})$.

Die Regel für die Subtraktion lautet deshalb

Die Differenz $\vec{b} - \vec{a}$ der beiden Vektoren $\vec{b}$ und $\vec{a}$ erhält man, indem man zu $\vec{b}$ den Gegenvektor von $\vec{a}$ addiert.

Machen Sie sich diesen Sachverhalt an den folgenden Zeichnungen klar.

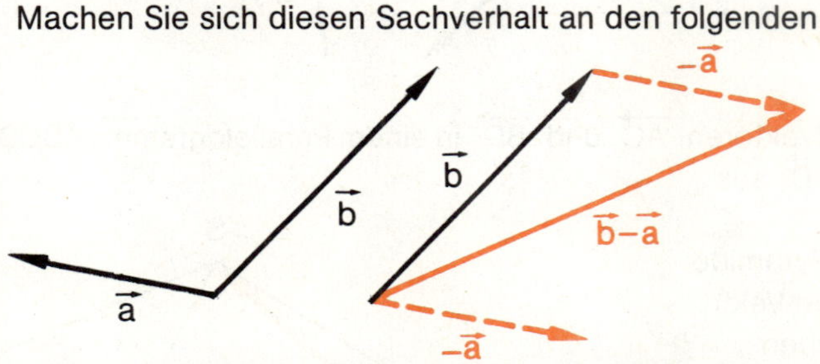

In Vektorvielecken lassen sich die Vektoren oft als Summen oder Differenzen vorgegebener Vektoren ausdrücken. In dem hier gezeichneten Beispiel gilt: Man erhält $\vec{e}$, indem man an $\vec{b}$ den Gegenvektor von $\vec{a}$ anhängt, also $\vec{e} = \vec{b} - \vec{a}$. Man erhält $\vec{f}$, indem man an den Gegenvektor von $\vec{b}$ den Vektor $\vec{c}$ anhängt: $\vec{f} = -\vec{b} + \vec{c}$. Man erhält $\vec{d}$, indem man den Gegenvektor von $\vec{c}$, den Vektor $\vec{b}$ und den Gegenvektor von $\vec{a}$ addiert: $\vec{d} = -\vec{c} + \vec{b} + (-\vec{a}) = \vec{b} - \vec{a} - \vec{c}$.

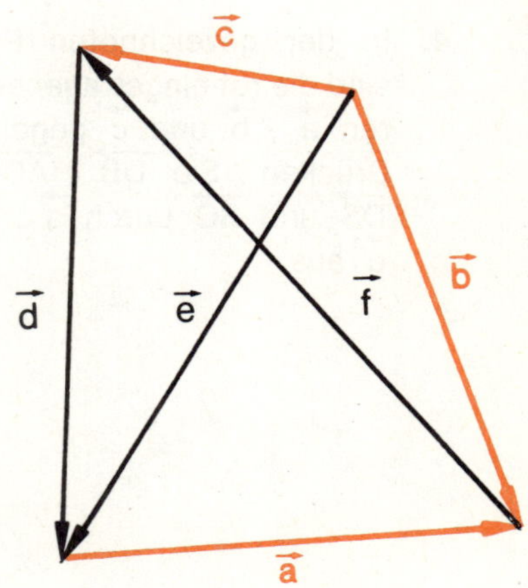

Da jeder Vektor mit Ausnahme des Nullvektors eine Richtung hat, besitzt der Pfeil, der den Vektor darstellt, einen Anfangspunkt und einen Endpunkt. Ein Vektor läßt sich daher auch durch Angabe des Anfangs- und des Endpunktes angeben. Bei Figuren in der Ebene oder im Raum ist diese Angabe häufig übersichtlicher. Betrachten Sie den gezeichneten Quader mit seinen Eckpunkten. Sind die Vektoren

$\vec{a} = \overrightarrow{AB} \quad \vec{b} = \overrightarrow{AD} \quad \vec{c} = \overrightarrow{AE}$

gegeben, so lassen sich andere Vektoren als Summen oder Differenzen dieser schreiben.

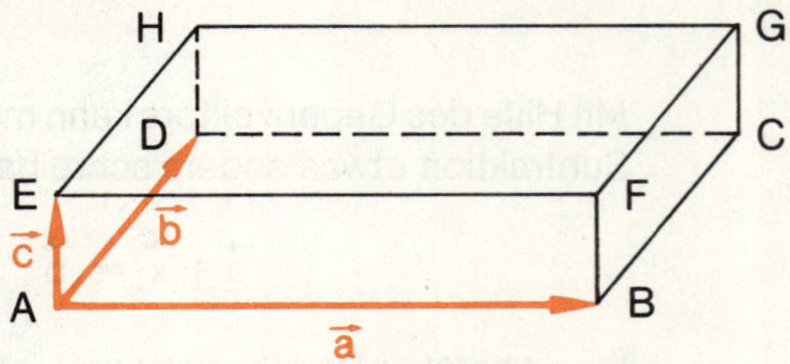

Es ist zum Beispiel $\overrightarrow{AC} = \vec{a} + \vec{b} \qquad \overrightarrow{ED} = \vec{b} - \vec{c} \qquad \overrightarrow{BG} = \vec{b} + \vec{c}$

Geben Sie an $\overrightarrow{BE} =$ ______ $\overrightarrow{FA} =$ ______ $\overrightarrow{AG} =$ ______

→ (12)

Aufgaben zu 1.4

1. Zeichnen Sie die Vektoren
$\vec{a} - \vec{b} + \vec{c}$, $\vec{a} - \vec{b} - \vec{c}$,
$-\vec{a} + \vec{b} - \vec{c}$

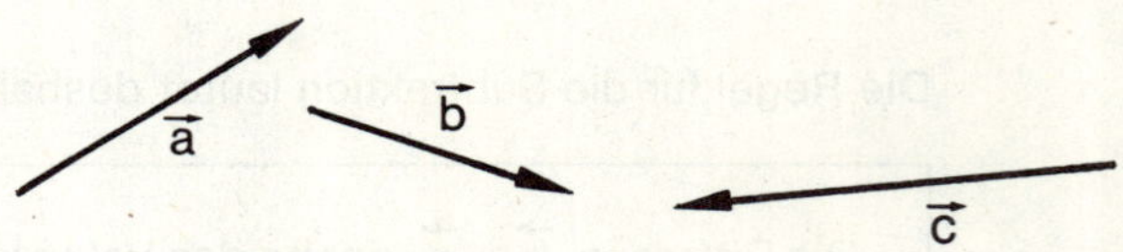

2. Lösen Sie für die Vektoren $\vec{a}$ und $\vec{b}$ die Gleichung $\vec{a} + \vec{x} = \vec{b}$ zeichnerisch.

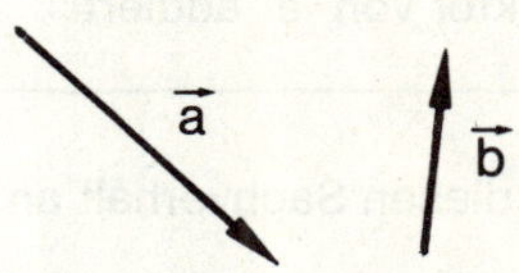

3. Drücken Sie die Diagonalvektoren $\overrightarrow{AC}$ und $\overrightarrow{BD}$ in einem Parallelogramm ABCD durch die Vektoren $\overrightarrow{AB}$ und $\overrightarrow{AD}$ aus.

4. In der gezeichneten Pyramide sind die rot eingetragenen Vektoren $\vec{a}$, $\vec{b}$ und $\vec{c}$ gegeben. Drücken Sie $\overrightarrow{DB}$, $\overrightarrow{AC}$, $\overrightarrow{SB}$, $\overrightarrow{DS}$ und $\overrightarrow{SC}$ durch $\vec{a}$, $\vec{b}$ und $\vec{c}$ aus.

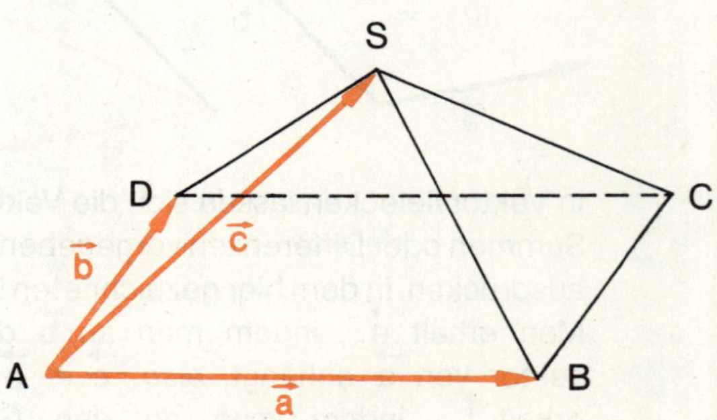

1.5 S-Multiplikation von Vektoren

Einen Vektor kann man mit einer Zahl multiplizieren. Da man eine Zahl als nicht gerichtete Größe, also als **skalare Größe** auffassen kann, spricht man von der Multiplikation eines Vektors mit einem Skalar und nennt sie **S-Multiplikation**.

> Ist k eine reelle Zahl ($k \neq 0$) und $\vec{a}$ ein Vektor, so versteht man unter dem Produkt $k \cdot \vec{a}$ den Vektor, dessen Betrag $|k|$-mal so groß ist wie der von $\vec{a}$ und dessen Richtung
>
> – gleich der von $\vec{a}$ ist, wenn $k > 0$,
>
> – entgegengesetzt der von $\vec{a}$ ist, wenn $k < 0$.
>
> Ist $k = 0$, so ist $k \cdot \vec{a}$ der Nullvektor.

Diese Definition enthält die Aussage, daß $(-1) \cdot \vec{a}$ der Gegenvektor von $\vec{a}$ ist, denn $(-1) \cdot \vec{a}$ hat einen 1-mal so großen Betrag wie $\vec{a}$, also denselben Betrag, und die entgegengesetzte Richtung von $\vec{a}$. Es gilt also

$$(-1) \cdot \vec{a} = -\vec{a}$$

Mit Hilfe der S-Multiplikation lassen sich Aufgaben wie die folgende lösen:

In einem Dreieck ABC sind D, E und F die Mittelpunkte der Seiten. Gegeben sind die Vektoren $\vec{a} = \overrightarrow{AB}$ und $\vec{b} = \overrightarrow{AC}$. Drücken Sie die Vektoren $\overrightarrow{AD}$, $\overrightarrow{CD}$, $\overrightarrow{AE}$ und $\overrightarrow{DE}$ durch $\vec{a}$ und $\vec{b}$ aus. Es ist nämlich

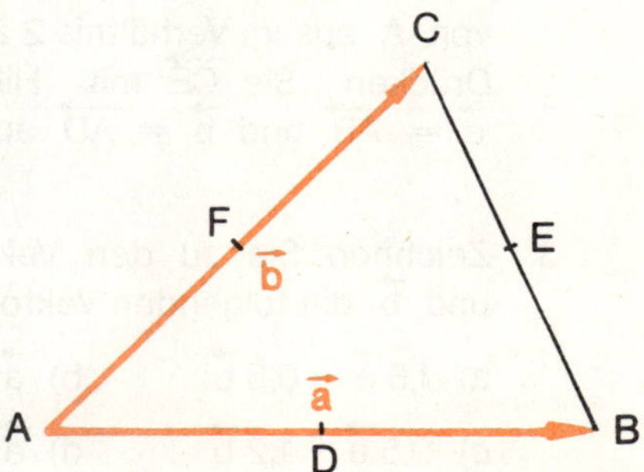

$\overrightarrow{AD} = 0{,}5 \cdot \vec{a}$

$\overrightarrow{CD} = \underline{0{,}5\vec{a} - \vec{b}}$ (bitte lösen Sie!)

$\overrightarrow{AE} = \vec{a} + 0{,}5 \cdot (\vec{b} - \vec{a}) = 0{,}5 \cdot \vec{a} + 0{,}5 \cdot \vec{b}$

$\overrightarrow{DE} = -0{,}5\vec{a} + \vec{b} - 0{,}5(\vec{b} - \vec{a}) = 0{,}5 \cdot \vec{b}$

→ 13

Diese Aufgaben, bei denen man Vektoren durch andere (vorgegebene) ausdrücken soll, löst man am einfachsten, wenn man vom Anfangspunkt des gesuchten Vektors bis zu seinem Endpunkt einen Weg auf bekannten Vektoren sucht. Für das letzte Beispiel war dies so:

Der Vektor $\overrightarrow{DE}$ hat in D seinen Anfangspunkt und in E seinen Endpunkt. Von D nach A führt der Vektor $-0{,}5\vec{a}$, von A nach C führt der Vektor $\vec{b}$, von C nach E führt der Vektor $-0{,}5(\vec{b} - \vec{a})$, da $\overrightarrow{BC} = \vec{b} - \vec{a}$ ist.

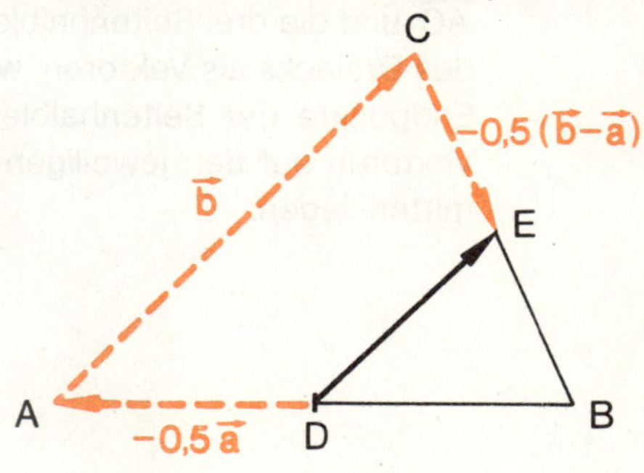

Sie können also auf den Pfeilen in der Zeichnung wie auf Wegen gehen, die Sie in der vorgegebenen oder der entgegengesetzten Richtung durchlaufen. (Auf solchen „Umwegen" kommen Sie schließlich ans Ziel.)

Bitte beachten Sie: Mit der S-Multiplikation ist nur ein **Produkt zwischen einem Vektor und einer reellen Zahl** definiert. Ein Produkt zweier Vektoren ist bisher noch nicht festgelegt worden.
Eine Division eines Vektors durch eine von null verschiedene reelle Zahl ist nichts anderes als eine S-Multiplikation, da man zum Beispiel statt durch 2 zu dividieren mit 0,5 multiplizieren kann. Die Division durch die reelle Zahl k $(k \neq 0)$ kann man stets durch die Multiplikation mit $\frac{1}{k}$ ersetzen.
Eine Division durch einen Vektor ist nicht möglich.

Aufgaben zu 1.5

1. Zeichnen Sie zu den Vektoren $\vec{a}$, $\vec{b}$ und $\vec{c}$ jeweils das 1,5-fache.

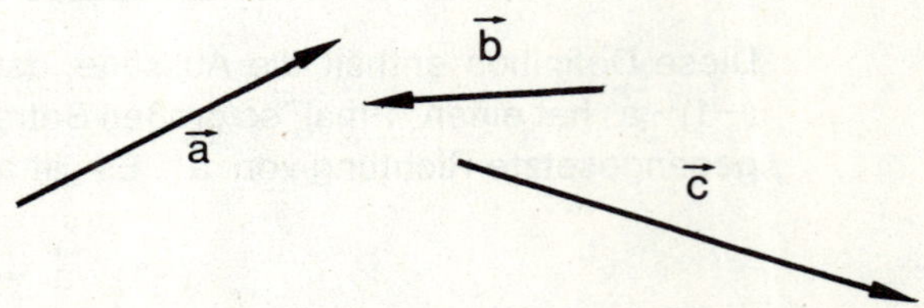

2. In einem Parallelogramm ABCD sei E der Punkt, der die Strecke $\overline{AB}$ von A aus im Verhältnis 2 zu 1 teilt. Drücken Sie $\overrightarrow{CE}$ mit Hilfe von $\vec{a} = \overrightarrow{AB}$ und $\vec{b} = \overrightarrow{AD}$ aus.

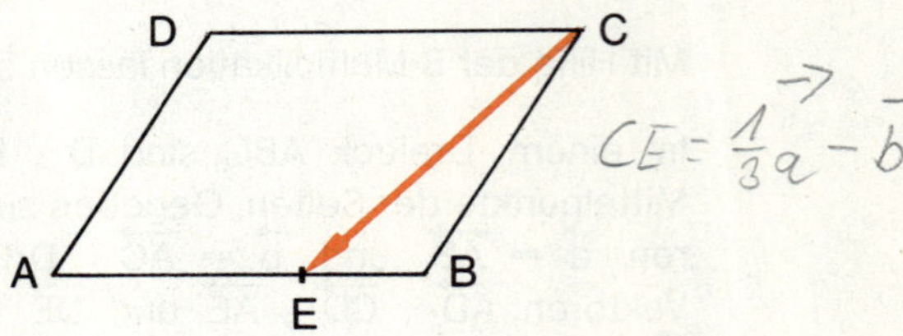

3. Zeichnen Sie zu den Vektoren $\vec{a}$ und $\vec{b}$ die folgenden Vektoren:

a) $1{,}5\,\vec{a} - 0{,}5\,\vec{b}$ b) $\vec{a} + 2\,\vec{b}$

c) $0{,}5\,\vec{a} + 1{,}2\,\vec{b}$ d) $\vec{a} - 3\vec{b}$

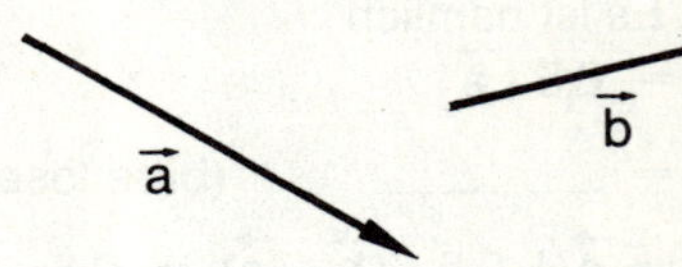

4. Ein Dreieck ABC ist durch die beiden Vektoren $\vec{c} = \overrightarrow{AB}$ und $\vec{a} = \overrightarrow{BC}$ gegeben. Bestimmen Sie $\overrightarrow{AC}$ und die drei Seitenhalbierenden des Dreiecks als Vektoren, wenn die Endpunkte der Seitenhalbierenden-Vektoren auf den jeweiligen Seitenmitten liegen.

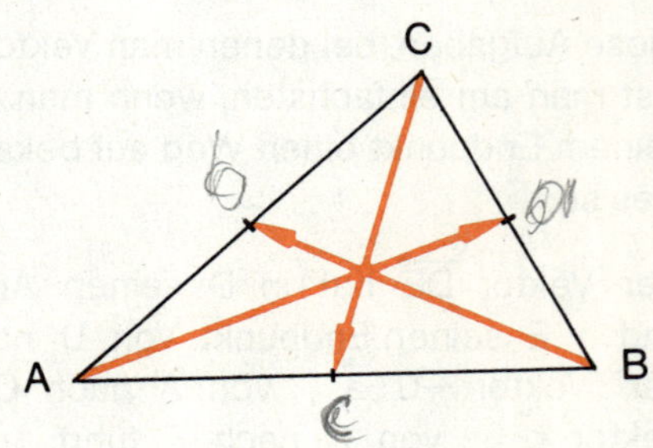

Wiederholungsaufgaben

1. Zeichnen Sie die Vektoren

a) $\vec{a} + \vec{b} + \vec{c}$ b) $\vec{a} + \vec{c} + \vec{d}$

c) $\vec{c} + \vec{b} + \vec{d}$

Konstruieren Sie die Vektoren

d) $\vec{a} - \vec{b}$ e) $\vec{a} - \vec{b} + \vec{c}$

f) $\vec{b} + \vec{c} - \vec{d}$

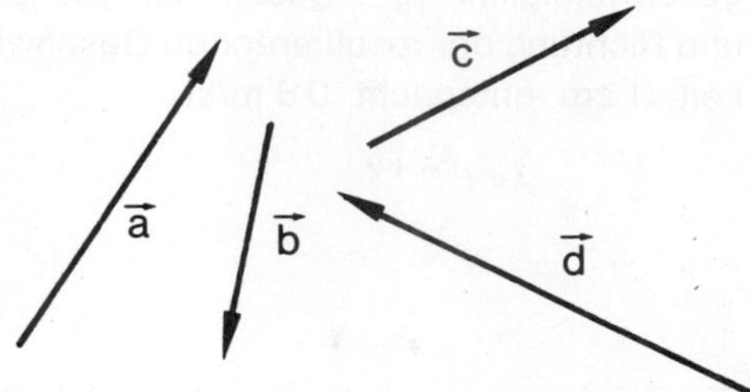

2. Welche Vektorgleichung aus den Vektoren $\vec{a}$, $\vec{b}$ und $\vec{c}$ muß gelten, wenn diese drei Vektoren ein Dreieck bilden sollen?

3. In welchem Fall gilt $\vec{a}+\vec{b}+\vec{c} = \vec{o}$, ohne daß die Vektoren $\vec{a}$, $\vec{b}$ und $\vec{c}$ ein Dreieck bilden?

4. M sei der Mittelpunkt eines Quadrates ABCD, weiterhin sei $\vec{a} = \overrightarrow{AB}$, $\vec{b} = \overrightarrow{AD}$. Drücken Sie die Vektoren $\overrightarrow{BM}$ und $\overrightarrow{MC}$ mit Hilfe von $\vec{a}$ und $\vec{b}$ aus.

5. Ein Mann geht auf einer Rolltreppe nach oben. Die Geschwindigkeit des Mannes wird durch $\vec{v}_M$, die der Rolltreppe durch $\vec{v}_R$ angegeben. Wie groß ist die tatsächliche Fortbewegungsgeschwindigkeit? (1 cm entspricht 25 cm/s)

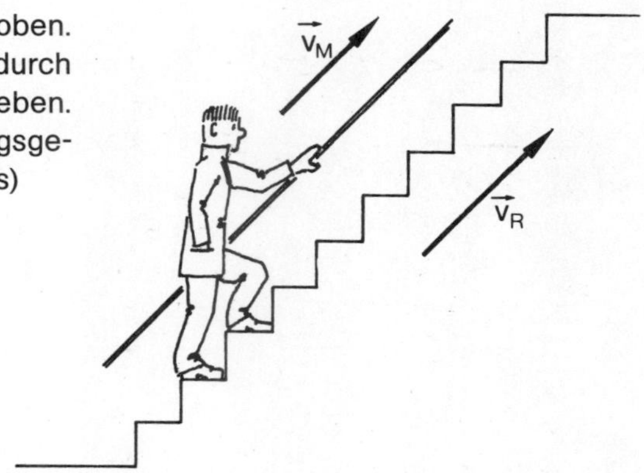

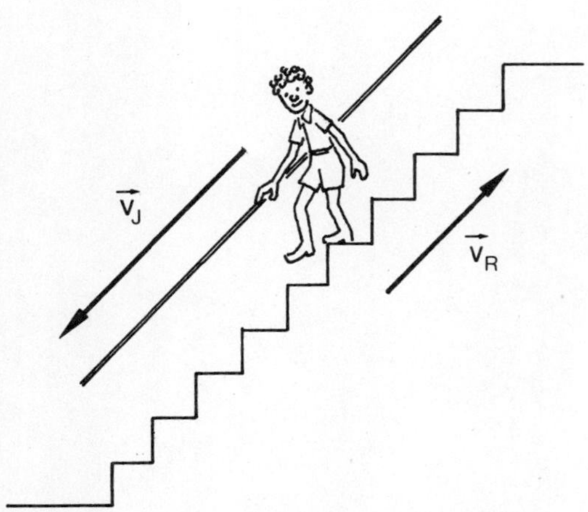

6. Ein Junge versucht, die Rolltreppe entgegen der Bewegungsrichtung hinunterzulaufen. Die Geschwindigkeit des Jungen ist durch $\vec{v}_J$, die der Rolltreppe durch $\vec{v}_R$ angegeben. Wie groß ist die tatsächliche Bewegungsgeschwindigkeit des Jungen? Wie lange braucht der Junge, um bis nach unten zu kommen, wenn die Treppe 15 m lang ist? (1 cm entspricht 25 cm/s)

7. Ein Boot fährt mit der Eigengeschwindigkeit $\vec{v}_B$ über einen Fluß mit der Strömungsgeschwindigkeit $\vec{v}_S$. Bestimmen Sie Betrag und Richtung der resultierenden Geschwindigkeit. (1 cm entspricht 0,8 m/s)

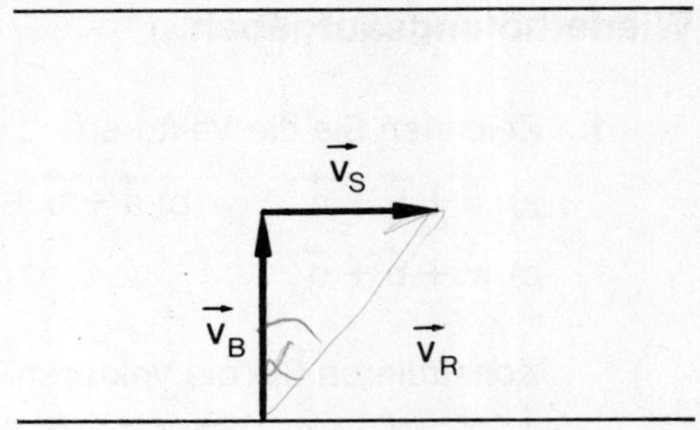

8. Die Zeichnung zeigt die Geschwindigkeitsvektoren $\vec{v}_A$, $\vec{v}_B$, $\vec{v}_C$ und $\vec{v}_D$ für verschiedene Boote, die vom Punkt S aus mit gleichem Geschwindigkeitsbetrag starten. $\vec{v}_S$ ist die Strömungsgeschwindigkeit.
Bestimmen Sie die Anlegepunkte der verschiedenen Boote am gegenüberliegenden Ufer. Welches Boot erreicht das gegenüberliegende Ufer auf dem kürzesten Wege?

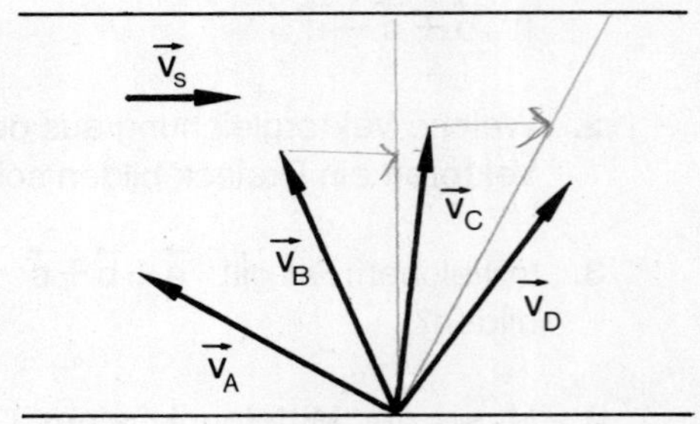

$\vec{V}_B = 1{,}8\,cm \;\hat{=}\; 1{,}44\,\frac{m}{s}$

$\vec{V}_S = 1{,}5\,cm \;\hat{=}\; 1{,}2\,\frac{m}{s}$

$V_R = \sqrt{V_B^2 + V_S^2} = 1{,}87\,\frac{m}{s}$

$\tan\alpha = \frac{|V_S|}{|V_B|} = 0{,}83 \Rightarrow \alpha = 39{,}8°$

2. Vektoren in der Physik II

2

Vor der Sendung

In der ersten Lektion haben Sie anhand von Wegen und Geschwindigkeiten Vektoren kennengelernt und addiert. Diese zweite Lektion wird Ihnen ein weiteres Beispiel für Vektoren aus der Physik zeigen: die Kräfte. Sie sollten daher den Kraftbegriff aus der Physik kennen oder vor der Sendung darüber in Ihrem Physikbuch nachlesen. Das gleiche gilt für den physikalischen Begriff der Arbeit, der hier verwendet werden wird, um das Skalarprodukt zweier Vektoren zu verdeutlichen. Weiterhin benötigen Sie einige Kenntnisse aus der Trigonometrie: die Kosinusfunktion und den Kosinussatz (vgl. TK II, Trigonometrie, Seite 14 bzw. Seite 79).

Übersicht

1. **Kräfte** sind ein weiteres physikalisches Beispiel für Vektoren. Sie können als Pfeile dargestellt und in der gleichen Weise addiert und subtrahiert werden wie Wege und Geschwindigkeiten. Bei praktischen Beispielen muß man bei der Zeichnung zwischen dem Lageplan und dem Kräfteplan unterscheiden. Die Bestimmung der Summenkraft durch das sogenannte Parallelogramm der Kräfte ist nichts anderes als die Vektoraddition.

2. **Arbeit** wird in der Physik definiert als das Produkt von Kraft und Weg, wenn beide gleichgerichtet sind. Sonst darf man zur Berechnung der Arbeit nur den Teil der Kraft heranziehen, der in Richtung des Weges wirkt. Arbeit ist eine skalare Größe und entsteht als Produkt der Beträge von Kraft und Weg mit dem Kosinus des vom Kraft- und Wegvektor eingeschlossenen Winkels.

3. Vom Beispiel der physikalischen Arbeit ausgehend definiert man das **Skalarprodukt zweier Vektoren** $\vec{a}$ und $\vec{b}$ als

$$\vec{a} \cdot \vec{b} = |\vec{a}| \cdot |\vec{b}| \cdot \cos\gamma \ ,$$

wobei γ der Winkel zwischen $\vec{a}$ und $\vec{b}$ ist. Man kommt auch zu dieser Definition, wenn man von geometrischen Überlegungen ausgeht und dabei den Kosinussatz verwendet. Für das Rechnen mit dem Skalarprodukt von Vektoren gelten nicht immer dieselben Rechenregeln wie für das Zahlenrechnen. Insbesondere gibt es keine Division durch einen Vektor.

4. Die zum Teil von den Regeln des Zahlenrechnens abweichenden **Gesetze der Vektoralgebra** beziehen sich auf die Addition, die Subtraktion und die S-Multiplikation von Vektoren sowie auf deren Skalarprodukt. Betrachtet man die Gesetze als Axiome, d. h. als Grundannahmen, dann läßt sich damit das Skalarprodukt auch ganz abstrakt einführen.

2.1 Kräfte

In der Physik arbeitet man oft mit Vektoren. Es sind dies gerichtete Größen. Als solche haben Sie die Wege (Verschiebungen) und die Geschwindigkeiten kennengelernt. Ein weiteres wichtiges Beispiel für Vektoren in der Physik sind die **Kräfte**. Auch bei einer Kraft muß man **Betrag und Richtung** angeben, um sie zu bestimmen. In der Fernsehsendung zeigte Ihnen das Golfspiel, daß es wichtig ist, Betrag **und** Richtung der Kraft, mit der man den Golfball schlägt, richtig einzuschätzen.
Kräfte lassen sich also auch, wie alle Vektoren, **durch Pfeile darstellen**. Die Richtung des Pfeils entspricht der Richtung der Kraft, die Länge des Pfeils ist ein Maß für den Betrag der Kraft. Dazu muß man natürlich wieder eine Einheit vereinbaren, wie Sie es schon von den Geschwindigkeiten kennen. Zum Beispiel kann man 0,5 cm für 1 N (1 Newton) zeichnen. In der Physik ist es üblich, als Buchstaben für eine Kraft F zu schreiben (engl. Force = Kraft).

Dieser Pfeil stellt demnach eine Kraft dar, die nach unten wirkt und einen Betrag von 4 N hat.
Eine spezielle Kraft ist die **Gewichtskraft** eines Gegenstandes. Ihre Richtung ist immer nach unten oder – genauer gesagt – auf unserer Erde zum Erdmittelpunkt hin gerichtet. Wenn man einen Gegenstand trägt, muß man eine Kraft aufbringen, die der Gewichtskraft eine gleich große Gegenkraft, also eine Kraft von gleichem Betrag in entgegengesetzter Richtung entgegenstellt.

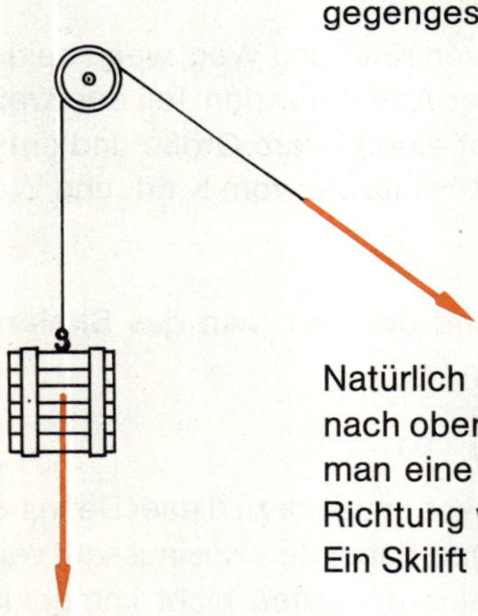

Natürlich gibt es nicht nur Kräfte auf der Erde, die nach unten oder nach oben gerichtet sind. Die Fernsehsendung zeigte Ihnen u. a., daß man eine Kraft mit Hilfe eines Seiles und einer Umlenkrolle in ihrer Richtung verändern kann.
Ein Skilift zum Beispiel zieht den Skifahrer schräg nach oben.

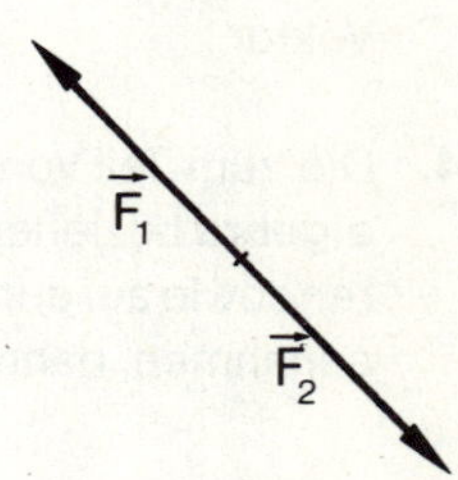

Solange man es mit einer Kraft (und evtl. ihrer Gegenkraft) zu tun hat, ist der Sachverhalt recht einfach und überschaubar. Man hat eine Kraft, dargestellt durch einen Pfeil, und die Gegenkraft, dargestellt durch einen gleich langen Pfeil in Gegenrichtung. Beide Kräfte heben sich auf. Physikalisch sagt man, es herrscht ein Gleichgewicht der Kräfte. Mathematisch bedeutet dies: Die Summe der beiden Kräfte ergibt den Nullvektor. Es gilt hier die gleiche Addition von Vektoren wie bei den Wegen oder den Geschwindigkeiten. Wie ist es aber, wenn mehrere Kräfte auftreten?

Denken Sie an die Hühner der Witwe Bolte in Wilhelm Buschs Max und Moritz.
Sie ziehen mit Kraft in verschiedene Richtungen und es „konnte keines recht von hinnen“.
Offensichtlich haben sich die vier Kräfte aufgehoben; mathematisch gesprochen: sie haben den Nullvektor ergeben.

2

Kann man Kraftvektoren ebenso addieren wie Geschwindigkeitsvektoren? Physikalisch heißt das: Kann man Kraftvektoren zusammensetzen und wie bestimmt man die **resultierende Kraft**?

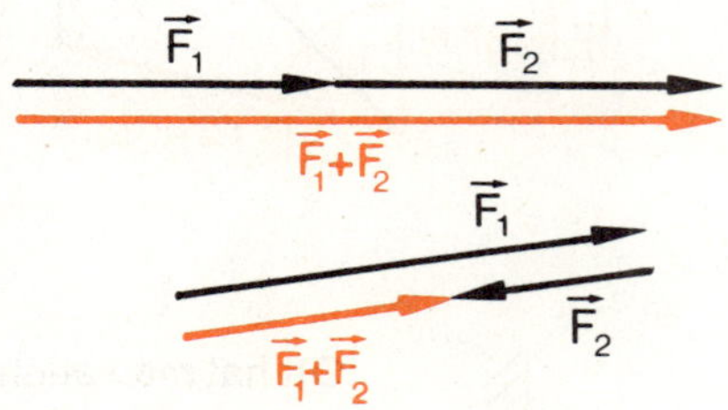

Bei gleich oder bei entgegengesetzt gerichteten Kräften ist dies einfach: Man hängt die Pfeile aneinander und erhält die resultierende Kraft.

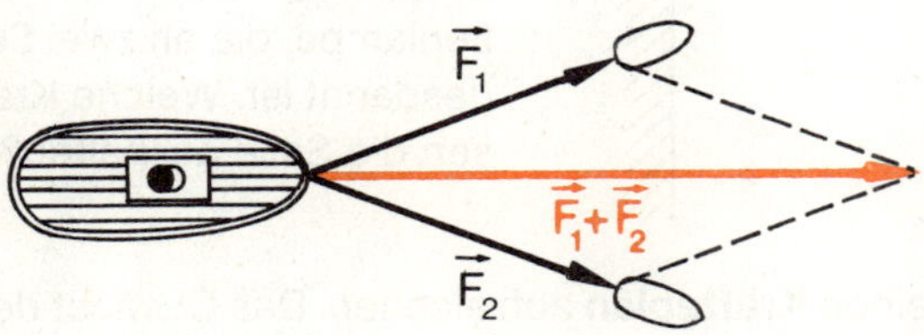

Bei Kräften mit unterschiedlicher Richtung kennen Sie aus der Physik oder aus der Trigonometrie (vgl. TK II, Trigonometrie, Seite 50 und 85) die Zusammensetzung der Kräfte mit dem **Parallelogramm der Kräfte**.
Die beiden Schlepper ziehen das große Schiff. Die Kräfte der Schlepper stehen in einem Winkel von 40° zueinander. Die resultierende Kraft wird durch die Diagonale im Parallelogramm dargestellt.

Die Frage ist jetzt: Entspricht diese „Parallelogramm-Methode“ der Vektoraddition, wie Sie sie in Lektion 1 kennengelernt haben? Die folgende Zeichnung zeigt dies:

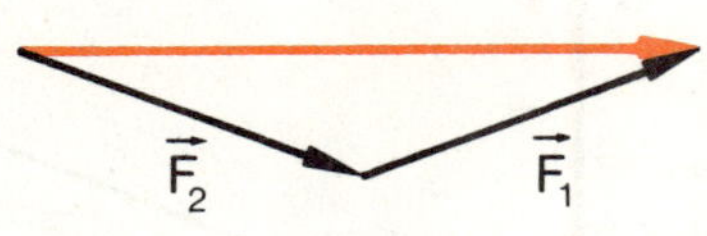

Statt von den beiden Kraftvektoren das Parallelogramm aufspannen zu lassen, kann man auch die Kraftvektoren aneinanderhängen und den Summenvektor zeichnen; man erhält das halbe Parallelogramm. Der Summenvektor als dritte Seite des Dreiecks stellt im Parallelogramm die Diagonale dar.

Mit dieser Methode lassen sich auch mehr als zwei Kräfte ganz einfach zusammensetzen. Wenn Sie noch einmal die Hühner der Witwe Bolte betrachten und die Kraftvektoren so aneinanderhängen wie Sie es von der Vektoraddition kennen, sehen Sie, daß die Summenkraft tatsächlich null ist.

Die Berechnung von Betrag und Richtung einer solchen Summenkraft haben Sie bereits in der Trigonometrie durchgeführt (vgl. TK II, Trigonometrie, Seite 85). Bestimmen Sie bitte mit dem Kosinussatz den Betrag der Summenkraft und anschließend mit dem Sinussatz die Richtung der Summenkraft gegenüber der Kraft $\vec{F_1}$.

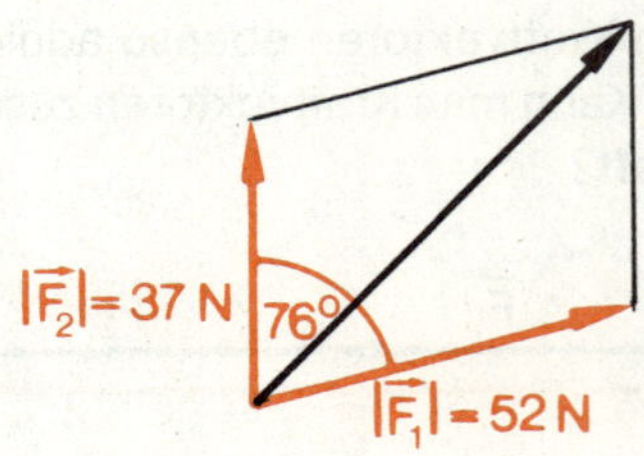

→ (1)

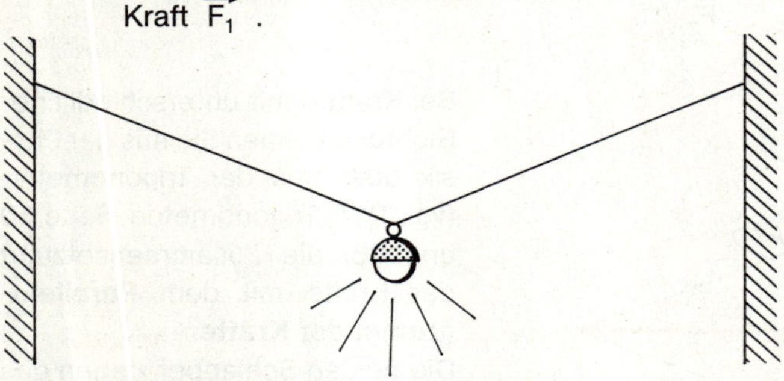

Oft hat man auch die umgekehrte Aufgabe zur Summenbildung zu lösen. Eine Kraft soll in (zwei) Teilkräfte zerlegt werden. In der Zeichnung sehen Sie eine Straßenlampe, die an zwei Seilen aufgespannt ist. Welche Kräfte müssen die Seile aushalten?

Zu dem **Lageplan** muß man sich einen **Kräfteplan** aufzeichnen. Das Gewicht der Lampe beträgt 100 N. Für 20 N wird 1 cm gezeichnet. Das Gewicht $\vec{G}$ muß von einer gleich großen, aber entgegengesetzt gerichteten Kraft $\vec{F}$ gehalten werden. Die Kraft $\vec{F}$ muß die Summe aus den beiden Teilkräften $\vec{F_1}$ und $\vec{F_2}$ sein, die in Richtung der Seile wirken.

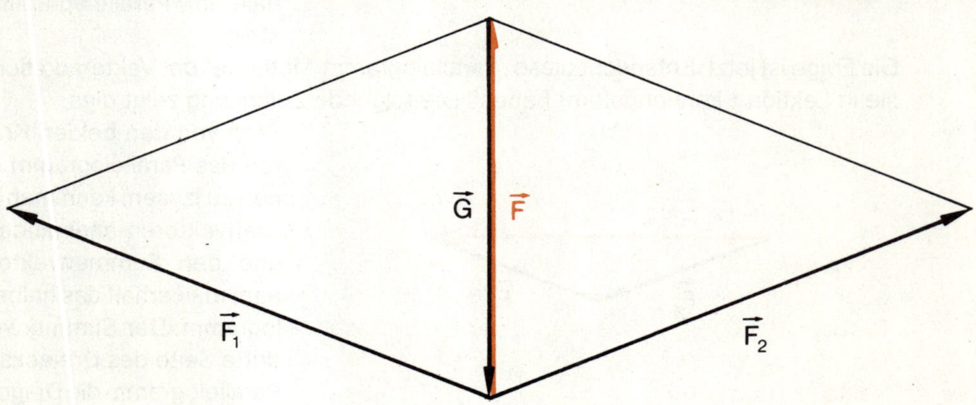

Man ergänzt die Figur zum Parallelogramm mit der Kraft $\vec{F}$ als Diagonale. Nun kann man die beiden Teilkräfte $\vec{F_1}$ und $\vec{F_2}$ einzeichnen. Stellen Sie durch Nachmessen bitte fest, welchen Betrag diese Teilkräfte haben müssen.

→ 3

Aus diesem Beispiel erkennen Sie auch, warum man die Last nicht unbedingt halbiert, wenn man einen Koffer zu zweit trägt. Es kommt eben ganz darauf an, wie die Teilkräfte gerichtet sind.

Aufgaben zu 2.1

1. Bestimmen Sie zeichnerisch die Summenkraft zu den beiden Kräften $\vec{F_1}$ und $\vec{F_2}$.

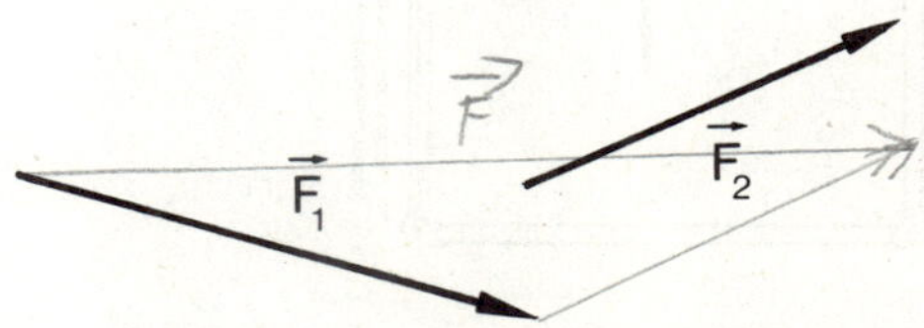

2. Ein Koffer hat ein Gewicht von 320 N. Zwei Personen tragen ihn und greifen dabei unter einem Winkel von 70° an.
Welche Last hat jeder zu tragen? Zeichnung (1 cm für 50N) und Rechnung (mit dem Kosinussatz).

2.2 Arbeit

In der ersten Lektion haben Sie neben der Addition von Vektoren auch die S-Multiplikation kennengelernt. Bei der S-Multiplikation wird ein Vektor mit einem Skalar, einer Zahl, multipliziert. Eine Multiplikation zweier Vektoren war bislang noch nicht eingeführt worden. Aus der Physik wissen Sie jedoch, daß zum Beispiel die Arbeit W das Produkt von Kraft F und Weg s ist. Sie kennen die Formel

$$W = F \cdot s$$

Nun sind aber Kraft F und Weg s Vektoren, so daß man die Formel genauer als

$$W = \vec{F} \cdot \vec{s}$$

schreiben muß. Die Arbeit W ist kein Vektor, denn sie ist allein durch ihren Betrag, nicht aber durch eine Richtung, festgelegt. Die Arbeit ist also ein Skalar. In der Formel für die Berechnung der Arbeit W ist von einem Skalar, nämlich der Arbeit, und von zwei Vektoren, nämlich der Kraft und dem Weg die Rede. Was bedeutet es aber, das Produkt von zwei Vektoren zu bilden?

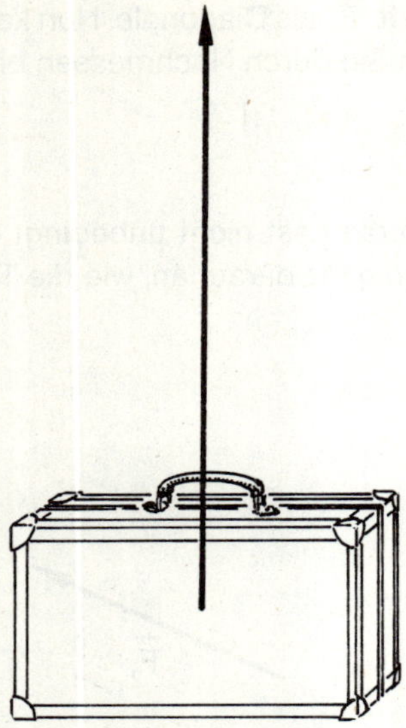

Zunächst der einfachste Fall: Der Kraftvektor und der Wegvektor sind parallel. Dies ist zum Beispiel der Fall, wenn man einen Koffer anhebt. Der Koffer wird um 0,5 m nach oben gehoben; da er ein Gewicht von 200 N hat, braucht man dafür eine Kraft von 200 N, die nach oben wirkt.
Die Arbeit ist dann, wie aus der Physik bekannt,

$$W = 200 \cdot 0{,}5 \text{ Nm}$$

$$W = 100 \text{ Nm} = 100 \text{ J}$$

Die Einheit der Arbeit ist ja das Newtonmeter oder Joule (1 Nm = 1 J).

In diesem Fall wird die Arbeit einfach als Produkt der Beträge von Kraft und Weg berechnet.

Sind $\vec{F}$ und $\vec{s}$ parallel, so ist $W = |\vec{F}| \cdot |\vec{s}|$

Es handelt sich um ein **Skalarprodukt**, die Arbeit W ist natürlich wieder ein Skalar.

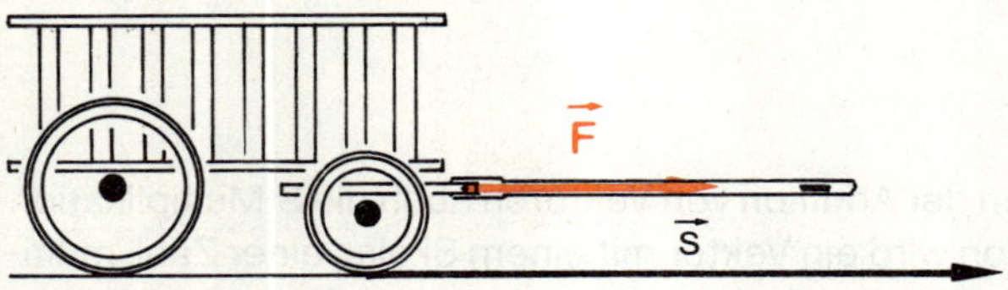

Ein anderes Beispiel, bei dem Kraftvektor und Wegvektor parallel sind, ist das Ziehen eines Wagens. Die Zugkraft muß die Reibungskraft überwinden. Zieht man mit einer Kraft von 40 N den Wagen über einen Weg von 10 m, so verrichtet man eine Arbeit von 400 J.

Wie aber ergibt sich die Arbeit, wenn Kraftvektor und Wegvektor nicht die gleiche Richtung besitzen; wenn man zum Beispiel wieder einen Wagen 10 m weit zieht, aber die Kraft schräg zur Wegstrecke angreift? In der Fernsehsendung haben Sie gesehen, daß man in diesem Fall mehr Kraft braucht, um denselben Wagen zu ziehen. Die Arbeit bleibt jedoch die gleiche; man hat ja das gleiche bewirkt: nämlich denselben Wagen um dieselbe Strecke weiterbewegt. Warum hat man jetzt mehr Kraft aufgewendet? Um den Wagen vorwärts zu bewegen, ist nur eine Kraft parallel zum Weg erforderlich. Zieht man mit einer schräg angreifenden Kraft, so wird der Wagen – überflüssigerweise – ein wenig nach oben gezogen. Überflüssig deshalb, weil die Kraft senkrecht zum Weg keine Vorwärtsbewegung bewirkt.

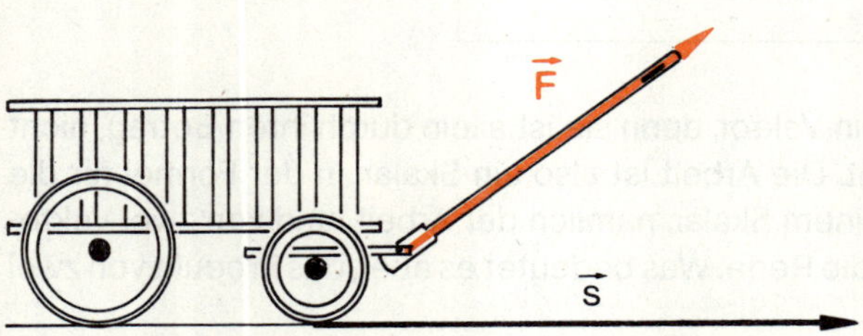

Man muß also die Kraft $\vec{F}$ in zwei Teilkräfte zerlegen: die Kraft $\vec{F_1}$ parallel zum Weg und die Kraft $\vec{F_2}$ senkrecht zum Weg. (Man schreibt für $\vec{F_1}$ auch $\vec{F_s}$, um die Parallelität zum Weg s anzudeuten.) Die Zerlegung in zwei Teilkräfte kennen Sie aus dem vorhergehenden Abschnitt. Hier rechts finden Sie sie gezeichnet.

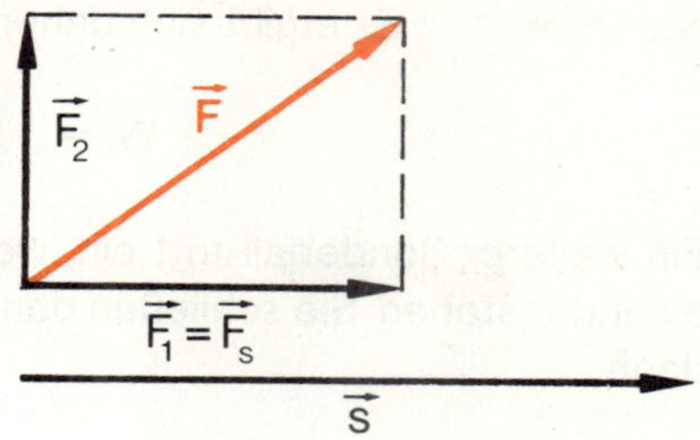

Da $\vec{F_s}$ parallel zum Wegvektor ist, läßt sich die Arbeit W mit der bekannten Formel berechnen:

$$W = |\vec{F_s}| \cdot |\vec{s}|$$

Läßt sich $\vec{F_s}$ aus den Werten des Kraftvektors $\vec{F}$ berechnen? Natürlich spielt dabei die „Schräglage" der Kraft zum Weg eine Rolle. Diese Schräge läßt sich einfach durch den Winkel γ angeben, den Kraftvektor $\vec{F}$ und Wegvektor $\vec{s}$ miteinander bilden. Aus dem rot gekennzeichneten Dreieck können Sie $|\vec{F_s}|$ berechnen. Es handelt sich um ein rechtwinkliges Dreieck mit den Seiten $|\vec{F}|$ und $|\vec{F_s}|$ und dem Winkel γ. Bestimmen Sie $|\vec{F_s}|$ mit der Kosinusfunktion.

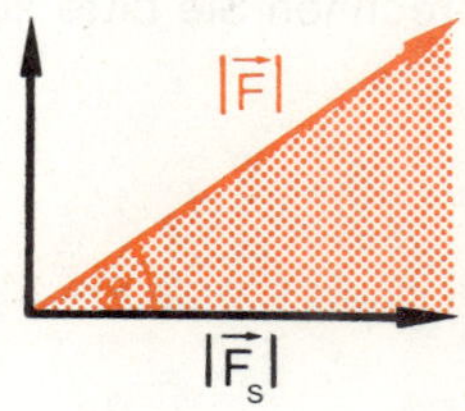

Da das Dreieck rechtwinklig ist, gilt

$\cos\gamma = \dfrac{\text{Ankathete}}{\text{Hypotenuse}}$, also $\cos\gamma =$ _____ und damit $|\vec{F_s}| =$ _____

→ (2)

Setzt man dieses Ergebnis in die Formel für die Arbeit ein, so erhält man

$$\boxed{W = |\vec{F}| \cdot |\vec{s}| \cdot \cos\gamma}$$

Die Arbeit erhält man in jedem Fall als Zahlenwert (und nicht als Vektor). Ein solches Produkt nennt man daher das **Skalarprodukt zweier Vektoren**.

Trifft diese Formel auch für den Fall zweier paralleler Vektoren zu oder muß man dann auf die vorhergehende Formel zurückgreifen?
Sind $\vec{F}$ und $\vec{s}$ parallel, so schließen sie einen Winkel von 0° ein. Es ergibt sich

$$W = |\vec{F}| \cdot |\vec{s}| \cdot \cos 0°$$

Nun ist aber, wie Sie wissen oder mit Ihrem Taschenrechner schnell nachprüfen können, $\cos 0° = 1$. Es ergibt sich daher

$$W = |\vec{F}| \cdot |\vec{s}| \cdot 1 = |\vec{F}| \cdot |\vec{s}|$$

Ein weiterer Sonderfall tritt ein, wenn Kraftvektor $\vec{F}$ und Wegvektor $\vec{s}$ senkrecht aufeinander stehen. Sie schließen dann einen Winkel von 90° ein. Für das Skalarprodukt gilt dann

$$W = |\vec{F}| \cdot |\vec{s}| \cdot \cos 90°$$

und somit, da $\cos 90° = 0$ ist, $W = |\vec{F}| \cdot |\vec{s}| \cdot 0 = 0$

Eine Arbeit kann nur dann verrichtet werden, wenn die wirkende Kraft nicht senkrecht zum Weg ist.

Das Skalarprodukt zweier Vektoren gilt nicht nur für die Berechnung der Arbeit aus Kraft und Weg, sondern kann ganz allgemein definiert werden. Dies soll im nächsten Abschnitt geschehen. Berechnen Sie bitte zuerst noch ein paar Aufgaben mit der Formel für die Arbeit.

Aufgaben zu 2.2

1. Wie groß ist die Arbeit W , wenn eine Kraft $\vec{F}$ von 25 N längs eines Weges $\vec{s}$ von 340 m wirkt und Kraft- und Wegvektor einen Winkel von 65° einschließen?

2. Welche Arbeit wird verrichtet, wenn ein Gewicht von 800 N 2 m hoch gehoben wird?

3. Welche Kraft muß wirken, wenn über einen Weg von 20 m eine Arbeit von 700 J verrichtet werden soll und Kraftvektor und Wegvektor zueinander im Winkel von 30° stehen?

4. Eine Kraft von 250 N bewirkt längs eines Weges von 15 m eine Arbeit von 2000 J. In welchem Winkel stehen Kraftvektor und Wegvektor?

5. Eine Kraft $\vec{F}$ und ein Weg $\vec{s}$ stehen zueinander wie in der Zeichnung rechts. Der Betrag der Kraft ist 2500 N, die Länge des Weges ist 120 m. Wie groß ist die verrichtete Arbeit?

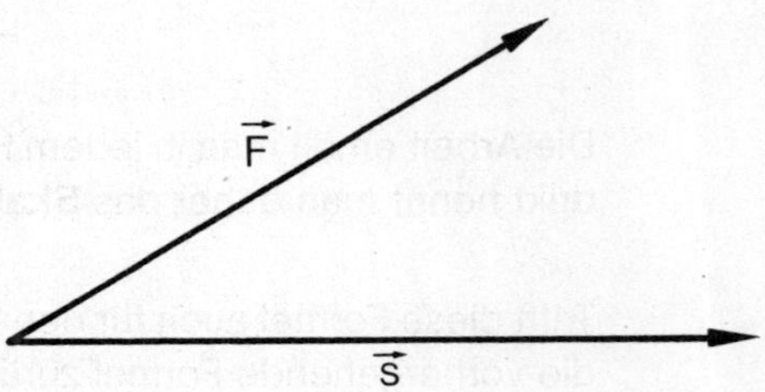

2.3 Das Skalarprodukt

2

Die Definition für das Skalarprodukt zweier Vektoren läßt sich auch aus geometrischen Überlegungen gewinnen. Ab jetzt werden, wie in der Mathematik üblich, die Beträge der Vektoren als reelle Zahlen betrachtet. Man geht vom Kosinussatz aus, der Ihnen aus der Trigonometrie bekannt ist (vgl. TK II, Trigonometrie, Seite 79 ff.).

Stellt man die Seiten des Dreiecks als Vektoren dar, wie es hier rechts gezeichnet ist, also

$\vec{a} = \overrightarrow{CB}$, $\vec{b} = \overrightarrow{CA}$, $\vec{c} = \overrightarrow{AB}$,

dann ist

$\vec{c} = \vec{a} - \vec{b}$

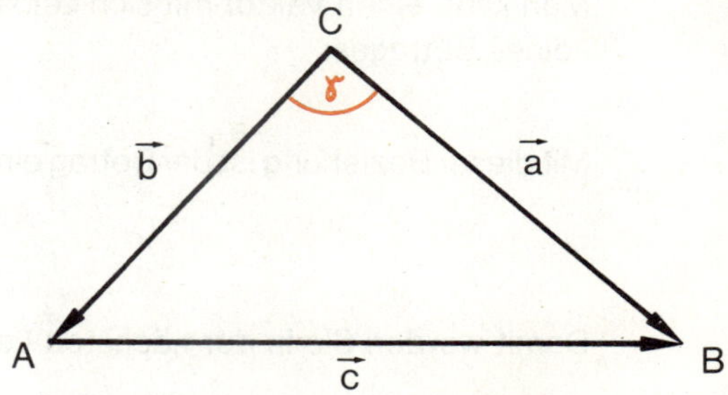

Wendet man auf die letzte Gleichung die Rechenregeln wie bei den reellen Zahlen an, insbesondere das

Kommutativgesetz	$\vec{a} \cdot \vec{b} = \vec{b} \cdot \vec{a}$	und das
Distributivgesetz	$\vec{a}(\vec{b} + \vec{c}) = \vec{a} \cdot \vec{b} + \vec{a} \cdot \vec{c}$	

so erhält man durch Quadrieren von $\vec{c}$

$$\vec{c}^{\,2} = (\vec{a} - \vec{b})^2$$

$$\vec{c}^{\,2} = \vec{a}^{\,2} + \vec{b}^{\,2} - 2\,\vec{a} \cdot \vec{b}$$

Der Kosinussatz bezieht sich auf die Seitenlängen, also auf die Beträge der Vektoren. Er lautet daher

$$|\vec{c}|^2 = |\vec{a}|^2 + |\vec{b}|^2 - 2|\vec{a}| \cdot |\vec{b}| \cdot \cos\gamma$$

Die obige Vektorgleichung und die Gleichung des Kosinussatzes sind formal sehr ähnlich. Will man vollständige Übereinstimmung erzielen, so muß man ein **Skalarprodukt von zwei Vektoren** festlegen durch:

> Für alle Vektoren $\vec{a}$ und $\vec{b}$ gilt
>
> $$\vec{a} \cdot \vec{b} = |\vec{a}| \cdot |\vec{b}| \cdot \cos\gamma\,,$$
>
> wobei γ der kleinere der beiden Winkel ist, der von $\vec{a}$ und $\vec{b}$ eingeschlossen wird.

Mit dieser Definition sieht man sofort, daß die Gleichungen im letzten Glied übereinstimmen; es ist aber auch

$\vec{c}^{\,2} = |\vec{c}|^2$, denn nach der Definition gilt $\vec{c} \cdot \vec{c} = |\vec{c}| \cdot |\vec{c}| \cdot \cos 0°$ und entsprechend $\vec{a}^{\,2} = |\vec{a}|^2$ und $\vec{b}^{\,2} = |\vec{b}|^2$.

Auch geometrische Sachverhalte legen demnach die Definition des Skalarproduktes in der Form nahe, wie Sie es bei den physikalischen Überlegungen zur Berechnung der Arbeit gesehen haben.

Die geometrische Überlegung liefert allerdings eine weitere Erkenntnis, die man aus der physikalischen Überlegung nicht gewinnen konnte:
Man kann einen Vektor mit sich selbst skalar multiplizieren und erhält dann das Quadrat seines Betrages:

$$\vec{a}^2 = |\vec{a}|^2$$

Mit dieser Beziehung ist der Betrag eines Vektors $\vec{a}$ auch rechnerisch festgelegt, nämlich

$$|\vec{a}| = \sqrt{\vec{a}^2}$$

Damit werden Sie in der nächsten Lektion Beträge von Vektoren ausrechnen lernen.

Schließen zwei Vektoren $\vec{a}$ und $\vec{b}$ einen Winkel von $90°$ ein, dann ist ihr Skalarprodukt

$$\vec{a} \cdot \vec{b} = |\vec{a}| \cdot |\vec{b}| \cdot \cos 90° = |\vec{a}| \cdot |\vec{b}| \cdot 0 = 0$$

Das Skalarprodukt zweier zueinander senkrechter Vektoren ist stets null.

Es gilt auch die Umkehrung dieses Satzes:

Ist das Skalarprodukt zweier vom Nullvektor verschiedener Vektoren null, so stehen die beiden Vektoren aufeinander senkrecht.

Dies kann man folgendermaßen einsehen:

Ist $\vec{a} \cdot \vec{b} = 0$, so heißt das $|\vec{a}| \cdot |\vec{b}| \cdot \cos \gamma = 0$.

Nun sind die Beträge $|\vec{a}|$ und $|\vec{b}|$ stets positive Zahlen, da $\vec{a}$ und $\vec{b}$ als vom Nullvektor verschiedene Vektoren vorausgesetzt wurden. Das Produkt $|\vec{a}| \cdot |\vec{b}| \cdot \cos \gamma$ kann also nur null werden, wenn der dritte Faktor $\cos \gamma = 0$ ist. Aus $\cos \gamma = 0$ folgt aber $\gamma = 90° + k \cdot 180°$ $(k \in \mathbb{Z})$. Der kleinere der von $\vec{a}$ und $\vec{b}$ eingeschlossenen Winkel ist demnach $90°$: Die beiden Vektoren stehen aufeinander senkrecht.

In der Zahlenalgebra kann ein Produkt $a \cdot b = 0$ nur gelten, wenn wenigstens einer der beiden Faktoren a oder b null ist.
Beim Skalarprodukt von Vektoren folgt aus $\vec{a} \cdot \vec{b} = 0$
$\vec{a} = \vec{o}$ **oder** $\vec{b} = \vec{o}$ **oder** $\vec{a} \neq \vec{o}, \vec{b} \neq \vec{o}$, $\vec{a}$ und $\vec{b}$ senkrecht zueinander.

In der Zahlenalgebra läßt sich aus der Gleichung $a \cdot x = c$ für $a \neq 0$ der Wert für x eindeutig als $x = \frac{c}{a}$ bestimmen, also eine Division durchführen. Beim Skalarprodukt gibt es keine Umkehrung im Sinne einer Division. Hat man die Gleichung $\vec{a} \cdot \vec{x} = c$ mit $\vec{a} \neq \vec{o}$ und einem Zahlenwert c, so gibt es für $\vec{x}$ beliebig viele Lösungen. Das kann man so einsehen: Das Skalarprodukt ist definiert als

$$\vec{a} \cdot \vec{b} = |\vec{a}| \cdot |\vec{b}| \cdot \cos \gamma = c$$

$|\vec{b}| \cdot \cos\gamma$ ist die Länge der Projektion $\vec{b_a}$ des Vektors $\vec{b}$ auf den Vektor $\vec{a}$. Alle hier rechts gezeichneten Vektoren $\vec{x_1}$, $\vec{x_2}$, $\vec{x_3}$ usw., die unterschiedliche Winkel mit $\vec{a}$ einschließen, haben aber die gleiche Projektion auf $\vec{a}$.

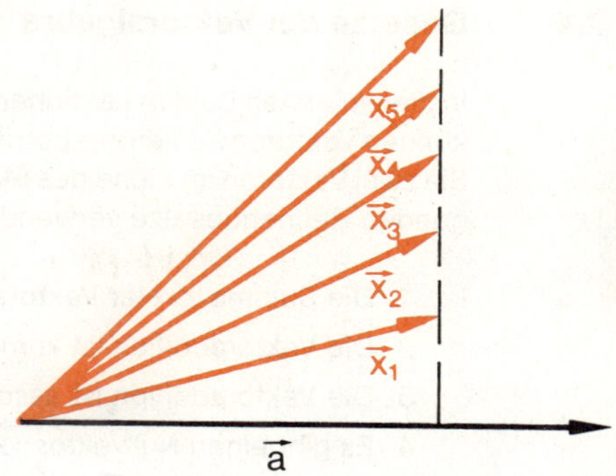

Somit gilt

$$\vec{a} \cdot \vec{x_1} = \vec{a} \cdot \vec{x_2} = \vec{a} \cdot \vec{x_3} = \ldots = c$$

Eine **Division durch einen Vektor** ist also nicht möglich, da die entsprechende Gleichung nicht eindeutig zu lösen ist.

Aufgaben zu 2.3

1. Bestimmen Sie die folgenden Skalarprodukte

$\vec{a} \cdot \vec{b}$, $\vec{a} \cdot \vec{c}$, $\vec{b} \cdot \vec{c}$ für $|\vec{a}| = 3$, $|\vec{b}| = 4$, $|\vec{c}| = 5$

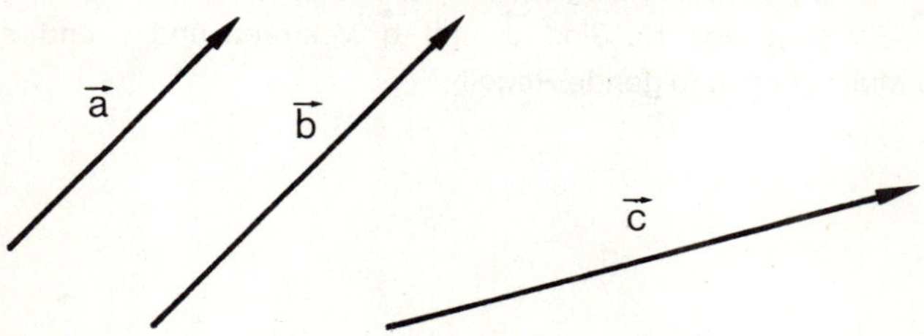

2. Bestimmen Sie das Skalarprodukt der Vektoren $\vec{m}$ und $\vec{n}$.

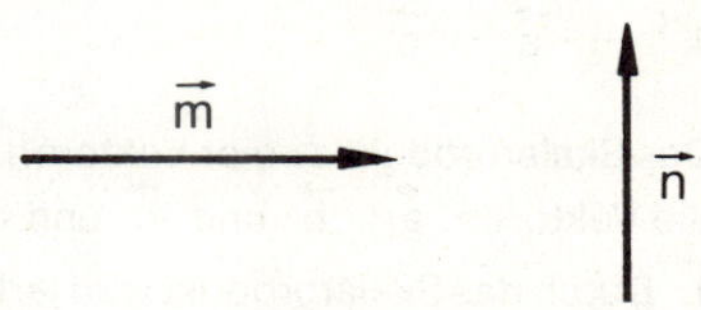

3. Welchen Winkel schließen zwei Vektoren $\vec{a}$ und $\vec{b}$ ein, wenn sie die Beträge $|\vec{a}| = 2$ und $|\vec{b}| = 3$ haben und

a) $\vec{a} \cdot \vec{b} = 6$ b) $\vec{a} \cdot \vec{b} = 3$ c) $\vec{a} \cdot \vec{b} = 0$

d) $\vec{a} \cdot \vec{b} = -6$ e) $\vec{a} \cdot \vec{b} = -3$ ist.

4. Das Skalarprodukt zweier Vektoren $\vec{a}$ und $\vec{b}$ ist 2. Es ist $|\vec{a}| = 1$. Bestimmen Sie den Betrag von $\vec{b}$ und den Winkel, den $\vec{a}$ und $\vec{b}$ miteinander bilden. Geben Sie von den unendlich vielen Möglichkeiten drei an.

5. Das Skalarprodukt zweier Vektoren $\vec{u}$ und $\vec{v}$ ist 6. Geben Sie für diesen Fall drei Möglichkeiten für $\vec{u}$ und $\vec{v}$ an.

[6.] Zeigen Sie: Definiert man das Skalarprodukt $\vec{a} \cdot \vec{b} = |\vec{a}| \cdot |\vec{b}|$ (anstatt $\vec{a} \cdot \vec{b} = |\vec{a}| \cdot |\vec{b}| \cdot \cos\gamma$), so steht die Definition im Widerspruch zum Distributivgesetz. (Hinweis: Verwenden Sie zwei Vektoren $\vec{a}$ und $\vec{b}$, für die die Summe $\vec{a} + \vec{b} = \vec{o}$ ergibt und multiplizieren Sie diese Gleichung mit einem Vektor $\vec{c} \neq \vec{o}$.)

2.4 Gesetze der Vektoralgebra

In diesen ersten beiden Lektionen haben Sie Vektoren kennengelernt und mit ihnen gerechnet. Sie können Vektoren addieren, subtrahieren, mit einer reellen Zahl multiplizieren und schließlich können Sie zwei Vektoren im Sinne des Skalarproduktes miteinander multiplizieren. Dabei haben Sie die folgenden Rechengesetze verwendet:

I.
1. Die Summe zweier Vektoren $\vec{a}$ und $\vec{b}$ ist wieder ein Vektor: $\vec{a}+\vec{b} = \vec{c}$
2. Die Vektoraddition ist kommutativ: $\vec{a}+\vec{b} = \vec{b}+\vec{a}$
3. Die Vektoraddition ist assoziativ: $\vec{a}+(\vec{b}+\vec{c}) = (\vec{a}+\vec{b})+\vec{c}$
4. Es gibt einen Nullvektor $\vec{o}$, für den gilt $\vec{a}+\vec{o} = \vec{o}+\vec{a} = \vec{a}$
5. Zu jedem Vektor $\vec{a}$ gibt es einen Vektor $-\vec{a}$, so daß $\vec{a}+(-\vec{a}) = \vec{o}$.
   $-\vec{a}$ heißt der Gegenvektor von $\vec{a}$.

II. Einen Vektor subtrahieren heißt, seinen Gegenvektor addieren: $\vec{a}-\vec{b} = \vec{a}+(-\vec{b})$

III. Die Multiplikation eines Vektors $\vec{a}$ mit einer reellen Zahl r heißt S-Multiplikation. Das Ergebnis ist der Vektor $r \cdot \vec{a}$, ein Vektor von gleicher Richtung wie $\vec{a}$ für positives r und von entgegengesetzter Richtung wie $\vec{a}$ für negatives r. Sind $\vec{a}$ und $\vec{b}$ Vektoren und r und s reelle Zahlen, so gelten für die S-Multiplikation folgende Regeln:

1. $r \cdot (s \cdot \vec{a}) = (r \cdot s) \cdot \vec{a}$
2. $r \cdot (\vec{a}+\vec{b}) = r \cdot \vec{a} + r \cdot \vec{b}$
3. $(r+s) \cdot \vec{a} = r \cdot \vec{a} + s \cdot \vec{a}$
4. $1 \cdot \vec{a} = \vec{a}$

IV. Das Skalarprodukt zweier Vektoren $\vec{a}$ und $\vec{b}$ ergibt eine reelle Zahl (ein Skalar). Es gelten für die Vektoren $\vec{a}$, $\vec{b}$ und $\vec{c}$ und die reelle Zahl r die Gesetze:

1. Durch das Skalarprodukt wird jedem Paar von Vektoren eindeutig eine reelle Zahl zugeordnet.
2. Es gilt das Kommutativgesetz: $\vec{a} \cdot \vec{b} = \vec{b} \cdot \vec{a}$
3. Es gilt das Distributivgesetz: $\vec{a} \cdot (\vec{b}+\vec{c}) = \vec{a} \cdot \vec{b} + \vec{a} \cdot \vec{c}$
4. Es gilt $r \cdot (\vec{a} \cdot \vec{b}) = (r\vec{a}) \cdot \vec{b} = \vec{a} \cdot (r\vec{b})$
5. Ist $\vec{a} \neq \vec{o}$, so ist $\vec{a} \cdot \vec{a} > 0$

(6. Für geometrische Vektoren zusätzlich: Stehen $\vec{a}$ und $\vec{b}$ senkrecht zueinander, so ist $\vec{a} \cdot \vec{b} = 0$)

Die Gesetze zu I., II. und III. können Sie sich leicht klarmachen, wenn Sie die jeweilige Vorschrift zum Zeichnen von Summenvektoren, Differenzvektoren und Vielfachen von Vektoren anwenden. Zum Beispiel für das Gesetz III.2. Es ist gleichgültig, ob Sie die beiden Vektoren $\vec{a}$ und $\vec{b}$ zuerst addieren und dann mit der reellen Zahl r multiplizieren oder ob Sie zuerst jeden Vektor mit der reellen Zahl r multiplizieren und dann diese Vielfachen addieren. Die Zeichnungen zeigen, daß bei jedem Verfahren der gleiche Ergebnisvektor entsteht.

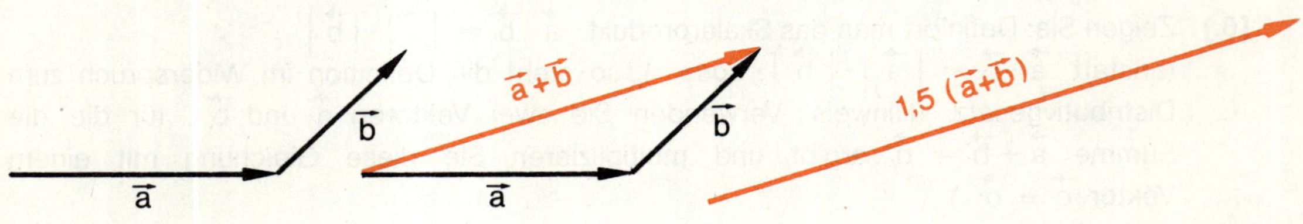

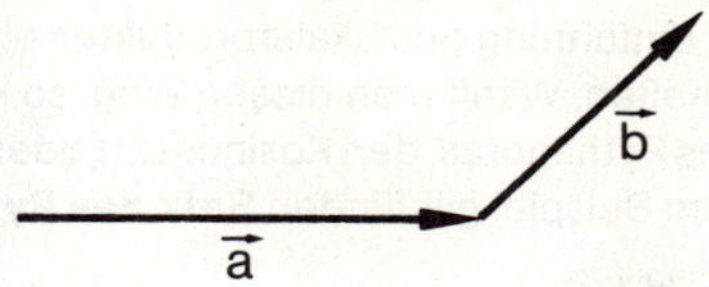

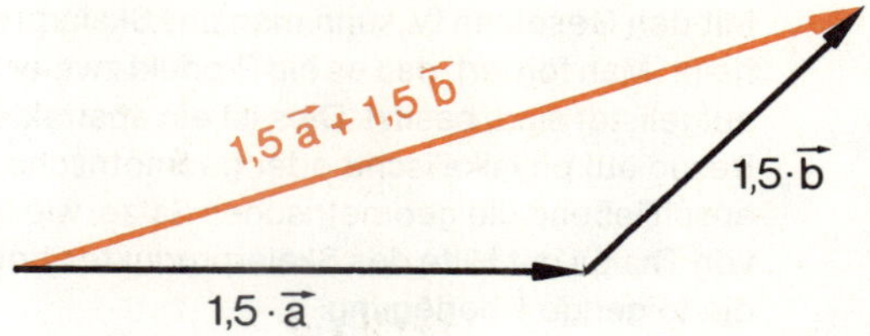

Die Gesetze zum Skalarprodukt können Sie im allgemeinen nachrechnen, indem Sie die Definition des Skalarproduktes

$$\vec{a} \cdot \vec{b} = |\vec{a}| \cdot |\vec{b}| \cdot \cos\gamma$$

benutzen.

Der Nachweis des Distributivgesetzes für das Skalarprodukt macht allerdings etwas mehr Mühe. Verhältnismäßig einfach erkennt man die Distributivität, wenn man auf das Beispiel der Berechnung der Arbeit als Skalarprodukt von Kraft und Weg zurückgeht. Wirken nämlich zwei Kräfte $\vec{F}_1$ und $\vec{F}_2$, dann gilt das physikalische Gesetz von der ungestörten Überlagerung zweier Kräfte bezüglich der Arbeit. Es muß also aus physikalischen Gründen gelten:

$$(\vec{F}_1 + \vec{F}_2) \cdot \vec{s} = \vec{F}_1 \cdot \vec{s} + \vec{F}_2 \cdot \vec{s}$$

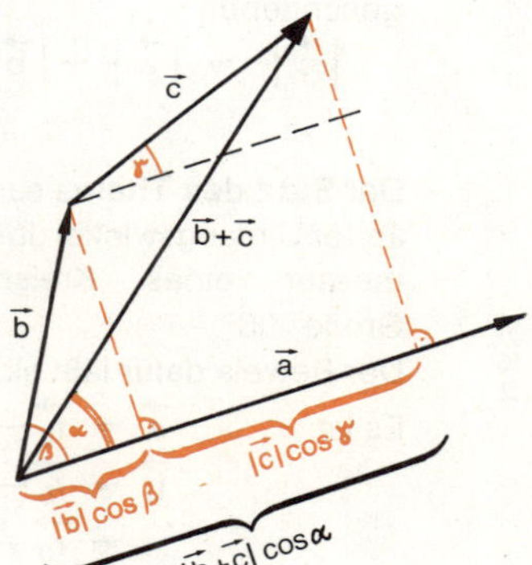

Geometrisch kann man das Distributivgesetz an der nebenstehenden Zeichnung verdeutlichen, wenn die drei Vektoren $\vec{a}$, $\vec{b}$ und $\vec{c}$ in einer Ebene liegen.

Die senkrechte Projektion von $\vec{b}$ auf $\vec{a}$ ist $|\vec{b}| \cdot \cos\beta$, von $\vec{c}$ auf $\vec{a}$ ist $|\vec{c}| \cdot \cos\gamma$ und schließlich von $\vec{b} + \vec{c}$ auf $\vec{a}$ ist $|\vec{b} + \vec{c}| \cdot \cos\alpha$. Also gilt

$$|\vec{b}| \cdot \cos\beta + |\vec{c}| \cdot \cos\gamma = |\vec{b} + \vec{c}| \cdot \cos\alpha$$

und somit auch

$$|\vec{a}| \cdot |\vec{b}| \cdot \cos\beta + |\vec{a}| \cdot |\vec{c}| \cdot \cos\gamma = |\vec{a}| \cdot |\vec{b} + \vec{c}| \cdot \cos\alpha$$

Das bedeutet aber

$$\vec{a} \cdot \vec{b} + \vec{a} \cdot \vec{c} = \vec{a} \cdot (\vec{b} + \vec{c})$$

Liegen die drei Vektoren $\vec{a}$, $\vec{b}$ und $\vec{c}$ nicht in einer Ebene, so sehen Sie an der nebenstehenden Zeichnung im Raum, wo die Ebene E_2 senkrecht auf der Ebene E_1 steht und durch den Endpunkt des Vektors $\vec{b} + \vec{c}$ geht, daß sich bezüglich der Projektionen nichts geändert hat.

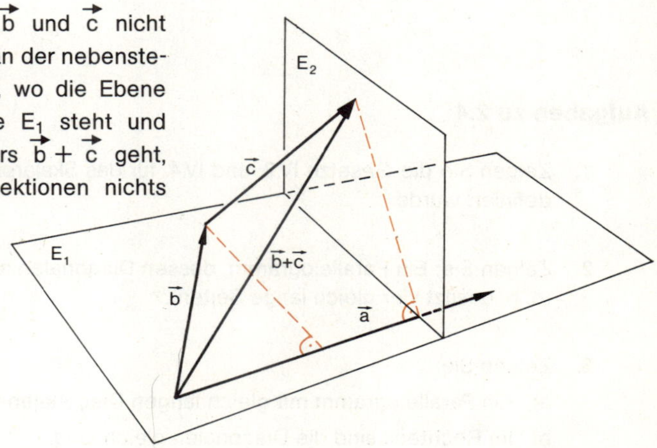

Mit den Gesetzen IV. kann man das Skalarprodukt zweier Vektoren auch axiomatisch einführen; das heißt: Man fordert, daß es ein Produkt zweier Vektoren gibt, das die Eigenschaften, die in IV.1. bis IV.6. aufgelistet sind, besitzt. Dies ist ein abstrakter Weg zur Einführung des Skalarproduktes ohne jeden Bezug auf physikalische oder geometrische Gegebenheiten. Wählt man diesen Weg, so kann man anschließend die geometrischen Sätze, wie den Satz des Pythagoras, den Kosinussatz oder den Satz von Thales mit Hilfe des Skalarproduktes beweisen. Zum Beispiel gilt für den **Satz des Pythagoras** die folgende Überlegung:

Die Vektoren $\vec{a}$ und $\vec{b}$ stehen senkrecht zueinander. Es ist

$$\vec{c} = \vec{a} - \vec{b}$$
$$\vec{c}^{\,2} = (\vec{a} - \vec{b})^2$$
$$\vec{c}^{\,2} = \vec{a}^{\,2} + \vec{b}^{\,2} - 2\vec{a}\,\vec{b}$$

Wegen Gesetz IV.6. ist $\vec{a} \cdot \vec{b} = 0$,
also

$$\vec{c}^{\,2} = \vec{a}^{\,2} + \vec{b}^{\,2}$$

oder mit den Beträgen der Vektoren geschrieben

$$|\vec{c}|^2 = |\vec{a}|^2 + |\vec{b}|^2$$

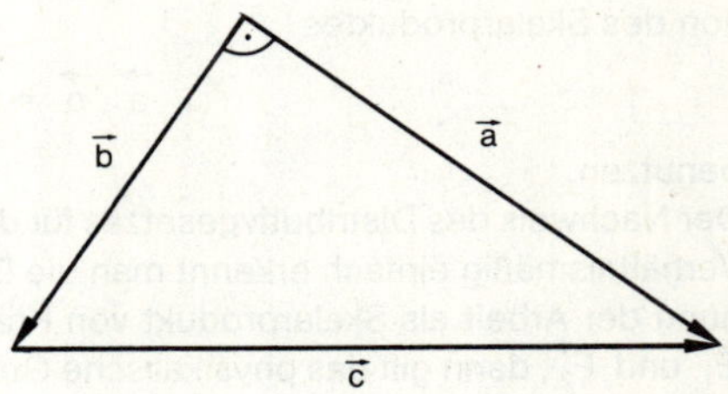

Der **Satz des Thales** sagt aus:

Jeder Umfangswinkel über dem Durchmesser eines Kreises hat die Größe 90°.

Der Beweis dafür läßt sich so führen:

Es ist
$$\vec{a} = \vec{r_0} - \vec{r}$$
$$\vec{b} = \vec{r_0} - (-\vec{r})$$
$$= \vec{r_0} + \vec{r}$$

Also
$$\vec{a} \cdot \vec{b} = (\vec{r_0} - \vec{r})(\vec{r_0} + \vec{r})$$
$$= \vec{r_0}^{\,2} - \vec{r}^{\,2}$$
$$= |\vec{r_0}|^2 - |\vec{r}|^2$$
$$= 0 \qquad \text{da} \quad |\vec{r_0}| = |\vec{r}|$$

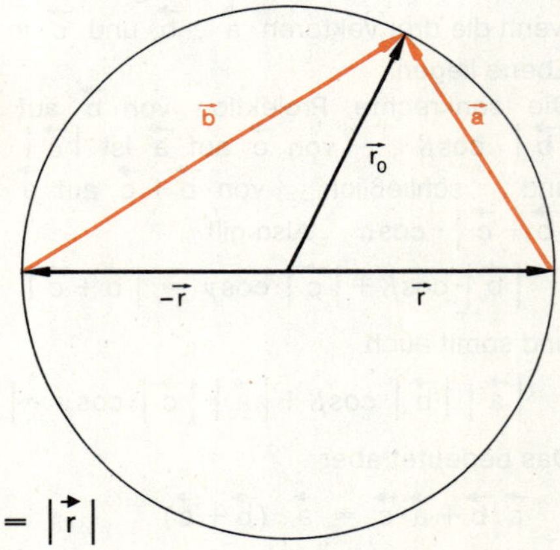

Aufgaben zu 2.4

1. Zeigen Sie die Gesetze IV.2. und IV.4. für das Skalarprodukt, das als $\vec{a} \cdot \vec{b} = |\vec{a}| \cdot |\vec{b}| \cdot \cos\gamma$ definiert wurde.

2. Zeigen Sie: Ein Parallelogramm, dessen Diagonalen aufeinander senkrecht stehen, ist eine Raute (d. h. besitzt vier gleich lange Seiten).

3. Zeigen Sie:
   a) Ein Parallelogramm mit gleich langen Diagonalen ist ein Rechteck.
   b) Im Rechteck sind die Diagonalen gleich lang.

2

4. Beweisen Sie: In einem gleichschenkligen Dreieck steht die Seitenhalbierende s_c senkrecht auf der Basisseite c.

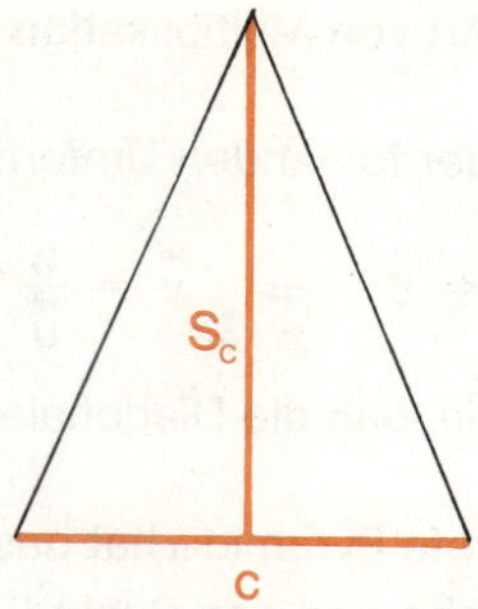

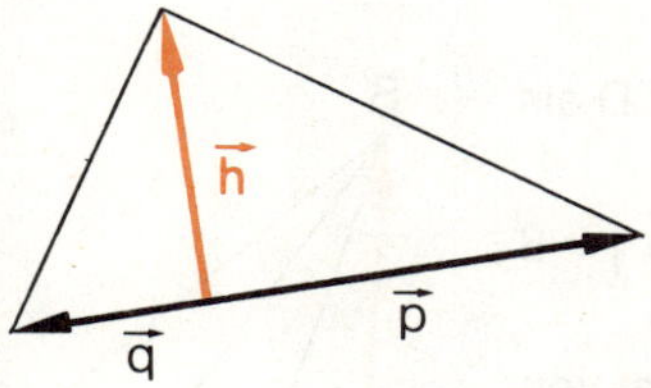

5. Beweisen Sie den Höhensatz im rechtwinkligen Dreieck.

$$|\vec{h}|^2 = |\vec{p}| \cdot |\vec{q}|$$

Wiederholungsaufgaben

1. Welche Zugkraft muß ein Nagel aushalten, wenn die Kräfte $\vec{F_1}$ und $\vec{F_2}$ an ihm ziehen? Für 50 N ist 1 cm gezeichnet.

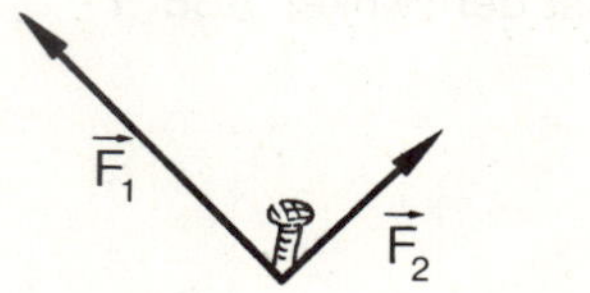

2. Um einen Eimer zu heben, muß eine Gegenkraft $\vec{F}$ aufgewendet werden, die die Gewichtskraft $\vec{G}$ des Eimers aufhebt. Der Eimer wird von zwei Personen getragen. Welche Kräfte $\vec{F_1}$ und $\vec{F_2}$ müssen die beiden tragenden Personen aufbringen? Für 25 N ist 1 cm gezeichnet.

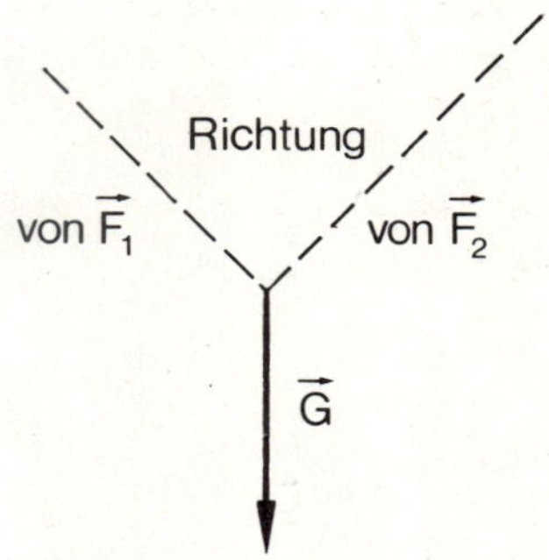

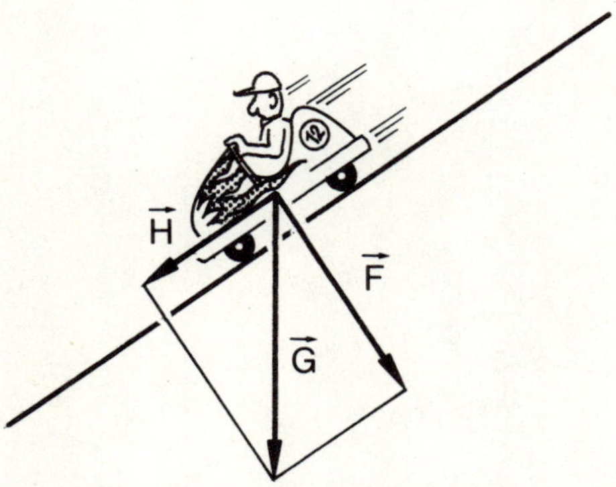

***3.** Bei einer Achterbahn muß der Konstrukteur wissen, mit welcher Kraft ein Wagen auf die Schienen drückt. Die Kraft $\vec{F}$ läßt sich durch Zerlegung der Gewichtskraft $\vec{G}$ in die Teilkräfte $\vec{F}$ und $\vec{H}$ (Hangabtriebskraft) ermitteln. (1 cm entspricht 1500 N)

4. Ein Wagen wird von einer Kraft $\vec{F}$ mit $|\vec{F}| = 40$ N einen Weg $\vec{s}$ mit $|\vec{s}| = 350$ m gezogen. Der Winkel zwischen $\vec{F}$ und $\vec{s}$ beträgt 45°. Wie groß ist die verrichtete Arbeit?

5. In welchem Winkel zum Weg $\vec{s}$ greift die Kraft $\vec{F}$ an, wenn $|\vec{F}| = 90$ N, $|\vec{s}| = 6$ m und die verrichtete Arbeit 270 Nm beträgt?

[6.] Warum gilt stets $\vec{a} \cdot \vec{b} \leqq |\vec{a}| \cdot |\vec{b}|$?

7. Welche Art von Multiplikation wird durch die Punkte in $\vec{a} \cdot (\vec{b} \cdot \vec{c})$ dargestellt?

8. Welche der folgenden Umformungen sind falsch, welche richtig?

a) $\vec{u} \cdot \vec{v} = 5 \quad \Rightarrow \quad \vec{v} = \dfrac{5}{\vec{u}}$ b) $k \cdot (\vec{a} \cdot \vec{b}) = 10 \quad \Rightarrow \quad k = \dfrac{10}{\vec{a} \cdot \vec{b}}$

9. Zeigen Sie, daß die Diagonalen eines Quadrates aufeinander senkrecht stehen.

[10.] Eine schiefe Pyramide hat das Parallelogramm ABCD als Grundfläche und den Punkt S als Spitze.
Es sei $\vec{a} = \overrightarrow{AB}$ mit $|\vec{a}| = 10$, $\vec{b} = \overrightarrow{BC}$ mit $|\vec{b}| = 8$ und $\vec{c} = \overrightarrow{AS}$ mit $|\vec{c}| = 6$. $\vec{a}$ und $\vec{b}$ schließen einen Winkel von $60°$ ein, $\vec{b}$ und $\vec{c}$ einen Winkel von $90°$ und $\vec{a}$ und $\vec{c}$ einen solchen von $120°$.
Wie lang sind die Kanten BS, CS und DS? Wie groß ist der Winkel ASB?

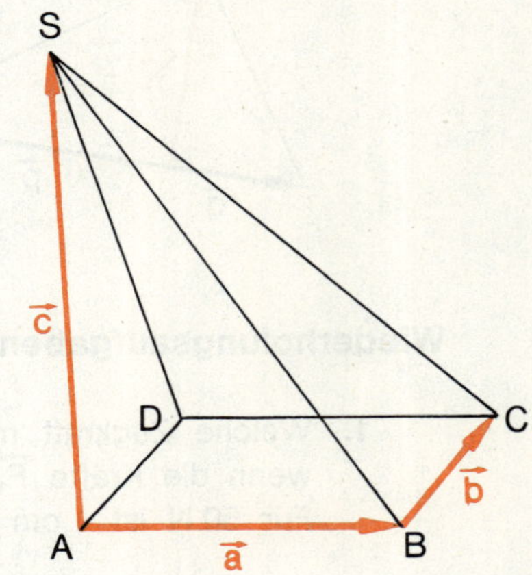

3. Vektoren in der Geometrie I

Vor der Sendung

In dieser Lektion werden Vektoren mit Hilfe von Zahlen dargestellt. Die Vektoraddition und die S-Multiplikation sollen nun auch rechnerisch und nicht nur zeichnerisch durchgeführt werden. Aus den vorhergehenden Folgen sollten Sie diese Verknüpfungen von Vektoren kennen, um sie in die neue Darstellungsform übertragen zu können. Auch Koordinatensysteme in der Ebene und im Raum werden verwendet. Sie sollten die Darstellung von Punkten in Ebene und Raum durch Koordinaten sicher beherrschen. Bei den Beispielen von Vektoren, Geraden und Ebenen im Raum werden gewisse Anforderungen an das räumliche Vorstellungsvermögen gestellt. Evtl. ist es nützlich, sich ein paar längere Stäbe bereitzulegen, um sich einfache Modelle vor Augen zu halten.

3

Übersicht

1. Durch die Darstellung der **Vektoren im Gitternetz** werden den Vektoren Zahlen zugeordnet. In der Ebene lassen sich Vektoren durch zwei Zahlen als **Komponenten** angeben. Vektoren im Raum haben drei Komponenten.

2. Die **Addition und Subtraktion** von Vektoren sowie die **S-Multiplikation** werden komponentenweise durchgeführt. Es gilt

$$\begin{pmatrix} a_1 \\ a_2 \\ a_3 \end{pmatrix} + \begin{pmatrix} b_1 \\ b_2 \\ b_3 \end{pmatrix} = \begin{pmatrix} a_1 + b_1 \\ a_2 + b_2 \\ a_3 + b_3 \end{pmatrix} \quad \text{und} \quad k \cdot \begin{pmatrix} a_1 \\ a_2 \\ a_3 \end{pmatrix} = \begin{pmatrix} k \cdot a_1 \\ k \cdot a_2 \\ k \cdot a_3 \end{pmatrix}$$

3. Ist ein Vektor durch seine Komponenten gegeben, so läßt sich mit Hilfe des Satzes von Pythagoras sein **Betrag** errechnen:

$$|\vec{a}| = \sqrt{a_1^2 + a_2^2 + a_3^2}$$

4. Um Punkte im Koordinatensystem durch Vektoren festlegen zu können, muß man **Ortsvektoren** einführen. Dies sind Vektoren, die im Nullpunkt des Koordinatensystems beginnen.

5. Mit Hilfe eines Ortsvektors $\vec{a}$ und eines Richtungsvektors $\vec{u}$ läßt sich die **vektorielle Gleichung für eine Gerade** schreiben.

$$g: \quad \vec{x} = \vec{a} + \lambda \cdot \vec{u} \qquad (\lambda \in \mathbb{R})$$

6. Die **vektorielle Gleichung einer Ebene** im Raum ist

$$e: \quad \vec{x} = \vec{a} + \lambda \cdot \vec{u} + \mu \cdot \vec{v} \qquad (\lambda, \mu \in \mathbb{R})$$

3.1 Vektoren im Gitternetz – Komponentenschreibweise

Bisher haben Sie Vektoren als Pfeile dargestellt. Das Rechnen mit Vektoren, zum Beispiel die Addition oder die S-Multiplikation, vollzog sich im wesentlichen in der Zeichnung. In der Mathematik möchte man jedoch auch bei geometrischen Fragestellungen nicht nur zeichnen, sondern auch zahlenmäßig rechnen können. Das kennen Sie schon aus der Trigonometrie. Wie läßt sich jetzt mit Vektoren zahlenmäßig rechnen?

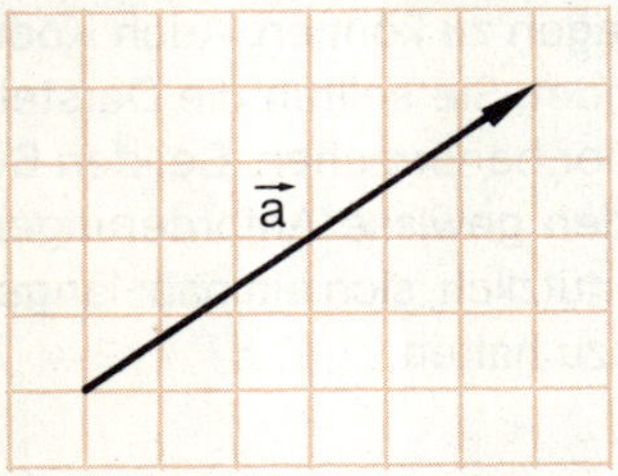

Welche Möglichkeit hat man, etwa den hier links gezeichneten Vektor durch Zahlen anzugeben? Dazu legt man ein Gitternetz über den Vektor, das aus zu den Buchrändern parallelen Geraden besteht. Man sagt: Das Gitternetz hat horizontale und vertikale Geraden.

Nun läßt sich der Vektor mit der Angabe „6 Kästchen auf der Horizontalen nach rechts und 4 Kästchen auf der Vertikalen nach oben" beschreiben. Kurz gesagt: „6 nach rechts und 4 nach oben."

Für den Vektor schreibt man $\vec{a} = \begin{pmatrix} 6 \\ 4 \end{pmatrix}$

6 und 4 heißen die Komponenten des Vektors $\vec{a}$.

Wie Sie an den Zeichnungen rechts sehen können, gibt es sehr viele Pfeile, die sich durch „6 nach rechts und 4 nach oben" beschreiben lassen. Alle diese Pfeile sind aber gleich lang und zueinander parallel. Sie stellen also ein und denselben Vektor dar. Die Komponentenschreibweise ist daher für Vektoren eindeutig.

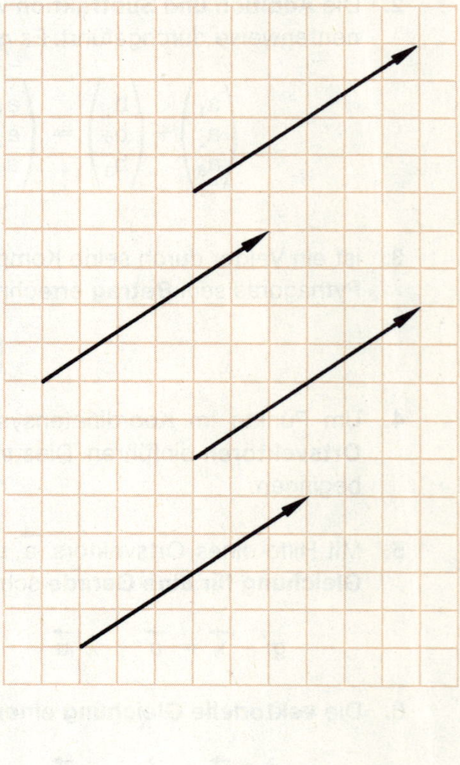

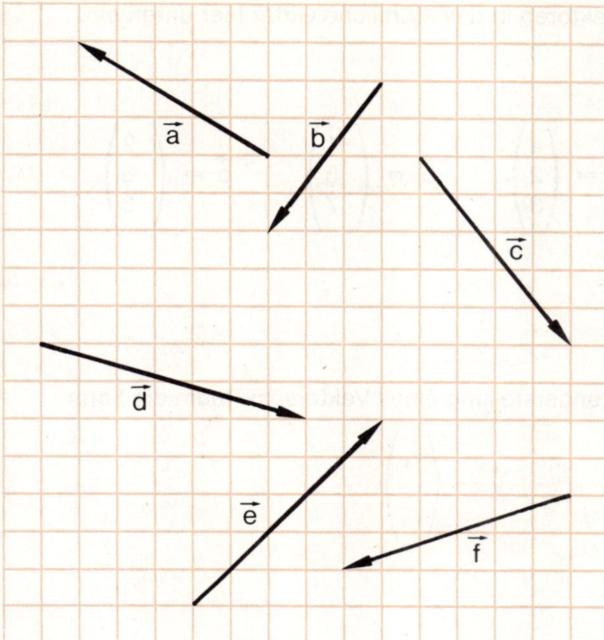

In der Zeichnung finden Sie einige Vektoren dargestellt. Ihre Komponentenschreibweise ist

$\vec{a} = \begin{pmatrix} -5 \\ 3 \end{pmatrix} \quad \vec{b} = \begin{pmatrix} -3 \\ -4 \end{pmatrix}$

$\vec{c} = \begin{pmatrix} 4 \\ -5 \end{pmatrix}$

Geben Sie für die weiteren Vektoren selbst die Komponentenschreibweise an.

$\vec{d} = \begin{pmatrix} 7 \\ -2 \end{pmatrix} \quad \vec{e} = \begin{pmatrix} 5 \\ 5 \end{pmatrix}$

$\vec{f} = \begin{pmatrix} -6 \\ -2 \end{pmatrix}$

→ ④

Sie sehen: eine positive Zahl bedeutet „nach rechts“ oder „nach oben“;
eine negative Zahl bedeutet „nach links“ oder „nach unten“.

Allgemein schreibt man den Vektor $\vec{a}$ in Komponentenschreibweise $\vec{a} = \begin{pmatrix} a_1 \\ a_2 \end{pmatrix}$

Die obere Komponente a_1 gibt die Ausdehnung des Vektors in der Horizontalen nach rechts oder nach links an, je nachdem, ob a_1 positiv oder negativ ist; die untere Komponente a_2 gibt die Ausdehnung des Vektors in der Vertikalen nach oben oder nach unten an, wieder je nach dem positiven oder negativen Wert.

Schon bei den Beispielen aus der Physik in den beiden ersten Lektionen haben Sie gesehen, daß Vektoren nicht nur in der Ebene gebraucht werden.
Vektoren im Raum lassen sich natürlich nicht durch nur zwei Komponenten angeben. Statt des Gitternetzes benötigt man nun ein räumliches Gitter. Um einen Vektor vollständig anzugeben, muß man nun drei Richtungen betrachten: nach rechts oder links, nach hinten oder vorne und nach oben oder unten. Die hier gezeichneten Vektoren lauten in Komponentendarstellung also:

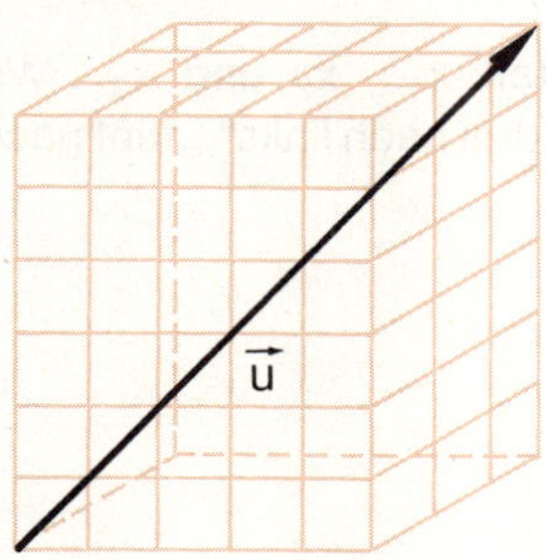

$\vec{u} = \begin{pmatrix} 5 \\ 3 \\ 6 \end{pmatrix}$

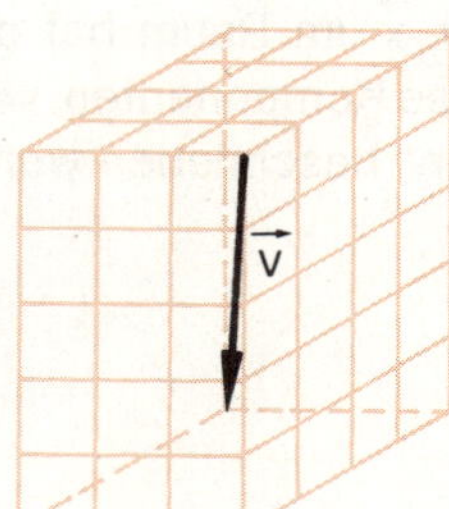

$\vec{v} = \begin{pmatrix} -3 \\ 4 \\ -5 \end{pmatrix}$

Zeichnen Sie die folgenden Vektoren in das räumliche Gitter hier unten ein.

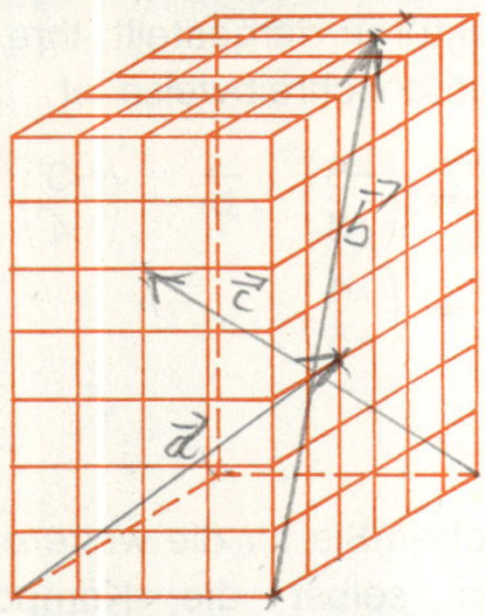

$$\vec{a} = \begin{pmatrix} 4 \\ 2 \\ 3 \end{pmatrix} \qquad \vec{b} = \begin{pmatrix} -1 \\ 5 \\ 7 \end{pmatrix} \qquad \vec{c} = \begin{pmatrix} -2 \\ -6 \\ 5 \end{pmatrix}$$

→ 12

Allgemein hat die Komponentendarstellung eines Vektors im Raum die Form

$$\vec{v} = \begin{pmatrix} v_1 \\ v_2 \\ v_3 \end{pmatrix}$$

Aufgaben zu 3.1

1. Geben Sie die Komponentendarstellung der gezeichneten Vektoren $\vec{u}$, $\vec{v}$ und $\vec{w}$ an.

$\vec{u} = \begin{pmatrix} -7 \\ 2 \end{pmatrix}$

$\vec{v} = \begin{pmatrix} 6 \\ 3 \end{pmatrix}$

$\vec{w} = \begin{pmatrix} 6 \\ -7 \end{pmatrix}$

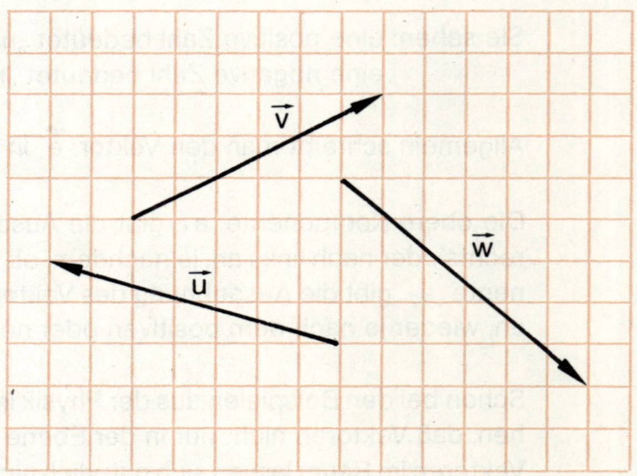

2. Zeichnen Sie in einem Gitternetz die Vektoren

$$\vec{e} = \begin{pmatrix} -2 \\ -7 \end{pmatrix} \qquad \vec{f} = \begin{pmatrix} 5 \\ -8 \end{pmatrix} \qquad \vec{g} = \begin{pmatrix} -3 \\ 4 \end{pmatrix}$$

3. Ein Vektor $\vec{x}$ im Raum hat die Komponenten x_1, x_2 und x_3. Welche Zahlenwerte haben diese Komponenten, wenn sie durch „drei nach links", „fünf nach hinten" und „zwei nach unten" beschrieben werden können?

3.2 Addition und S-Multiplikation von Vektoren in Komponentenschreibweise

Auch die Addition und die S-Multiplikation von Vektoren lassen sich in der Komponentenschreibweise recht einfach darstellen. Betrachten Sie für die **Vektorsumme** die Vektoren $\vec{a}$ und $\vec{b}$ in nebenstehender Zeichnung. Wie bekannt, müssen die Vektoren zur Bestimmung des Summenvektors aneinandergehängt werden.

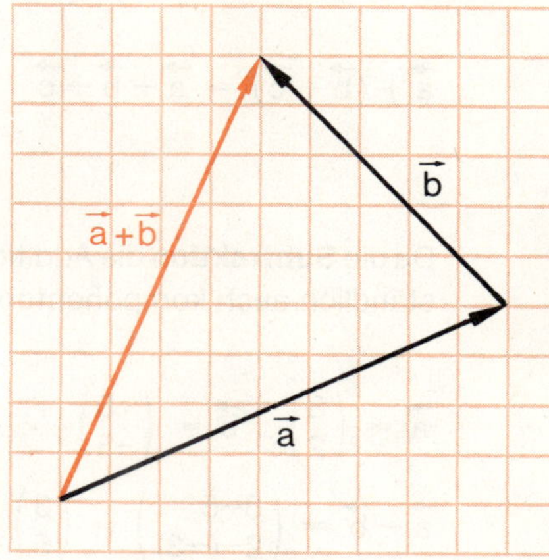

Lesen Sie in der Zeichnung ab. Es ist

$\vec{a} = \begin{pmatrix} 9 \\ 4 \end{pmatrix}$ $\vec{b} = \begin{pmatrix} -5 \\ 5 \end{pmatrix}$ $\vec{a} + \vec{b} = \begin{pmatrix} 4 \\ 9 \end{pmatrix}$

→ 16

Die Addition von Vektoren wird also komponentenweise durchgeführt. Es gilt

$$\begin{pmatrix} a_1 \\ a_2 \end{pmatrix} + \begin{pmatrix} b_1 \\ b_2 \end{pmatrix} = \begin{pmatrix} a_1 + b_1 \\ a_2 + b_2 \end{pmatrix}$$

Prüfen Sie diese Regel an den folgenden Beispielen nach.

$\vec{a} = \begin{pmatrix} 6 \\ 2 \end{pmatrix}$ $\vec{b} = \begin{pmatrix} 2 \\ 3 \end{pmatrix}$ $\vec{a} + \vec{b} = \begin{pmatrix} 8 \\ 5 \end{pmatrix}$; $\vec{c} = \begin{pmatrix} -6 \\ -2 \end{pmatrix}$ $\vec{d} = \begin{pmatrix} 3 \\ 5 \end{pmatrix}$ $\vec{c} + \vec{d} = \begin{pmatrix} -3 \\ 3 \end{pmatrix}$;

$\vec{u} = \begin{pmatrix} -4 \\ 3 \end{pmatrix}$ $\vec{v} = \begin{pmatrix} 1 \\ -4 \end{pmatrix}$ $\vec{u} + \vec{v} = \begin{pmatrix} -3 \\ -1 \end{pmatrix}$

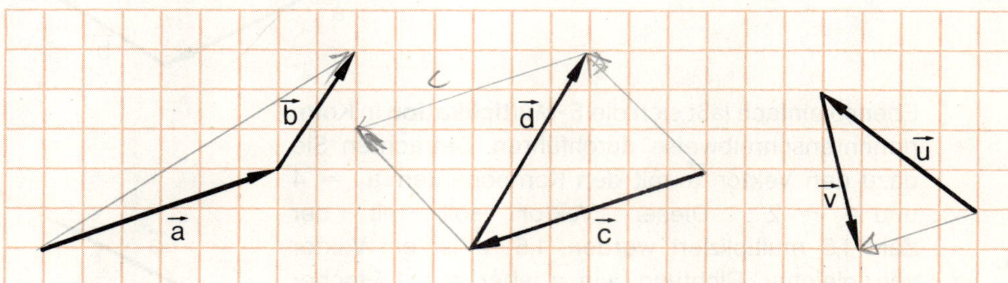

→ 9

Auch für Vektoren im Raum gilt die komponentenweise Addition:

$$\vec{a} = \begin{pmatrix} a_1 \\ a_2 \\ a_3 \end{pmatrix} \quad \vec{b} = \begin{pmatrix} b_1 \\ b_2 \\ b_3 \end{pmatrix} \quad \vec{a} + \vec{b} = \begin{pmatrix} a_1 + b_1 \\ a_2 + b_2 \\ a_3 + b_3 \end{pmatrix}$$

Dies können Sie an der Zeichnung überprüfen.

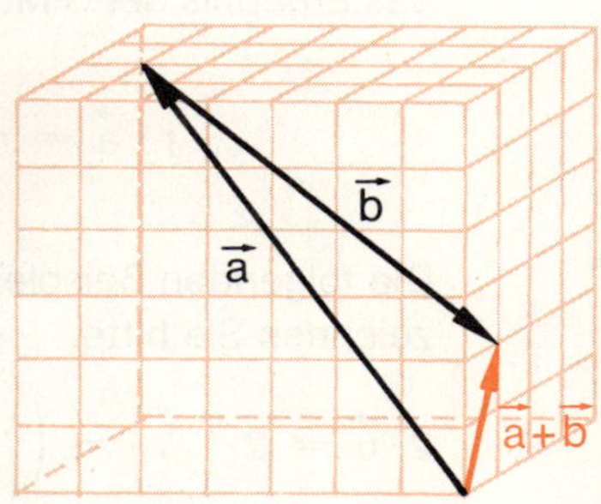

Natürlich kann man auch mehr als zwei Vektoren addieren. Da für die Vektoraddition das Assoziativgesetz gilt, kann man ohne Klammern schreiben:

$$\vec{a} + (\vec{b} + \vec{c}) = \vec{a} + \vec{b} + \vec{c} \quad \Rightarrow \quad \begin{pmatrix} a_1 \\ a_2 \\ a_3 \end{pmatrix} + \begin{pmatrix} b_1 \\ b_2 \\ b_3 \end{pmatrix} + \begin{pmatrix} c_1 \\ c_2 \\ c_3 \end{pmatrix} = \begin{pmatrix} a_1 + b_1 + c_1 \\ a_2 + b_2 + c_2 \\ a_3 + b_3 + c_3 \end{pmatrix}$$

Da die **Subtraktion** die Addition des Gegenvektors darstellt, kann man Vektoren selbstverständlich auch komponentenweise subtrahieren.

$$\vec{a} = \begin{pmatrix} 8 \\ 2 \end{pmatrix} \quad \vec{b} = \begin{pmatrix} 5 \\ -3 \end{pmatrix}$$

$$\vec{a} - \vec{b} = \begin{pmatrix} 8-5 \\ 2-(-3) \end{pmatrix} = \begin{pmatrix} 3 \\ 5 \end{pmatrix}$$

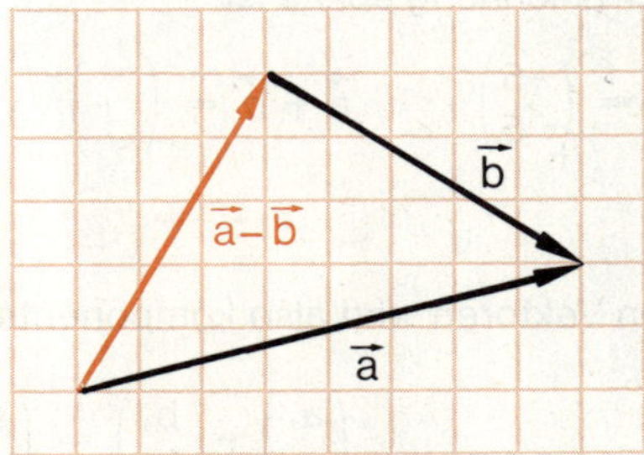

Oder man kann mehrere Vektoren addieren und subtrahieren. Hier ist ein Beispiel:

$$\begin{pmatrix} 6 \\ -3 \end{pmatrix} + \begin{pmatrix} 3 \\ 2 \end{pmatrix} - \begin{pmatrix} -2 \\ -3 \end{pmatrix} + \begin{pmatrix} 4 \\ -2 \end{pmatrix} = \begin{pmatrix} 15 \\ 0 \end{pmatrix}$$

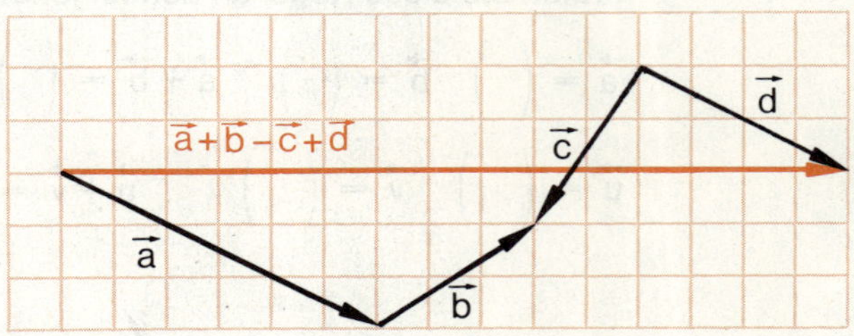

Ebenso einfach läßt sich die **S-Multiplikation** in Komponentenschreibweise durchführen. Betrachten Sie dazu den Vektor $\vec{a}$ mit den Komponenten $a_1 = 4$ und $a_2 = 2$. Dieser Vektor soll mit der Zahl 1,5 multipliziert werden. $1{,}5 \cdot \vec{a}$ ist ein Vektor von gleicher Richtung wie $\vec{a}$ aber mit 1,5-facher Länge. Der Vektor $1{,}5 \cdot \vec{a}$ ist in der Zeichnung rot eingetragen. Seine Komponenten sind 6 und 3. Für das Ergebnis der S-Multiplikation gilt also

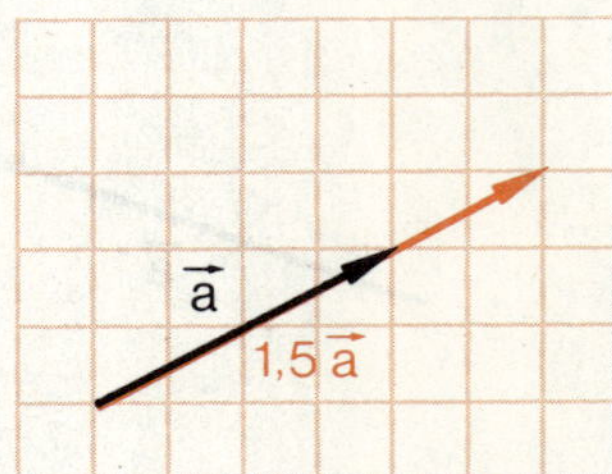

$$r \cdot \vec{a} = r \cdot \begin{pmatrix} a_1 \\ a_2 \end{pmatrix} = \begin{pmatrix} r \cdot a_1 \\ r \cdot a_2 \end{pmatrix}$$

Die folgenden Beispiele zeigen die S-Multiplikation mit weiteren Vektoren. Rechnen und zeichnen Sie bitte.

$2 \cdot \vec{u} = 2 \cdot \begin{pmatrix} 4 \\ -2 \end{pmatrix} = \begin{pmatrix} 8 \\ -4 \end{pmatrix}$ $\quad 0{,}5 \cdot \vec{v} = 0{,}5 \cdot \begin{pmatrix} -6 \\ -3 \end{pmatrix} = \begin{pmatrix} -3 \\ -1{,}5 \end{pmatrix}$ $\quad -3 \cdot \vec{w} = -3 \cdot \begin{pmatrix} 2 \\ 1 \end{pmatrix} = \begin{pmatrix} -6 \\ -3 \end{pmatrix}$

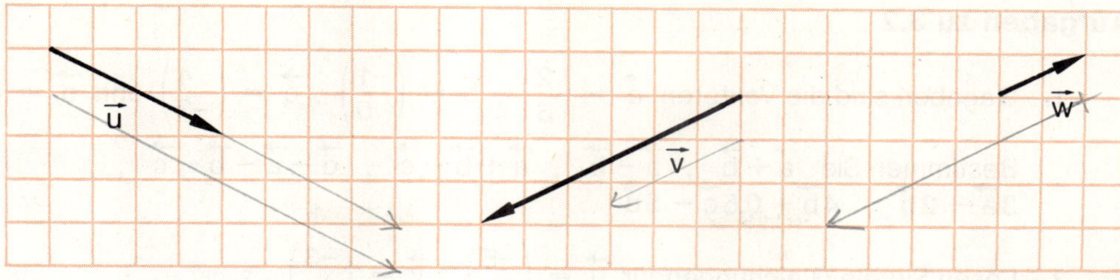

→ ①

Ist die Zahl r negativ, so weist der Ergebnisvektor in die entgegengesetzte Richtung.

Das Verfahren der S-Multiplikation gilt natürlich auch für Vektoren im Raum, also für Vektoren mit drei Komponenten.

$$r \cdot \vec{v} = r \cdot \begin{pmatrix} v_1 \\ v_2 \\ v_3 \end{pmatrix} = \begin{pmatrix} r\,v_1 \\ r\,v_2 \\ r\,v_3 \end{pmatrix}$$

Schließlich kann man auch Vektoren mit Skalaren multiplizieren und anschließend addieren und subtrahieren. Ein Beispiel dafür ist:

$$3 \cdot \begin{pmatrix} 2 \\ -1 \\ 3 \end{pmatrix} + 1{,}5 \cdot \begin{pmatrix} -4 \\ 6 \\ -2 \end{pmatrix} - 2 \cdot \begin{pmatrix} 3 \\ -5 \\ 2 \end{pmatrix} = \begin{pmatrix} 6 \\ -3 \\ 9 \end{pmatrix} + \begin{pmatrix} -6 \\ 9 \\ -3 \end{pmatrix} - \begin{pmatrix} 6 \\ -10 \\ 4 \end{pmatrix} = \begin{pmatrix} -6 \\ 16 \\ 2 \end{pmatrix}$$

Mit der Komponentendarstellung können Sie jetzt Vektorgleichungen lösen.
Zum Beispiel: Bestimmen Sie den Vektor $\vec{x}$, so daß die Gleichung

$$\vec{x} + \begin{pmatrix} 2 \\ 0 \\ -1 \end{pmatrix} = \begin{pmatrix} 3 \\ -2 \\ 5 \end{pmatrix}$$

erfüllt ist.

Man subtrahiert

$$\vec{x} + \begin{pmatrix} 2 \\ 0 \\ -1 \end{pmatrix} - \begin{pmatrix} 2 \\ 0 \\ -1 \end{pmatrix} = \begin{pmatrix} 3 \\ -2 \\ 5 \end{pmatrix} - \begin{pmatrix} 2 \\ 0 \\ -1 \end{pmatrix}$$

und erhält

$$\vec{x} = \begin{pmatrix} 1 \\ -2 \\ 6 \end{pmatrix}$$

Ein zweites Beispiel:

$$\begin{pmatrix} -5 \\ 1 \\ 2 \end{pmatrix} - 2 \cdot \vec{x} = \begin{pmatrix} 5 \\ 3 \\ -6 \end{pmatrix}$$

Bitte lösen Sie selbst. → ⑥

$$2 \cdot \vec{x} = \begin{pmatrix} -5 \\ 1 \\ 2 \end{pmatrix} - \begin{pmatrix} 5 \\ 3 \\ -6 \end{pmatrix} = \begin{pmatrix} -10 \\ -2 \\ 8 \end{pmatrix} \; ; \; \vec{x} = \begin{pmatrix} -5 \\ -1 \\ 4 \end{pmatrix}$$

Aufgaben zu 3.2

1. Gegeben sind die Vektoren $\vec{a} = \begin{pmatrix} 2 \\ 3 \end{pmatrix}$, $\vec{b} = \begin{pmatrix} -1 \\ 0 \end{pmatrix}$, $\vec{c} = \begin{pmatrix} 4 \\ -3 \end{pmatrix}$ und $\vec{d} = \begin{pmatrix} -1 \\ -2 \end{pmatrix}$.

Bestimmen Sie $\vec{a} + \vec{b}$, $\vec{a} - \vec{b}$, $\vec{a} + \vec{b} - \vec{c}$, $\vec{d} - \vec{a} - \vec{b} - \vec{c}$, $3\vec{a} - 2\vec{b}$, $4\vec{b} + 0{,}5\vec{c} - 5\vec{d}$.

2. Lösen Sie die Gleichungen für $\vec{u} = \begin{pmatrix} -5 \\ 7 \end{pmatrix}$, $\vec{v} = \begin{pmatrix} -3 \\ -4 \end{pmatrix}$.

a) $\vec{u} + \vec{x} = \vec{v}$ b) $\vec{x} - \vec{v} = 2\vec{u}$

c) $2\vec{x} + 3\vec{u} = 4\vec{v}$ d) $0{,}5\vec{u} - 5\vec{x} = 6\vec{v}$

3. Gegeben sind die Vektoren $\vec{a} = \begin{pmatrix} 5 \\ -2 \end{pmatrix}$, $\vec{b} = \begin{pmatrix} 7 \\ 10 \end{pmatrix}$, $\vec{c} = \begin{pmatrix} -4 \\ 0 \end{pmatrix}$.

Bestimmen Sie den Vektor $\vec{d}$ so, daß

a) $\vec{a} + \vec{b} + \vec{c} + \vec{d}$ b) $3\vec{a} - 5\vec{b} + \vec{c} - 2\vec{d}$

einen geschlossenen Vektorzug darstellt.

3.3 Betrag eines Vektors in Komponentenschreibweise

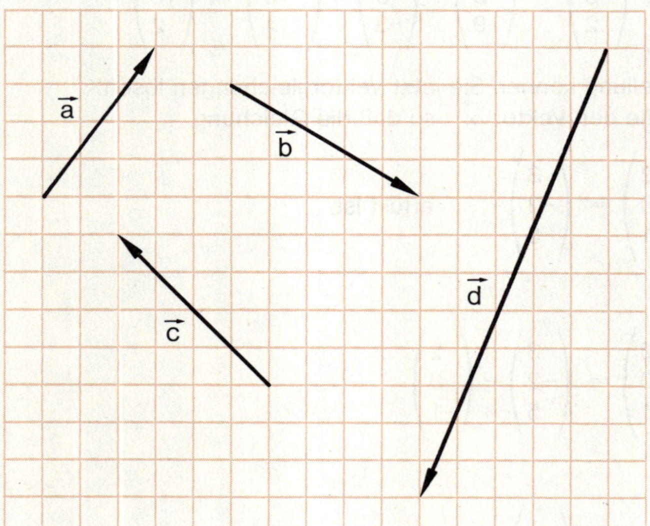

Auch den **Betrag eines Vektors** kann man in der Komponentenschreibweise ausrechnen. Der Betrag eines Vektors wird ja durch die Länge des Pfeiles dargestellt. Im Gitternetz bilden die beiden Komponenten des Vektors zusammen mit dem Vektorpfeil stets ein rechtwinkliges Dreieck. Also läßt sich der Satz des Pythagoras anwenden. Für den Vektor $\vec{a}$ gilt

$$|\vec{a}|^2 = a_1^2 + a_2^2$$
$$|\vec{a}|^2 = 3^2 + 4^2$$
$$|\vec{a}|^2 = 9 + 16$$
$$|\vec{a}|^2 = 25$$
$$|\vec{a}| = 5$$

Bestimmen Sie auf dieselbe Weise die Beträge der Vektoren $\vec{b}$, $\vec{c}$ und $\vec{d}$.

→ 14

Allgemein heißt das: $|\vec{v}| = \sqrt{v_1^2 + v_2^2}$

$|\vec{b}| = \sqrt{34}$

$(\vec{c}) = \sqrt{32}$ $d = \sqrt{169}$

Für die Vektoren im Raum muß man wieder mit drei Komponenten rechnen. Der Vektorpfeil ist sozusagen die Raumdiagonale im Quader aus den Komponenten a_1 , a_2 und a_3 .

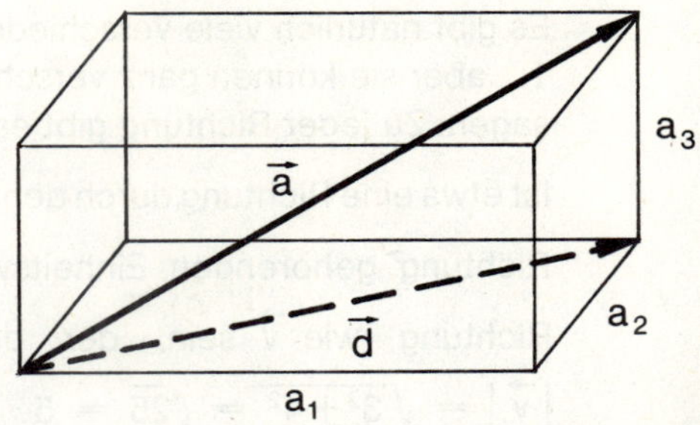

Man wendet an zwei rechtwinkligen Dreiecken den Satz des Pythagoras an. Zunächst erhält man die Länge der Diagonale der Grundfläche.

$$|\vec{d}| = \sqrt{a_1^2 + a_2^2}$$

und dann $$|\vec{a}| = \sqrt{|\vec{d}|^2 + a_3^2}$$

also $$|\vec{a}| = \sqrt{a_1^2 + a_2^2 + a_3^2}$$

Bestimmen Sie bitte mit den Formeln für den Betrag eines Vektors (in der Ebene bzw. im Raum) die Beträge der folgenden Vektoren:

In der Ebene: $\vec{a} = \begin{pmatrix} \frac{3}{5} \\ \frac{4}{5} \end{pmatrix} \Rightarrow |\vec{a}| =$ 1

$\vec{b} = \begin{pmatrix} 0 \\ 1 \end{pmatrix} \Rightarrow |\vec{b}| =$ 1

$\vec{c} = \begin{pmatrix} \frac{12}{13} \\ \frac{5}{13} \end{pmatrix} \Rightarrow |\vec{c}| =$ 1

Im Raum: $\vec{d} = \begin{pmatrix} \frac{2}{3} \\ \frac{1}{3} \\ \frac{2}{3} \end{pmatrix} \Rightarrow |\vec{d}| =$ 1

$\vec{e} = \begin{pmatrix} 1 \\ 0 \\ 0 \end{pmatrix} \Rightarrow |\vec{e}| =$ 1

$\vec{f} = \begin{pmatrix} \frac{2}{11} \\ \frac{6}{11} \\ \frac{9}{11} \end{pmatrix} \Rightarrow |\vec{f}| =$ 1

→ 7

Die eben gelösten Aufgaben führen immer zum selben Ergebnis. Es handelt sich um Vektoren mit dem Betrag 1 . Die zugehörigen Pfeile im Gitternetz haben die Länge 1 . Für solche Vektoren führt man einen besonderen Namen ein.

Ein Vektor $\vec{a}$ mit $|\vec{a}| = 1$ heißt **Einheitsvektor**.

Es gibt natürlich viele verschiedene Einheitsvektoren; sie haben zwar denselben Betrag 1, aber sie können ganz verschiedene Richtung haben. Anders ausgedrückt kann man sagen: Zu jeder Richtung gibt es einen Einheitsvektor.

Ist etwa eine Richtung durch den Vektor $\vec{v} = \begin{pmatrix} 3 \\ 4 \end{pmatrix}$ festgelegt, so kann man den zu dieser Richtung gehörenden Einheitsvektor bestimmen: Es muß ein Vektor mit derselben Richtung wie $\vec{v}$ sein, der den Betrag 1 hat. Der Vektor $\vec{v}$ hat den Betrag $|\vec{v}| = \sqrt{3^2+4^2} = \sqrt{25} = 5$. Der zugehörige Einheitsvektor darf nur $\frac{1}{5}$ dieser Länge haben.

Einen Vektor gleicher Richtung, aber anderer Länge, konnte man mit Hilfe der S-Multiplikation erhalten. Der Einheitsvektor zu $\vec{v}$ muß daher $\frac{1}{5}\vec{v} = \begin{pmatrix} 0{,}6 \\ 0{,}8 \end{pmatrix}$ sein. Prüfen Sie dies nach, indem Sie den Betrag des Vektors $\begin{pmatrix} 0{,}6 \\ 0{,}8 \end{pmatrix}$ berechnen. → (2)

$= \sqrt{0{,}36 + 0{,}64} = 1$

Den zu einem Vektor $\vec{v}$ gehörenden Einheitsvektor bezeichnet man oft als $\vec{v}^{\,0}$ (gesprochen: v oben Null). Es gilt also allgemein:

> Einheitsvektor in Richtung von $\vec{v}$ ist $\vec{v}^{\,0} = \frac{1}{|\vec{v}|} \cdot \vec{v}$

Bestimmen Sie die Vektoren $\vec{u}^{\,0}$ und $\vec{w}^{\,0}$, wenn $\vec{u} = \begin{pmatrix} 5 \\ 12 \\ 0 \end{pmatrix}$ und $\vec{w} = \begin{pmatrix} 1 \\ 1 \\ 1 \end{pmatrix}$ ist.

$u^0 = \frac{1}{\sqrt{5^2+12^2}} \cdot v = \begin{pmatrix} 5/13 \\ 12/13 \\ 0/13 \end{pmatrix}$

→ (15)

Aufgaben zu 3.3

1. Bestimmen Sie den Betrag der Vektoren $\vec{u} = \begin{pmatrix} 1 \\ 0 \end{pmatrix}$, $\vec{v} = \begin{pmatrix} 2 \\ 2 \end{pmatrix}$, $\vec{w} = \begin{pmatrix} -1 \\ 2 \end{pmatrix}$.

2. Wie groß ist $|\vec{c}|$ für $\vec{c} = \begin{pmatrix} 9 \\ -2 \\ 6 \end{pmatrix}$?

3. Ein Vektor hat die drei Komponenten x_1, x_2 und x_3. Wie groß ist x_3, wenn $x_1 = 3$, $x_2 = 2$ und $|\vec{x}| = 4$ sind?

4. Wie groß ist der Betrag von $4 \cdot \begin{pmatrix} -4 \\ 3 \\ 0 \end{pmatrix}$?

5. Welche Komponenten kann ein Vektor in der Ebene haben, wenn sein Betrag 5 ist?

6. Berechnen Sie die Einheitsvektoren $\vec{r}^{\,0}$ und $\vec{s}^{\,0}$, wenn $\vec{r} = \begin{pmatrix} 1 \\ 2 \\ -2 \end{pmatrix}$ und $\vec{s} = \begin{pmatrix} 2{,}5 \\ 0 \\ -6 \end{pmatrix}$ sind.

3.4 Vektoren im Koordinatensystem – Ortsvektoren

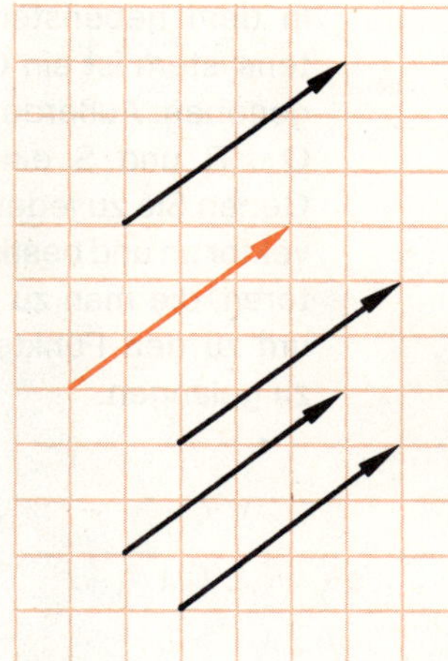

Sie wissen, daß Pfeile Vektoren darstellen können. Ein Vektor $\vec{a}$ mit den Komponenten $a_1 = 4$ und $a_2 = 3$ wird zum Beispiel durch den Pfeil dargestellt, der hier rechts rot eingezeichnet ist. Aber auch alle schwarz gezeichneten Pfeile stellen denselben Vektor dar. Sie erinnern sich sicher an Lektion 1: Eine ganze Pfeilklasse stellt einen Vektor dar.

Will man nun – wie es etwa bei der Flugüberwachung notwendig ist – eine ganz bestimmte Stelle in der Ebene oder im Raum angeben, so kommt man mit den Vektoren im Gitternetz, wie sie bisher verwendet wurden, nicht vollständig aus. Man braucht noch einen Bezugspunkt, an den man den Vektor anhängt. Dazu ergänzt man das Gitternetz durch einen Ursprungspunkt und erhält so ein Koordinatensystem mit dem Koordinaten-Nullpunkt O und den Koordinatenachsen. Hängt man jetzt den Vektor $\begin{pmatrix}4\\3\end{pmatrix}$ an den Nullpunkt des Koordinatensystems, so gibt der Vektor einen festen Ort im Koordinatensystem, nämlich den Punkt A (4 | 3) an. Einen solchen Vektor nennt man einen **Ortsvektor**.

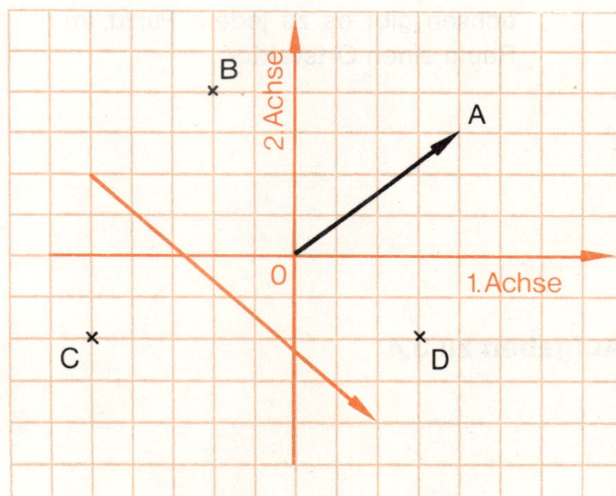

Geben Sie die Ortsvektoren an, die zu den Punkten B , C und D führen. Welcher Ortsvektor führt zum Anfangspunkt des rot gezeichneten Pfeiles?

$\vec{b} = \begin{pmatrix}-2\\4\end{pmatrix}$; $\vec{c} = \begin{pmatrix}-5\\-2\end{pmatrix}$; $\vec{d}\begin{pmatrix}3\\-2\end{pmatrix}$ $\vec{r} = \begin{pmatrix}-5\\2\end{pmatrix}$

→ (10)

Addiert man zu einem Ortsvektor einen anderen Vektor, so läßt sich das Ergebnis wieder durch einen Ortsvektor angeben.

Zum Beispiel soll zum Ortsvektor $\begin{pmatrix}1\\2\end{pmatrix}$ der Vektor $\begin{pmatrix}-3\\5\end{pmatrix}$ addiert werden. Das Ergebnis kann man als den Ortsvektor $\begin{pmatrix}-2\\7\end{pmatrix}$ auffassen.

In dem nebenstehenden Koordinatensystem ist ein Ortsvektor $\vec{p}$ vorgegeben. Außerdem sind die Punkte Q, R und S eingezeichnet.
Geben Sie zu jedem Punkt den Ortsvektor an und bestimmen Sie die Vektoren, die man zu $\vec{p}$ addieren muß, um zu den Punkten Q, R bzw. S zu gelangen.

$\vec{q} = \begin{pmatrix} 2 \\ 4 \end{pmatrix}$ $\vec{r} = \begin{pmatrix} -4 \\ 3 \end{pmatrix}$ $\vec{s} = \begin{pmatrix} 3 \\ -3 \end{pmatrix}$

$\begin{pmatrix} 5 \\ 2 \end{pmatrix} + \begin{pmatrix} -3 \\ 2 \end{pmatrix} = \begin{pmatrix} 2 \\ 4 \end{pmatrix}$ $\begin{pmatrix} 5 \\ 2 \end{pmatrix} + \begin{pmatrix} -2 \\ -5 \end{pmatrix} = \begin{pmatrix} 3 \\ -3 \end{pmatrix}$

$\begin{pmatrix} 5 \\ 2 \end{pmatrix} + \begin{pmatrix} -9 \\ 1 \end{pmatrix} = \begin{pmatrix} -4 \\ 3 \end{pmatrix}$

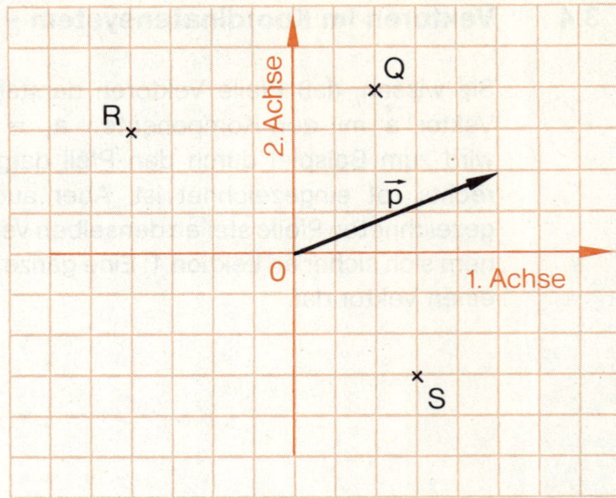

→ 17

Alle bisherigen Überlegungen gelten nicht nur in der Ebene, sondern auch im dreidimensionalen Raum. Wie alle Vektoren im Raum haben dann natürlich auch die Ortsvektoren drei Komponenten.
Durch die Festlegung eines Koordinatensystems im Raum mit dem Nullpunkt O und den drei Koordinatenachsen gibt es zu jedem Punkt im Raum einen Ortsvektor

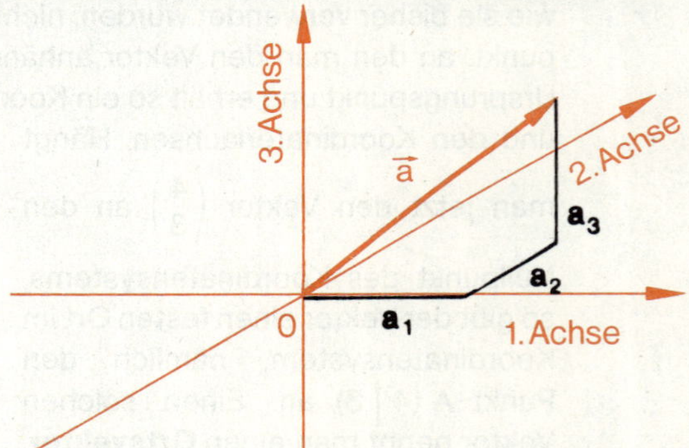

Aufgaben zu 3.4

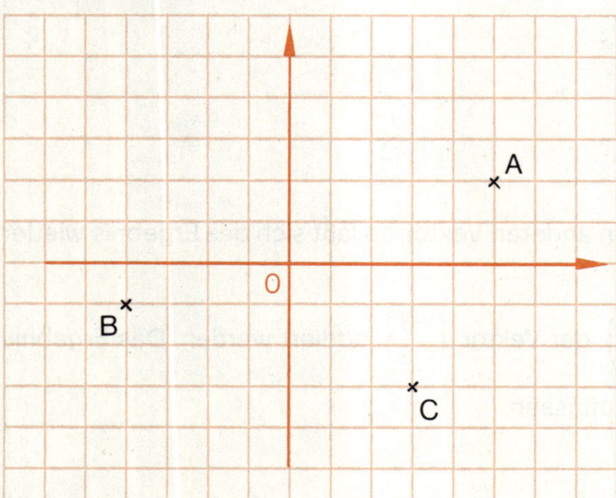

1. Geben Sie die Ortsvektoren an, die zu den Punkten A, B und C führen.
2. Welche Entfernung haben die Punkte A, B und C vom Nullpunkt?
3. Wo liegen die Punkte, deren Ortsvektoren Einheitsvektoren sind?

1. $\vec{a} = \begin{pmatrix} 5 \\ 2 \end{pmatrix}$; $\vec{b} = \begin{pmatrix} -4 \\ -1 \end{pmatrix}$; $\vec{c} = \begin{pmatrix} 3 \\ -3 \end{pmatrix}$

2. $|a| = \sqrt{29} \approx 5{,}39$

$|b| = \sqrt{17} \approx 4{,}12$

$|c| = \sqrt{18} \approx 4{,}24$

3. Auf dem Kreis um den 0-Punkt mit Radius 1.

3.5 Die vektorielle Geradengleichung

Betrachten Sie zunächst folgendes Beispiel in der Ebene:
Der zum Punkt A führende Ortsvektor sei $\vec{a} = \begin{pmatrix} 3 \\ 2 \end{pmatrix}$. Zeichnen Sie in dem Koordinatensystem die Punkte ein, die durch $\vec{a} + \vec{u}$, $\vec{a} + 2\vec{u}$, $\vec{a} + 3\vec{u}$, $\vec{a} - \vec{u}$, $\vec{a} - 2\vec{u}$ gegeben sind, wenn $\vec{u} = \begin{pmatrix} -2 \\ 1 \end{pmatrix}$ ist.

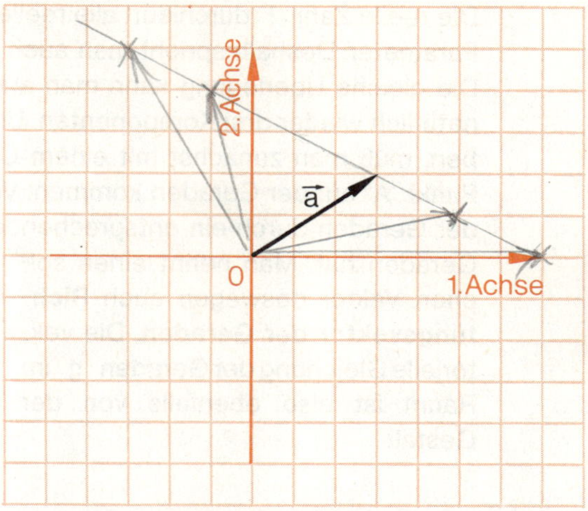

→ 3

3

Sie können feststellen, daß die so gefundenen Punkte alle auf einer Geraden g liegen. Nun soll ein beliebiges Vielfaches von $\vec{u}$ gewählt werden, indem $\vec{u}$ mit der reellen Zahl λ (griechischer Buchstabe, gesprochen: lambda) multipliziert wird. Man bildet also $\lambda \cdot \vec{u}$ und addiert es zu $\vec{a}$.
Jeder Punkt, der durch $\vec{a} + \lambda \cdot \vec{u}$ angegeben wird, liegt ebenfalls auf der oben gefundenen Geraden g.

Umgekehrt läßt sich auch jeder Punkt auf der Geraden g in der Form $\vec{a} + \lambda \cdot \vec{u}$ (mit $\lambda \in \mathbb{R}$) angeben, zum Beispiel
der Punkt B durch $\vec{a} + 1{,}5\vec{u}$;
der Punkt C durch $\vec{a} - 0{,}8\vec{u}$;
der Punkt A durch $\vec{a} + 0 \cdot \vec{u}$.

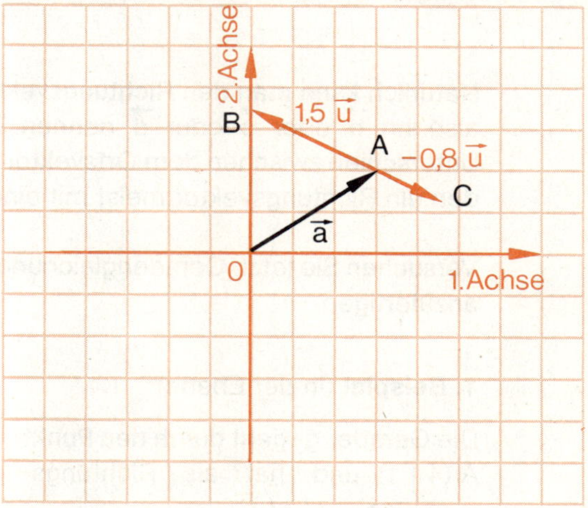

Allgemein kann man sagen:
Jeder Punkt X auf der Geraden g wird durch einen Ortsvektor der Form

$$\vec{x} = \vec{a} + \lambda \cdot \vec{u}$$

angegeben.

Man nennt daher $\vec{x} = \vec{a} + \lambda \cdot \vec{u}$ die vektorielle Gleichung der Geraden g und schreibt dafür kurz

$$g: \quad \vec{x} = \vec{a} + \lambda \cdot \vec{u}$$

Die reelle Zahl λ durchläuft alle reellen Zahlen. Eine solche Zahl nennt man auch einen Parameter. Deshalb spricht man auch von der **Parametergleichung der Geraden.**
Die gleiche Überlegung kann man auch im Raum anstellen. Die Vektoren haben dann natürlich wieder drei Komponenten. Um alle Punkte auf einer Geraden im Raum anzugeben, muß man zunächst mit einem Ortsvektor $\vec{a}$ vom Koordinatenursprung zu einem Punkt A auf der Geraden kommen. Vom Punkt A aus gelangt man zu jedem Punkt auf der Geraden durch ein entsprechendes Vielfaches eines Vektors, der die Richtung der Geraden hat. Man nennt einen solchen Vektor deswegen auch **Richtungsvektor der Geraden**. Die vektorielle Gleichung der Geraden g im Raum ist also ebenfalls von der Gestalt

$$g: \quad \vec{x} = \vec{a} + \lambda \cdot \vec{u}$$

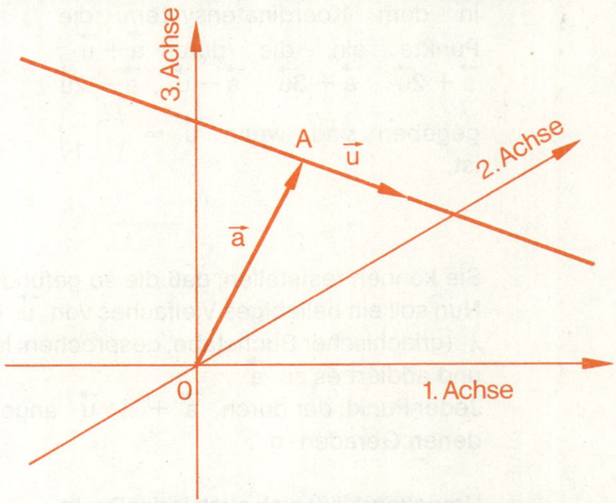

Hier rechts finden Sie ein Beispiel für eine solche Gerade im Raum.

Natürlich kann man den Richtungsvektor mit jedem beliebigen Buchstaben bezeichnen, also ihn $\vec{b}$ oder $\vec{c}$ oder $\vec{d}$ nennen. Damit man sich bei solchen Gleichungen an den Unterschied zwischen dem Ortsvektor und dem Richtungsvektor erinnert, wird im folgenden ein Richtungsvektor meist mit einem der Buchstaben $\vec{u}$, $\vec{v}$ oder $\vec{w}$ bezeichnet.

Versuchen Sie jetzt, Geradengleichungen aufzustellen und Zeichnungen dieser Geraden anzufertigen.

1. Beispiel (in der Ebene):

Die Gerade g geht durch den Punkt A (4 | 1) und hat als Richtungsvektor $\vec{u} = \begin{pmatrix}-1\\1\end{pmatrix}$.

$$g: \quad \vec{x} = \vec{a} + \lambda \cdot \vec{u}$$

oder in Komponentenschreibweise

g: $\vec{x} = \begin{pmatrix}4\\1\end{pmatrix} + \lambda \begin{pmatrix}-1\\1\end{pmatrix}$

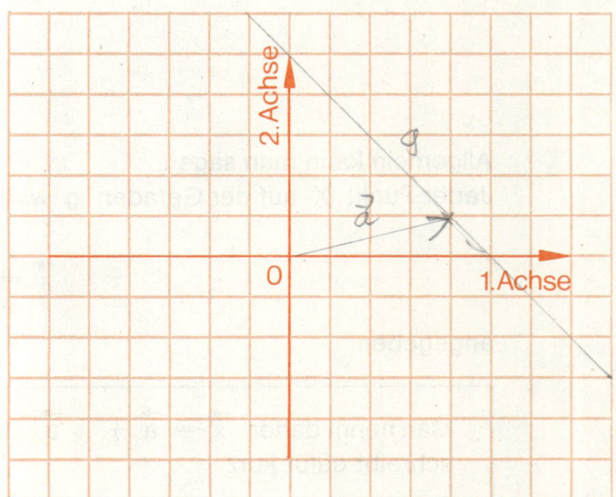

→ 13

2. Beispiel (im Raum):

Die Gerade h soll durch den Punkt B (−2 | 1 | 3) gehen und den Richtungsvektor $\vec{v} = \begin{pmatrix} 3 \\ 1 \\ 2 \end{pmatrix}$ haben.

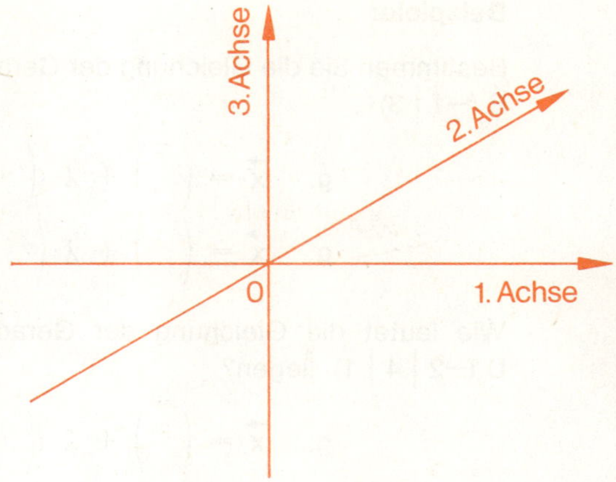

Durch den Punkt B ist der Ortsvektor $\vec{b}$ festgelegt. Die Geradengleichung muß also lauten

$$h: \quad \vec{x} = \vec{b} + \lambda \cdot \vec{v}$$

oder in Komponentenschreibweise

$$h: \quad \vec{x} = \begin{pmatrix} -2 \\ 1 \\ 3 \end{pmatrix} + \lambda \begin{pmatrix} 3 \\ 1 \\ 2 \end{pmatrix}$$

→ 8

Zur Bestimmung der Geraden wurden ein Punkt und die Richtung der Geraden angegeben. Damit ist die Gerade eindeutig festgelegt. In der Geradengleichung treten der Punkt als Ortsvektor und die Richtung als Richtungsvektor auf. Diese Form der Geradengleichung bezeichnet man daher auch als **Punkt-Richtungs-Form der Geradengleichung**.

Sie wissen, daß eine Gerade g auch eindeutig festgelegt ist, wenn man zwei Punkte auf ihr kennt. Die Punkte A und B in der Zeichnung bestimmen die Gerade g. Jeder Punkt kann durch den zugehörigen Ortsvektor angegeben werden. Aus der Zeichnung sehen Sie sofort, daß man einen Richtungsvektor der Geraden als Differenz der beiden Ortsvektoren berechnen kann.
Der rot eingezeichnete Vektor ist

$$\vec{b} - \vec{a}$$

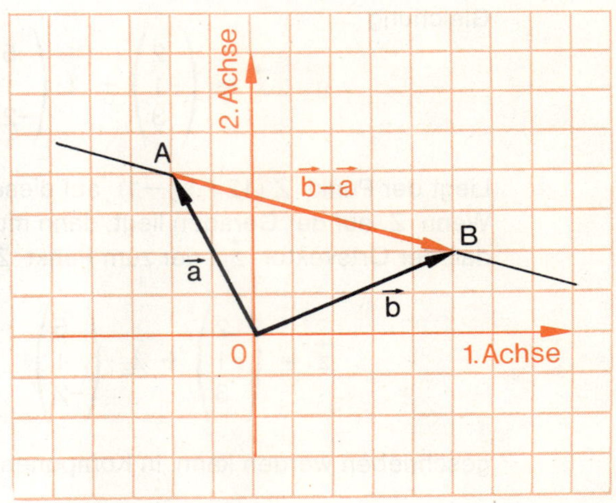

Dieser Vektor gibt die Richtung der Geraden an. Sind zwei Punkte A und B der Geraden g gegeben, so läßt sich die vektorielle Geradengleichung schreiben als

$$g: \quad \vec{x} = \vec{a} + \lambda \cdot (\vec{b} - \vec{a})$$

Diese Form heißt **Zwei-Punkte-Form der Geradengleichung**.

Beispiele:

Bestimmen Sie die Gleichung der Geraden g durch die beiden Punkte A (3 | −4) und B (−1 | 3) .

$$g:\quad \vec{x} = \begin{pmatrix} 3 \\ -4 \end{pmatrix} + \lambda \cdot \left(\begin{pmatrix} -1 \\ 3 \end{pmatrix} - \begin{pmatrix} 3 \\ -4 \end{pmatrix} \right)$$

$$g:\quad \vec{x} = \begin{pmatrix} 3 \\ -4 \end{pmatrix} + \lambda \cdot \begin{pmatrix} -4 \\ 7 \end{pmatrix}$$

→ (5)

Wie lautet die Gleichung der Geraden g , auf der die Punkte C (5 | 3 | −2) und D (−2 | 4 | 1) liegen?

$$g:\quad \vec{x} = \begin{pmatrix} 5 \\ 3 \\ -2 \end{pmatrix} + \lambda \cdot \left(\begin{pmatrix} -2 \\ 4 \\ 1 \end{pmatrix} - \begin{pmatrix} 5 \\ 3 \\ -2 \end{pmatrix} \right)$$

$$g:\quad \vec{x} = \begin{pmatrix} 5 \\ 3 \\ -2 \end{pmatrix} + \lambda \cdot \begin{pmatrix} -7 \\ 1 \\ 3 \end{pmatrix}$$

→ (11)

Wie kann man nun umgekehrt feststellen, ob ein Punkt Z auf einer Geraden g liegt oder nicht? Natürlich könnte man eine Zeichnung anfertigen und an Hand der Zeichnung den Sachverhalt prüfen. Für Geraden in der Ebene könnte die Zeichnung jedoch ungenau sein und für Geraden im Raum läßt sich aus einer Zeichnung nicht ohne weiteres erkennen, ob ein Punkt auf der Geraden liegt. Ein rechnerisches Verfahren ist auf jeden Fall einfacher.

Betrachten Sie dazu das folgende Beispiel: Gegeben ist die Gerade g durch die Gleichung

$$g:\quad \vec{x} = \begin{pmatrix} 2 \\ -1 \\ 3 \end{pmatrix} + \lambda \cdot \begin{pmatrix} 5 \\ 1 \\ -2 \end{pmatrix}$$

Liegt der Punkt Z (12 | 1 | −1) auf dieser Geraden?
Wenn Z auf der Geraden liegt, dann muß es eine bestimmte reelle Zahl λ_Z geben, so daß der Ortsvektor $\vec{z}$, der zum Punkt Z führt, als

$$\vec{z} = \begin{pmatrix} 2 \\ -1 \\ 3 \end{pmatrix} + \lambda_Z \cdot \begin{pmatrix} 5 \\ 1 \\ -2 \end{pmatrix}$$

geschrieben werden kann. In Komponenten ausgedrückt bedeutet dies: Die Gleichung

$$\begin{pmatrix} 12 \\ 1 \\ -1 \end{pmatrix} = \begin{pmatrix} z_1 \\ z_2 \\ z_3 \end{pmatrix} = \begin{pmatrix} 2 \\ -1 \\ 3 \end{pmatrix} + \lambda_Z \cdot \begin{pmatrix} 5 \\ 1 \\ -2 \end{pmatrix}$$

muß erfüllt sein. Eine Vektorgleichung ist aber genau dann erfüllt, wenn die einzelnen Komponentengleichungen erfüllt sind; hier also, wenn die drei Gleichungen

$$\begin{aligned} 12 &= 2 + 5\,\lambda_Z \\ 1 &= -1 + \lambda_Z \\ -1 &= 3 - 2\,\lambda_Z \end{aligned}$$

gelten. Aus der ersten Gleichung können Sie $\lambda_Z = 2$ bestimmen. Dieser Wert für λ_Z erfüllt auch die beiden anderen Gleichungen. Der Punkt Z liegt auf der Geraden.

Der Punkt R (−3 | −2 | 4) liegt nicht auf der Geraden g. Um dies zu sehen, müssen Sie wieder die Gleichung

$$\begin{pmatrix} -3 \\ -2 \\ 4 \end{pmatrix} = \begin{pmatrix} 2 \\ -1 \\ 3 \end{pmatrix} + \lambda_R \cdot \begin{pmatrix} 5 \\ 1 \\ -2 \end{pmatrix}$$

bzw. im einzelnen die drei Komponentengleichungen

$$\begin{aligned} -3 &= 2 + 5\lambda_R \\ -2 &= -1 + \lambda_R \\ 4 &= 3 - 2\lambda_R \end{aligned}$$

betrachten. Aus der ersten Gleichung ergibt sich $\lambda_R = -1$. Dieser Wert für die erste Gleichung erfüllt auch noch die zweite Gleichung, jedoch nicht mehr die dritte. Da nicht alle drei Gleichungen erfüllt sind, liegt R nicht auf g.

Aufgaben zu 3.5

1. Geben Sie drei Punkte an, die auf der Geraden g: $\vec{x} = \begin{pmatrix} 4 \\ -1 \end{pmatrix} + \lambda \cdot \begin{pmatrix} 2 \\ 3 \end{pmatrix}$ liegen.

2. Welche vektoriellen Gleichungen haben die Winkelhalbierenden in einem ebenen Koordinatensystem?

3. Liegt der Punkt A (5 | 12), der Punkt B (−3 | −1) auf der Geraden mit der Gleichung $\vec{x} = \begin{pmatrix} 1 \\ 2 \end{pmatrix} + \lambda \cdot \begin{pmatrix} 2 \\ 5 \end{pmatrix}$?

4. Wie lautet die Gleichung der Geraden g durch den Punkt (1 | 0 | −1) mit dem Richtungsvektor $\begin{pmatrix} 0 \\ -1 \\ 2 \end{pmatrix}$?

[5.] Welche Lage hat die Gerade a) $\vec{x} = \lambda \cdot \begin{pmatrix} 0 \\ 0 \\ 1 \end{pmatrix}$ b) $\vec{x} = \lambda \cdot \begin{pmatrix} 1 \\ 1 \\ 1 \end{pmatrix}$?

6. Geben Sie die Gleichung der Geraden durch die Punkte A (2 | 0 | −1) und B (5 | 3 | 1) an.

7. Liegen die Punkte K (3 | 2 | 1) und L (−2 | 3 | −4) auf der Geraden

g: $\vec{x} = \begin{pmatrix} 0 \\ 5 \\ -2 \end{pmatrix} + \lambda \cdot \begin{pmatrix} 1 \\ 1 \\ 1 \end{pmatrix}$?

3.6 Die vektorielle Ebenengleichung

Zwei Geraden im Raum können verschiedene Lagen zueinander haben. Sie können

1. **parallel** sein

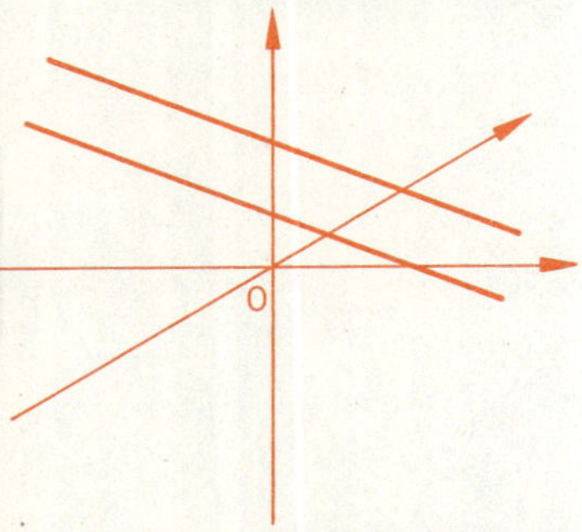

2. **sich schneiden**

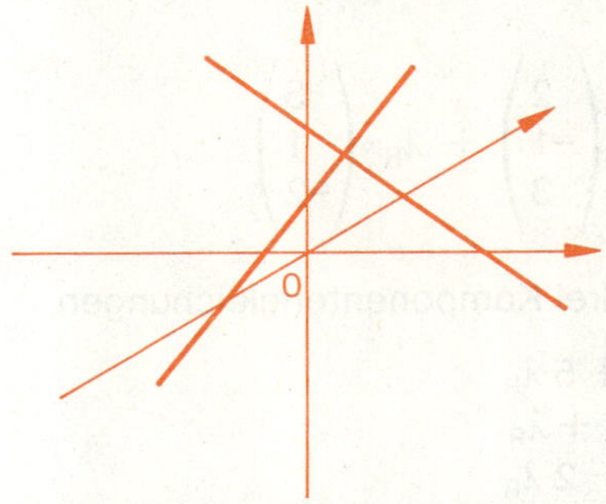

3. **windschief** sein

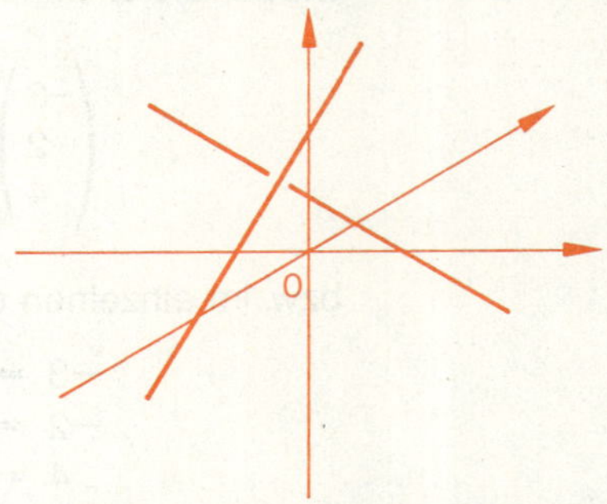

Den dritten Fall kann man sich wahrscheinlich am wenigsten vorstellen. Eine Hilfe ist vielleicht, zwei lange Stäbe so im Raum zu halten, daß sie nicht parallel sind, sich aber auch sicher nicht schneiden. Denken Sie etwa an die Bahnen zweier Flugzeuge, die nicht parallel verlaufen und so liegen müssen, daß es auf keinen Fall einen Zusammenstoß geben kann. Die verschiedenen Lagen von Geraden im Raum zueinander werden in der folgenden Lektion noch genauer betrachtet. Jetzt soll nur festgehalten werden, daß zwei sich schneidende Geraden auf einer Ebene liegen, zwei windschiefe jedoch nicht. Auch dies können Sie sich praktisch klarmachen, wenn Sie die zwei langen Stäbe einmal so halten, daß ein Schnittpunkt auftritt und einmal so halten, daß kein Schnittpunkt entstehen kann. Lassen Sie jedesmal jemanden versuchen, einen ebenen Karton an beide Geraden gleichzeitig anzulegen. Bei windschiefen Geraden wird dies nicht gelingen. Warum aber geht es bei sich schneidenden Geraden?

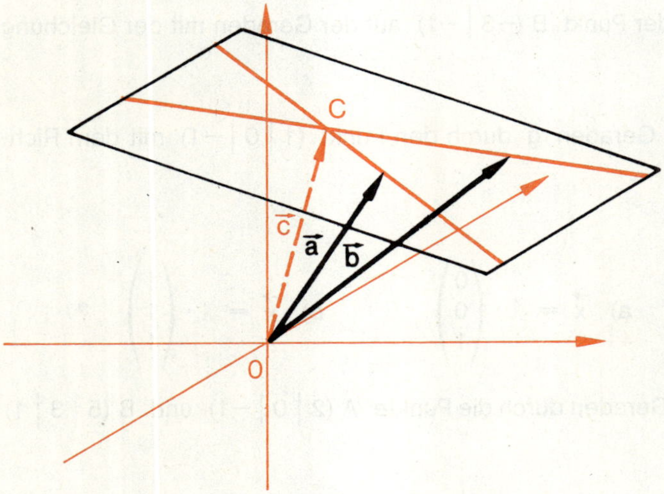

Die erste Gerade hat die Gleichung

$$g_1: \quad \vec{x} = \vec{a} + \lambda_1 \cdot \vec{u}$$

die zweite Gerade hat die Gleichung

$$g_2: \quad \vec{x} = \vec{b} + \lambda_2 \cdot \vec{v}$$

Da sich die beiden Geraden schneiden, gibt es einen Schnittpunkt C mit dem Ortsvektor $\vec{c}$. Nun läßt sich die Gleichung einer jeden Geraden mit dem Ortsvektor $\vec{c}$ schreiben, denn $\vec{c}$ führt sowohl zu g_1 als auch zu g_2. Also

$$g_1: \quad \vec{x} = \vec{c} + \lambda \cdot \vec{u} \qquad \text{und} \qquad g_2: \quad \vec{x} = \vec{c} + \mu \cdot \vec{v}$$

(Als zweiter Parameter ist hier das griechische m geschrieben worden: μ, gesprochen mü.)

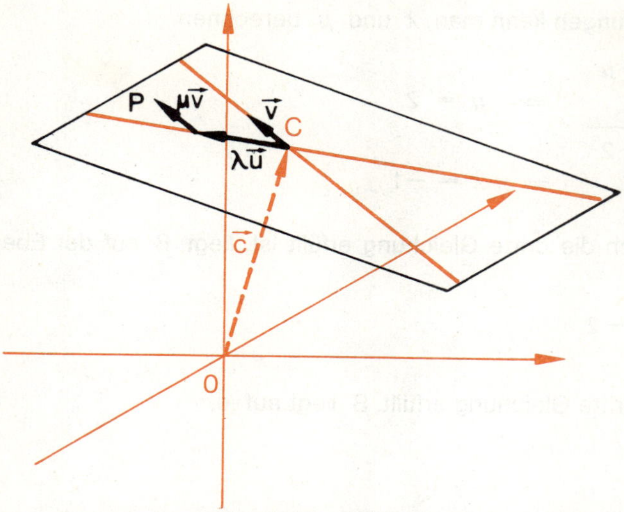

Will man nun zu irgendeinem Punkt P der Ebene gelangen, so muß man zunächst mit dem Ortsvektor $\vec{c}$ zum Punkt C gehen, dann muß man ein entsprechendes Vielfaches von $\vec{u}$ und anschließend ein entsprechendes Vielfaches von $\vec{v}$ weitergehen.

3

Bei entsprechender Wahl von λ und μ läßt sich tatsächlich jeder Punkt der Ebene erreichen. Umgekehrt führt jede Wahl von λ und μ immer zu einem Punkt auf der Ebene, denn es gibt vom Punkt C aus keinen Richtungsvektor, der aus der Ebene herausführt.

Die vektorielle Gleichung der Ebene e lautet also:

$$e: \quad \vec{x} = \vec{a} + \lambda \cdot \vec{u} + \mu \cdot \vec{v}$$

λ und μ durchlaufen unabhängig voneinander alle reellen Zahlen. Die Ebene wird hierbei bestimmt durch einen Punkt und zwei Richtungen. Man spricht von der **Punkt-Richtungs-Form der Ebenengleichung**. Die beiden Richtungen dürfen natürlich nicht parallel sein, sonst käme man nur zu den Punkten einer Geraden.

Ist eine Ebenengleichung gegeben, so kann man nachprüfen, ob ein bestimmter Punkt auf der Ebene liegt oder nicht. Zum Beispiel:

Es sei $\quad e: \quad \vec{x} = \begin{pmatrix} 1 \\ 2 \\ -1 \end{pmatrix} + \lambda \cdot \begin{pmatrix} -3 \\ 0 \\ 2 \end{pmatrix} + \mu \cdot \begin{pmatrix} 1 \\ 1 \\ -1 \end{pmatrix}$ und B (6 | 4 | −5).

Liegt B auf e ? Wenn das der Fall ist, muß der Ortsvektor $\vec{b}$ die Ebenengleichung erfüllen. Man muß untersuchen, ob es zwei reelle Zahlen λ und μ gibt, so daß

$$\begin{pmatrix} 6 \\ 4 \\ -5 \end{pmatrix} = \begin{pmatrix} 1 \\ 2 \\ -1 \end{pmatrix} + \lambda \cdot \begin{pmatrix} -3 \\ 0 \\ 2 \end{pmatrix} + \mu \cdot \begin{pmatrix} 1 \\ 1 \\ -1 \end{pmatrix} \quad \text{gilt,}$$

oder in drei Komponentengleichungen geschrieben:

$$\begin{aligned} 6 &= 1 - 3\lambda + \mu \\ 4 &= 2 + 0 \quad + \mu \\ -5 &= -1 + 2\lambda - \mu \end{aligned}$$

Aus den ersten beiden Gleichungen kann man λ und μ berechnen.

$$\begin{aligned} 6 &= 1 - 3\lambda + \mu \\ 4 &= 2 + \mu \qquad \Rightarrow \quad \mu = 2 \\ \hline 6 &= 1 - 3\lambda + 2 \\ 3 &= -3\lambda \qquad \Rightarrow \quad \lambda = -1 \end{aligned}$$

Wenn mit diesen Werten auch die dritte Gleichung erfüllt ist, liegt B auf der Ebene, andernfalls nicht.

$$\begin{aligned} -5 &= -1 - 2 - 2 \\ -5 &= -5 \end{aligned}$$

Tatsächlich ist hier auch die dritte Gleichung erfüllt. B liegt auf e.

Aufgaben zu 3.6

1. Wie lautet die Gleichung der Ebene e durch den Punkt A (−2 | 0 | 3), die von den Vektoren $\vec{u} = \begin{pmatrix} -1 \\ 1 \\ 0 \end{pmatrix}$ und $\vec{v} = \begin{pmatrix} 5 \\ 3 \\ 1 \end{pmatrix}$ aufgespannt wird?

2. Eine Ebene sei durch die Gleichung e: $\vec{x} = \begin{pmatrix} 3 \\ -2 \\ 8 \end{pmatrix} + \lambda \cdot \begin{pmatrix} -1 \\ 1 \\ 0 \end{pmatrix} + \mu \cdot \begin{pmatrix} 4 \\ -5 \\ 2 \end{pmatrix}$ gegeben. Geben Sie drei verschiedene Punkte dieser Ebene an.

3. Die beiden Geraden g_1: $\vec{x} = \begin{pmatrix} 1 \\ 0 \\ 1 \end{pmatrix} + \lambda \cdot \begin{pmatrix} 1 \\ 2 \\ 3 \end{pmatrix}$ und g_2: $\vec{x} = \begin{pmatrix} 10 \\ 4 \\ 0 \end{pmatrix} + \mu \cdot \begin{pmatrix} -1 \\ 0 \\ 1 \end{pmatrix}$ schneiden sich im Punkt S (3 | 4 | 7). Geben Sie die Gleichung der Ebene an, in der die beiden Geraden liegen.

4. Welche der Punkte O (0 | 0 | 0), A (2 | −6 | 4) und B (2 | 6 | −4) liegen auf der Ebene e: $\vec{x} = \begin{pmatrix} 1 \\ -3 \\ 2 \end{pmatrix} + \lambda \cdot \begin{pmatrix} 2 \\ 3 \\ 0 \end{pmatrix} + \mu \cdot \begin{pmatrix} 3 \\ 0 \\ 2 \end{pmatrix}$?

Wiederholungsaufgaben

1. Bestimmen Sie die Beträge der Vektoren $\vec{a} = \begin{pmatrix} 2 \\ -1 \\ 2 \end{pmatrix}$, $\vec{b} = \begin{pmatrix} 0 \\ 5 \\ 3 \end{pmatrix}$, $\vec{c} = \begin{pmatrix} 12 \\ -5 \\ 0 \end{pmatrix}$.

2. Bilden Sie mit $\vec{a}$, $\vec{b}$ und $\vec{c}$ aus Aufgabe 1:

a) $\vec{a} - \vec{b} + \vec{c}$ b) $2\vec{a} - 3\vec{c}$ c) $3\vec{a} - 2\vec{b} + 5\vec{c}$

d) $-2\vec{a} + 3\vec{c}$ e) $1{,}5\vec{a} + 2{,}5\vec{b} - 0{,}5\vec{c}$

3. Lösen Sie die Gleichungen:

a) $\vec{x} + \vec{a} = \vec{b}$ b) $2\vec{x} - \vec{b} = 3\vec{c}$ c) $1{,}5\vec{a} - 3\vec{x} = 2{,}5\vec{c}$

($\vec{a}$, $\vec{b}$ und $\vec{c}$ wie in Aufgabe 1)

4. Welches sind die zu den Vektoren $\vec{a}$, $\vec{b}$ und $\vec{c}$ aus Aufgabe 1 gehörenden Einheitsvektoren?

5. Bestimmen Sie die Gleichung der Geraden durch die Punkte A (1 | 0 | −2) und B (0 | 3 | 4). Liegt C (2 | −1 | 2) auf dieser Geraden?

[6.] Wie lautet die Gleichung der Ebene, die durch die drei Punkte P (1 | 0 | 2), Q (3 | 3 | 3) und R (−4 | 1 | 0) geht? Liegt der Punkt S (1 | 1 | 1) auf dieser Ebene?

7. Liegt der Nullpunkt in der Ebene des Dreiecks ABC mit A (1 | −3 | 2), B (4 | −3 | 2) und C (3 | 0 | 2)?

8. Sind die Geraden g_1 und g_2 parallel?

a) g_1: $\vec{x} = \begin{pmatrix} 1 \\ 3 \end{pmatrix} + \lambda_1 \cdot \begin{pmatrix} 4 \\ 5 \end{pmatrix}$ g_2: $\vec{x} = \begin{pmatrix} 0 \\ 5 \end{pmatrix} + \lambda_2 \cdot \begin{pmatrix} 6 \\ 7{,}5 \end{pmatrix}$

b) g_1: $\vec{x} = \begin{pmatrix} 4 \\ 0 \\ -3 \end{pmatrix} + \lambda_1 \cdot \begin{pmatrix} -1 \\ 2 \\ -3 \end{pmatrix}$ g_2: $\vec{x} = \begin{pmatrix} 0 \\ 1 \\ 1 \end{pmatrix} + \lambda_2 \cdot \begin{pmatrix} 2 \\ -4 \\ 6 \end{pmatrix}$

9. Wie lautet die Gleichung der Ebene e, die den Punkt P (1 | 1 | 1) und die Gerade

g: $\vec{x} = \begin{pmatrix} 1 \\ 0 \\ 0 \end{pmatrix} + \lambda \cdot \begin{pmatrix} 2 \\ 1 \\ 0 \end{pmatrix}$ enthält?

4. Vektoren in der Geometrie II

Vor der Sendung

Diese Lektion wird die Überlegungen der vorhergehenden aufgreifen und weiterführen. Sie müssen also die vektorielle Geradengleichung und die Ebenengleichung kennen und mit ihnen umgehen können. Bei der Frage nach den Schnittpunkten von Geraden und Ebenen treten lineare Gleichungssysteme mit zwei und drei Unbekannten auf. Sie benötigen die Lösungsverfahren solcher Gleichungssysteme aus der Algebra (vgl. TK I, Algebra Band 2, Lektionen 21 bis 24).
Bei der Herleitung der Komponentendarstellung des Skalarprodukts wird eine Formel aus der Trigonometrie benutzt, nämlich für die Kosinusfunktion der Differenz zweier Winkel. Diese Formel finden Sie im Band Trigonometrie auf Seite 131.
Es ist $\cos(\alpha - \beta) = \cos\alpha \cos\beta + \sin\alpha \sin\beta$.

Übersicht

1. **Zwei Geraden im Raum** können unterschiedlich zueinander liegen: Sie können zueinander parallel sein (im Spezialfall sogar identisch), sie können sich schneiden oder sie können windschief zueinander sein. Die Parallelität von Geraden erkennt man an den Richtungsvektoren. Ob zwei Geraden sich schneiden oder zueinander windschief sind, muß in der Regel durch eine Rechnung gefunden werden.

2. Der **Schnittpunkt zweier Geraden** läßt sich errechnen, wenn man die rechten Seiten der beiden Geradengleichungen gleich setzt. Man erhält dann ein lineares Gleichungssystem mit den beiden Unbekannten λ und μ . Ist das Gleichungssystem lösbar, so schneiden sich die Geraden.

3. Sind zwei Vektoren $\vec{u} = \begin{pmatrix} u_1 \\ u_2 \\ u_3 \end{pmatrix}$ und $\vec{v} = \begin{pmatrix} v_1 \\ v_2 \\ v_3 \end{pmatrix}$ mit ihren Komponenten gegeben, so ist

   das **Skalarprodukt in Komponentenschreibweise:**

$$\vec{u} \cdot \vec{v} = \begin{pmatrix} u_1 \\ u_2 \\ u_3 \end{pmatrix} \cdot \begin{pmatrix} v_1 \\ v_2 \\ v_3 \end{pmatrix} = u_1v_1 + u_2v_2 + u_3v_3$$

   Mit Hilfe des Skalarproduktes läßt sich entscheiden, ob zwei Geraden senkrecht zueinander sind.

4. Auch **Gerade und Ebene** können verschiedene Lagen zueinander haben. Eine Gerade kann parallel zu einer Ebene liegen. Dann liegt sie entweder ganz in der Ebene oder sie trifft die Ebene gar nicht. Ist eine Gerade nicht parallel zu einer Ebene, dann haben Gerade und Ebene einen Schnittpunkt.

4.1 Zwei Geraden im Raum

Schon im letzten Abschnitt der vorhergehenden Lektion war gezeigt worden, daß zwei Geraden im Raum verschiedene Lagen zueinander haben können. Zum Beispiel können sie parallel zueinander liegen. Kann man die **Parallelität zweier Geraden** an ihren Gleichungen erkennen? Betrachten Sie die beiden Gleichungen

$$g_1: \quad \vec{x} = \begin{pmatrix} 1 \\ 0 \\ -2 \end{pmatrix} + \lambda \cdot \begin{pmatrix} 3 \\ -1 \\ 4 \end{pmatrix}$$

$$g_2: \quad \vec{x} = \begin{pmatrix} 2 \\ 5 \\ -3 \end{pmatrix} + \mu \cdot \begin{pmatrix} 3 \\ -1 \\ 4 \end{pmatrix}$$

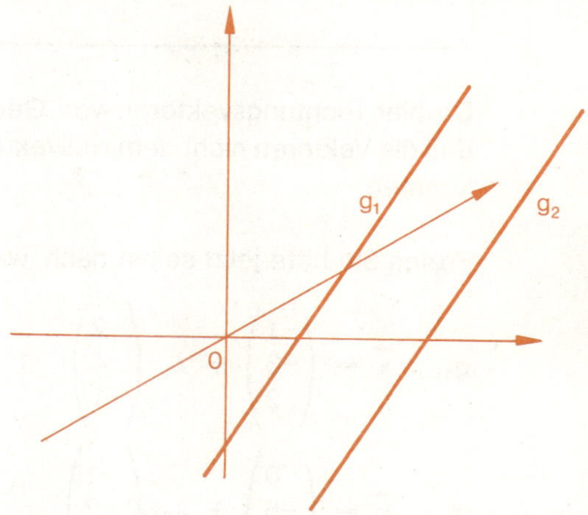

4

Die Geraden g_1 und g_2 haben denselben Richtungsvektor $\begin{pmatrix} 3 \\ -1 \\ 4 \end{pmatrix}$. Da der Richtungsvektor die Richtung der Geraden bestimmt, müssen diese beiden Geraden parallel sein. Aber nicht immer sieht man die Parallelität so einfach. Zum Beispiel bei diesen beiden Gleichungen:

$$g_1: \quad \vec{x} = \begin{pmatrix} 1 \\ 0 \\ -2 \end{pmatrix} + \lambda \cdot \begin{pmatrix} 3 \\ -1 \\ 4 \end{pmatrix} \quad \text{und} \quad g_2: \quad \vec{x} = \begin{pmatrix} 2 \\ 5 \\ -3 \end{pmatrix} + \mu \cdot \begin{pmatrix} -6 \\ 2 \\ -8 \end{pmatrix}$$

Die Richtungsvektoren sind nicht gleich; trotzdem sind die beiden Geraden parallel. Dies läßt sich an den Richtungsvektoren ablesen. Die Geraden haben dieselbe Richtung, aber nicht denselben Richtungsvektor. Die beiden Richtungsvektoren unterscheiden sich jedoch nicht in ihrer Richtung, sondern nur in ihrem Betrag. Das bedeutet: ein Richtungsvektor ist ein Vielfaches des anderen Richtungsvektors. Es ist nämlich

$$\begin{pmatrix} -6 \\ 2 \\ -8 \end{pmatrix} = -2 \cdot \begin{pmatrix} 3 \\ -1 \\ 4 \end{pmatrix}$$

Von der S-Multiplikation her wissen Sie schon, daß alle Vektoren $k \cdot \vec{a}$ mit $k \in \mathbb{R}^*$ die gleiche oder entgegengesetzte Richtung haben. Das ist aber gleichbedeutend mit der Parallelität.

Für solche Fälle, in denen ein Vektor das Vielfache des anderen Vektors ist, hat man in der Mathematik einen besonderen Begriff eingeführt: Man nennt solche Vektoren **linear abhängig**.

> Zwei vom Nullvektor verschiedene Vektoren $\vec{u}$ und $\vec{v}$ heißen **linear abhängig**, wenn es eine reelle Zahl k gibt, so daß
>
> $$\vec{u} = k \cdot \vec{v}$$

Da hier Richtungsvektoren von Geraden betrachtet werden, ist es selbstverständlich, daß die Vektoren nicht dem Nullvektor gleich sind, da sonst gar keine Geraden entstehen könnten.

Prüfen Sie bitte jetzt selbst nach, welche der vier Geraden zueinander parallel sind.

$$g_1: \quad \vec{x} = \begin{pmatrix} -1 \\ -3 \\ 2 \end{pmatrix} + \lambda_1 \cdot \begin{pmatrix} 2 \\ 4 \\ -1 \end{pmatrix} \qquad g_2: \quad \vec{x} = \begin{pmatrix} -1 \\ -3 \\ 2 \end{pmatrix} + \lambda_2 \cdot \begin{pmatrix} 2 \\ 3 \\ -1 \end{pmatrix}$$

$$g_3: \quad \vec{x} = \begin{pmatrix} 0 \\ -5 \\ 3 \end{pmatrix} + \lambda_3 \cdot \begin{pmatrix} -1 \\ -2 \\ 0{,}5 \end{pmatrix} \qquad g_4: \quad \vec{x} = \begin{pmatrix} 1 \\ 1 \\ 1 \end{pmatrix} + \lambda_4 \cdot \begin{pmatrix} 1 \\ 2 \\ -\frac{1}{2} \end{pmatrix}$$

$g_1 \parallel g_3$
$g_3 \parallel g_4$
$g_1 \parallel g_4$

→ 2

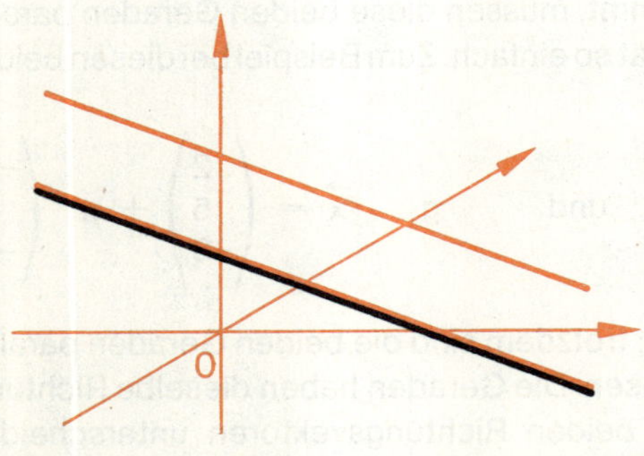

Für zwei zueinander parallele Geraden gilt: Entweder schneiden sie sich nie oder sie sind Punkt für Punkt gleich. Solche Punkt für Punkt gleichen Geraden nennt man **identische Geraden**.

Wie kann man an den Gleichungen identische Geraden erkennen? Wenn schon die Gleichungen identisch sind, also in Ortsvektor und Richtungsvektor übereinstimmen, dann ist alles klar. Wenn derselbe Ortsvektor auftritt und die Richtungsvektoren linear abhängig sind, dann sieht man auch sofort die Identität der Geraden. Die Gleichungen identischer Geraden müssen aber nicht denselben Ortsvektor aufweisen. An der Zeichnung erkennen Sie, daß ein und dieselbe Gerade g sich durch die beiden Gleichungen

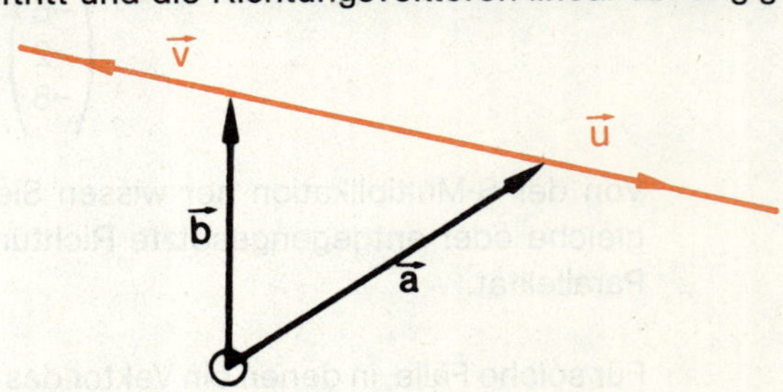

$$g_1: \quad \vec{x} = \vec{a} + \lambda \cdot \vec{u} \qquad \text{und} \qquad g_2: \quad \vec{x} = \vec{b} + \mu \cdot \vec{v}$$

oder beispielsweise mit den Komponenten ausgedrückt:

$$g_1:\quad \vec{x} = \begin{pmatrix}2\\3\\4\end{pmatrix} + \lambda\cdot\begin{pmatrix}1\\4\\-3\end{pmatrix} \quad \text{und} \quad g_2:\quad \vec{x} = \begin{pmatrix}0\\-5\\10\end{pmatrix} + \mu\cdot\begin{pmatrix}-1\\-4\\3\end{pmatrix}$$

schreiben läßt. Die Richtungsvektoren sind linear abhängig $(\vec{v} = -1\cdot\vec{u})$; damit ist die Parallelität gegeben. Wenn die Geraden identisch sind, muß sich zusätzlich der Vektor $\vec{b}$ mit der Geradengleichung $\vec{x} = \vec{a} + \lambda\cdot\vec{u}$ darstellen lassen. Es muß also ein λ geben, so daß

$$\begin{pmatrix}0\\-5\\10\end{pmatrix} = \begin{pmatrix}2\\3\\4\end{pmatrix} + \lambda\cdot\begin{pmatrix}1\\4\\-3\end{pmatrix} \quad \text{ist.}$$

Oder in Komponenten:

$$\begin{aligned} 0 &= 2+\lambda \\ -5 &= 3+4\lambda \\ 10 &= 4-3\lambda \end{aligned}$$

Diese Gleichungen werden für $\lambda = -2$ erfüllt. Damit ist gezeigt, daß die beiden Geradengleichungen dieselbe Gerade darstellen.

Die bisherigen Ergebnisse lassen sich so zusammenfassen:

Es sind zwei Geradengleichungen gegeben:

$$g_1:\quad \vec{x} = \vec{a} + \lambda\cdot\vec{u} \qquad (\vec{u} \neq \vec{o})$$

$$g_2:\quad \vec{x} = \vec{b} + \mu\cdot\vec{v} \qquad (\vec{v} \neq \vec{o})$$

g_1 ist **parallel** zu g_2 , wenn $\vec{v} = k\cdot\vec{u}$ mit $k \in \mathbb{R}$.

g_1 ist **identisch** mit g_2 , wenn zusätzlich $\vec{b} = \vec{a} + \lambda\cdot\vec{u}$ für ein $\lambda \in \mathbb{R}$.

Sind zwei Geraden g_1 und g_2 im Raum nicht parallel, so sind ihre Richtungsvektoren nicht linear abhängig. Man nennt die Vektoren in diesem Fall **linear unabhängig**.

Zwei Vektoren $\vec{u}$ und $\vec{v}$ sind **linear unabhängig,** wenn keiner als Vielfaches des anderen darstellbar ist.

Die beiden Geraden g_1 und g_2 haben dann **genau einen Schnittpunkt oder** sie sind **windschief zueinander.**
Die Gleichungen der beiden Geraden g_1 und g_2 seien:

$$g_1:\quad \vec{x} = \vec{a} + \lambda\cdot\vec{u} \qquad \text{und} \qquad g_2:\quad \vec{x} = \vec{b} + \mu\cdot\vec{v}$$

Wenn ein Schnittpunkt Z existiert, so muß dies ein gemeinsamer Punkt der beiden Geraden sein. Z muß auf g_1 **und zugleich** auf g_2 liegen. Das bedeutet ja gerade Schnittpunkt. Für den Ortsvektor $\vec{z}$, der zum Punkt Z führt, muß gelten:

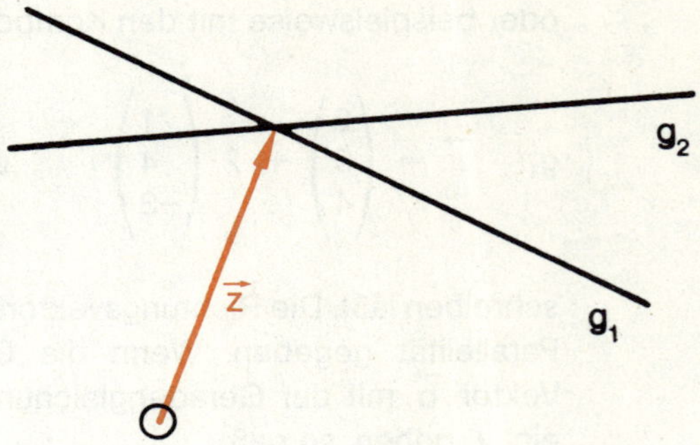

$$\vec{z} = \vec{a} + \lambda_Z \cdot \vec{u}$$

für ein bestimmtes λ_Z

und

$$\vec{z} = \vec{b} + \mu_Z \cdot \vec{v}$$

für ein bestimmtes μ_Z .

Also kann man die rechten Seiten gleichsetzen:

$$\vec{a} + \lambda_Z \cdot \vec{u} = \vec{b} + \mu_Z \cdot \vec{v}$$

Das ergibt in Komponenten geschrieben wieder drei Gleichungen:

$$a_1 + \lambda_Z u_1 = b_1 + \mu_Z v_1$$
$$a_2 + \lambda_Z u_2 = b_2 + \mu_Z v_2$$
$$a_3 + \lambda_Z u_3 = b_3 + \mu_Z v_3$$

mit den beiden Unbekannten λ_Z und μ_Z .

Wenn dieses Gleichungssystem lösbar ist, schneiden sich die Geraden g_1 und g_2 , andernfalls sind sie windschief zueinander.

Diese Ergebnisse kann man wieder zusammenfassen:

Es sind zwei Geradengleichungen gegeben:

g_1: $\vec{x} = \vec{a} + \lambda \cdot \vec{u}$ $\quad (\vec{u} \neq \vec{o})$

g_2: $\vec{x} = \vec{b} + \mu \cdot \vec{v}$ $\quad (\vec{v} \neq \vec{o})$

$\vec{u}$ und $\vec{v}$ sind linear unabhängig.

g_1 und g_2 schneiden sich, wenn es reelle Zahlen λ und μ gibt, so daß

$$\vec{a} + \lambda \cdot \vec{u} = \vec{b} + \mu \cdot \vec{v}$$

g_1 und g_2 sind zueinander windschief, wenn für alle reellen Zahlen λ und μ gilt

$$\vec{a} + \lambda \cdot \vec{u} \neq \vec{b} + \mu \cdot \vec{v}$$

Rechenbeispiele zur Bestimmung von Schnittpunkten von Geraden werden Sie im nächsten Abschnitt finden.

Hier folgt eine Übersicht über alle Fälle, wie zwei Geraden im Raum zueinander liegen können.

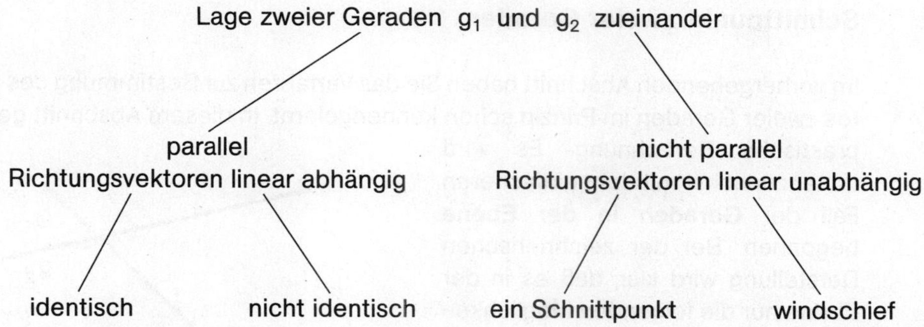

Aufgaben zu 4.1

1. Prüfen Sie auf Parallelität.

g_1: $\vec{x} = \begin{pmatrix} 2 \\ -1 \end{pmatrix} + \lambda \cdot \begin{pmatrix} 4 \\ -8 \end{pmatrix}$ $\qquad$ g_2: $\vec{x} = \begin{pmatrix} 0 \\ 1 \end{pmatrix} + \mu \cdot \begin{pmatrix} -1 \\ 2 \end{pmatrix}$

2. Welche Geraden sind zueinander parallel, welche sind sogar identisch?

g_1: $\vec{x} = \begin{pmatrix} 0 \\ 2 \\ 4 \end{pmatrix} + \lambda_1 \cdot \begin{pmatrix} 1 \\ -2 \\ 1 \end{pmatrix}$ $\qquad$ g_2: $\vec{x} = \begin{pmatrix} 4 \\ 2 \\ 0 \end{pmatrix} + \lambda_2 \cdot \begin{pmatrix} -5 \\ 10 \\ -5 \end{pmatrix}$

g_3: $\vec{x} = \begin{pmatrix} 3 \\ -4 \\ 7 \end{pmatrix} + \lambda_3 \cdot \begin{pmatrix} 0,5 \\ -1 \\ 0,5 \end{pmatrix}$ $\qquad$ g_4: $\vec{x} = \begin{pmatrix} 3 \\ -4 \\ 7 \end{pmatrix} + \lambda_4 \cdot \begin{pmatrix} 3 \\ 6 \\ 3 \end{pmatrix}$

3. Es sei $\vec{a} = \begin{pmatrix} 2 \\ 1 \\ -3 \end{pmatrix}$, $\vec{b} = \begin{pmatrix} -4 \\ -2 \\ 6 \end{pmatrix}$, $\vec{c} = \begin{pmatrix} -2 \\ 4 \\ 6 \end{pmatrix}$

Prüfen Sie auf lineare Abhängigkeit

a) $\vec{a}$ und $\vec{b}$ $\qquad$ b) $\vec{a}$ und $\vec{c}$ $\qquad$ c) $\vec{b}$ und $\vec{c}$ $\qquad$ d) $\vec{a}+\vec{b}$ und $\vec{c}$

e) $\vec{a}+\vec{b}$ und $\vec{b}+\vec{c}$

4.2 Schnittpunkt zweier Geraden

Im vorhergehenden Abschnitt haben Sie das Verfahren zur Bestimmung des Schnittpunktes zweier Geraden im Prinzip schon kennengelernt. In diesem Abschnitt geht es um die praktische Berechnung. Es wird daher zunächst mit dem einfacheren Fall der **Geraden in der Ebene** begonnen. Bei der zeichnerischen Darstellung wird klar, daß es in der Ebene nur die folgenden Möglichkeiten gibt:

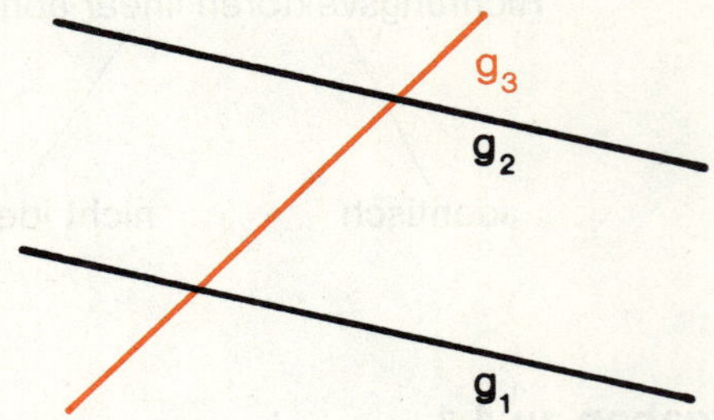

1. Zwei Geraden sind parallel, evtl. sogar identisch.
2. Zwei Geraden haben genau einen Schnittpunkt.

Der Fall windschiefer Geraden kann in der Ebene nicht eintreten.

Wenn man die Lage, die zwei Geraden zueinander haben, bestimmen soll, kann man so vorgehen, daß man erst auf Parallelität prüft: Sind die Richtungsvektoren linear abhängig?

Betrachten Sie das Beispiel:

$$g_1:\quad \vec{x} = \begin{pmatrix} 2 \\ 1 \end{pmatrix} + \lambda \cdot \begin{pmatrix} 1 \\ -3 \end{pmatrix} \qquad \text{und} \qquad g_2:\quad \vec{x} = \begin{pmatrix} 8 \\ -6 \end{pmatrix} + \mu \cdot \begin{pmatrix} 3 \\ 2 \end{pmatrix}$$

Die Richtungsvektoren sind linear unabhängig. Also gibt es einen Schnittpunkt. Man setzt die rechten Seiten der Geradengleichungen gleich:

$$\begin{pmatrix} 2 \\ 1 \end{pmatrix} + \lambda \cdot \begin{pmatrix} 1 \\ -3 \end{pmatrix} = \begin{pmatrix} 8 \\ -6 \end{pmatrix} + \mu \cdot \begin{pmatrix} 3 \\ 2 \end{pmatrix}$$

In Komponenten geschrieben ergibt sich ein lineares Gleichungssystem aus zwei Gleichungen mit zwei Unbekannten.

$$\begin{aligned} 2 + \lambda &= 8 + 3\mu \\ 1 - 3\lambda &= -6 + 2\mu \end{aligned}$$

Dieses Gleichungssystem wird mit einer der aus der Algebra bekannten Methoden gelöst (Additionsverfahren, Gleichsetzungsverfahren oder Einsetzungsverfahren).

$$\begin{aligned} \lambda - 3\mu &= 6 \\ -3\lambda - 2\mu &= -7 \\ \hline 3\lambda - 9\mu &= 18 \\ -3\lambda - 2\mu &= -7 \end{aligned} \qquad\qquad \begin{aligned} -11\mu &= 11 \\ \mu &= -1 \\ \hline \lambda &= 3\mu + 6 \\ \lambda &= 3 \end{aligned}$$

Der Ortsvektor, der zum Schnittpunkt S führt, ist $\vec{s} = \begin{pmatrix} 2 \\ 1 \end{pmatrix} + 3 \cdot \begin{pmatrix} 1 \\ -3 \end{pmatrix}$. Der Schnittpunkt ist also S $(5 \mid -8)$.

Nun zu einem Beispiel zweier **Geraden im Raum:**

$$g_1: \quad \vec{x} = \begin{pmatrix} 2 \\ -2 \\ 1 \end{pmatrix} + \lambda \cdot \begin{pmatrix} -1 \\ 5 \\ 3 \end{pmatrix} \quad \text{und} \quad g_2: \quad \vec{x} = \begin{pmatrix} 5 \\ 7 \\ 2 \end{pmatrix} + \mu \cdot \begin{pmatrix} 2 \\ 2 \\ -1 \end{pmatrix}$$

Die Richtungsvektoren sind linear unabhängig, d. h. die Geraden schneiden sich oder sie sind windschief. Die Entscheidung darüber bringt die Rechnung. Die rechten Seiten der Gleichungen werden gleichgesetzt:

$$\begin{pmatrix} 2 \\ -2 \\ 1 \end{pmatrix} + \lambda \cdot \begin{pmatrix} -1 \\ 5 \\ 3 \end{pmatrix} = \begin{pmatrix} 5 \\ 7 \\ 2 \end{pmatrix} + \mu \cdot \begin{pmatrix} 2 \\ 2 \\ -1 \end{pmatrix}$$

oder in Komponenten

$$\begin{aligned} 2 - \lambda &= 5 + 2\mu \\ -2 + 5\lambda &= 7 + 2\mu \\ 1 + 3\lambda &= 2 - \mu \end{aligned}$$

Das Gleichungssystem aus drei Gleichungen mit zwei Unbekannten muß gelöst werden. Dazu errechnet man λ und μ aus den beiden ersten Gleichungen.

$$\begin{aligned} -\lambda - 2\mu &= 3 \\ 5\lambda - 2\mu &= 9 \\ \hline 6\lambda \quad &= 6 \\ \lambda &= 1 \\ \hline -1 \; - 2\mu &= 3 \\ 2\mu &= -4 \\ \mu &= -2 \end{aligned}$$

Schließlich prüft man, ob die für λ und μ gefundenen Werte auch die dritte Gleichung erfüllen.

$$\begin{aligned} 1 + 3 \cdot 1 &= 2 - (-2) \\ 4 &= 4 \end{aligned}$$

Dies ist der Fall. Es gibt also einen Schnittpunkt. Sein Ortsvektor ist

$$\vec{s} = \begin{pmatrix} 2 \\ -2 \\ 1 \end{pmatrix} + 1 \cdot \begin{pmatrix} -1 \\ 5 \\ 3 \end{pmatrix} = \begin{pmatrix} 1 \\ 3 \\ 4 \end{pmatrix}$$

Der Schnittpunkt ist S (1 | 3 | 4).

Im nächsten Beispiel gibt es keinen Schnittpunkt. Die Geradengleichungen sind

$$g_1: \quad \vec{x} = \begin{pmatrix} 2 \\ -2 \\ 1 \end{pmatrix} + \lambda \cdot \begin{pmatrix} -1 \\ 5 \\ 3 \end{pmatrix} \quad \text{und} \quad g_2: \quad \vec{x} = \begin{pmatrix} 5 \\ 7 \\ 2 \end{pmatrix} + \mu \cdot \begin{pmatrix} 2 \\ 2 \\ -2 \end{pmatrix}$$

Gleichsetzen liefert die Gleichung

$$\begin{pmatrix} 2 \\ -2 \\ 1 \end{pmatrix} + \lambda \cdot \begin{pmatrix} -1 \\ 5 \\ 3 \end{pmatrix} = \begin{pmatrix} 5 \\ 7 \\ 2 \end{pmatrix} + \mu \cdot \begin{pmatrix} 2 \\ 2 \\ -2 \end{pmatrix}$$

oder in Komponenten das Gleichungssystem (bitte füllen Sie aus!)

$$\begin{aligned} 2 + (-1\lambda) &= 5 + 2\mu \\ -2 + 5\lambda &= 7 + 2\mu \\ 1 + 3\lambda &= 2 + (-2\mu) \end{aligned}$$

Führen Sie die Rechnung weiter.

→ ④

Aus den beiden ersten Gleichungen ergeben sich $\lambda = 1$ und $\mu = -2$.

Setzt man diese Werte in die dritte Gleichung ein, so entsteht ein Widerspruch:

$$\begin{aligned} 1 + 3 &\neq 2 + 4 \\ 4 &\neq 6 \end{aligned}$$

→ ①

Das Gleichungssystem ist nicht lösbar. Die beiden Geraden sind windschief zueinander.

Aufgaben zu 4.2

1. Sind die folgenden Geraden parallel, sogar identisch, oder haben sie genau einen Schnittpunkt? Bestimmen Sie gegebenenfalls den Schnittpunkt.

a) g_1: $\vec{x} = \begin{pmatrix} 7 \\ 9 \end{pmatrix} + \lambda \cdot \begin{pmatrix} 1 \\ 2 \end{pmatrix}$ $\quad$ g_2: $\vec{x} = \begin{pmatrix} 2 \\ 1 \end{pmatrix} + \mu \cdot \begin{pmatrix} 1 \\ 1 \end{pmatrix}$

b) g_1: $\vec{x} = \begin{pmatrix} 3 \\ 5 \end{pmatrix} + \lambda \cdot \begin{pmatrix} 2 \\ 3 \end{pmatrix}$ $\quad$ g_2: $\vec{x} = \begin{pmatrix} 8 \\ 2 \end{pmatrix} + \mu \cdot \begin{pmatrix} 3 \\ 1 \end{pmatrix}$

c) g_1: $\vec{x} = \begin{pmatrix} 8 \\ 4 \\ -1 \end{pmatrix} + \lambda \cdot \begin{pmatrix} 2 \\ 1 \\ -2 \end{pmatrix}$ $\quad$ g_2: $\vec{x} = \begin{pmatrix} 5 \\ 2 \\ 0 \end{pmatrix} + \mu \cdot \begin{pmatrix} 2 \\ 3 \\ 2 \end{pmatrix}$

d) g_1: $\vec{x} = \begin{pmatrix} 9 \\ 0 \\ 4 \end{pmatrix} + \lambda \cdot \begin{pmatrix} 3 \\ -\frac{1}{2} \\ 1 \end{pmatrix}$ $\quad$ g_2: $\vec{x} = \begin{pmatrix} 15 \\ -1 \\ 6 \end{pmatrix} + \mu \cdot \begin{pmatrix} -4 \\ 1 \\ -2 \end{pmatrix}$

2. Die Seiten eines Dreiecks liegen auf den Geraden g_1 , g_2 und g_3 . Berechnen Sie die Eckpunkte des Dreiecks.

$$g_1\colon \vec{x} = \begin{pmatrix} 2 \\ 5 \\ 5 \end{pmatrix} + \lambda_1 \cdot \begin{pmatrix} 1 \\ 2 \\ 1 \end{pmatrix} \qquad g_2\colon \vec{x} = \begin{pmatrix} 1 \\ -9 \\ 2 \end{pmatrix} + \lambda_2 \cdot \begin{pmatrix} 2 \\ 10 \\ 3 \end{pmatrix}$$

$$g_3\colon \vec{x} = \begin{pmatrix} -3 \\ 1 \\ 1 \end{pmatrix} + \lambda_3 \begin{pmatrix} 3 \\ 0 \\ 2 \end{pmatrix}$$

3. Die Punkte R (9 | 3 | 4) , S (10 | −4 | 0) , T (3 | 5 | 0) und U (4 | 8 | 3) bilden ein Viereck. Prüfen Sie, ob sich die Diagonalen des Vierecks schneiden. Berechnen Sie den Schnittpunkt, falls er existiert.

4

4.3 Skalarprodukt in Komponentenschreibweise

Nachdem Sie nun Vektoren durch Komponenten angeben und die Addition sowie die S-Multiplikation von Vektoren in Komponenten ausführen können, liegt es nahe, auch das Skalarprodukt von Vektoren in Komponenten zu berechnen.

Betrachten Sie dazu zunächst zwei Vektoren in der Ebene in einem Koordinatensystem.

Der Vektor $\vec{u}$ hat die Komponenten u_1 und u_2 .

Der Vektor $\vec{v}$ hat die Komponenten v_1 und v_2 .

Der Vektor $\vec{u}$ bildet mit der ersten Koordinatenachse den Winkel α .

Der Vektor $\vec{v}$ bildet mit der ersten Koordinatenachse den Winkel β .

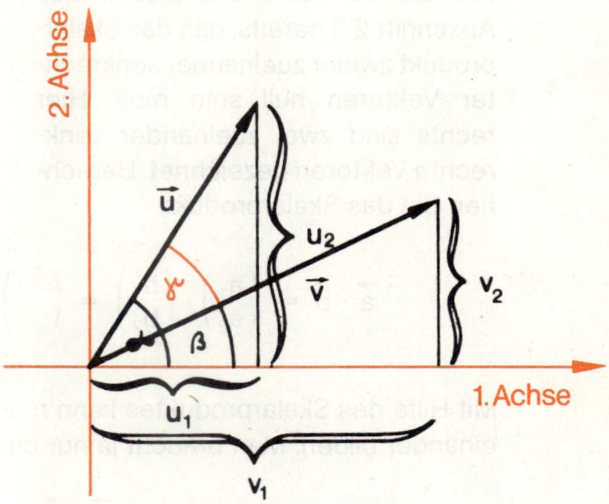

Dann gilt

$$\cos\alpha = \frac{u_1}{|\vec{u}|} \qquad \sin\alpha = \frac{u_2}{|\vec{u}|} \qquad \cos\beta = \frac{v_1}{|\vec{v}|} \qquad \sin\beta = \frac{v_2}{|\vec{v}|}$$

Der Winkel γ zwischen $\vec{u}$ und $\vec{v}$ ist die Differenz der Winkel α und β .

$$\gamma = \alpha - \beta$$

Aus Lektion 2 kennen Sie das Skalarprodukt der Vektoren $\vec{u}$ und $\vec{v}$.

$$\vec{u} \cdot \vec{v} = |\vec{u}| \cdot |\vec{v}| \cdot \cos\gamma$$

Also gilt $\vec{u} \cdot \vec{v} = |\vec{u}| \cdot |\vec{v}| \cdot \cos\gamma = |\vec{u}| \cdot |\vec{v}| \cdot \cos\,(\alpha - \beta)$

Mit der Formel für die Kosinusfunktion einer Differenz von Winkeln (vgl. TK II, Trigonometrie, Formelsammlung, Seite 131) ergibt sich daraus

$$\vec{u} \cdot \vec{v} = |\vec{u}| \cdot |\vec{v}| \cdot \cos(\alpha - \beta) = |\vec{u}| \cdot |\vec{v}| \cdot (\cos\alpha \cos\beta + \sin\alpha \sin\beta)$$

Setzt man die Werte für $\cos\alpha$, $\cos\beta$, $\sin\alpha$ und $\sin\beta$ von oben ein, so erhält man

$$\vec{u} \cdot \vec{v} = |\vec{u}| \cdot |\vec{v}| \cdot \left(\frac{u_1}{|\vec{u}|} \cdot \frac{v_1}{|\vec{v}|} + \frac{u_2}{|\vec{u}|} \cdot \frac{v_2}{|\vec{v}|} \right)$$

$$\vec{u} \cdot \vec{v} = |\vec{u}| \cdot |\vec{v}| \, \frac{u_1 v_1 + u_2 v_2}{|\vec{u}| \cdot |\vec{v}|}$$

Da sich $|\vec{u}| \cdot |\vec{v}|$ kürzen läßt, erhält man schließlich für das Skalarprodukt

$$\vec{u} \cdot \vec{v} = \begin{pmatrix} u_1 \\ u_2 \end{pmatrix} \cdot \begin{pmatrix} v_1 \\ v_2 \end{pmatrix} = u_1 v_1 + u_2 v_2$$

Dies ist eine recht einfache Formel, mit der sich ein Skalarprodukt zweier Vektoren leicht berechnen läßt. Prüfen Sie es nach. Sie wissen aus Abschnitt 2.3 bereits, daß das Skalarprodukt zweier zueinander senkrechter Vektoren null sein muß. Hier rechts sind zwei zueinander senkrechte Vektoren gezeichnet. Berechnen Sie das Skalarprodukt.

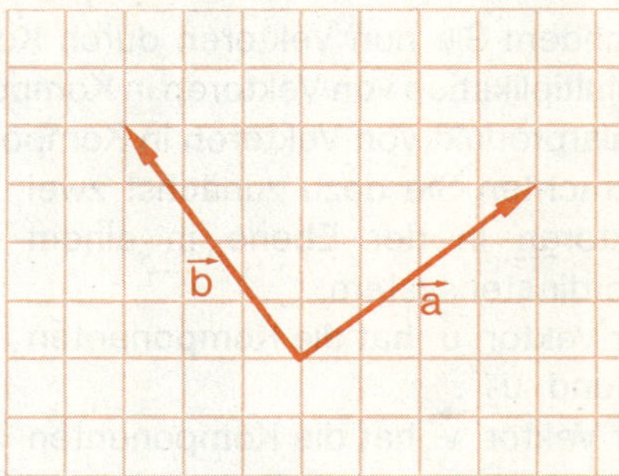

$$\vec{a} \cdot \vec{b} = \begin{pmatrix} a_1 \\ a_2 \end{pmatrix} \cdot \begin{pmatrix} b_1 \\ b_2 \end{pmatrix} = \begin{pmatrix} 4 \\ 3 \end{pmatrix} \cdot \begin{pmatrix} -3 \\ 4 \end{pmatrix} = \underline{12 - 12} = \underline{0}$$

→ (7)

Mit Hilfe des Skalarproduktes kann man den Winkel bestimmen, den zwei Vektoren miteinander bilden. Man braucht ja nur die Gleichung

$$\vec{a} \cdot \vec{b} = |\vec{a}| \cdot |\vec{b}| \cdot \cos\gamma$$

nach $\cos\gamma$ aufzulösen

$$\cos\gamma = \frac{\vec{a} \cdot \vec{b}}{|\vec{a}| \cdot |\vec{b}|}$$

Das Skalarprodukt der Vektoren $\vec{a}$ und $\vec{b}$ und die Beträge $|\vec{a}|$ und $|\vec{b}|$ können Sie mit den Komponenten berechnen.

Zum Beispiel: $\vec{a} = \begin{pmatrix} -3 \\ 4 \end{pmatrix}$ $\qquad \vec{b} = \begin{pmatrix} 12 \\ 5 \end{pmatrix}$

$|\vec{a}| = \sqrt{a_1^2 + a_2^2}$ $\qquad |\vec{b}| = \sqrt{b_1^2 + b_2^2}$

$$|\vec{a}| = \sqrt{9+16} = 5 \qquad |\vec{b}| = \sqrt{144+25} = 13$$

$$\vec{a} \cdot \vec{b} = a_1b_1 + a_2b_2$$

$$= (-3)(12) + 4 \cdot 5 = -16$$

Also wird $\cos\gamma' = \frac{-16}{5 \cdot 13}$

Mit Ihrem Taschenrechner
können Sie daraus bestimmen $\gamma' = 104{,}25°$

Als Winkel zwischen den Vektoren nimmt man stets den kleineren, also ist $\gamma = 75{,}75°$.

4

Hat man Vektoren im Raum, so muß man wieder mit jeweils drei Komponenten rechnen. Für das Skalarprodukt gilt in diesem Fall

$$\vec{u} \cdot \vec{v} = u_1v_1 + u_2v_2 + u_3v_3$$

Diese Formel kann man sich folgendermaßen erklären: Die zwei Vektoren $\vec{u}$ und $\vec{v}$ im Raum schließen den Winkel γ ein. Der Differenzvektor $\vec{u} - \vec{v}$ bildet zusammen mit $\vec{u}$ und $\vec{v}$ ein Dreieck. Quadriert man $\vec{u} - \vec{v}$, so erhält man

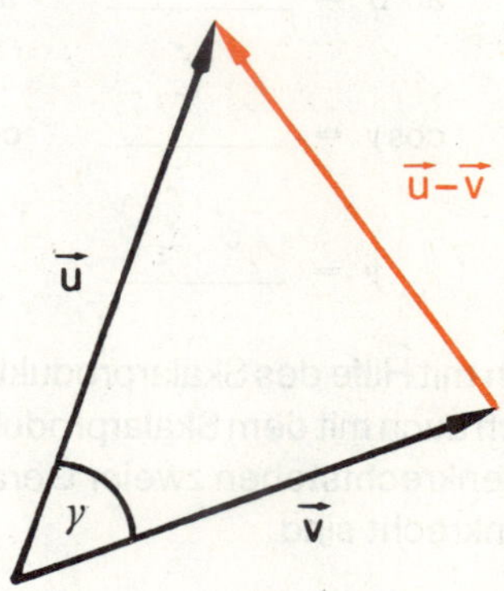

$$(\vec{u} - \vec{v})^2 = \vec{u}^{\,2} + \vec{v}^{\,2} - 2\,\vec{u} \cdot \vec{v}$$

oder nach $2\,\vec{u} \cdot \vec{v}$ aufgelöst für das Skalarprodukt

$$2\,\vec{u} \cdot \vec{v} = \vec{u}^{\,2} + \vec{v}^{\,2} - (\vec{u} - \vec{v})^2$$

Aus Abschnitt 2.3 wissen Sie, daß für jeden Vektor $\vec{a}$ gilt $\vec{a}^{\,2} = |\vec{a}|^2$, und mit Ihren Kenntnissen aus Abschnitt 3.3 können Sie die Beträge aus den Komponenten berechnen. Demnach ist

$$|\vec{u}|^2 = u_1^2 + u_2^2 + u_3^2$$

$$|\vec{v}|^2 = v_1^2 + v_2^2 + v_3^2$$

$$|\vec{u} - \vec{v}|^2 = (u_1 - v_1)^2 + (u_2 - v_2)^2 + (u_3 - v_3)^2$$

Setzt man diese Beziehungen oben ein und multipliziert die Klammern aus, so ergibt sich für das doppelte Skalarprodukt von $\vec{u}$ und $\vec{v}$

$$2\,\vec{u} \cdot \vec{v} = u_1^2 + u_2^2 + u_3^2 + v_1^2 + v_2^2 + v_3^2 - (u_1 - v_1)^2 - (u_2 - v_2)^2 - (u_3 - v_3)^2$$

$$= u_1^2 + u_2^2 + u_3^2 + v_1^2 + v_2^2 + v_3^2 - u_1^2 - v_1^2 + 2u_1v_1 - u_2^2 - v_2^2 + 2u_2v_2 - u_3^2 - v_3^2 + 2u_3v_3$$

$$= 2u_1v_1 + 2u_2v_2 + 2u_3v_3$$

$$= 2\,(u_1v_1 + u_2v_2 + u_3v_3)$$

Das bedeutet

$$\vec{u} \cdot \vec{v} = \begin{pmatrix} u_1 \\ u_2 \\ u_3 \end{pmatrix} \cdot \begin{pmatrix} v_1 \\ v_2 \\ v_3 \end{pmatrix} = u_1v_1 + u_2v_2 + u_3v_3$$

Mit dieser Formel kann man den Winkel bestimmen, den zwei Vektoren im Raum miteinander bilden. Auch hier gilt

$$\cos\gamma = \frac{\vec{u} \cdot \vec{v}}{|\vec{u}| \cdot |\vec{v}|}$$

Berechnen Sie die Winkel zwischen $\vec{a}$ und $\vec{b}$, $\vec{a}$ und $\vec{c}$ sowie $\vec{b}$ und $\vec{c}$.

$$\vec{a} = \begin{pmatrix} 2 \\ 2 \\ 1 \end{pmatrix} \qquad \vec{b} = \begin{pmatrix} 4 \\ 5 \\ 0 \end{pmatrix} \qquad \vec{c} = \begin{pmatrix} 1 \\ 1 \\ 1 \end{pmatrix}$$

Es ist $|\vec{a}| = 3$ $\qquad |\vec{b}| = \sqrt{41}$ $\qquad |\vec{c}| = \sqrt{3}$

$\vec{a} \cdot \vec{b} = 18$ $\qquad \vec{a} \cdot \vec{c} = 5$ $\qquad \vec{b} \cdot \vec{c} = 9$

$\cos\gamma = \frac{18}{3 \cdot \sqrt{41}}$ $\qquad \cos\beta = \frac{5}{3 \cdot \sqrt{3}}$ $\qquad \cos\alpha = \frac{9}{\sqrt{3} \cdot \sqrt{41}}$

$\gamma = 20{,}4^\circ$ $\qquad \beta = 15{,}8^\circ$ $\qquad \alpha = 35{,}8^\circ$ → 3

Da man mit Hilfe des Skalarprodukts den Winkel zwischen zwei Vektoren bestimmen kann, läßt sich auch mit dem Skalarprodukt untersuchen, ob zwei Geraden senkrecht zueinander sind. Senkrechtstehen zweier Geraden bedeutet ja, daß ihre Richtungsvektoren zueinander senkrecht sind.

Zum Beispiel sind die beiden Geraden in der Ebene

$$g_1: \vec{x} = \begin{pmatrix} 1 \\ 0 \end{pmatrix} + \lambda \cdot \begin{pmatrix} 2 \\ -1 \end{pmatrix} \quad \text{und} \quad g_2: \vec{x} = \begin{pmatrix} 2 \\ 3 \end{pmatrix} + \mu \cdot \begin{pmatrix} 3 \\ 6 \end{pmatrix}$$

zueinander senkrecht.

Für die Richtungsvektoren gilt nämlich: $\begin{pmatrix} 2 \\ -1 \end{pmatrix} \cdot \begin{pmatrix} 3 \\ 6 \end{pmatrix} = 2 \cdot 3 + (-1) \cdot 6 = 6 - 6 = 0$

Auch für Geraden im Raum kann man diese Methode anwenden. Prüfen Sie, ob die beiden Geraden

$$g_1: \vec{x} = \begin{pmatrix} 2 \\ 0 \\ 1 \end{pmatrix} + \lambda \cdot \begin{pmatrix} 3 \\ -2 \\ 1 \end{pmatrix} \quad \text{und} \quad g_2: \vec{x} = \begin{pmatrix} 5 \\ -2 \\ 2 \end{pmatrix} + \mu \cdot \begin{pmatrix} 1 \\ 2 \\ 1 \end{pmatrix}$$

zueinander senkrecht sind. → 6

$\begin{pmatrix} 3 \\ -2 \\ 1 \end{pmatrix} \cdot \begin{pmatrix} 1 \\ 2 \\ 1 \end{pmatrix} = 3 + (-4) + 1 = 0$ $\qquad g_1 \perp g_2$

Dieses Ergebnis sagt allerdings nur, daß die Richtungsvektoren zueinander senkrecht stehen, und sagt nichts darüber aus, ob sich die Geraden schneiden oder zueinander windschief sind. Dafür müßte man noch die Bestimmung des evtl. Schnittpunktes vornehmen.

Zum Schluß dieses Abschnittes noch eine weitere Aufgabe: In der Zeichnung ist in der Ebene die Gerade

$$g_1: \quad \vec{x} = \begin{pmatrix} 5 \\ 2 \end{pmatrix} + \lambda \cdot \begin{pmatrix} -4 \\ 3 \end{pmatrix}$$

dargestellt. Wie groß ist der Abstand des Nullpunktes von dieser Geraden?

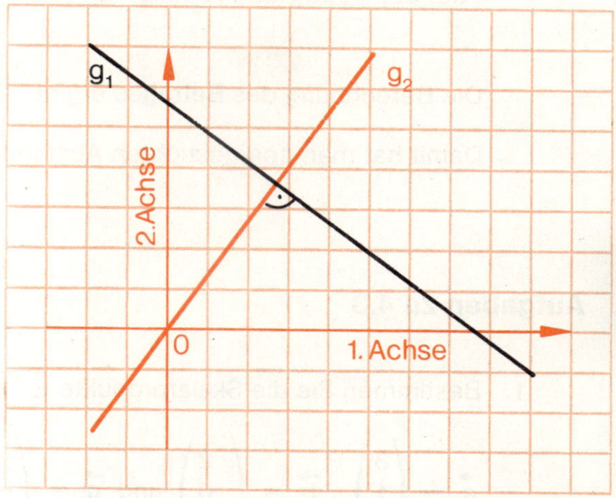

Sie wissen, daß man in der Geometrie unter dem Abstand eines Punktes von einer Geraden die kürzeste Entfernung versteht. Für den Nullpunkt wird diese kürzeste Entfernung aber dargestellt durch eine Strecke auf der Geraden g_2, die durch den Nullpunkt geht und senkrecht zur Geraden g_1 ist. Daher muß die Gleichung dieser Geraden g_2 bestimmt werden.

Von g_2 kennt man einen Punkt, nämlich den Nullpunkt $O\,(0 \mid 0)$. Der Richtungsvektor $\vec{v}$ von g_2 muß senkrecht zum Richtungsvektor von g_1 sein. Da das Skalarprodukt der beiden Richtungsvektoren null sein muß, kann man die Gleichung aufstellen

$$\vec{v} \cdot \begin{pmatrix} -4 \\ 3 \end{pmatrix} = \begin{pmatrix} v_1 \\ v_2 \end{pmatrix} \cdot \begin{pmatrix} -4 \\ 3 \end{pmatrix} = -4\,v_1 + 3\,v_2 = 0$$

Aus dieser Gleichung kann man für v_1 und v_2 mehrere Lösungen finden. Zum Beispiel ist $v_1 = 3$, $v_2 = 4$ eine Lösung. Die Gerade g_2 hat daher die Gleichung

$$\vec{x} = \mu \cdot \begin{pmatrix} 3 \\ 4 \end{pmatrix}$$

Jetzt bestimmt man den Schnittpunkt von g_1 und g_2 durch Gleichsetzen der rechten Seiten der beiden Geradengleichungen:

$$\mu \cdot \begin{pmatrix} 3 \\ 4 \end{pmatrix} = \begin{pmatrix} 5 \\ 2 \end{pmatrix} + \lambda \cdot \begin{pmatrix} -4 \\ 3 \end{pmatrix}$$

Man erhält das lineare Gleichungssystem
$$\begin{aligned} 3\mu &= 5 - 4\lambda \\ 4\mu &= 2 + 3\lambda \end{aligned}$$

und dessen Lösungen $\quad \lambda = \frac{14}{25} \qquad \mu = \frac{23}{25}$

Der Schnittpunkt der Geraden g_1 und g_2 ist der Punkt $P\left(2\frac{19}{25} \middle| 3\frac{17}{25}\right)$.
Der Abstand des Nullpunktes von der Geraden g_1 ist die Entfernung von O nach P oder der Betrag des Vektors $\vec{p} = \overrightarrow{OP} = \frac{1}{25}\begin{pmatrix} 69 \\ 92 \end{pmatrix}$.

Die Berechnung des Betrages ergibt $|\vec{p}| = \sqrt{\left(\frac{69}{25}\right)^2 + \left(\frac{92}{25}\right)^2} = 4\frac{3}{5}$

Damit hat man den gesuchten Abstand berechnet.

Aufgaben zu 4.3

1. Bestimmen Sie die Skalarprodukte $\vec{a} \cdot \vec{b}$, $\vec{b} \cdot \vec{c}$ und $\vec{c} \cdot \vec{a}$ zu den Vektoren

$$\vec{a} = \begin{pmatrix} 3 \\ 1 \\ 2 \end{pmatrix}, \vec{b} = \begin{pmatrix} 2 \\ 0 \\ -3 \end{pmatrix} \text{ und } \vec{c} = \begin{pmatrix} -5 \\ -1 \\ 1 \end{pmatrix}.$$

2. Gibt es bei den Vektoren aus Aufgabe 1 zueinander senkrechte? Welche?

3. Wie groß ist der Winkel zwischen den Vektoren $\vec{u} = \begin{pmatrix} 1 \\ 1 \end{pmatrix}$ und $\vec{v} = \begin{pmatrix} -2 \\ 5 \end{pmatrix}$?

[4.] Wie groß sind die Winkel zwischen den Vektoren aus Aufgabe 1?

[5.] Wie groß ist der Abstand des Punktes $P(1 \mid 0)$ von der Geraden

$$\vec{x} = \begin{pmatrix} -1 \\ 2 \end{pmatrix} + \lambda \cdot \begin{pmatrix} 5 \\ -2 \end{pmatrix} ?$$

4.4 Gerade und Ebene

Bisher haben Sie die Lage zweier Geraden zueinander bestimmt und gegebenenfalls den Schnittpunkt der Geraden ausgerechnet. In diesem Abschnitt geht es um die **Lage von Gerade und Ebene zueinander**. Im Raum gibt es nur drei Möglichkeiten dafür: Die Gerade liegt in der Ebene (dann ist sie natürlich auch parallel zur Ebene), die Gerade ist parallel zur Ebene, ohne in ihr zu liegen, und schließlich die Gerade ist nicht parallel zur Ebene, dann gibt es einen Schnittpunkt. Etwas den windschiefen Geraden Entsprechendes kann es nicht geben, wie Sie sich anschaulich leicht klarmachen können. Die folgende Übersicht zeigt die verschiedenen Fälle:

Lage von Gerade und Ebene zueinander

- Gerade parallel Ebene
  - Gerade liegt in der Ebene
  - Gerade nicht in der Ebene
- Gerade nicht parallel Ebene
  - Gerade und Ebene haben einen Schnittpunkt

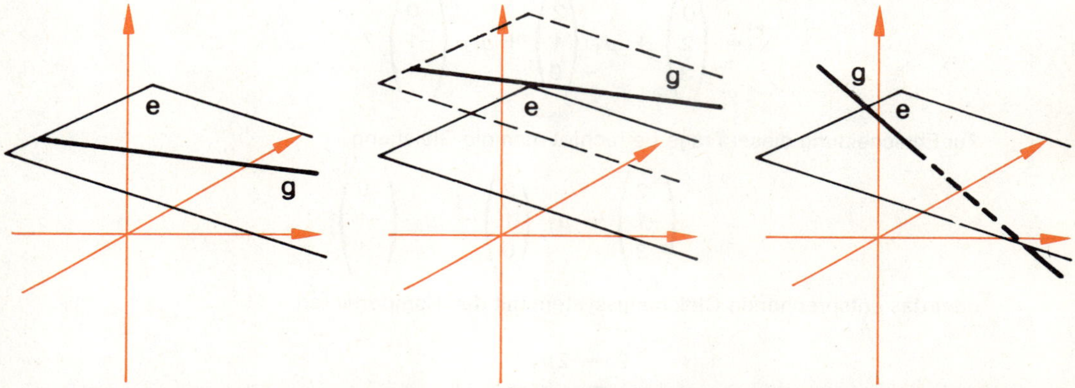

Woran erkennt man, ob eine Gerade parallel zu einer Ebene ist? Eine Gerade hat einen Richtungsvektor $\vec{u}$, eine Ebene wird von zwei Richtungsvektoren $\vec{v}_1$ und $\vec{v}_2$ aufgespannt. Ob die Gerade parallel zur Ebene ist oder nicht, hängt allein von den Richtungsvektoren ab. Soll die Gerade in der Ebene oder in einer Parallelebene liegen, so muß der Richtungsvektor $\vec{u}$ durch eine Vielfachsumme der Richtungsvektoren $\vec{v}_1$ und $\vec{v}_2$ dargestellt werden können. Es muß also zwei reelle Zahlen μ_1 und μ_2 geben, so daß

$$\vec{u} = \mu_1 \cdot \vec{v}_1 + \mu_2 \cdot \vec{v}_2 \qquad \text{ist.}$$

Man sagt dafür: $\vec{u}$ ist von $\vec{v}_1$ und $\vec{v}_2$ linear abhängig.

Oder allgemein:

> Drei Vektoren $\vec{u}$, $\vec{v}$ und $\vec{w}$ heißen linear abhängig, wenn einer von ihnen sich als Vielfachsumme der beiden anderen darstellen läßt.

Dafür kann man auch schreiben:

> Drei Vektoren $\vec{u}$, $\vec{v}$ und $\vec{w}$ heißen linear abhängig, wenn es reelle Zahlen λ_1, λ_2 und λ_3 gibt, die nicht alle Null sind, so daß
>
> $$\lambda_1 \cdot \vec{u} + \lambda_2 \cdot \vec{v} + \lambda_3 \cdot \vec{w} = \vec{o} \qquad \text{ist.}$$

> Ist die Gleichung $\lambda_1 \cdot \vec{u} + \lambda_2 \cdot \vec{v} + \lambda_3 \cdot \vec{w} = \vec{o}$ nur für $\lambda_1 = 0$, $\lambda_2 = 0$, $\lambda_3 = 0$ erfüllt, so heißen $\vec{u}$, $\vec{v}$ und $\vec{w}$ linear unabhängig.

Mit dieser Definition kann man nun sagen:

Eine Gerade $g = \vec{a} + \lambda \cdot \vec{u}$ ist genau dann parallel zu einer Ebene $e = \vec{b} + \mu_1 \cdot \vec{v}_1 + \mu_2 \cdot \vec{v}_2$, wenn der Richtungsvektor $\vec{u}$ der Geraden sich als Vielfachsumme der Richtungsvektoren $\vec{v}_1$ und $\vec{v}_2$ der Ebene darstellen läßt.

Ein Beispiel dazu:

Ist die Gerade g: $\vec{x} = \begin{pmatrix} 1 \\ 0 \\ 1 \end{pmatrix} + \lambda \cdot \begin{pmatrix} 2 \\ -1 \\ 3 \end{pmatrix}$ parallel zur Ebene

e: $\vec{x} = \begin{pmatrix} 0 \\ 2 \\ 3 \end{pmatrix} + \mu_1 \cdot \begin{pmatrix} 2 \\ 1 \\ 0 \end{pmatrix} + \mu_2 \cdot \begin{pmatrix} 0 \\ -1 \\ 1 \end{pmatrix}$?

Zur Entscheidung dieser Frage betrachtet man die Gleichung

$$\begin{pmatrix} 2 \\ -1 \\ 3 \end{pmatrix} = \mu_1 \cdot \begin{pmatrix} 2 \\ 1 \\ 0 \end{pmatrix} + \mu_2 \cdot \begin{pmatrix} 0 \\ -1 \\ 1 \end{pmatrix}$$

oder das entsprechende Gleichungssystem mit den Komponenten

$$\begin{aligned} 2 &= 2\mu_1 \\ -1 &= \mu_1 - \mu_2 \\ 3 &= \mu_2 \end{aligned}$$

Aus der 1. Gleichung $\mu_1 = 1$
Aus der 3. Gleichung $\mu_2 = 3$

Widerspruch bei der 2. Gleichung: $-1 = 1 - 3$

Dieses Gleichungssystem ist nicht lösbar. Das heißt: Gerade und Ebene sind nicht parallel.

Für die Gerade g: $\vec{x} = \begin{pmatrix} 4 \\ 5 \\ 2 \end{pmatrix} + \lambda \cdot \begin{pmatrix} 2 \\ -1 \\ 2 \end{pmatrix}$ und die Ebene

e: $\vec{x} = \begin{pmatrix} 0 \\ 2 \\ 3 \end{pmatrix} + \mu_1 \cdot \begin{pmatrix} 2 \\ 1 \\ 0 \end{pmatrix} + \mu_2 \cdot \begin{pmatrix} 0 \\ -1 \\ 1 \end{pmatrix}$

ergibt sich die Gleichung $\begin{pmatrix} 2 \\ -1 \\ 2 \end{pmatrix} = \mu_1 \cdot \begin{pmatrix} 2 \\ 1 \\ 0 \end{pmatrix} + \mu_2 \cdot \begin{pmatrix} 0 \\ -1 \\ 1 \end{pmatrix}$

bzw. das Gleichungssystem

$$\begin{aligned} 2 &= 2\mu_1 \\ -1 &= \mu_1 - \mu_2 \\ 2 &= \mu_2 \end{aligned}$$

mit der Lösung $\mu_1 = 1$ aus der 1. Gleichung
$\mu_2 = 2$ aus der 3. Gleichung

Mit diesen Werten ist auch die 2. Gleichung erfüllt: $-1 = 1 - 2$

Das Gleichungssystem hat die Lösung $\mu_1 = 1$; $\mu_2 = 2$. Hier sind die Richtungsvektoren linear abhängig, die Gerade g ist parallel zur Ebene e.

Mit diesem Verfahren läßt sich die Parallelität prüfen. Woran erkennt man, ob die Gerade in der Ebene liegt oder nicht? Dies ist recht einfach: Wenn die Gerade in der Ebene liegt, dann liegt jeder ihrer Punkte in der Ebene. Insbesondere liegt dann auch der Punkt A mit dem Ortsvektor $\vec{a}$ (aus der Geradengleichung) in der Ebene. Sie müssen also prüfen, ob der Punkt A in der Ebene e liegt. Dieses Verfahren kennen Sie bereits aus dem Abschnitt 6 der Lektion 3.
Die Aufgabenstellung heißt: Liegt A (4 | 5 | 2) auf der Ebene e ? Die Rechnung dafür ist:

4

$$\begin{pmatrix}4\\5\\2\end{pmatrix} = \begin{pmatrix}0\\2\\3\end{pmatrix} + \mu_1 \cdot \begin{pmatrix}2\\1\\0\end{pmatrix} + \mu_2 \cdot \begin{pmatrix}0\\-1\\1\end{pmatrix}$$

Gleichungssystem:

$$\begin{aligned} 4 &= 2\mu_1 \\ 5 &= 2 + \mu_1 - \mu_2 \\ 2 &= 3 + \mu_2 \end{aligned}$$

$\mu_1 = 2$ aus der 1. Gleichung
$\mu_2 = -1$ aus der 3. Gleichung

Mit diesen Werten ist auch die 2. Gleichung erfüllt: $5 = 2 + 2 - (-1)$

In diesem Beispiel liegt A auf der Ebene e . Die Gerade liegt in der Ebene.

Will man die Lage einer Geraden und einer Ebene zueinander bestimmen, kann man auch gleich die Rechnung durchführen, die zur **Bestimmung des Schnittpunktes** dient. Das dafür zu lösende Gleichungssystem hat nämlich genau eine Lösung, wenn ein Schnittpunkt existiert, hat keine Lösung, wenn die Gerade parallel zur Ebene ist, ohne in ihr zu liegen, und hat unendlich viele Lösungen, wenn die Gerade in der Ebene liegt. Diese drei Fälle können Sie an den folgenden drei Beispielen sehen.

1. Beispiel

Die Gerade g: $\vec{x} = \begin{pmatrix}1\\0\\1\end{pmatrix} + \lambda \cdot \begin{pmatrix}2\\-1\\3\end{pmatrix}$

und die Ebene e: $\vec{x} = \begin{pmatrix}0\\2\\3\end{pmatrix} + \mu_1 \cdot \begin{pmatrix}2\\1\\0\end{pmatrix} + \mu_2 \cdot \begin{pmatrix}0\\-1\\1\end{pmatrix}$ schneiden sich.

Die rechten Seiten der Gleichungen werden gleichgesetzt.

$$\begin{pmatrix}1\\0\\1\end{pmatrix} + \lambda\cdot\begin{pmatrix}2\\-1\\3\end{pmatrix} = \begin{pmatrix}0\\2\\3\end{pmatrix} + \mu_1\cdot\begin{pmatrix}2\\1\\0\end{pmatrix} + \mu_2\cdot\begin{pmatrix}0\\-1\\1\end{pmatrix}$$

In Komponenten geschrieben ergibt sich das lineare Gleichungssystem:

$$\begin{aligned} 1+2\lambda &= \phantom{2+{}} 2\mu_1 \\ -\ \lambda &= 2+\ \mu_1 - \mu_2 \\ 1+3\lambda &= 3+ \phantom{\mu_1 -{}} \mu_2 \end{aligned}$$

Bitte lösen Sie selbst.

Der Schnittpunkt ist S (10|-4,5|13,5) . → 5

2. Beispiel

Die Gerade g: $\vec{x} = \begin{pmatrix}4\\5\\1\end{pmatrix} + \lambda\cdot\begin{pmatrix}2\\-1\\2\end{pmatrix}$

und die Ebene e: $\vec{x} = \begin{pmatrix}0\\2\\3\end{pmatrix} + \mu_1\cdot\begin{pmatrix}2\\1\\0\end{pmatrix} + \mu_2\cdot\begin{pmatrix}0\\-1\\1\end{pmatrix}$

sind parallel, ohne daß die Gerade in der Ebene liegt.

Die rechten Seiten der beiden Gleichungen werden gleichgesetzt.

$$\begin{pmatrix}4\\5\\1\end{pmatrix} + \lambda\cdot\begin{pmatrix}2\\-1\\2\end{pmatrix} = \begin{pmatrix}0\\2\\3\end{pmatrix} + \mu_1\cdot\begin{pmatrix}2\\1\\0\end{pmatrix} + \mu_2\cdot\begin{pmatrix}0\\-1\\1\end{pmatrix}$$

In Komponenten geschrieben ergibt sich das lineare Gleichungssystem:

$$\begin{aligned} 4+2\lambda &= \phantom{2+{}} 2\mu_1 \\ 5-\ \lambda &= 2+\ \mu_1 - \mu_2 \\ 1+2\lambda &= 3 \phantom{{}+\mu_1} + \mu_2 \end{aligned}$$

Lösung: $\mu_1 = \lambda + 2$ aus der 1. Gleichung
$\mu_2 = 2\lambda - 2$ aus der 3. Gleichung

Setzt man diese Werte in die 2. Gleichung ein, so ergibt sich ein Widerspruch:

$$\begin{aligned} 5-\lambda &= 2+\lambda+2-(2\lambda-2) \\ 5-\lambda &= 2+\lambda+2-\ 2\lambda+2 \\ 5 &= 6 \end{aligned}$$

Das Gleichungssystem hat keine Lösungen. Die Gerade und die Ebene haben keine gemeinsamen Punkte.

Beilage zum
Kapitel 10 des Begleitmaterials TK II Vektoren und Matrizen

Liebe Telekollegiatinnen und Telekollegiaten,

in Kapitel 10 des Begleitmaterials TK II Mathematik **"Vektoren und Matrizen"** finden Sie zwei Beispiele zur Input-Output-Analyse, die sich von dem in der Sendung dargestellten Beispiel unterscheiden. Wir möchten Ihnen durch die folgende Zusammenstellung die Möglichkeit geben, sich das Beispiel der Sendung noch einmal in Erinnerung zu rufen.

Wir betrachten in dem stark vereinfachten Beispiel **drei Bereiche einer Volkswirtschaft:** Landwirtschaft, Industrie und Dienstleistungsbereich. Die jeweiligen Gesamteinnahmen dieser Bereiche sind selbstverständlich unterschiedlich groß. Zwischen diesen Bereichen fließen folgende Geldströme:

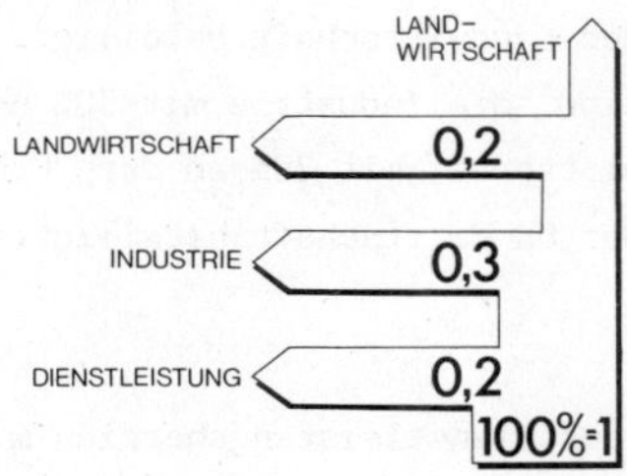

Von den **Gesamteinnahmen** (100% = 1) **der Landwirtschaft** gehen 20% = 0,2 an den Dienstleistungsbereich, 30% = 0,3 an die Industrie, 20% = 0,2 wieder an die Landwirtschaft und der Rest an andere Bereiche, die wir hier nicht betrachten.

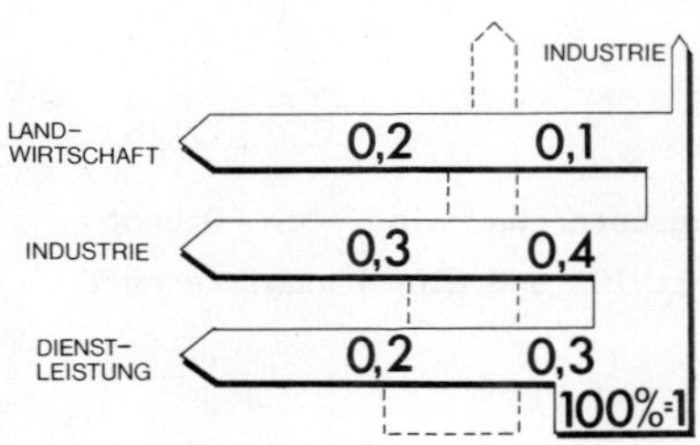

Von den **Gesamteinnahmen der Industrie** gehen 30% an den Dienstleistungsbereich, 40% an die Industrie, 10% an die Landwirtschaft und der Rest an andere Bereiche.

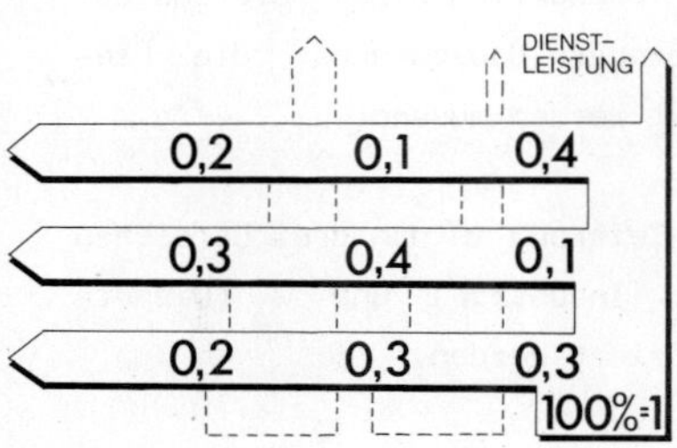

Von den **Gesamteinnahmen des Dienstleistungsbereichs** gehen 30% wieder an den Dienstleistungsbereich, 10% an die Industrie, 40% an die Landwirtschaft und der Rest an andere Bereiche.

Diese Geldströme sind die Folge von Güterströmen. Anders ausgedrückt: Die Zahlungen sind die Folge von Lieferungen der Wirtschaftsbereiche untereinander. Verdeutlichen wir dies an der Tabelle:

LIEFERUNG von \ an	LAND-WIRTSCHAFT	INDUSTRIE	DIENST-LEISTUNG
LAND-WIRTSCHAFT	0,2	0,1	0,4
INDUSTRIE	0,3	0,4	0,1
DIENST-LEISTUNG	0,2	0,3	0,3

<u>Die erste Spalte</u>:

Die **Landwirtschaft** zahlt an den Dienstleistungsbereich 20% ihrer Gesamteinnahmen. Das bedeutet: Der Dienstleistungsbereich hat an die Landwirtschaft Güter geliefert im Wert von 20% der Gesamtproduktion der Landwirtschaft. Anders ausgedrückt:

Der Dienstleistungsbereich ist durch seine Lieferungen mit 20% an der Produktion der Landwirtschaft beteiligt. Analog sind die Industrie mit 30% und die Landwirtschaft mit 20% an der Produktion der Landwirtschaft beteiligt.

<u>Die zweite Spalte</u>:

An der Produktion der **Industrie** sind der Dienstleistungsbereich mit 30%, die Industrie mit 40% und die Landwirtschaft mit 10% durch Lieferungen beteiligt.

<u>Die dritte Spalte</u>:

An der Produktion des **Dienstleistungsbereichs** sind der Dienstleistungsbereich mit 30%, die Industrie mit 10% und die Landwirtschaft mit 40% durch Lieferungen beteiligt.

Das hat zur Folge, daß nie die **gesamte** Produktion eines Bereichs zum Verkauf nach außen zur Verfügung steht, sondern daß zunächst die Lieferungen an die **anderen** Bereiche abgedeckt werden müssen.

Nehmen wir an, daß in einem bestimmten Zeitraum in den drei Bereichen Güter im Wert von x_1 (Landwirtschaft), x_2 (Industrie) und x_3 (Dienstleistungsbereich) Währungseinheiten produziert werden.

Dann sind davon zunächst die internen Lieferungen zu bestreiten. Für die **Landwirtschaft** bedeutet das:

$0{,}2\ x_1$ (d.h. 20% von der Produktion der Landwirtschaft)

$+\ 0{,}1\ x_2$ (d.h. 10% von der Produktion der Industrie)

$+\ 0{,}4\ x_3$ (d.h. 40% von der Produktion des Dienstleistungsbereichs)

Was nach Abzug dieser Lieferungen von der Produktion der **Landwirtschaft** übrig bleibt, steht für den **externen Verkauf v_1** zur Verfügung

$$x_1 - (0{,}2\ x_1 + 0{,}1\ x_2 + 0{,}4\ x_3) = v_1$$

Stellt man die gleichen Überlegungen auch für die beiden anderen Bereiche an, so ergibt sich folgende Bilanz:

Gesamtproduktion - interner Verbrauch = **Verkauf** (Output)

$$x_1 \quad - (0{,}2x_1 + 0{,}1x_2 + 0{,}4x_3) \quad = \quad v_1$$

$$x_2 \quad - (0{,}3x_1 + 0{,}4x_2 + 0{,}1x_3) \quad = \quad v_2$$

$$x_3 \quad - (0{,}2x_1 + 0{,}3x_2 + 0{,}3x_3) \quad = \quad v_3$$

Der **interne Verbrauch** ist gerade das Produkt aus der Verflechtungsmatrix M und dem Vektor der Gesamtproduktion $\vec{x}$:

$$M\vec{x} = \begin{pmatrix} 0{,}2 & 0{,}1 & 0{,}4 \\ 0{,}3 & 0{,}4 & 0{,}1 \\ 0{,}2 & 0{,}3 & 0{,}3 \end{pmatrix} \begin{pmatrix} x_1 \\ x_2 \\ x_3 \end{pmatrix} = \begin{pmatrix} 0{,}2x_1 + 0{,}1x_2 + 0{,}4x_3 \\ 0{,}3x_1 + 0{,}4x_2 + 0{,}1x_3 \\ 0{,}2x_1 \div 0{,}3x_2 + 0{,}3x_3 \end{pmatrix}$$

Man kann also kürzer schreiben:

$$\vec{x} - M\vec{x} = \vec{v}$$

Meist ist die externe Nachfrage v bekannt, und die zur Befriedigung dieser Nachfrage benötigte **Gesamtproduktion** $\vec{x}$ muß berechnet werden. Dazu wird die obige Gleichung umgeformt und nach $\vec{x}$ aufgelöst:

$$E\vec{x} - M\vec{x} = \vec{v}$$

(Beachten Sie bitte, daß $E\vec{x} = \vec{x}$, da E die **Einheitsmatrix** bezeichnet)

$$(E-M)\vec{x} = \vec{v}$$

$$\vec{x} = (E-M)^{-1}\vec{v}$$

Wenn man die **inverse Matrix** $\mathbf{(E-M)^{-1}}$ ermittelt hat, kann man mit Hilfe dieser Gleichung zu jedem beliebigen **Nachfragevektor** $\vec{v}$ die benötigte **Gesamtproduktion** $\vec{x}$ ermitteln.

Für unser Beispiel ist:

$$\mathbf{M} = \begin{pmatrix} 0,2 & 0,1 & 0,4 \\ 0,3 & 0,4 & 0,1 \\ 0,2 & 0,3 & 0,3 \end{pmatrix} \qquad \mathbf{(E-M)} = \begin{pmatrix} 0,8 & -0,1 & -0,4 \\ -0,3 & 0,6 & -0,1 \\ -0,2 & -0,3 & 0,7 \end{pmatrix} \qquad \mathbf{(E-M)^{-1}} = \begin{pmatrix} 1,9024 & 0,9268 & 1,2195 \\ 1,1220 & 2,3415 & 0,9756 \\ 1,0244 & 1,2683 & 2,1951 \end{pmatrix}$$

Nehmen wir nun an, in der Landwirtschaft besteht eine Nachfrage von 250.000 WE (Währungseinheiten), in der Industrie von 1.200.000 WE und im Dienstleistungsbereich von 730.000 WE. Die **Gesamtproduktion** $\vec{x}$ berechnet sich dann folgendermaßen:

$$\vec{x} = \begin{pmatrix} 1,9024 & 0,9268 & 1,2195 \\ 1,1220 & 2,3415 & 0,9756 \\ 1,0244 & 1,2683 & 2,1951 \end{pmatrix} \begin{pmatrix} 250\,000 \\ 1\,200\,000 \\ 730\,000 \end{pmatrix} = \begin{pmatrix} 2\,477\,995 \\ 3\,802\,488 \\ 3\,380\,483 \end{pmatrix}$$

Das bedeutet: In der **Landwirtschaft** müssen Güter im Wert von insgesamt 2 477 995 WE produziert werden, in der **Industrie** von 3 802 488 WE und im **Dienstleistungsbereich** von 3 380 483 WE.

3. Beispiel

Die Gerade $g: \vec{x} = \begin{pmatrix} 4 \\ 5 \\ 2 \end{pmatrix} + \lambda \cdot \begin{pmatrix} 2 \\ -1 \\ 2 \end{pmatrix}$

und die Ebene $e: \vec{x} = \begin{pmatrix} 0 \\ 2 \\ 3 \end{pmatrix} + \mu_1 \cdot \begin{pmatrix} 2 \\ 1 \\ 0 \end{pmatrix} + \mu_2 \cdot \begin{pmatrix} 0 \\ -1 \\ 1 \end{pmatrix}$

sind parallel und g liegt sogar in e.

Die rechten Seiten der beiden Gleichungen werden gleichgesetzt.

$$\begin{pmatrix} 4 \\ 5 \\ 2 \end{pmatrix} + \lambda \cdot \begin{pmatrix} 2 \\ -1 \\ 2 \end{pmatrix} = \begin{pmatrix} 0 \\ 2 \\ 3 \end{pmatrix} + \mu_1 \cdot \begin{pmatrix} 2 \\ 1 \\ 0 \end{pmatrix} + \mu_2 \cdot \begin{pmatrix} 0 \\ -1 \\ 1 \end{pmatrix}$$

In Komponenten geschrieben ergibt sich das lineare Gleichungssystem:

$$\begin{aligned} 4 + 2\lambda &= 2\mu_1 \\ 5 - \lambda &= 2 + \mu_1 - \mu_2 \\ 2 + 2\lambda &= 3 + \mu_2 \end{aligned}$$

Lösung: $\mu_1 = \lambda + 2$ aus der 1. Gleichung

$\mu_2 = 2\lambda - 1$ aus der 3. Gleichung

In die 2. Gleichung eingesetzt, ergibt sich:

$$\begin{aligned} 5 - \lambda &= 2 + (\lambda + 2) - (2\lambda - 1) \\ 5 - \lambda &= 2 + \lambda + 2 - 2\lambda + 1 \\ 5 - \lambda &= 5 - \lambda \end{aligned}$$

Diese Gleichung ist für jedes λ erfüllt.
Die Lösungsmenge ist also die ganze Menge der reellen Zahlen $\mathbb{R}$.
Das Gleichungssystem hat unendlich viele Lösungen. Es sind dies die Ortsvektoren

$$\vec{x} = \begin{pmatrix} 4 \\ 5 \\ 2 \end{pmatrix} + \lambda \cdot \begin{pmatrix} 2 \\ -1 \\ 2 \end{pmatrix} \text{ mit } \lambda \in \mathbb{R}\,.$$

Diese Ortsvektoren bestimmen gerade alle Punkte der Geraden g. g liegt also in e.

Für die **Lage zweier Ebenen im Raum** zueinander gibt es ebenfalls drei Möglichkeiten: Die beiden Ebenen können identisch sein, sie können parallel sein (ohne Identität), und sie können sich in einer Geraden schneiden. Andere Möglichkeiten kann es nicht geben. Als Übersicht geschrieben:

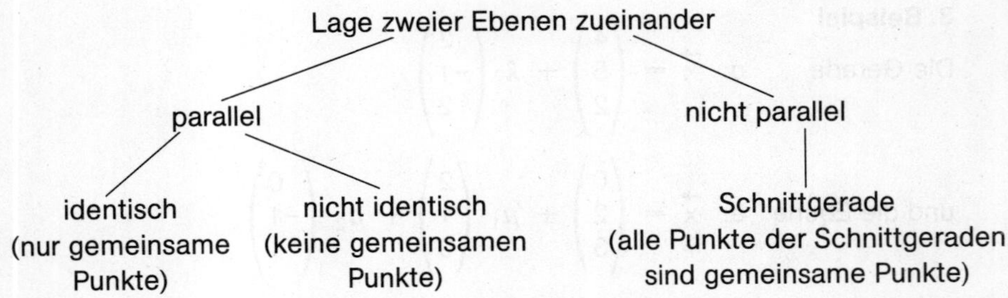

Die rechnerische Bestimmung der Lage zweier Ebenen zueinander führt wieder auf ein lineares Gleichungssystem. Da bei jeder Ebenengleichung zwei Parameter λ_1, λ_2 bzw. μ_1, μ_2 auftreten, erhält man ein Gleichungssystem mit vier Variablen. Dies macht einen etwas höheren Rechenaufwand erforderlich. In dieser Lektion wird auf Aufgaben dieser Art verzichtet.

Aufgaben zu 4.4

1. Wie liegen die folgenden Geraden zu der Ebene

e: $\vec{x} = \begin{pmatrix} 1 \\ 2 \\ 3 \end{pmatrix} + \mu_1 \cdot \begin{pmatrix} 2 \\ 0 \\ 1 \end{pmatrix} + \mu_2 \cdot \begin{pmatrix} 1 \\ 1 \\ 0 \end{pmatrix}$?

a) g: $\vec{x} = \begin{pmatrix} 0 \\ 1 \\ 1 \end{pmatrix} + \lambda \cdot \begin{pmatrix} 3 \\ 1 \\ 1 \end{pmatrix}$

b) g: $\vec{x} = \begin{pmatrix} 1 \\ 0 \\ 1 \end{pmatrix} + \lambda \cdot \begin{pmatrix} 1 \\ 2 \\ 3 \end{pmatrix}$

c) g: $\vec{x} = \begin{pmatrix} 1 \\ 2 \\ 0 \end{pmatrix} + \lambda \cdot \begin{pmatrix} 3 \\ -1 \\ 2 \end{pmatrix}$

2. Eine Gerade g ist parallel zur Ebene e: $\vec{x} = \begin{pmatrix} 2 \\ -1 \\ 0 \end{pmatrix} + \mu_1 \cdot \begin{pmatrix} 2 \\ 1 \\ -1 \end{pmatrix} + \mu_2 \cdot \begin{pmatrix} -1 \\ 3 \\ 2 \end{pmatrix}$ und geht durch den Punkt $P\,(0\,|\,0\,|\,5)$. Geben Sie drei mögliche Geraden (durch ihre Gleichungen) an, die diese Bedingungen erfüllen.

Wiederholungsaufgaben

1. Bestimmen Sie die Lage der beiden Geraden zueinander.

a) g_1: $\vec{x} = \begin{pmatrix} 1 \\ 2 \end{pmatrix} + \lambda \cdot \begin{pmatrix} 3 \\ -2 \end{pmatrix}$ g_2: $\vec{x} = \begin{pmatrix} 0 \\ 5 \end{pmatrix} + \mu \cdot \begin{pmatrix} 2 \\ 7 \end{pmatrix}$

b) g_1: $\vec{x} = \begin{pmatrix} 0 \\ 1 \\ -1 \end{pmatrix} + \lambda \cdot \begin{pmatrix} 2 \\ -1 \\ 4 \end{pmatrix}$ g_2: $\vec{x} = \begin{pmatrix} 2 \\ 0 \\ 5 \end{pmatrix} + \mu \cdot \begin{pmatrix} -1 \\ 0{,}5 \\ -2 \end{pmatrix}$

c) g_1: $\vec{x} = \begin{pmatrix} 2 \\ 0 \\ 1 \end{pmatrix} + \lambda \cdot \begin{pmatrix} 3 \\ -1 \\ 4 \end{pmatrix}$ g_2: $\vec{x} = \begin{pmatrix} -1 \\ 1 \\ -3 \end{pmatrix} + \mu \cdot \begin{pmatrix} -6 \\ 2 \\ -8 \end{pmatrix}$

2. Geben Sie zu der Geraden g_1: $\vec{x} = \begin{pmatrix} 2 \\ 3 \end{pmatrix} + \lambda \cdot \begin{pmatrix} -4 \\ 5 \end{pmatrix}$ eine Gerade g_2 an, die im Punkt S (10 | −7) auf der Geraden g_1 senkrecht steht.

***3.** Wie Aufgabe 2 für g_1: $\vec{x} = \begin{pmatrix} 1 \\ -1 \\ 2 \end{pmatrix} + \lambda \cdot \begin{pmatrix} 2 \\ 1 \\ 2 \end{pmatrix}$ und S (3 | 0 | 4).

4. Berechnen Sie das Skalarprodukt von $\vec{u}$ und $\vec{v}$.

a) $\vec{u} = \begin{pmatrix} 5 \\ 0 \\ -2 \end{pmatrix}$; $\vec{v} = \begin{pmatrix} 1 \\ -3 \\ 7 \end{pmatrix}$ b) $\vec{u} = \begin{pmatrix} 3 \\ -7 \\ 2 \end{pmatrix}$; $\vec{v} = \begin{pmatrix} 5 \\ 2 \\ -\frac{1}{2} \end{pmatrix}$

5. Welche der Vektoren sind senkrecht zueinander?

$\vec{a} = \begin{pmatrix} 2 \\ -3 \\ 1 \end{pmatrix}$; $\vec{b} = \begin{pmatrix} 4 \\ 2 \\ -2 \end{pmatrix}$; $\vec{c} = \begin{pmatrix} 1 \\ -1 \\ 1 \end{pmatrix}$; $\vec{d} = \begin{pmatrix} 5 \\ 3 \\ -1 \end{pmatrix}$; $\vec{e} = \begin{pmatrix} -1 \\ 2 \\ 8 \end{pmatrix}$

6. Wie groß ist der Abstand des Nullpunktes von der Geraden g: $\vec{x} = \begin{pmatrix} 5 \\ 6 \end{pmatrix} + \lambda \cdot \begin{pmatrix} -1 \\ 3 \end{pmatrix}$?

7. Bestimmen Sie den Schnittpunkt der Geraden g: $\vec{x} = \begin{pmatrix} 2 \\ 0 \\ 5 \end{pmatrix} + \lambda \cdot \begin{pmatrix} 0 \\ 4 \\ 3 \end{pmatrix}$ mit der Ebene

e: $\vec{x} = \begin{pmatrix} 0 \\ 1 \\ -1 \end{pmatrix} + \mu_1 \cdot \begin{pmatrix} 1 \\ 0 \\ -2 \end{pmatrix} + \mu_2 \cdot \begin{pmatrix} -1 \\ 4 \\ 0 \end{pmatrix}$.

8. Welche gemeinsamen Punkte haben die Ebene e: $\vec{x} = \begin{pmatrix} 2 \\ -4 \\ 3 \end{pmatrix} + \mu_1 \cdot \begin{pmatrix} 2 \\ 3 \\ -2 \end{pmatrix} + \mu_2 \cdot \begin{pmatrix} 4 \\ 7 \\ 2 \end{pmatrix}$

und die Gerade g: $\vec{x} = \begin{pmatrix} 4 \\ 0 \\ 7 \end{pmatrix} + \lambda \cdot \begin{pmatrix} 3 \\ 5 \\ 0 \end{pmatrix}$?

9. Welche Lage hat die Gerade durch die beiden Punkte P (− 1 | 5 | 2) und Q (4 | 0 | 1) zu der Ebene e: $\vec{x} = \begin{pmatrix} 2 \\ 3 \\ -1 \end{pmatrix} + \mu_1 \cdot \begin{pmatrix} 4 \\ -5 \\ 3 \end{pmatrix} + \mu_2 \cdot \begin{pmatrix} -1 \\ -2 \\ 8 \end{pmatrix}$?

Bestimmen Sie gegebenenfalls den Schnittpunkt.

5. Matrizen und Gleichungssysteme

Vor der Sendung

In dieser Lektion geht es um eine Verallgemeinerung des Vektorbegriffs und um die Einführung von Schemata reeller Zahlen, die Matrizen genannt werden. Sie brauchen Ihre Kenntnisse über die Komponentendarstellung von Vektoren und die Regeln für die Addition, S-Multiplikation und das Skalarprodukt von Vektoren in Komponentendarstellung. Der verallgemeinerte Vektorbegriff dient auch zur Anwendung bei Wirtschaftsproblemen. Die hier gewählten Beispiele müssen einfach sein, damit Sie Einblick in die Rechenverfahren gewinnen. Tatsächlich hat man es meistens mit viel umfangreicheren Problemen zu tun, die sich jedoch grundsätzlich mit denselben Methoden bearbeiten lassen.

Übersicht

1. Im Wirtschaftsleben wird oft mit **Listen und Tabellen** gearbeitet. Abstrahiert man von den praktischen Gegebenheiten, dann kann man Listen als Vektoren auffassen. Diese Vektoren haben in der Regel mehr als drei Komponenten. Die Addition, Subtraktion, S-Multiplikation und Skalarproduktbildung vollziehen sich jedoch nach denselben Regeln, die auch für die bisher betrachteten Vektoren gelten.

2. Listen mit n Zahlen nennt man **Zahlen-n-tupel**. Solche Zahlen-n-tupel sind Vektoren mit allen Gesetzmäßigkeiten, die Sie schon früher für Vektoren kennengelernt haben. Eine Tabelle ist ein Schema reeller Zahlen mit m Zeilen und n Spalten. Solche Schemata nennt man **Matrizen**. Die Elemente einer Matrix bezeichnet man mit kleinen Buchstaben mit Doppelindizes, die anzeigen, an welcher Stelle in der Matrix das Element steht. Zum Beispiel a_{32} steht in der dritten Zeile und in der zweiten Spalte. Eine Matrix hat die Gestalt

$$A = \begin{pmatrix} a_{11} & a_{12} & \dots & a_{1n} \\ a_{21} & a_{22} & \dots & a_{2n} \\ \dots & \dots & \dots & \dots \\ \dots & \dots & \dots & \dots \\ a_{m1} & a_{m2} & \dots & a_{mn} \end{pmatrix}$$

3. Bei den Wirtschaftsproblemen braucht man eine **Verknüpfung von Tabellen und Listen**. Das Ergebnis ist wieder eine Liste. Diese Verknüpfung vollzieht sich in Anlehnung an die Skalarproduktbildung. Es wird jeweils das Skalarprodukt einer Zeile der Tabelle mit der Liste gebildet. So erhält man die neue Liste. Diese Verknüpfung dient zum Beispiel zur Berechnung der Rohstoffmengen bei einer Produktion, des Arbeitsstundenbedarfs bei der Herstellung von Waren oder auch der Berechnung von Gesamtkosten.

4. Mathematisch abstrakt ist die Verknüpfung einer Tabelle und einer Liste das **Produkt einer Matrix mit einem Vektor**. Sie ist definiert als

$$A \cdot \vec{x} = \begin{pmatrix} a_{11} & a_{12} & \dots & a_{1n} \\ a_{21} & a_{22} & \dots & a_{2n} \\ \dots & \dots & \dots & \dots \\ \dots & \dots & \dots & \dots \\ a_{m1} & a_{m2} & \dots & a_{mn} \end{pmatrix} \cdot \begin{pmatrix} x_1 \\ x_2 \\ \cdot \\ \cdot \\ x_n \end{pmatrix} = \begin{pmatrix} a_{11}x_1 + a_{12}x_2 + \dots + a_{1n}x_n \\ a_{21}x_1 + a_{22}x_2 + \dots + a_{2n}x_n \\ \dots \\ \dots \\ a_{m1}x_1 + a_{m2}x_2 + \dots + a_{mn}x_n \end{pmatrix}$$

In der Mathematik können die Matrizen auch negative Zahlen als Elemente und die Vektoren negative Zahlen als Komponenten haben.

5. Will man zum Beispiel bei der Herstellung von Waren nicht aus der geplanten Stückzahl der Waren die Rohstoffe berechnen, sondern herausfinden, wieviel Stück der verschiedenen Waren sich aus bestimmten Rohstoffmengen herstellen lassen, so hat man die Problemstellung umgekehrt. Statt einer Multiplikation einer Matrix mit einem Vektor hat man jetzt die Lösung eines **linearen Gleichungssystems** vorzunehmen.

5.1 Listen und Tabellen

Zur Einrichtung eines Lesesaals einer Bibliothek wurde eine **Liste** des benötigten Mobiliars zusammengestellt:

Stück	Gegenstand
6	Wandregale Grundeinheit
28	Wandregale Anbaueinheit
8	Doppelregale Grundeinheit
16	Doppelregale Anbaueinheit
116	Buchstützen
12	Lesetische
24	Stühle

Eine Firma für Bibliotheksbedarf schickte mit ihrem Angebot die untenstehende Preis**liste**:

Gegenstand	Einzelpreis in DM/St.
Wandregal Grundeinheit	350,00
Wandregal Anbaueinheit	270,00
Doppelregal Grundeinheit	540,00
Doppelregal Anbaueinheit	440,00
Buchstütze	21,00
Lesetisch	190,00
Stuhl	90,00

Zur Berechnung der Gesamtkosten kann man die beiden Listen zusammenfassen und um eine Spalte erweitern.

Stück	Gegenstand	Einzelpreis in DM/St.	Gesamtpreis in DM
6	Wandregal Grundeinheit	350,00	2100,00
28	Wandregal Anbaueinheit	270,00	7560,00
8	Doppelregal Grundeinheit	540,00	4320,00
16	Doppelregal Anbaueinheit	440,00	7040,00
116	Buchstützen	21,00	2436,00
12	Lesetische	190,00	2280,00
24	Stühle	90,00	2160,00
	Summe		27896,00
14 %	Mehrwertsteuer		3905,44
	Gesamtsumme		31801,44

Wie ist man bei der Berechnung der Gesamtkosten vorgegangen? In der letzten Spalte steht jeweils das Produkt aus der Stückzahl und dem Stückpreis. Alle diese Produkte werden dann addiert. So erhält man die Summe. Für das Rechenverfahren ist es zunächst ganz unwichtig, um welche Gegenstände es sich handelt; wichtig sind nur die Spalten mit den Zahlen. Die durchgeführte Rechnung kann man auch so aufschreiben:

$$\begin{pmatrix} 6 \\ 28 \\ 8 \\ 16 \\ 116 \\ 12 \\ 24 \end{pmatrix} \cdot \begin{pmatrix} 350 \\ 270 \\ 540 \\ 440 \\ 21 \\ 190 \\ 90 \end{pmatrix} \begin{aligned} &= 2100 + 7560 + 4320 + 7040 + 2436 \\ &\quad + 2280 + 2160 \\ &= 27896 \end{aligned}$$

Sie haben sicher schon erkannt, daß diese Rechnung formal genau dem Skalarprodukt von Vektoren entspricht. Für Vektoren mit drei Komponenten war dieses ja

$$\vec{x} \cdot \vec{y} = \begin{pmatrix} x_1 \\ x_2 \\ x_3 \end{pmatrix} \cdot \begin{pmatrix} y_1 \\ y_2 \\ y_3 \end{pmatrix} = x_1y_1 + x_2y_2 + x_3y_3$$

Der Unterschied besteht nur in der Anzahl der Komponenten. Eine solche Liste von (in diesem Fall) 7 reellen Zahlen kann man daher als einen Vektor auffassen. Die bisherigen Vektoren konnten als Paare oder als Tripel reeller Zahlen geschrieben werden. Genauso können jetzt Quadrupel, Quintupel oder allgemein **n-Tupel reeller Zahlen** als Vektoren aufgefaßt werden. Ein solches n-Tupel schreibt man dann

$$\vec{x} = \begin{pmatrix} x_1 \\ x_2 \\ \cdot \\ \cdot \\ x_n \end{pmatrix}$$

und erklärt

> Ein n-Tupel reeller Zahlen (eine Liste aus n reellen Zahlen) heißt Vektor mit n Komponenten.

Diese verallgemeinerten Vektoren kann man wie die bisherigen Vektoren addieren, subtrahieren, mit einer reellen Zahl multiplizieren (S-Multiplikation) und im Sinne des Skalarproduktes miteinander multiplizieren. Es gilt:

$$\vec{a} \pm \vec{b} = \begin{pmatrix} a_1 \\ a_2 \\ \cdot \\ \cdot \\ a_n \end{pmatrix} \pm \begin{pmatrix} b_1 \\ b_2 \\ \cdot \\ \cdot \\ b_n \end{pmatrix} = \begin{pmatrix} a_1 \pm b_1 \\ a_2 \pm b_2 \\ \cdot \\ \cdot \\ a_n \pm b_n \end{pmatrix} \qquad r \cdot \vec{a} = r \cdot \begin{pmatrix} a_1 \\ a_2 \\ \cdot \\ \cdot \\ a_n \end{pmatrix} = \begin{pmatrix} ra_1 \\ ra_2 \\ \cdot \\ \cdot \\ ra_n \end{pmatrix}$$

$$\vec{a} \cdot \vec{b} = \begin{pmatrix} a_1 \\ a_2 \\ \cdot \\ \cdot \\ \cdot \\ a_n \end{pmatrix} \cdot \begin{pmatrix} b_1 \\ b_2 \\ \cdot \\ \cdot \\ \cdot \\ b_n \end{pmatrix} = a_1b_1 + a_2b_2 + \ldots + a_nb_n$$

Bei den Anwendungen aus dem Wirtschaftsbereich gilt wie bei den Anwendungen in der Physik, daß sich die Vektoren in ihrer Bedeutung voneinander unterscheiden können. So ist in dem Beispiel oben der erste Vektor ein Stückzahlvektor, der zweite ein Preisvektor. Ihr Skalarprodukt gibt die Gesamtkosten an.
Die S-Multiplikation tritt zum Beispiel auf, wenn man den Preisvektor mit den Stückpreisen einschließlich Mehrwertsteuer aufschreiben möchte: Man muß den Preisvektor dann mit der reellen Zahl 1,14 multiplizieren, das heißt jede Zahl im Vektor mit dieser Zahl malnehmen.

$$1{,}14 \cdot \begin{pmatrix} 350 \\ 270 \\ 540 \\ 440 \\ 21 \\ 190 \\ 90 \end{pmatrix} = \begin{pmatrix} 1{,}14 \cdot 350 \\ 1{,}14 \cdot 270 \\ 1{,}14 \cdot 540 \\ 1{,}14 \cdot 440 \\ 1{,}14 \cdot 21 \\ 1{,}14 \cdot 190 \\ 1{,}14 \cdot 90 \end{pmatrix} = \begin{pmatrix} 399{,}00 \\ 307{,}80 \\ 615{,}60 \\ 501{,}60 \\ 23{,}94 \\ 216{,}60 \\ 102{,}60 \end{pmatrix}$$

In der Mathematik arbeitet man meist mit abstrakten Vektoren, also zum Beispiel mit n-Tupeln von Zahlen. Für die Rechnung wird daher auch hier oft von der praktischen Bedeutung der Zahlen oder Vektoren abgesehen. Für die Lösung eines Anwendungsproblems muß natürlich das Ergebnis dann wieder dem Sachverhalt entsprechend interpretiert werden.

Wenn man wie in dem Beispiel der Lesesaaleinrichtung eine Beschaffung von hohem Gesamtwert (hier ca. 32000 DM) plant, begnügt man sich nicht mit dem Angebot einer Firma, sondern holt von mehreren Lieferfirmen Angebote ein. Man erhält dann von jeder Firma eine Preisliste. Häufig machen die Firmen dabei ein Gesamtangebot, aus dem man nicht einzelne Gegenstände – etwa weil sie besonders preiswert angeboten werden – herausnehmen kann. Bei der einen Firma sind vielleicht die Regale besonders preiswert, bei der anderen die Tische und Stühle. Es kann aber nur der Gesamtauftrag vergeben werden. Zum Vergleich der Angebote muß man also jeweils die Gesamtkosten berechnen. Dies könnte man mit dem oben schon verwendeten Skalarprodukt vornehmen. Um alle Angebote übersichtlich zu haben und gut vergleichen zu können, schreibt man die Preislisten der verschiedenen Firmen in eine Tabelle. Dies könnte dann so aussehen:

	Wandregal Grundeinheit	Wandregal Anbaueinheit	Doppelregal Grundeinheit	Doppelregal Anbaueinheit	Buchstütze	Lesetisch	Stuhl	Stückzahlliste	Gesamtkosten
Firma A	350	270	540	440	21	190	90	6	27896
Firma B	320	240	490	430	45	280	130	28	31140
Firma C	410	320	610	480	35	220	95	8	32960
Firma D	360	290	490	450	25	160	70	16	27900
Firma E	430	310	580	420	45	160	85	116	31800
								12	
								24	

In der letzten Spalte stehen die Gesamtkosten bei jeder Firma. Diese können als Skalarprodukt der jeweiligen **Zeile der Tabelle** mit der Stück**liste** errechnet werden. Diese Form der Anordnung bietet eine gute Übersicht. Die Berechnung ist mit einem Personal-Computer heute auch ganz einfach. Mit Hilfe eines Tabellenkalkulationsprogrammes kann man in der letzten Spalte direkt eingeben, welche Berechnung man mit welchen Werten aus der Tabelle und der Liste ausgeführt haben möchte. Hier gibt man also die Definition des Skalarproduktes ein. Das Beispiel ist auf diese Weise berechnet worden.

Aufgaben zu 5.1

Berechnen Sie mit Ihrem Taschenrechner die Gesamtkosten der Mobiliar-Beschaffung aus dem obigen Beispiel bei den Firmen D und E, wenn der Stückzahlvektor durch

a) $\vec{v} = \begin{pmatrix} 3 \\ 15 \\ 10 \\ 12 \\ 100 \\ 10 \\ 20 \end{pmatrix}$ b) $\vec{v} = \begin{pmatrix} 10 \\ 12 \\ 5 \\ 15 \\ 120 \\ 5 \\ 10 \end{pmatrix}$ c) $\vec{v} = \begin{pmatrix} 6 \\ 22 \\ 4 \\ 10 \\ 80 \\ 20 \\ 30 \end{pmatrix}$ gegeben ist.

5.2 Zahlen-n-tupel und Matrizen

An den praktischen Beispielen des Abschnittes 5.1 haben Sie gesehen, daß man den Vektorbegriff erweitern kann, zum Beispiel indem man n-Tupel reeller Zahlen als Vektoren auffaßt. Man spricht dann von **arithmetischen Vektoren mit n Komponenten**. Für diese Vektoren gelten alle Rechenregeln, wie Sie sie aus Lektion 2.4 kennen. Insbesondere gibt es auch einen Nullvektor. Dieser enthält lauter Nullen als Komponenten. Auch gibt es zu jedem Vektor $\vec{a}$ einen Gegenvektor $-\vec{a}$.

Nullvektor $\vec{o} = \begin{pmatrix} 0 \\ 0 \\ \cdot \\ \cdot \\ \cdot \\ 0 \end{pmatrix}$ Gegenvektor zu $\vec{a} = \begin{pmatrix} a_1 \\ a_2 \\ \cdot \\ \cdot \\ \cdot \\ a_n \end{pmatrix}$ ist $-\vec{a} = \begin{pmatrix} -a_1 \\ -a_2 \\ \cdot \\ \cdot \\ \cdot \\ -a_n \end{pmatrix}$

Beachten Sie, daß Addition, Subtraktion und Multiplikation nur möglich sind, wenn die Vektoren dieselbe Anzahl von Komponenten haben!

Das Skalarprodukt kann nicht mehr mit Hilfe der Kosinusfunktion definiert werden; aber die Definition aus Lektion 4 läßt sich übertragen, wie Sie im vorhergehenden Abschnitt gesehen haben. Es ist

$$\vec{a} \cdot \vec{b} = \begin{pmatrix} a_1 \\ a_2 \\ \cdot \\ \cdot \\ \cdot \\ a_n \end{pmatrix} \cdot \begin{pmatrix} b_1 \\ b_2 \\ \cdot \\ \cdot \\ \cdot \\ b_n \end{pmatrix} = a_1 b_1 + a_2 b_2 + a_3 b_3 + \ldots + a_n b_n$$

also wieder eine reelle Zahl. Auch der Begriff des Betrages eines Vektors läßt sich auf Vektoren mit n Komponenten übertragen. Es ist

für $\vec{a} = \begin{pmatrix} a_1 \\ a_2 \\ \cdot \\ \cdot \\ \cdot \\ a_n \end{pmatrix}$ $\quad |\vec{a}| = \sqrt{\vec{a} \cdot \vec{a}} = \sqrt{a_1^2 + a_2^2 + a_3^2 + \ldots + a_n^2}$

Vektoren, deren Betrag 1 ist, nennt man auch jetzt Einheitsvektoren. Es gilt also auch

$$\vec{a}^0 = \frac{\vec{a}}{|\vec{a}|}$$

Bestimmen Sie für den Vektor $\vec{v}$ mit vier Komponenten den Betrag und den zugehörigen Einheitsvektor.

$\vec{v} = \begin{pmatrix} 1 \\ 3 \\ 5 \\ 1 \end{pmatrix}$ $\quad |\vec{v}| = \sqrt{1^2+3^2+5^2+1^2} = 6$ $\quad \vec{v}^0 = \frac{1}{6}\begin{pmatrix} 1 \\ 3 \\ 5 \\ 1 \end{pmatrix}$

→ ①

Aus dem Beispiel im Abschnitt 5.1 haben Sie aber auch gesehen, daß es dienlich sein kann, nicht nur Listen (also Vektoren), sondern auch Tabellen zu betrachten. Abstrakt betrachtet ist eine solche Tabelle ein Zahlenschema, ein Schema, in dem **Zahlen in Zeilen und Spalten angeordnet** sind. Die Tabelle der Möbelangebote enthielt fünf Firmen, von denen Preise für je sieben Möbelstücke angegeben waren: Es handelte sich also um eine Tabelle mit fünf Zeilen und sieben Spalten. Die Zahl der Zeilen und Spalten wird sich nach dem jeweiligen Sachproblem richten. Allgemein sagt man in der Mathematik, die Tabelle hat **m Zeilen und n Spalten**, und nennt eine solche (abstrakte) Tabelle eine **Matrix** (Plural: **Matrizen**).

Ein Schema reeller Zahlen mit m Zeilen und n Spalten heißt reelle (m,n)-Matrix.

Im Telekolleg werden nur reelle Matrizen betrachtet, so daß einfach von einer Matrix gesprochen wird. Als Abkürzung für eine Matrix wird ein großer Buchstabe gewählt. Die Zahlen in der Matrix heißen auch Elemente der Matrix und werden allgemein mit kleinen Buchstaben bezeichnet, an die zwei kleine Zahlen als Indizes angehängt werden. Diese Indizes oder Indexzahlen geben den Platz des Elementes in der Matrix an: Der erste Index bezeichnet die Zeile, der zweite die Spalte. a_{32} ist also das Element der Matrix A, das in der dritten Zeile und der zweiten Spalte steht. Matrizen lassen sich so schreiben:

A ist eine $(4,3)$-Matrix

$$A = \begin{pmatrix} a_{11} & a_{12} & a_{13} \\ a_{21} & a_{22} & a_{23} \\ a_{31} & a_{32} & a_{33} \\ a_{41} & a_{42} & a_{43} \end{pmatrix}$$

B ist eine (m,n)-Matrix

$$B = \begin{pmatrix} a_{11} & a_{12} & \dots & a_{1n} \\ a_{21} & a_{22} & \dots & a_{2n} \\ \dots & \dots & \dots & \dots \\ \dots & \dots & \dots & \dots \\ a_{m1} & a_{m2} & \dots & a_{mn} \end{pmatrix}$$

Man kann jede Zeile einer Matrix als einen (Zeilen-)Vektor mit n Komponenten und jede Spalte einer Matrix als einen (Spalten-)Vektor mit m Komponenten auffassen. Dann kann man eine Matrix auch so schreiben:

$$A = \begin{pmatrix} \vec{a}'_1 \\ \vec{a}'_2 \\ \cdot \\ \cdot \\ \cdot \\ \vec{a}'_m \end{pmatrix} \quad \text{mit} \quad \begin{matrix} \vec{a}'_1 = (a_{11}\ a_{12}\ \dots\ a_{1n}) \\ \vec{a}'_2 = (a_{21}\ a_{22}\ \dots\ a_{2n}) \\ \cdot \\ \cdot \\ \cdot \\ \vec{a}'_m = (a_{m1}\ a_{m2}\ \dots\ a_{mn}) \end{matrix}$$

oder

$$A = (\vec{a}_1\ \vec{a}_2\ \dots\ \vec{a}_n) \quad \text{mit} \quad \vec{a}_1 = \begin{pmatrix} a_{11} \\ a_{21} \\ \cdot \\ \cdot \\ \cdot \\ a_{m1} \end{pmatrix} \quad \vec{a}_2 = \begin{pmatrix} a_{12} \\ a_{22} \\ \cdot \\ \cdot \\ \cdot \\ a_{m2} \end{pmatrix} \quad \dots \quad \vec{a}_n = \begin{pmatrix} a_{1n} \\ a_{2n} \\ \cdot \\ \cdot \\ \cdot \\ a_{mn} \end{pmatrix}$$

Der Strich $'$ an den Buchstaben der Zeilenvektoren soll daran erinnern, daß diese Vektoren ausnahmsweise als Zeilen geschrieben sind, da Vektoren im Telekolleg in der Regel als Spalten geschrieben werden. (Die Sprechweise mit den Zeilen- und Spaltenvektoren wird später beim Multiplizieren von Nutzen sein.)
Hat eine Matrix genauso viele Zeilen wie Spalten, ist sie also eine (n,n)-Matrix, so heißt sie eine quadratische Matrix.

Aufgaben zu 5.2

1. a) Bestimmen Sie die Beträge der Vektoren $\vec{a}$, $\vec{b}$ und $\vec{c}$.

b) Berechnen Sie $\vec{a} \cdot \vec{b}$, $\vec{a} \cdot \vec{c}$ und $\vec{b} \cdot \vec{c}$.

c) Bestimmen Sie $\vec{a}^{\,0}$.

$$\vec{a} = \begin{pmatrix} 2 \\ 1 \\ 3 \\ 1 \\ 1 \end{pmatrix} \quad \vec{b} = \begin{pmatrix} 1 \\ 1 \\ 1 \\ 0 \\ 1 \end{pmatrix} \quad \vec{c} = \begin{pmatrix} 3 \\ 4 \\ 1 \\ 3 \\ 1 \end{pmatrix}$$

2. Fassen Sie die Vektoren $\vec{a}$, $\vec{b}$ und $\vec{c}$ aus Aufgabe 1 a) als Zeilenvektoren, b) als Spaltenvektoren einer Matrix auf und notieren Sie diese Matrix. Geben Sie jeweils das Element a_{32} an.

5

5.3 Die Verknüpfung von Tabellen und Listen

In vielen Bereichen des Wirtschaftslebens wird mit Listen und Tabellen gearbeitet. Im folgenden werden noch einige Beispiele angegeben.

1. Beispiel

Eine Möbel- und Bauteilefabrik liefert Gegenstände wie Schränke, Tische, Küchenmöbel, Türen, Fenster. Die zur Herstellung erforderlichen Holzarbeiten werden in der Schreinerwerkstatt, die Metallarbeiten (zum Beispiel für die Beschläge) in der Schlosserwerkstatt durchgeführt. Die Kunststoffteile werden in einer Kunststoffwerkstatt hergestellt. Zur Vereinfachung des Beispiels werden hier nur vier Firmenprodukte A, B, C und D herausgegriffen. Zur Herstellung eines Stücks dieser Produkte braucht man jeweils eine bestimmte Anzahl von Arbeitsstunden in den einzelnen Werkstätten. Die Grafik verdeutlicht die notwendigen Arbeitszeiten.

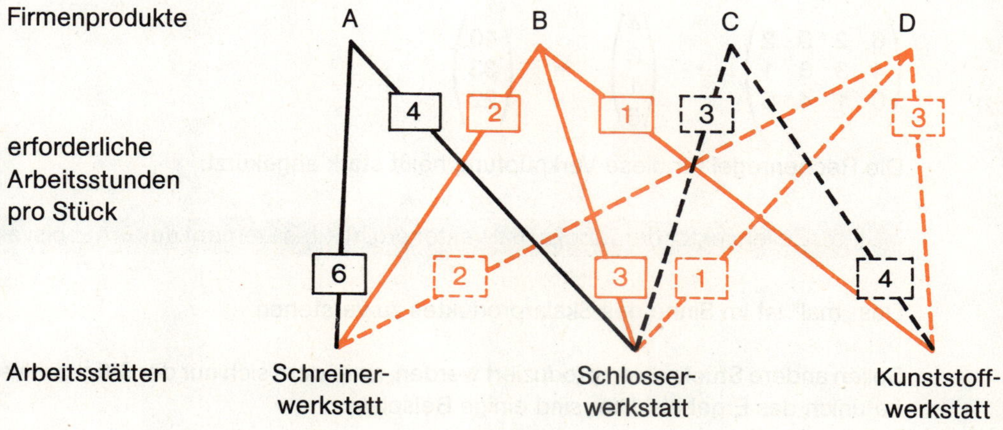

Aufgrund dieser Angaben kann man ausrechnen, mit wieviel Arbeitsstunden die einzelnen Werkstätten ausgelastet sind, wenn die Stückzahlen für die Produktion festgelegt sind.

Werden zum Beispiel 4 Stück des Produktes A,
3 Stück des Produktes B,
1 Stück des Produktes C und
5 Stück des Produktes D angefertigt,

dann braucht man in der

Schreinerwerkstatt	$4 \cdot 6 + 3 \cdot 2 + 1 \cdot 0 + 5 \cdot 2 = 40$	Arbeitsstunden,
Schlosserwerkstatt	$4 \cdot 4 + 3 \cdot 3 + 1 \cdot 3 + 5 \cdot 1 = 33$	Arbeitsstunden,
Kunststoffwerkstatt	$4 \cdot 0 + 3 \cdot 1 + 1 \cdot 4 + 5 \cdot 3 = 22$	Arbeitsstunden.

Diesen Zusammenhang kann man kürzer schreiben, wenn man die Grafik oben in eine Tabelle überträgt.

Tabelle für Arbeitsstunden pro Stück

	A	B	C	D	Stückzahlliste	benötigte Arbeitsstunden
Schreiner	6	2	0	2	4	40
Schlosser	4	3	3	1	3	33
Kunststoff	0	1	4	3	1	22
					5	

Wenn Sie die Ausrechnung betrachten und die Tabelle sowie die Stückzahlliste (den Stückzahlvektor) im Blick haben, erkennen Sie, daß die benötigte Anzahl der Arbeitsstunden sich formal als **Skalarprodukt** aus dem jeweiligen **Zeilenvektor** der Tabelle mit dem Stückzahlvektor ergibt. Die Tabelle hat ja gerade so viele Spalten wie der Stückzahlvektor Elemente besitzt. Eine gewisse Kontrolle für die Richtigkeit hat man an den Einheiten der auftretenden Größen: Die Zahlen in der Tabelle geben **Arbeitsstunden pro Stück** an, im Stückzahlvektor stehen **Stück**, so daß das Produkt **Arbeitsstunden** sind.

Geht man zur abstrakten Schreibweise über, so kann man sagen, man hat eine Matrix mit einem Vektor verknüpft, und dafür kurz schreiben:

$$\begin{pmatrix} 6 & 2 & 0 & 2 \\ 4 & 3 & 3 & 1 \\ 0 & 1 & 4 & 3 \end{pmatrix} \cdot \begin{pmatrix} 4 \\ 3 \\ 1 \\ 5 \end{pmatrix} = \begin{pmatrix} 40 \\ 33 \\ 22 \end{pmatrix}$$

Die Rechenregel für diese Verknüpfung heißt stark abgekürzt:

k-ter Zeilenvektor der Tabelle mal Vektor ergibt k-tes Element des Ergebnisvektors.

Das „mal“ ist im Sinne des Skalarproduktes zu verstehen.

Sollen andere Stückzahlen produziert werden, so ändern sich nur der Stückzahlvektor und natürlich das Ergebnis. Hier sind einige Beispiele:

$$\begin{pmatrix} 6 & 2 & 0 & 2 \\ 4 & 3 & 3 & 1 \\ 0 & 1 & 4 & 3 \end{pmatrix} \cdot \begin{pmatrix} 10 \\ 15 \\ 8 \\ 12 \end{pmatrix} = \begin{pmatrix} 114 \\ 121 \\ 83 \end{pmatrix} \qquad \begin{pmatrix} 6 & 2 & 0 & 2 \\ 4 & 3 & 3 & 1 \\ 0 & 1 & 4 & 3 \end{pmatrix} \cdot \begin{pmatrix} 135 \\ 210 \\ 305 \\ 180 \end{pmatrix} = \begin{pmatrix} 1590 \\ 2265 \\ 1970 \end{pmatrix}$$

$$\begin{pmatrix} 6 & 2 & 0 & 2 \\ 4 & 3 & 3 & 1 \\ 0 & 1 & 4 & 3 \end{pmatrix} \cdot \begin{pmatrix} 6 \\ 10 \\ 5 \\ 2 \end{pmatrix} = \begin{pmatrix} 60 \\ 71 \\ 36 \end{pmatrix}$$

Bitte rechnen Sie aus. → 6

Falls Sie einen programmierbaren Taschenrechner besitzen oder gar über einen Personal-Computer verfügen, können Sie sich die Tabelle (die Matrix) und die Rechnung fest programmieren. Dann brauchen Sie jeweils nur die veränderte Stückzahlliste (oder mathematisch gesprochen den veränderten Vektor) einzugeben und erhalten sofort die Ergebnisliste (den Ergebnisvektor).
Sie erkennen: Das Verfahren funktioniert, wenn die Tabelle so viele Spalten besitzt wie der Vektor Komponenten hat. Das Ergebnis ist ein Vektor, der so viele Komponenten hat wie die Tabelle Zeilen besitzt.

2. Beispiel

Ein Konditor stellt Kuchenböden aus Biskuitteig, Hefeteig, Mürbeteig oder Rührteig her. Läßt man die kleineren Zutaten wie Vanillinzucker, Backpulver oder Hefe außer Betracht, so lassen sich die Zutaten für jeweils einen Kuchenboden in der folgenden Tabelle notieren:
Zutaten in g/Stück bzw. Stück/Stück (bei Eiern)

	Biskuitteig	Hefeteig	Mürbeteig	Rührteig
Mehl	250	500	300	300
Butter	0	60	200	200
Zucker	180	60	100	180
Eier	4	1	0	4

Werden zum Beispiel 10 Biskuitböden, 15 Hefeböden, 8 Mürbeteigböden und 12 Rührteigböden benötigt, so kann der Konditor leicht berechnen, wieviele Zutaten er braucht. Dies geht einfach, wie auch im ersten Beispiel, durch die entsprechende Verknüpfung der Tabelle mit der Stückzahlliste.

	B	H	M	R	Stückliste	Zutatenmenge
Mehl	250	500	300	300	10	16000
Butter	0	60	200	200	15	4900
Zucker	180	60	100	180	8	5660
Eier	4	1	0	4	12	103

Der Konditor benötigt also 16 kg Mehl, 4,9 kg Butter, 5,66 kg Zucker und 103 Eier.

Bestimmen Sie die benötigten Zutatenmengen für die Stückliste $\begin{pmatrix} 5 \\ 10 \\ 20 \\ 15 \end{pmatrix}$. → 3

Aufgaben zu 5.3

1. In einer Firma werden vier Produkte erzeugt, zu denen fünf Rohstoffe Verwendung finden. Die Tabelle gibt an, wieviel kg eines Rohstoffes für eine Einheit eines Endproduktes benötigt werden.

	P_1	P_2	P_3	P_4
R_1	5	4	0	2
R_2	2	1	4	3
R_3	0	3	2	1
R_4	0	0	5	2
R_5	3	2	0	3

Welche Mengen Rohstoffe braucht man für
20 Stück P_1
15 Stück P_2
85 Stück P_3
40 Stück P_4 insgesamt?

2. Die Herstellung der Waren U, V und W erfolgt an drei Betriebsstätten. Die Grafik zeigt den Arbeitsstundenbedarf an den einzelnen Betriebsstätten A, B und C für die Waren.

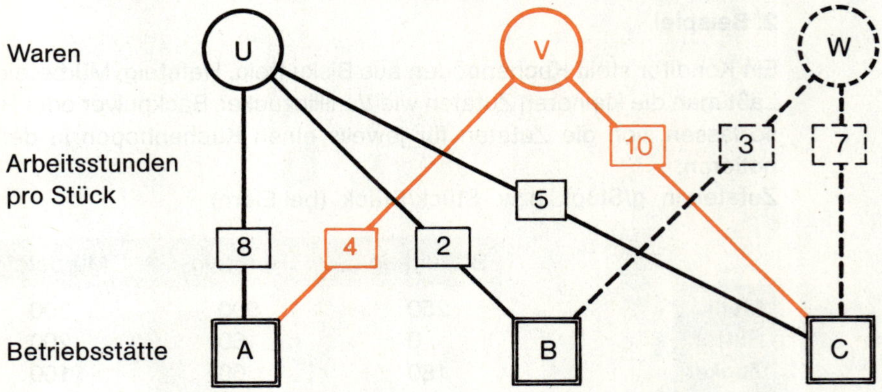

Mit welchen Arbeitszeiten müssen die Betriebsstätten eingeplant werden, wenn 100 Stück von U, 50 Stück von V und 200 Stück von W hergestellt werden sollen?

3. Bei einer Ausschreibung bieten drei Firmen A, B und C Schreibtische, Schreibtischstühle und Aktenschränke nach folgenden Preislisten an.

	Schreibtische	Schreibtischstühle	Aktenschränke
Firma A	1200 DM	350 DM	750 DM
Firma B	980 DM	420 DM	820 DM
Firma C	1010 DM	370 DM	780 DM

a) Welches Angebot ist das günstigste, wenn 12 Schreibtische, 15 Schreibtischstühle und 20 Aktenschränke gebraucht werden?

b) Geben Sie drei Beschaffungslisten an, bei denen die Firma A (die Firma C) am günstigsten ist.

5.4 Produkte aus Matrizen und Vektoren

Im Abschnitt 5.3 haben Sie bei einigen Anwendungsaufgaben Tabellen und Listen miteinander verknüpft. Mathematisch abstrakt betrachtet stellen die Tabellen Matrizen und die Listen Vektoren dar. Es liegt also eine Verknüpfung einer Matrix mit einem Vektor vor. Da bei dieser Verknüpfung Berechnungen wie beim Skalarprodukt von Vektoren durchgeführt werden, spricht man von einer **Multiplikation einer Matrix mit einem Vektor**.

Eine (m,n)-Matrix A wird mit einem Vektor $\vec{v}$ (mit n Komponenten) multipliziert, indem man jede Zeile der Matrix A im Sinne des Skalarproduktes mit dem Vektor $\vec{v}$ multipliziert und die m einzelnen Ergebnisse als Komponenten eines Vektors $\vec{w}$ (mit m Komponenten) schreibt. $\vec{w}$ ist das Produkt von A mit $\vec{v}$.

$$A \cdot \vec{v} = \begin{pmatrix} a_{11} & a_{12} & \dots & a_{1n} \\ a_{21} & a_{22} & \dots & a_{2n} \\ \cdot & \cdot & & \cdot \\ \cdot & \cdot & & \cdot \\ \cdot & \cdot & & \cdot \\ a_{m1} & a_{m2} & \dots & a_{mn} \end{pmatrix} \cdot \begin{pmatrix} v_1 \\ v_2 \\ \cdot \\ \cdot \\ \cdot \\ v_n \end{pmatrix} = \begin{pmatrix} a_{11}v_1 + a_{12}v_2 + \dots + a_{1n}v_n \\ a_{21}v_1 + a_{22}v_2 + \dots + a_{2n}v_n \\ \cdot \\ \cdot \\ \cdot \\ a_{m1}v_1 + a_{m2}v_2 + \dots + a_{mn}v_n \end{pmatrix} = \vec{w}$$

Schreibt man die Matrix A mit ihren Zeilenvektoren als

$$A = \begin{pmatrix} \vec{a}'_1 \\ \vec{a}'_2 \\ \cdot \\ \cdot \\ \cdot \\ \vec{a}'_m \end{pmatrix}, \text{ so ist } \quad \vec{w} = A \cdot \vec{v} = \begin{pmatrix} \vec{a}'_1\vec{v} \\ \vec{a}'_2\vec{v} \\ \cdot \\ \cdot \\ \cdot \\ \vec{a}'_m\vec{v} \end{pmatrix}$$

Beachten Sie bitte: Eine (m,n)-Matrix kann nur mit einem Vektor mit n Komponenten multipliziert werden; das Ergebnis ist ein Vektor mit m Komponenten. Anders ausgedrückt: Der Vektor, mit dem eine Matrix multipliziert wird, muß so viele Komponenten haben wie die Matrix Spalten besitzt; der Ergebnisvektor hat so viele Komponenten wie die Matrix Zeilen besitzt. Ist die Matrix quadratisch, also eine (n,n)-Matrix, so haben die beiden Vektoren n Komponenten.

Beispiele:
$$\begin{pmatrix} 6 & 2 & 0 & 2 \\ 4 & 3 & 3 & 1 \\ 0 & 1 & 4 & 3 \end{pmatrix} \cdot \begin{pmatrix} 4 \\ 5 \\ 1 \\ 3 \end{pmatrix} = \begin{pmatrix} 40 \\ 37 \\ 18 \end{pmatrix}$$

Bei den Anwendungen aus dem Wirtschaftsbereich traten in den Tabellen und Listen stets positive Zahlen oder Null auf. Da die Matrizen als Schemata reeller Zahlen erklärt wurden, können auch negative Zahlen Elemente von Matrizen sein. Das gleiche gilt für Vektoren. An der Multiplikation einer Matrix mit einem Vektor ändert sich dabei nichts.

$$\begin{pmatrix} -1 & 2 & 0 & 4 \\ 4 & -3 & 3 & 1 \\ 0 & 1 & -5 & 3 \end{pmatrix} \cdot \begin{pmatrix} 4 \\ -3 \\ 0 \\ 2 \end{pmatrix} = \begin{pmatrix} -2 \\ 27 \\ 3 \end{pmatrix}$$

Berechnen Sie das Produkt einer quadratischen Matrix mit einem Vektor.

$$\begin{pmatrix} 6 & 2 & 0 & 2 \\ -1 & 0 & 3 & -5 \\ 4 & 3 & -2 & 1 \\ 2 & -2 & 1 & 3 \end{pmatrix} \cdot \begin{pmatrix} 1 \\ -2 \\ 5 \\ -3 \end{pmatrix} = \begin{pmatrix} -4 \\ 29 \\ -15 \\ 2 \end{pmatrix}$$

→ ⑤

Das Produkt einer Matrix mit dem Nullvektor ist stets der Nullvektor. Das sehen Sie an diesem Beispiel:

$$\begin{pmatrix} 2 & 3 & -1 \\ 5 & -2 & 1 \\ 0 & 4 & -2 \end{pmatrix} \cdot \begin{pmatrix} 0 \\ 0 \\ 0 \end{pmatrix} = \begin{pmatrix} 0 \\ 0 \\ 0 \end{pmatrix}$$

Eine Matrix ist ein Schema reeller Zahlen. Im Sonderfall können alle diese Zahlen null sein. Eine solche Matrix heißt **Nullmatrix**.
Der Produkt einer Nullmatrix mit einem beliebigen Vektor ist der Nullvektor.

$$\begin{pmatrix} 0 & 0 & 0 \\ 0 & 0 & 0 \\ 0 & 0 & 0 \end{pmatrix} \cdot \begin{pmatrix} 2 \\ -1 \\ 3 \end{pmatrix} = \begin{pmatrix} 0 \\ 0 \\ 0 \end{pmatrix}$$

Das Produkt einer Matrix mit einem Vektor kann auch den Nullvektor ergeben, ohne daß die Matrix selbst die Nullmatrix oder der Vektor schon der Nullvektor ist.

$$\begin{pmatrix} 1 & 1 & 2 & 3 \\ 2 & 5 & 5 & 5 \\ -1 & 2 & -1 & -4 \\ -3 & 0 & -5 & -10 \end{pmatrix} \cdot \begin{pmatrix} 0 \\ 1 \\ -2 \\ 1 \end{pmatrix} = \begin{pmatrix} 0 \\ 0 \\ 0 \\ 0 \end{pmatrix}$$

Berechnen Sie selbst:

$$\begin{pmatrix} 1 & 1 & -2 \\ 6 & 8 & -10 \\ 4 & 6 & -6 \end{pmatrix} \cdot \begin{pmatrix} 3 \\ -1 \\ 1 \end{pmatrix} = \begin{pmatrix} 0 \\ 0 \\ 0 \end{pmatrix}$$

→ ②

Aufgaben zu 5.4

1. Berechnen Sie die Produkte der Matrix A mit den Vektoren $\vec{u}$, $\vec{v}$ und $\vec{w}$.

$$A = \begin{pmatrix} 3 & 2 & 1 \\ 1 & 4 & 3 \\ 5 & 5 & 2 \end{pmatrix} \qquad \vec{u} = \begin{pmatrix} 5 \\ 4 \\ 2 \end{pmatrix} \qquad \vec{v} = \begin{pmatrix} 3 \\ -1 \\ 2 \end{pmatrix} \qquad \vec{w} = \begin{pmatrix} 3 \\ 5 \\ 0 \end{pmatrix}$$

2. Bilden Sie $\begin{pmatrix} 1 & 3 & 3 & 2 \\ 2 & 6 & 9 & 5 \\ -1 & -3 & 3 & 0 \end{pmatrix} \cdot \begin{pmatrix} 4 \\ 0 \\ 1 \\ 1 \end{pmatrix}$

3. Berechnen Sie a) $\begin{pmatrix} 1 & 0 & 0 \\ 0 & 0 & 1 \\ 0 & 1 & 0 \end{pmatrix} \cdot \begin{pmatrix} 2 \\ -3 \\ 5 \end{pmatrix}$ b) $\begin{pmatrix} 0 & 0 & 1 \\ -1 & 0 & 0 \\ 0 & 1 & 0 \end{pmatrix} \cdot \begin{pmatrix} x_1 \\ x_2 \\ x_3 \end{pmatrix}$

[4.] Suchen Sie eine (2,2)-Matrix A mit der Eigenschaft $A \cdot \begin{pmatrix} x_1 \\ x_2 \end{pmatrix} = \begin{pmatrix} x_2 \\ x_1 \end{pmatrix}$

[5.] Welche (4,4)-Matrix M genügt der Gleichung $M \cdot \begin{pmatrix} x_1 \\ x_2 \\ x_3 \\ x_4 \end{pmatrix} = \begin{pmatrix} x_4 \\ x_3 \\ x_2 \\ x_1 \end{pmatrix}$

5.5 Lineare Gleichungssysteme

In den vorangegangenen Abschnitten haben Sie Aufgaben gelöst, wie sie auch dem folgenden Beispiel entsprechen:
Eine Einrichtungsfirma vertreibt Wandregale, die aus Seitenteilen, Regalbrettern und Schrauben bestehen. Jede Einheit ist 1 m breit und enthält fünf Regalbretter. Mehrere Einheiten können zu größeren Regalen zusammengestellt werden, wie es die Zeichnung zeigt. Beim ersten und letzten Seitenteil benötigt man kurze Schrauben, weil nur auf einer Seite Regalbretter zu halten sind, bei Seitenteilen in der Mitte braucht man lange Schrauben. In der Mitte ist jeweils nur ein Seitenteil erforderlich.

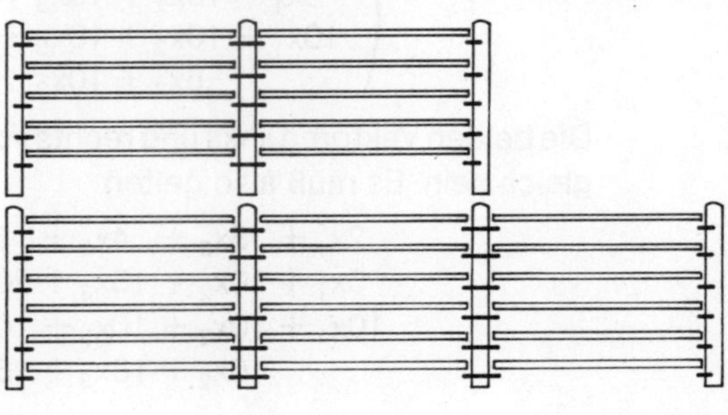

Die Firma bietet das Regal in Packungen für 1 m, 2 m, 3 m und 4 m an. Für die benötigten Bauteile kann man die folgende Tabelle aufstellen.

Bauteile	1 m-Regal	2 m-Regal	3 m-Regal	4 m-Regal
Seitenteile	2	3	4	5
Regalbretter	5	10	15	20
kurze Schrauben	10	10	10	10
lange Schrauben	0	5	10	15

Sollen fünf 1 m-Regale, zwölf 2 m-Regale, vier 3 m-Regale und sieben 4 m-Regale geliefert werden, so kann man wieder das Produkt aus einer Matrix und einem Vektor zur Lösung dieser Aufgabe heranziehen und rechnen:

$$\begin{pmatrix} 2 & 3 & 4 & 5 \\ 5 & 10 & 15 & 20 \\ 10 & 10 & 10 & 10 \\ 0 & 5 & 10 & 15 \end{pmatrix} \cdot \begin{pmatrix} 5 \\ 12 \\ 4 \\ 7 \end{pmatrix} = \begin{pmatrix} 97 \\ 345 \\ 280 \\ 205 \end{pmatrix}$$

Es werden also 97 Seitenteile, 345 Regalbretter, 280 kurze Schrauben und 205 lange Schrauben gebraucht.

Da diese Art von Regalen nach einiger Zeit nicht mehr so stark gefragt ist, beschließt der Firmeninhaber, ein neues Design für Regale zu entwerfen, die alten nicht mehr herzustellen und die noch vorhandenen Teile auszuverkaufen. Er stellt bei einer Zählung der noch vorhandenen Bauteile fest, daß noch 49 Seitenteile, 165 Regalbretter, 160 kurze Schrauben und 85 lange Schrauben im Lager liegen. Er möchte keine Teile übrigbehalten und sucht daher herauszufinden, in welcher Regalzusammenstellung der Restbestand als Sonderangebot herausgebracht werden muß, damit alle Bauteile aufgebraucht werden. Mit anderen Worten: Jetzt sind die Stückzahlen der 1 m-, 2 m-, 3 m- und 4 m-Regale unbekannt; die jeweilige Anzahl der betreffenden Einzelteile jedoch bekannt. Bezeichnet man die unbekannten Stückzahlen mit x_1, x_2, x_3 und x_4, so lautet das Matrix-Vektor-Produkt

$$\begin{pmatrix} 2 & 3 & 4 & 5 \\ 5 & 10 & 15 & 20 \\ 10 & 10 & 10 & 10 \\ 0 & 5 & 10 & 15 \end{pmatrix} \cdot \begin{pmatrix} x_1 \\ x_2 \\ x_3 \\ x_4 \end{pmatrix} = \begin{pmatrix} 49 \\ 165 \\ 160 \\ 85 \end{pmatrix}$$

Das Produkt kann man nun nicht zahlenmäßig, aber sehr wohl formal ausrechnen. Man erhält dann

$$\begin{pmatrix} 2x_1 + 3x_2 + 4x_3 + 5x_4 \\ 5x_1 + 10x_2 + 15x_3 + 20x_4 \\ 10x_1 + 10x_2 + 10x_3 + 10x_4 \\ 5x_2 + 10x_3 + 15x_4 \end{pmatrix} = \begin{pmatrix} 49 \\ 165 \\ 160 \\ 85 \end{pmatrix}$$

Die beiden Vektoren links und rechts vom Gleichheitszeichen müssen komponentenweise gleich sein. Es muß also gelten

$$\begin{aligned} 2x_1 + 3x_2 + 4x_3 + 5x_4 &= 49 \\ 5x_1 + 10x_2 + 15x_3 + 20x_4 &= 165 \\ 10x_1 + 10x_2 + 10x_3 + 10x_4 &= 160 \\ 5x_2 + 10x_3 + 15x_4 &= 85 \end{aligned}$$

Sie sehen: Dies ist ein lineares Gleichungssystem aus vier Gleichungen mit vier Variablen. Zur Lösung der gestellten Aufgabe muß dieses Gleichungssystem gelöst werden. Gleichungssysteme mit zwei und drei Unbekannten haben Sie bereits in der Algebra und dann auch wieder in den ersten Lektionen dieses Buches gelöst. Sie kennen dafür das Additionsverfahren, das Gleichsetzungsverfahren und das Einsetzungsverfahren. Der Rechenaufwand wird natürlich immer höher, je mehr Variable auftreten. Man weiß auch von vornherein nicht, ob das Gleichungssystem lösbar ist oder nicht. Ebenso kann man nicht direkt sagen, ob genau ein Lösungsquadrupel von Zahlen existiert oder ob es mehrere solcher Lösungsvektoren gibt. Aus all diesen Gründen sucht man eine Lösungsmethode, die schematisch anzuwenden ist, so daß man sie bequem dem Computer übertragen kann. Ein solches Verfahren werden Sie in der folgenden Lektion kennenlernen.
Natürlich könnte man probieren, eine Lösung zu finden. Das Gleichungssystem läßt sich etwas vereinfachen:

$$\begin{aligned} 2x_1 + 3x_2 + 4x_3 + 5x_4 &= 49 \\ x_1 + 2x_2 + 3x_3 + 4x_4 &= 33 \\ x_1 + x_2 + x_3 + x_4 &= 16 \\ x_2 + 2x_3 + 3x_4 &= 17 \end{aligned}$$

Aus der dritten Gleichung sieht man, daß insgesamt 16 Einheiten zusammengestellt werden müssen. Das heißt die Summe der Komponenten im Lösungsvektor muß 16 ergeben. Hier sind einige Beispiele für solche Vektoren. Probieren Sie aus, ob eine Lösung darunter ist.

$$\vec{u} = \begin{pmatrix} 2 \\ 6 \\ 8 \\ 0 \end{pmatrix} \qquad \vec{v} = \begin{pmatrix} 4 \\ 3 \\ 1 \\ 8 \end{pmatrix} \qquad \vec{w} = \begin{pmatrix} 4 \\ 8 \\ 3 \\ 1 \end{pmatrix} \qquad \vec{z} = \begin{pmatrix} 4 \\ 7 \\ 4 \\ 1 \end{pmatrix}$$

→ 7

Ein zweites Beispiel:

Wenn der Konditor aus Abschnitt 5.3 feststellt, daß er noch genau 6,7 kg Mehl, 2,92 kg Butter, 3,08 kg Zucker und 50 Eier hat, und diese Zutaten vollständig aufbrauchen möchte, wieviele Kuchenböden aus Biskuitteig, Hefeteig, Mürbeteig und Rührteig kann er dann herstellen?

Die Matrix für diesen Fall war — Die Stückzahlen sind jetzt unbekannt — Die Gesamtmenge ist bekannt

$$\begin{pmatrix} 250 & 500 & 300 & 300 \\ 0 & 60 & 200 & 200 \\ 180 & 60 & 100 & 180 \\ 4 & 1 & 0 & 4 \end{pmatrix} \cdot \begin{pmatrix} x_1 \\ x_2 \\ x_3 \\ x_4 \end{pmatrix} = \begin{pmatrix} 6700 \\ 2920 \\ 3080 \\ 50 \end{pmatrix}$$

Um die unbekannten Stückzahlen zu bestimmen, muß man dieses (bereits vereinfachte) Gleichungssystem lösen:

$$\begin{aligned} 5x_1 + 10x_2 + 6x_3 + 6x_4 &= 134 \\ 3x_2 + 10x_3 + 10x_4 &= 146 \\ 9x_1 + 3x_2 + 5x_3 + 9x_4 &= 154 \\ 4x_1 + x_2 \qquad + 4x_4 &= 50 \end{aligned}$$

Versuchen Sie bitte, dieses Gleichungssystem mit einem der bekannten Verfahren zu lösen.

→ 4

Aufgaben zu 5.5

1. Welches Gleichungssystem ist zu lösen, wenn bei der Einrichtungsfirma noch 12 Seitenteile, 40 Regalbretter, 40 kurze Schrauben und 20 lange Schrauben vorhanden sind?

2. Der Konditor aus Abschnitt 5.3 stellt fest, daß er noch 10,9 kg Mehl, 3,9 kg Butter, 5,06 kg Zucker und 93 Eier hat. Er möchte die gesamten Rohmaterialien verbrauchen. Wieviele Böden jeder Teigsorte soll er backen? Stellen Sie nur das zu lösende Gleichungssystem auf.

Wiederholungsaufgaben

1. Berechnen Sie für die Vektoren $\vec{u} = \begin{pmatrix} 1 \\ 0 \\ -2 \\ 2 \\ 0 \end{pmatrix}$, $\vec{v} = \begin{pmatrix} 5 \\ 3 \\ -5 \\ 2 \\ 1 \end{pmatrix}$ und $\vec{w} = \begin{pmatrix} 1 \\ -1 \\ 1 \\ -1 \\ 1 \end{pmatrix}$

a) die Beträge b) die Skalarprodukte $\vec{u} \cdot \vec{v}$, $\vec{u} \cdot \vec{w}$ und $\vec{v} \cdot \vec{w}$,
c) jeweils das 1,5-fache.

2. Kann man a) eine (4,5)-Matrix b) eine (5,4)-Matrix c) eine (5,5)-Matrix d) eine (3,2)-Matrix mit dem Vektor $\vec{u}$ aus Aufgabe 1 multiplizieren?

3. In welcher Zeile und in welcher Spalte steht in einer (10,10)-Matrix A das Element
a) a_{47} b) a_{83} c) a_{99} ?

4. Für die Herstellung der Möbelstücke A, B, C, D und E braucht man in der Schreiner- bzw. Schlosser- bzw. Kunststoffwerkstatt die in der Tabelle angegebenen Arbeitsstunden.

Wieviele Arbeitsstunden werden in jeder Werkstatt benötigt zur Herstellung von 10 Stück A, 6 Stück B, 3 Stück C, 5 Stück D, 1 Stück E?

	A	B	C	D	E
Schreiner	5	3	7	2	12
Schlosser	2	0	2	1	4
Kunststoff	1	4	2	0	3

5. Der Konditor aus Abschnitt 5.3 soll Kuchenböden nach den folgenden Stückzahllisten (Stückzahlvektoren) herstellen. Berechnen Sie die benötigten Rohstoffe.

a) $\begin{pmatrix} 2 \\ 12 \\ 10 \\ 5 \end{pmatrix}$ b) $\begin{pmatrix} 20 \\ 15 \\ 12 \\ 22 \end{pmatrix}$ c) $\begin{pmatrix} 14 \\ 120 \\ 45 \\ 23 \end{pmatrix}$ d) $\begin{pmatrix} 37 \\ 42 \\ 135 \\ 110 \end{pmatrix}$

6. Es sind die folgenden Vektoren und Matrizen gegeben.

$$\vec{u} = \begin{pmatrix} 3 \\ -1 \\ 2 \end{pmatrix} \quad \vec{v} = \begin{pmatrix} -2 \\ 0 \\ 1 \\ 3 \end{pmatrix} \quad \vec{w} = \begin{pmatrix} 1 \\ 1 \\ 2 \\ -1 \\ 2 \end{pmatrix} \quad \vec{x} = \begin{pmatrix} 2 \\ 5 \\ -3 \\ 1 \end{pmatrix}$$

$$A = \begin{pmatrix} 2 & 0 & 1 & -1 \\ 3 & 1 & 0 & 2 \\ 5 & -2 & 1 & 1 \end{pmatrix} \qquad B = \begin{pmatrix} 1 & 1 & -1 & 0 \\ 2 & 0 & 1 & -3 \\ 0 & 2 & -1 & 0 \\ 3 & 4 & 1 & 1 \end{pmatrix} \qquad C = \begin{pmatrix} 5 & 0 & 10 \\ 2 & 1 & -3 \\ 0 & -1 & 0 \end{pmatrix}$$

Berechnen Sie alle Produkte aus einer Matrix und einem Vektor, die man bilden kann.

7. Berechnen Sie $\begin{pmatrix} 2 & 0 & -2 & 1 & 3 \\ 1 & -1 & 5 & 0 & 2 \\ 3 & 4 & -3 & 1 & 0 \end{pmatrix} \cdot \begin{pmatrix} 5 \\ 3 \\ 0 \\ -1 \\ 2 \end{pmatrix}$

8. Suchen Sie eine Matrix E mit der Eigenschaft $E \cdot \vec{x} = \vec{x}$ (für alle $\vec{x} = \begin{pmatrix} x_1 \\ x_2 \\ x_3 \end{pmatrix}$)

9. a) Suchen Sie eine (3,3)-Matrix A mit der Eigenschaft $A \cdot \begin{pmatrix} x_1 \\ x_2 \\ x_3 \end{pmatrix} = \begin{pmatrix} x_2 \\ x_1 \\ x_3 \end{pmatrix}$

b) Suchen Sie eine (3,3)-Matrix B mit der Eigenschaft $B \cdot \begin{pmatrix} x_1 \\ x_2 \\ x_3 \end{pmatrix} = \begin{pmatrix} x_1 \\ x_2 \\ 0 \end{pmatrix}$

c) Suchen Sie eine (3,3)-Matrix C mit der Eigenschaft $C \cdot \begin{pmatrix} x_1 \\ x_2 \\ x_3 \end{pmatrix} = \begin{pmatrix} kx_1 \\ kx_2 \\ kx_3 \end{pmatrix}$

10. Welches Gleichungssystem ist zur Bestimmung von $\vec{x}$ zu lösen, wenn $A \cdot \vec{x} = \vec{b}$ gelten soll für

$$A = \begin{pmatrix} 1 & 2 & -1 \\ 3 & 0 & 2 \\ -2 & 5 & 0 \end{pmatrix} \quad \vec{x} = \begin{pmatrix} x_1 \\ x_2 \\ x_3 \end{pmatrix} \quad \vec{b} = \begin{pmatrix} -3 \\ 0 \\ 1 \end{pmatrix} \ ?$$

Lösen Sie dieses Gleichungssystem mit der Einsetzungsmethode.

6. Lösungsverfahren für Gleichungssysteme

Vor der Sendung

Bei der Umkehrung der Fragestellung aus der vorhergehenden Lektion waren lineare Gleichungssysteme aufgetreten. Diese sollen jetzt gelöst werden. Für einfache Fälle, nämlich für Systeme mit zwei und drei Variablen, haben Sie bereits Lösungsverfahren in der Algebra kennengelernt (TK I, Algebra 2, Lektionen 21 bis 24, Seite 130 ff.). Wenn Ihnen diese Methoden (Additionsverfahren, Einsetzungsverfahren, Gleichsetzungsverfahren) nicht mehr hinreichend geläufig sind, sollten Sie in Ihrem Algebrabuch nachlesen.

Übersicht

1. Zur Lösung von linearen Gleichungssystemen können das **Additions- und das Einsetzungsverfahren** dienen. Liegt ein Gleichungssystem in der Dreiecksgestalt vor, so ist das Einsetzungsverfahren besonders günstig.

2. Mit Hilfe des Additionsverfahrens läßt sich ein Kalkül zur schematischen Lösung von Gleichungssystemen mit beliebig vielen Variablen entwickeln. Nach dem deutschen Mathematiker Gauß heißt dieses Verfahren der **Gauß-Algorithmus**. Beim Gauß-Algorithmus wird zunächst die Dreiecksgestalt des Gleichungssystems hergestellt.

3. Statt jeweils bei den Umrechnungsschritten das ganze Gleichungssystem aufzuschreiben, genügt es, nur die Zahlenwerte zu notieren. Die Rechnung verläuft dann in einem Zahlenschema. Man kann vom **Gauß-Algorithmus in Matrix-Schreibweise** sprechen. Die Umformungen verlaufen so, daß zum Schluß die Einheitsmatrix, eine Matrix mit Einsen in der Diagonalen und sonst nur Nullen, entsteht.

4. Man kann den **Gauß-Algorithmus auf dem Computer** ablaufen lassen. Dazu muß der Computer entsprechend programmiert werden, er nimmt dann dem Menschen die Rechenarbeit ab. Computer können aber nur mit einer begrenzten Genauigkeit rechnen, da sie nicht beliebig viele Nachkommastellen speichern können. In speziellen Fällen kann daher das vom Computer gelieferte Ergebnis falsch sein.

5. Gleichungssysteme, die weniger Gleichungen als Unbekannte haben, sind **unterbestimmte Systeme**. Sie sind nicht eindeutig lösbar, sondern haben unendlich viele Lösungen. Es gibt auch Fälle, in denen Gleichungssysteme keine Lösung besitzen. Solche Systeme haben einen Widerspruch in sich, der bei den Umrechnungen des Gauß-Algorithmus zutage tritt.

6.1 Das Additions- und das Einsetzungsverfahren

Die Problemstellung aus dem letzten Abschnitt der Lektion 5 führte auf lineare Gleichungssysteme. Für solche Systeme mit zwei und drei Variablen können Sie die Lösungsverfahren verwenden, die Sie in der Algebra kennengelernt haben. Grundsätzlich lassen sich diese Verfahren natürlich auch bei mehr als drei Variablen anwenden. Die Rechnung kann dann allerdings recht umständlich werden. Zunächst eine kurze Erinnerung an die Methoden des Additions- und des Einsetzungsverfahrens.

1. Das Additionsverfahren

$$\begin{aligned} 3x_1 + 4x_2 &= 11 \qquad (1)\\ 2x_1 - 3x_2 &= -4 \qquad (2) \end{aligned}$$

Um x_2 zu bestimmen, multipliziert man die 1. Gleichung mit 2 und die zweite Gleichung mit (-3) und addiert anschließend die beiden Gleichungen.

$$\begin{aligned} 6x_1 + 8x_2 &= 22 \qquad (1')\\ -6x_1 + 9x_2 &= 12 \qquad (2')\\ \hline 17x_2 &= 34\\ x_2 &= 2 \end{aligned}$$

Setzt man den gefundenen Wert für x_2 in die 1. Gleichung ein, so erhält man

$$\begin{aligned} 3x_1 + 4\cdot 2 &= 11\\ 3x_1 + 8 &= 11\\ 3x_1 &= 11-8\\ 3x_1 &= 3\\ x_1 &= 1 \end{aligned}$$

Man hätte auch so vorgehen können:
Man dividiert die erste Gleichung durch 3 und erhält

$$x_1 + \frac{4}{3}x_2 = \frac{11}{3} \qquad (1')$$

Nun multipliziert man diese Gleichung mit (-2) und erhält

$$\begin{aligned} -2x_1 - \frac{8}{3}x_2 &= -\frac{22}{3} \qquad (1'')\\ 2x_1 - 3x_2 &= -4 \qquad (2') \end{aligned}$$

Addiert man jetzt die beiden Gleichungen, so ergibt sich

$$\begin{aligned} -\frac{17}{3}x_2 &= -\frac{34}{3}\\ 17x_2 &= 34\\ x_2 &= 2 \end{aligned}$$

, dann rechnet man weiter wie oben.

Dieses Verfahren erscheint zunächst etwas umständlicher; es wird sich aber für Systeme mit mehr als zwei linearen Gleichungen als praktisch erweisen, da man beim ersten Umrechnungsschritt nur auf die erste Gleichung zu achten braucht.

2. Das Einsetzungsverfahren

Folgendes Beispiel eines Gleichungssystems mit drei Gleichungen und drei Variablen läßt sich besonders gut mit dem Einsetzungsverfahren lösen:

$$\begin{aligned} 4x_1 + 2x_2 - x_3 &= 1 \qquad (1)\\ 3x_2 + 2x_3 &= -1 \qquad (2)\\ 5x_3 &= 5 \qquad (3) \end{aligned}$$

6

Aus der 3. Gleichung kann man sofort x_3 berechnen. Man dividiert durch 5 und erhält

$$x_3 = 1$$

Diesen Wert für x_3 kann man in die zweite Gleichung einsetzen und erhält

$$\begin{aligned} 3x_2 + 2 &= -1 \\ 3x_2 &= -1 - 2 \\ 3x_2 &= -3 \\ x_2 &= -1 \end{aligned}$$

Nun setzt man die Werte für x_3 und x_2 in die 1. Gleichung ein.

$$\begin{aligned} 4x_1 + 2(-1) - 1 &= 1 \\ 4x_1 - \ \ 2 \ \ - 1 &= 1 \\ 4x_1 &= 1 + 3 \\ 4x_1 &= 4 \\ x_1 &= 1 \end{aligned}$$

Sie sehen: Ein Gleichungssystem läßt sich mit dem Einsetzungsverfahren besonders einfach lösen, wenn es „Dreiecksgestalt" hat. Dies gilt selbstverständlich auch für Systeme mit mehr als drei Gleichungen mit entsprechend vielen Variablen, zum Beispiel

$$\begin{aligned} 2x_1 + 3x_2 - x_3 + 5x_4 &= 15 \\ 2x_2 + 4x_3 - x_4 &= 9 \\ -2x_3 + 3x_4 &= 1 \\ 1{,}5x_4 &= 4{,}5 \end{aligned}$$

Lösen Sie bitte das Gleichungssystem mit dieser Methode. ⟶ (1)

In der Matrix-Vektor-Schreibweise sieht dieses Gleichungssystem so aus:

$$\begin{pmatrix} 2 & 3 & -1 & 5 \\ 0 & 2 & 4 & -1 \\ 0 & 0 & -2 & 3 \\ 0 & 0 & 0 & -1{,}5 \end{pmatrix} \cdot \begin{pmatrix} x_1 \\ x_2 \\ x_3 \\ x_4 \end{pmatrix} = \begin{pmatrix} 15 \\ 9 \\ 1 \\ 4{,}5 \end{pmatrix}$$

Die Dreiecksgestalt des Gleichungssystems zeigt sich hier darin, daß unterhalb der Diagonalen in der Matrix nur Nullen stehen. Eine solche Matrix nennt man eine (obere) **Dreiecks-Matrix**. Man kann daher sagen:

> Gleichungssysteme, die mit einer Dreiecks-Matrix geschrieben werden können, lassen sich besonders einfach durch das Einsetzungsverfahren lösen.

Aufgaben zu 6.1

1. Lösen Sie mit dem Additions- oder Einsetzungsverfahren.

a) $$\begin{aligned} 3x_1 + 2x_2 &= 1 \\ 7x_1 - 5x_2 &= 46 \end{aligned}$$

b) $$\begin{aligned} x_1 + 2x_2 + 3x_3 &= 0 \\ x_2 - 2x_3 &= 10 \\ x_3 &= -4 \end{aligned}$$

c) $$\begin{aligned} x_1 &= 2 \\ 2x_1 - 3x_2 &= 4 \\ x_1 + x_2 + x_3 &= 1 \end{aligned}$$

2. Die folgenden Gleichungssysteme sind in Matrix-Vektor-Schreibweise gegeben. Lösen Sie mit der jeweils einfachsten Methode.

a) $$\begin{pmatrix} 2 & 3 \\ -1 & 5 \end{pmatrix} \cdot \begin{pmatrix} x_1 \\ x_2 \end{pmatrix} = \begin{pmatrix} 7 \\ 3 \end{pmatrix}$$

b) $$\begin{pmatrix} 3 & 4 \\ 0 & 2 \end{pmatrix} \cdot \begin{pmatrix} x_1 \\ x_2 \end{pmatrix} = \begin{pmatrix} 18 \\ 6 \end{pmatrix}$$

c) $$\begin{pmatrix} 1 & 1 & 2 \\ 0 & 2 & 3 \\ 0 & 0 & 1 \end{pmatrix} \cdot \begin{pmatrix} x_1 \\ x_2 \\ x_3 \end{pmatrix} = \begin{pmatrix} 2 \\ 0 \\ 2 \end{pmatrix}$$

6.2 Der Gauß-Algorithmus

Im Abschnitt 6.1. haben Sie gesehen, daß ein lineares Gleichungssystem verhältnismäßig leicht zu lösen ist, wenn es in Dreiecksgestalt vorliegt. Daher liegt es nahe zu überlegen, wie man ein beliebiges Gleichungssystem auf Dreiecksgestalt bringen kann. Betrachten Sie dazu das folgende System:

$$\begin{aligned}
2x_1 + 3x_2 + 4x_3 + 5x_4 &= 33 \qquad (1)\\
x_1 + 4x_2 + 2x_3 + x_4 &= 21 \qquad (2)\\
3x_1 + 5x_2 + x_3 + 3x_4 &= 37 \qquad (3)\\
5x_1 + x_2 + 2x_3 + 3x_4 &= 36 \qquad (4)
\end{aligned}$$

Will man Dreiecksgestalt erreichen, so müssen die grau unterlegten Vorzahlen der Variablen null werden. Dies kann man aber mit Hilfe des Additionsverfahrens erreichen. Dazu dividiert man die 1. Gleichung durch die Vorzahl von x_1, also hier durch 2, und erhält

$$\begin{aligned}
x_1 + 1{,}5x_2 + 2x_3 + 2{,}5x_4 &= 16{,}5 \qquad (1')\\
x_1 + 4x_2 + 2x_3 + x_4 &= 21 \qquad (2)\\
3x_1 + 5x_2 + x_3 + 3x_4 &= 37 \qquad (3)\\
5x_1 + x_2 + 2x_3 + 3x_4 &= 36 \qquad (4)
\end{aligned}$$

Um die Vorzahl von x_1 in der 2. Gleichung zu null zu machen, addiert man das (–1)–fache der 1. Gleichung zur 2. Gleichung, und erhält

$$\begin{aligned}
x_1 + 1{,}5x_2 + 2x_3 + 2{,}5x_4 &= 16{,}5 \qquad (1')\\
2{,}5x_2 - 1{,}5x_4 &= 4{,}5 \qquad (2')\\
3x_1 + 5x_2 + x_3 + 3x_4 &= 37 \qquad (3)\\
5x_1 + x_2 + 2x_3 + 3x_4 &= 36 \qquad (4)
\end{aligned}$$

Entsprechend verfährt man mit der dritten und vierten Gleichung: Man addiert das (–3)-fache der 1. Gleichung zur 3. Gleichung und das (–5)-fache der 1. Gleichung zur 4. Gleichung.

$$\begin{aligned}
x_1 + 1{,}5x_2 + 2x_3 + 2{,}5x_4 &= 16{,}5 \qquad (1')\\
2{,}5x_2 - 1{,}5x_4 &= 4{,}5 \qquad (2')\\
0{,}5x_2 - 5x_3 - 4{,}5x_4 &= -12{,}5 \qquad (3')\\
-6{,}5x_2 - 8x_3 - 9{,}5x_4 &= -46{,}5 \qquad (4')
\end{aligned}$$

Nun müssen noch die grau unterlegten Vorzahlen null werden. Man setzt das Verfahren mit den drei letzten Gleichungen fort. Zuerst dividiert man die 2. Gleichung durch 2,5, damit man bei x_2 die Vorzahl 1 erhält.

$$\begin{aligned}
x_1 + 1{,}5x_2 + 2x_3 + 2{,}5x_4 &= 16{,}5 \qquad (1')\\
x_2 - 0{,}6x_4 &= 1{,}8 \qquad (2'')\\
0{,}5x_2 - 5x_3 - 4{,}5x_4 &= -12{,}5 \qquad (3')\\
-6{,}5x_2 - 8x_3 - 9{,}5x_4 &= -46{,}5 \qquad (4')
\end{aligned}$$

Die beiden nächsten Rechenschritte sind: Das (−0,5)-fache der 2. Gleichung wird zur 3. Gleichung und das 6,5-fache der zweiten Gleichung zur 4. Gleichung addiert.

$$\begin{array}{rcll} x_1 + 1{,}5x_2 + 2x_3 + 2{,}5x_4 & = & 16{,}5 & (1') \\ x_2 - 0{,}6x_4 & = & 1{,}8 & (2'') \\ -5x_3 - 4{,}2x_4 & = & -13{,}4 & (3'') \\ -8x_3 - 13{,}4x_4 & = & -34{,}8 & (4'') \end{array}$$

Nun muß nur noch an einer Stelle null erreicht werden. Das Verfahren läßt sich bei den beiden letzten Gleichungen weiterführen. Man dividiert die 3. Gleichung durch (−5).

$$\begin{array}{rcll} x_1 + 1{,}5x_2 + 2x_3 + 2{,}5x_4 & = & 16{,}5 & (1') \\ x_2 - 0{,}6x_4 & = & 1{,}8 & (2'') \\ x_3 + 0{,}84x_4 & = & 2{,}68 & (3''') \\ -8x_3 - 13{,}4x_4 & = & -34{,}8 & (4'') \end{array}$$

Schließlich wird das 8-fache der 3. Gleichung zur 4. Gleichung addiert.

$$\begin{array}{rcll} x_1 + 1{,}5x_2 + 2x_3 + 2{,}5x_4 & = & 16{,}5 & (1') \\ x_2 - 0{,}6x_4 & = & 1{,}8 & (2'') \\ x_3 + 0{,}84x_4 & = & 2{,}68 & (3''') \\ -6{,}68x_4 & = & -13{,}36 & (4''') \end{array}$$

Nun ist das Gleichungssystem auf Dreiecksgestalt gebracht. Mit dem Einsetzungsverfahren lassen sich die Unbekannten leicht bestimmen. Aus (4''') ergibt sich (Division durch −6,68) $x_4 = 2$

eingesetzt in (3''') erhält man

$$\begin{aligned} x_3 + 0{,}84 \cdot 2 &= 2{,}68 \\ x_3 + 1{,}68 &= 2{,}68 \\ x_3 &= 2{,}68 - 1{,}68 \\ x_3 &= 1 \end{aligned}$$

eingesetzt in (2'') erhält man

$$\begin{aligned} x_2 - 0{,}6 \cdot 2 &= 1{,}8 \\ x_2 - 1{,}2 &= 1{,}8 \\ x_2 &= 1{,}8 + 1{,}2 \\ x_2 &= 3 \end{aligned}$$

und schließlich durch Einsetzen in (1')

$$\begin{aligned} x_1 + 1{,}5 \cdot 3 + 2 \cdot 1 + 2{,}5 \cdot 2 &= 16{,}5 \\ x_1 + 4{,}5 + 2 + 5 &= 16{,}5 \\ x_1 + 11{,}5 &= 16{,}5 \\ x_1 &= 16{,}5 - 11{,}5 \\ x_1 &= 5 \end{aligned}$$

Somit hat man für das Gleichungssystem den Lösungsvektor bestimmt: $x = \begin{pmatrix} 5 \\ 3 \\ 1 \\ 2 \end{pmatrix}$

Man kann jedoch nicht nur mit dem hier vorgeführten Einsetzungsverfahren zur Lösung kommen. Eine zweite Möglichkeit besteht darin, das Additionsverfahren in demselben Schema wie oben weiterzuführen. Gehen Sie dazu nochmals von dem Gleichungssystem in der Dreiecksgestalt aus:

$$\begin{aligned} x_1 + 1{,}5x_2 + 2x_3 + 2{,}5x_4 &= 16{,}5 \quad (1') \\ x_2 \qquad - 0{,}6x_4 &= 1{,}8 \quad (2'') \\ x_3 + 0{,}84x_4 &= 2{,}68 \quad (3''') \\ - 6{,}68x_4 &= -13{,}36 \quad (4''') \end{aligned}$$

Benutzt man das zuvor verwendete Verfahren, jetzt allerdings von unten aus, so kann man auch die hier grau unterlegten Vorzahlen zu null machen. Man dividiert die 4. Gleichung durch $-6{,}68$.

$$\begin{aligned} x_1 + 1{,}5x_2 + 2x_3 + 2{,}5x_4 &= 16{,}5 \quad (1') \\ x_2 \qquad - 0{,}6x_4 &= 1{,}8 \quad (2'') \\ x_3 + 0{,}84x_4 &= 2{,}68 \quad (3''') \\ x_4 &= 2 \quad (4^{IV}) \end{aligned}$$

Nun addiert man: das (−0,84)-fache der 4. Gleichung zur 3. Gleichung;
das 0,6-fache der 4. Gleichung zur 2. Gleichung;
das (−2,5)-fache der 4. Gleichung zur 1. Gleichung.

$$\begin{aligned} x_1 + 1{,}5x_2 + 2x_3 &= 11{,}5 \quad (1'') \\ x_2 &= 3 \quad (2''') \\ x_3 &= 1 \quad (3^{IV}) \\ x_4 &= 2 \quad (4^{IV}) \end{aligned}$$

Jetzt addiert man: das (−2)-fache der 3. Gleichung zur 1. Gleichung. (Die Vorzahl von x_3 in der 2. Gleichung ist bereits null; daher braucht man hier nichts mehr zu addieren.)

$$\begin{aligned} x_1 + 1{,}5x_2 &= 9{,}5 \quad (1''') \\ x_2 &= 3 \quad (2^{IV}) \\ x_3 &= 1 \quad (3^{IV}) \\ x_4 &= 2 \quad (4^{IV}) \end{aligned}$$

Und schließlich addiert man das (−1,5)-fache der 2. Gleichung zur 1. Gleichung

$$\begin{aligned} x_1 &= 5 \quad (1^{IV}) \\ x_2 &= 3 \quad (2^{IV}) \\ x_3 &= 1 \quad (3^{IV}) \\ x_4 &= 2 \quad (4^{IV}) \end{aligned}$$

Damit steht die Lösung fertig da.

Dieses Verfahren nennt man nach dem deutschen Mathematiker Gauß den Gauß-Algorithmus. Alle Umformungen, die man beim Gauß-Algorithmus vornimmt, beruhen auf dem Additionsverfahren (bzw. auf dem Einsetzungsverfahren). In der Algebra haben Sie gesehen, daß bei diesen Verfahren nur Äquivalenzumformungen auftreten, das heißt daß die Lösungsmenge des Gleichungssystems bei den Umformungen nicht geändert wird. Folglich kommen auch beim Gauß-Algorithmus nur Äquivalenzumformungen vor. Das bedeutet: Bei den einzelnen Schritten des Gauß-Algorithmus wird die Lösungsmenge des Gleichungssystems nicht verändert.

Ein zweites Beispiel zeigt Ihnen, daß man dieses Verfahren trotzdem nicht in jedem Falle unbesehen anwenden kann.

$$\begin{aligned} -\ 2x_2 - 10x_3 + 2x_4 &= -2 \\ 4x_1 + 8x_2 - 16x_3 + 12x_4 &= 32 \\ x_1 + 2x_2 + 2x_3 - 4x_4 &= 16 \\ x_1 - 10x_2 \qquad\quad - 3x_4 &= -32 \end{aligned}$$

Um so vorgehen zu können wie eben, müßte man die Vorzahl von x_1 in der 1. Gleichung zu 1 machen, indem man die ganze 1. Gleichung durch diese Vorzahl dividiert. Nun tritt aber in der 1. Gleichung kein x_1 auf; mit anderen Worten die Vorzahl von x_1 in dieser Gleichung ist null. Durch null kann man aber nicht dividieren. Um das Verfahren dennoch nutzen zu können, tauscht man die erste mit der dritten Gleichung. Dann erhält man

$$\begin{aligned} x_1 + 2x_2 + 2x_3 - 4x_4 &= 16 \\ 4x_1 + 8x_2 - 16x_3 + 12x_4 &= 32 \\ -\ 2x_2 - 10x_3 + 2x_4 &= -2 \\ x_1 - 10x_2 \qquad\quad - 3x_4 &= -32 \end{aligned}$$

Jetzt hat man bereits die Vorzahl 1 vor x_1. Man addiert wieder
das (−4)-fache der 1. Gleichung zur 2. Gleichung;
das (−1)-fache der 1. Gleichung zur 4. Gleichung.

$$\begin{aligned} x_1 + 2x_2 + 2x_3 - 4x_4 &= 16 \\ -\ 24x_3 + 28x_4 &= -32 \\ -\ 2x_2 - 10x_3 + 2x_4 &= -2 \\ -\ 12x_2 - 2x_3 + x_4 &= -48 \end{aligned}$$

Jetzt hat man wieder den Fall, daß man durch null dividieren müßte. Deshalb tauscht man die zweite mit der dritten Gleichung und dividiert die neue 2. Gleichung durch (−2).

$$\begin{aligned} x_1 + 2x_2 + 2x_3 - 4x_4 &= 16 \\ x_2 + 5x_3 - x_4 &= 1 \\ -\ 24x_3 + 28x_4 &= -32 \\ -\ 12x_2 - 2x_3 + x_4 &= -48 \end{aligned}$$

Man addiert das 12-fache der 2. Gleichung zur 4. Gleichung.

$$\begin{aligned} x_1 + 2x_2 + 2x_3 - 4x_4 &= 16 \\ x_2 + 5x_3 - x_4 &= 1 \\ -\ 24x_3 + 28x_4 &= -32 \\ 58x_3 - 11x_4 &= -36 \end{aligned}$$

Nun dividiert man die 3. Gleichung durch (−24) und erhält

$$\begin{aligned} x_1 + 2x_2 + 2x_3 - 4x_4 &= 16 \\ x_2 + 5x_3 - x_4 &= 1 \\ x_3 - \frac{7}{6}x_4 &= \frac{4}{3} \\ 58x_3 - 11x_4 &= -36 \end{aligned}$$

Das (−58)-fache der 3. Gleichung wird zur 4. Gleichung addiert.

$$
\begin{aligned}
x_1 + 2x_2 + 2x_3 - 4x_4 &= 16 \\
x_2 + 5x_3 - x_4 &= 1 \\
x_3 - \frac{7}{6}x_4 &= \frac{4}{3} \\
56\frac{2}{3}x_4 &= -113\frac{1}{3}
\end{aligned}
$$

Schließlich dividiert man durch $56\frac{2}{3}$ und erhält das Gleichungssystem in der Dreiecksgestalt.

$$
\begin{aligned}
x_1 + 2x_2 + 2x_3 - 4x_4 &= 16 \\
x_2 + 5x_3 - x_4 &= 1 \\
x_3 - \frac{7}{6}x_4 &= \frac{4}{3} \\
x_4 &= -2
\end{aligned}
$$

Bitte lösen Sie durch Einsetzen das Gleichungssystem vollständig. → 3

Der Gauß-Algorithmus verläuft in folgenden Schritten:

1. Die 1. Gleichung wird durch die Vorzahl von x_1 dividiert, so daß x_1 die Vorzahl 1 erhält.
   Ist die Vorzahl von x_1 in der 1. Gleichung null, so muß diese Gleichung mit einer anderen vertauscht werden.
2. Man addiert entsprechende Vielfache der 1. Gleichung zu den weiteren Gleichungen, so daß in allen weiteren Gleichungen die Glieder mit der Variablen x_1 herausfallen (die Vorzahlen von x_1 null werden).
3. Die neue 2. Gleichung wird durch die Vorzahl von x_2 dividiert, so daß x_2 die Vorzahl 1 erhält. (Evtl. muß man vorher Gleichungen austauschen, falls x_2 in der zweiten Gleichung nicht vorkommt.)
4. Man addiert entsprechende Vielfache der 2. Gleichung zu den folgenden Gleichungen, so daß in allen folgenden Gleichungen die Glieder mit x_2 herausfallen.
5. So fährt man mit der jeweils nächsten Gleichung und der jeweils nächsten Variablen fort, bis schließlich die letzte Gleichung in der aufgelösten Form erscheint (das Gleichungssystem auf Dreiecksgestalt gebracht ist.)
6. Nun führt man das Verfahren von unten her weiter. Man addiert entsprechende Vielfache der letzten Gleichung zu jeder anderen Gleichung, so daß die Glieder mit der letzten Variablen herausfallen.
7. Man erhält in der vorletzten Gleichung die aufgelöste Form.
8. Entsprechend setzt man das Verfahren fort und erhält schließlich alle Gleichungen in der aufgelösten Form. Daraus kann man den Lösungsvektor ablesen.

Aufgaben zu 6.2

1. Stellen Sie bei folgendem Gleichungssystem die Dreiecksgestalt her und lösen Sie es dann durch Einsetzen.

$$\begin{aligned} 2x_1 + 3x_2 + 4x_3 + 5x_4 &= 4 \\ x_1 + 4x_2 + 2x_3 + x_4 &= 11 \\ 3x_1 + 5x_2 + x_3 + 3x_4 &= 7 \\ 5x_1 + x_2 + 2x_3 + 3x_4 &= -8 \end{aligned}$$

2. An welchen Stellen muß man erst Gleichungen vertauschen, bevor man das Verfahren aus Abschnitt 6.2 anwenden kann?

$$\begin{aligned} 2x_2 + 3x_3 &= 4 \\ 3x_1 - 6x_2 - 12x_3 &= -3 \\ 2x_1 + 10x_2 - 4x_3 &= 60 \end{aligned}$$

Lösen Sie das Gleichungssystem.

6.3 Der Gauß-Algorithmus in Matrix-Schreibweise

Der Schreibaufwand bei der Berechnung in Abschnitt 6.2 ist natürlich ganz erheblich. Tatsächlich kann man sich viel Schreibarbeit ersparen, wenn man nur hinschreibt, woran sich Änderungen ergeben können. Das sind die Zahlen, die ja auch schon früher in einer Matrix bzw. in einem Vektor notiert wurden. Es genügt also, mit dem Zahlenschema zu rechnen; die Variablen x_1, x_2, x_3 und x_4 schreibt man einmal darüber. Vergleichen Sie hier die ausführliche Schreibweise des Gleichungssystems mit einer solchen Kurzschreibweise.

		x_1	x_2	x_3	x_4	
$2x_1 + 3x_2 + 4x_3 + 5x_4 = 33$	(1)	2	3	4	5	33
$x_1 + 4x_2 + 2x_3 + x_4 = 21$	(2)	1	4	2	1	21
$3x_1 + 5x_2 + x_3 + 3x_4 = 37$	(3)	3	5	1	3	37
$5x_1 + x_2 + 2x_3 + 3x_4 = 36$	(4)	5	1	2	3	36
$x_1 + 1{,}5x_2 + 2x_3 + 2{,}5x_4 = 16{,}5$	(1′)	1	1,5	2	2,5	16,5
$x_1 + 4x_2 + 2x_3 + x_4 = 21$	(2)	1	4	2	1	21
$3x_1 + 5x_2 + x_3 + 3x_4 = 37$	(3)	3	5	1	3	37
$5x_1 + x_2 + 2x_3 + 3x_4 = 36$	(4)	5	1	2	3	36
$x_1 + 1{,}5x_2 + 2x_3 + 2{,}5x_4 = 16{,}5$	(1′)	1	1,5	2	2,5	16,5
$2{,}5x_2 - 1{,}5x_4 = 4{,}5$	(2′)	0	2,5	0	−1,5	4,5
$0{,}5x_2 - 5x_3 - 4{,}5x_4 = -12{,}5$	(3′)	0	0,5	−5	−4,5	−12,5
$-6{,}5x_2 - 8x_3 - 9{,}5x_4 = -46{,}5$	(4′)	0	−6,5	−8	−9,5	−46,5
$x_1 + 1{,}5x_2 + 2x_3 + 2{,}5x_4 = 16{,}5$	(1′)	1	1,5	2	2,5	16,5
$x_2 - 0{,}6x_4 = 1{,}8$	(2″)	0	1	0	−0,6	1,8
$0{,}5x_2 - 5x_3 - 4{,}5x_4 = -12{,}5$	(3′)	0	0,5	−5	−4,5	−12,5
$-6{,}5x_2 - 8x_3 - 9{,}5x_4 = -46{,}5$	(4′)	0	−6,5	−8	−9,5	−46,5

		x_1	x_2	x_3	x_4	
$x_1 + 1{,}5x_2 + 2x_3 + 2{,}5x_4 = 16{,}5$	$(1')$	1	1,5	2	2,5	16,5
$x_2 - 0{,}6x_4 = 1{,}8$	$(2'')$	0	1	0	−0,6	1,8
$-5x_3 - 4{,}2x_4 = -13{,}4$	$(3'')$	0	0	−5	−4,2	−13,4
$-8x_3 - 13{,}4x_4 = -34{,}8$	$(4'')$	0	0	−8	−13,4	−34,8
$x_1 + 1{,}5x_2 + 2x_3 + 2{,}5x_4 = 16{,}5$	$(1')$	1	1,5	2	2,5	16,5
$x_2 - 0{,}6x_4 = 1{,}8$	$(2'')$	0	1	0	−0,6	1,8
$x_3 + 0{,}84x_4 = 2{,}68$	$(3''')$	0	0	1	0,84	2,68
$-8x_3 - 13{,}4x_4 = -34{,}8$	$(4'')$	0	0	−8	−13,4	−34,8
$x_1 + 1{,}5x_2 + 2x_3 + 2{,}5x_4 = 16{,}5$	$(1')$	1	1,5	2	2,5	16,5
$x_2 - 0{,}6x_4 = 1{,}8$	$(2'')$	0	1	0	−0,6	1,8
$x_3 + 0{,}84x_4 = 2{,}68$	$(3''')$	0	0	1	0,84	2,68
$-6{,}68x_4 = -13{,}36$	$(4''')$	0	0	0	−6,68	−13,36
$x_1 + 1{,}5x_2 + 2x_3 + 2{,}5x_4 = 16{,}5$	$(1')$	1	1,5	2	2,5	16,5
$x_2 - 0{,}6x_4 = 1{,}8$	$(2'')$	0	1	0	−0,6	1,8
$x_3 + 0{,}84x_4 = 2{,}68$	$(3''')$	0	0	1	0,84	2,68
$x_4 = 2$	(4^{IV})	0	0	0	1	2
$x_1 + 1{,}5x_2 + 2x_3 = 11{,}5$	$(1'')$	1	1,5	2	0	11,5
$x_2 = 3$	$(2''')$	0	1	0	0	3
$x_3 = 1$	(3^{IV})	0	0	1	0	1
$x_4 = 2$	(4^{IV})	0	0	0	1	2
$x_1 + 1{,}5x_2 = 9{,}5$	$(1''')$	1	1,5	0	0	9,5
$x_2 = 3$	(2^{IV})	0	1	0	0	3
$x_3 = 1$	(3^{IV})	0	0	1	0	1
$x_4 = 2$	(4^{IV})	0	0	0	1	2
$x_1 = 5$	(1^{IV})	1	0	0	0	5
$x_2 = 3$	(2^{IV})	0	1	0	0	3
$x_3 = 1$	(3^{IV})	0	0	1	0	1
$x_4 = 2$	(4^{IV})	0	0	0	1	2

Ein zweites, etwas einfacheres Beispiel soll nur in der Matrix-Schreibweise gelöst werden:

$$\begin{aligned} x_1 + x_2 + x_3 &= 6 \\ x_1 - x_2 + 3x_3 &= 8 \\ x_1 + 2x_2 - x_3 &= 2 \end{aligned}$$

Achten Sie darauf, daß Sie immer mit der ganzen Zeile rechnen müssen.

x_1	x_2	x_3		
1	1	1	6	
1	−1	3	8	plus (−1) mal 1. Gleichung
1	2	−1	2	plus (−1) mal 1. Gleichung
1	1	1	6	
0	−2	2	2	dividiert durch (−2)
0	1	−2	−4	
1	1	1	6	
0	1	−1	−1	
0	1	−2	−4	plus (−1) mal 2. Gleichung
1	1	1	6	
0	1	−1	−1	
0	0	−1	−3	dividiert durch (−1)
1	1	1	6	plus (−1) mal 3. Gleichung
0	1	−1	−1	plus 3. Gleichung
0	0	1	3	
1	1	0	3	plus (−1) mal 2. Gleichung
0	1	0	2	
0	0	1	3	
1	0	0	1	
0	1	0	2	Lösungsvektor $\begin{pmatrix} 1 \\ 2 \\ 3 \end{pmatrix}$
0	0	1	3	

Das Verfahren ist abgeschlossen, wenn in dem Schema zuletzt in der Diagonalen von links oben nach rechts unten nur Einsen und sonst Nullen stehen. In der rechten Spalte erscheinen die Komponenten des Lösungsvektors.

Gleichungssysteme haben Sie auch schon in der Matrix-Vektor-Schreibweise notiert. Betrachten Sie folgendes Gleichungssystem:

$$\begin{matrix} 1. \\ 2. \\ 3. \end{matrix} \quad \begin{pmatrix} 0 & 3 & 2 \\ 2 & 6 & -2 \\ 5 & -1 & 4 \end{pmatrix} \cdot \begin{pmatrix} x_1 \\ x_2 \\ x_3 \end{pmatrix} = \begin{pmatrix} 0 \\ -8 \\ 39 \end{pmatrix}$$

Zur Durchführung des Gauß-Algorithmus muß man die erste Zeile der Matrix mit der zweiten Zeile vertauschen.

$$\begin{matrix} 1. \\ 2. \\ 3. \end{matrix} \quad \begin{pmatrix} 2 & 6 & -2 \\ 0 & 3 & 2 \\ 5 & -1 & 4 \end{pmatrix} \cdot \begin{pmatrix} x_1 \\ x_2 \\ x_3 \end{pmatrix} = \begin{pmatrix} -8 \\ 0 \\ 39 \end{pmatrix}$$

$$\begin{matrix}1.\\2.\\3.\end{matrix}\quad \begin{pmatrix}1 & 3 & -1\\0 & 3 & 2\\0 & -16 & 9\end{pmatrix}\cdot\begin{pmatrix}x_1\\x_2\\x_3\end{pmatrix} = \begin{pmatrix}-4\\0\\59\end{pmatrix}$$

$$\begin{matrix}1.\\2.\\3.\end{matrix}\quad \begin{pmatrix}1 & 3 & -1\\0 & 1 & 0{,}66666\\0 & 0 & 19{,}6666\end{pmatrix}\cdot\begin{pmatrix}x_1\\x_2\\x_3\end{pmatrix} = \begin{pmatrix}-4\\0\\59\end{pmatrix}$$

$$\begin{matrix}1.\\2.\\3.\end{matrix}\quad \begin{pmatrix}1 & 3 & -1\\0 & 1 & 0{,}66666\\0 & 0 & 1\end{pmatrix}\cdot\begin{pmatrix}x_1\\x_2\\x_3\end{pmatrix} = \begin{pmatrix}-4\\0\\3\end{pmatrix}$$

$$\begin{matrix}1.\\2.\\3.\end{matrix}\quad \begin{pmatrix}1 & 3 & 0\\0 & 1 & 0\\0 & 0 & 1\end{pmatrix}\cdot\begin{pmatrix}x_1\\x_2\\x_3\end{pmatrix} = \begin{pmatrix}-1\\-2\\3\end{pmatrix}$$

$$\begin{matrix}1.\\2.\\3.\end{matrix}\quad \begin{pmatrix}1 & 0 & 0\\0 & 1 & 0\\0 & 0 & 1\end{pmatrix}\cdot\begin{pmatrix}x_1\\x_2\\x_3\end{pmatrix} = \begin{pmatrix}5\\-2\\3\end{pmatrix}$$

Wie beim Gauß-Algorithmus erforderlich, stehen schließlich in der Matrix nur Einsen in der Diagonale und sonst nur Nullen. Multiplizieren Sie diese Matrix mit dem Vektor $\vec{x}$, so erhalten Sie den Vektor $\vec{x}$ wieder, also die Gleichung

$$\vec{x} = \begin{pmatrix}x_1\\x_2\\x_3\end{pmatrix} = \begin{pmatrix}5\\-2\\3\end{pmatrix}$$

Diese Gleichung stellt den Lösungsvektor dar.

Die Matrix $\begin{pmatrix}1 & 0 & 0\\0 & 1 & 0\\0 & 0 & 1\end{pmatrix}$ heißt Einheitsmatrix E, da sie bei der Produktbildung wie eine Einheit wirkt. Für sie gilt

$$E \cdot \vec{x} = \vec{x} \qquad \text{für alle Vektoren } \vec{x}.$$

Die Einheitsmatrix E ist eine quadratische Matrix und besitzt n Zeilen, wenn die zugehörigen Vektoren n Komponenten haben.

Man kann daher sagen: Beim Gauß-Algorithmus zur Lösung linearer Gleichungssysteme (in Matrix-Vektor-Schreibweise) werden Matrix (auf der linken Seite vom Gleichheitszeichen) und Ergebnisvektor (auf der rechten Seite vom Gleichheitszeichen) **gemeinsam** solange nach den oben angegebenen Regeln umgeformt, bis die Matrix die Gestalt der Einheitsmatrix hat. Auf der rechten Seite steht dann der Lösungsvektor.

Der Gauß-Algorithmus in der Matrix-Schreibweise verläuft so:

1. Man schreibt das Gleichungssystem in der Matrixschreibweise. Falls das erste Element in der ersten Zeile der Matrix null ist, vertauscht man die Zeilen der Matrix.
2. Alle Rechenvorgänge werden zeilenweise sowohl in der Matrix wie im Ergebnisvektor vorgenommen.
3. Man dividiert die erste Zeile durch das erste Element der Matrix.
4. Man addiert entsprechende Vielfache der ersten Zeile zu den folgenden Zeilen, so daß die ersten Elemente in jeder Zeile null werden.
5. Man dividiert die zweite Zeile durch das zweite Element in dieser Zeile. (Falls dieses Element null ist, tauscht man zwei Zeilen aus.)
6. Man addiert entsprechende Vielfache der zweiten Zeile zu den folgenden Zeilen, so daß die zweiten Elemente in den folgenden Zeilen null werden.
7. So fährt man mit der jeweils nächsten Zeile fort, bis die letzte Zeile der Matrix bis auf das letzte Element nur noch Nullen enthält. Man dividiert die letzte Zeile insgesamt durch das letzte Element der Matrix.
8. Nun führt man das Verfahren von unten her weiter. Man addiert entsprechende Vielfache der letzten Zeile zu den vorhergehenden Zeilen, so daß in der letzten Spalte der Matrix nur Nullen stehen (außer in der letzten Zeile).
9. Man erhält in der vorletzten Zeile der Matrix lauter Nullen bis auf das vorletzte Element. Man dividiert die ganze Zeile durch dieses Element der Matrix.
10. Entsprechend setzt man das Verfahren fort, bis die Einheitsmatrix E entsteht. Der Vektor auf der rechten Seite ist der Lösungsvektor.

Aufgaben zu 6.3

1. Lösen Sie das Gleichungssystem $\begin{pmatrix} 1 & 1 & 1 \\ 1 & -1 & 3 \\ 3 & 1 & 6 \end{pmatrix} \cdot \begin{pmatrix} x_1 \\ x_2 \\ x_3 \end{pmatrix} = \begin{pmatrix} 6 \\ 8 \\ 21 \end{pmatrix}$

2. Geben Sie den Lösungsvektor an für

a) $$\begin{pmatrix} 4 & 2 & -3 & -1 \\ 2 & -6 & -2 & 8 \\ 5 & -1 & 4 & -5 \\ 1 & 2 & -3 & 4 \end{pmatrix} \cdot \begin{pmatrix} x_1 \\ x_2 \\ x_3 \\ x_4 \end{pmatrix} = \begin{pmatrix} 3 \\ 14 \\ 34 \\ -9 \end{pmatrix}$$

b) $$\begin{pmatrix} 0 & -2 & 3 & 3 \\ 5 & -1{,}5 & -4 & 8 \\ 2 & 0 & 4 & -5 \\ 0{,}5 & 2 & -3 & 4 \end{pmatrix} \cdot \begin{pmatrix} x_1 \\ x_2 \\ x_3 \\ x_4 \end{pmatrix} = \begin{pmatrix} -1 \\ 0 \\ -7 \\ 7{,}5 \end{pmatrix}$$

Verwenden Sie Ihren Taschenrechner, wenn Sie es möchten.

6.4 Der Gauß-Algorithmus auf dem Computer

Bei den Aufgaben zu 6.3 haben Sie vielleicht Ihren Taschenrechner verwendet. Trotzdem mußten Sie einiges schreiben und bei den Rechnungen jedesmal überlegen. Will man sich die Arbeit noch einfacher machen, muß man einen Computer verwenden. Dann braucht man nur einmal ein Programm zur Berechnung des Gauß-Algorithmus einzugeben. Tippt man dann die Zahlenwerte der Matrix und des Ergebnisvektors ein und gibt den Rechenbefehl, so löst der Computer das Gleichungssystem und druckt seine Ergebnisse aus. Als Beispiel soll hier eine Anwendungsaufgabe aus der Lektion 5 gelöst werden. In der Aufgabe 2 zum Abschnitt 5.5 war verlangt worden, das Gleichungssystem für das Problem des Konditors aufzustellen. Der Konditor hatte noch 10,9 kg Mehl, 3,9 kg Butter, 5,06 kg Zucker und 93 Eier. Er wollte feststellen, wieviele Kuchenböden der verschiedenen Teigsorten er backen muß, um alle Rohstoffe aufzubrauchen.

Das Gleichungssystem dazu konnte man so schreiben:

$$\begin{matrix}1.\\2.\\3.\\4.\end{matrix}\quad \begin{pmatrix}250 & 500 & 300 & 300\\ 0 & 60 & 200 & 200\\ 180 & 60 & 100 & 180\\ 4 & 1 & 0 & 4\end{pmatrix}\cdot\begin{pmatrix}x_1\\x_2\\x_3\\x_4\end{pmatrix}=\begin{pmatrix}10900\\3900\\5060\\93\end{pmatrix}$$

Diese Zahlenwerte mußten in den Computer eingegeben werden. Der Computer druckte dann das Lösungsverfahren nach dem Gauß-Algorithmus so aus:

1.	250	500	300	300	10900
2.	0	60	200	200	3900
3.	180	60	100	180	5060
4.	4	1	0	4	93
1.	1	2	1,2	1,2	43,6
2.	0	60	200	200	3900
3.	0	−300	−116	−36	−2788
4.	0	−7	−4,8	−0,8	−81,4
1.	1	2	1,2	1,2	43,6
2.	0	1	3,33333	3,33333	65
3.	0	0	884	964	16712
4.	0	0	18,5333	22,5333	373,6
1.	1	2	1,2	1,2	43,6
2.	0	1	3,33333	3,33333	65
3.	0	0	1	1,09049	18,9049
4.	0	0	0	2,32277	23,2277
1.	1	2	1,2	1,2	43,6
2.	0	1	3,33333	3,33333	65
3.	0	0	1	1,09049	18,9049
4.	0	0	0	1	10
1.	1	2	1,2	0	31,6
2.	0	1	3,33333	0	31,6666
3.	0	0	1	0	8
4.	0	0	0	1	10

1.	1	2	0	0	22
2.	0	1	0	0	5
3.	0	0	1	0	8
4.	0	0	0	1	10
1.	1	0	0	0	12
2.	0	1	0	0	5
3.	0	0	1	0	8
4.	0	0	0	1	10

Der Konditor kann also 12 Biskuitböden, 5 Hefeteigböden, 8 Mürbeteigböden und 10 Rührteigböden backen. Dann sind alle Vorräte aufgebraucht.

Prüfen Sie nach, ob die errechneten Werte tatsächlich das Gleichungssystem lösen:

$$\begin{matrix}1.\\2.\\3.\\4.\end{matrix}\quad \begin{pmatrix}250 & 500 & 300 & 300\\ 0 & 60 & 200 & 200\\ 180 & 60 & 100 & 180\\ 4 & 1 & 0 & 4\end{pmatrix} \cdot \begin{pmatrix}12\\5\\8\\10\end{pmatrix} = \begin{pmatrix} \\ \\ \\ \end{pmatrix}$$

→ ②

Es ist natürlich eine feine Sache, wenn einem der Computer alle Arbeit abnimmt. Doch Vorsicht! Kann man immer sicher sein, daß der Computer das richtige Ergebnis liefert? Ein einfaches Beispiel eines Gleichungssystems mit zwei Gleichungen und zwei Variablen zur Probe. Gegeben sei das System

$$\begin{aligned} 0{,}000001\, x_1 + 0{,}00002\, x_2 &= 5 \\ 2\, x_1 + 0{,}2\, x_2 &= 4 \end{aligned}$$

Die folgenden Berechnungen mit dem Gauß-Algorithmus hat der Computer ausgedruckt.

x_1	x_2	
0,000001	0,00002	5
2	0,2	4
1	20	5000000
0	−39,8	−9999996
1	20	5000000
0	1	251256
1	0	−25123
0	1	251256

Der Lösungsvektor soll demnach $\vec{x} = \begin{pmatrix}-25123\\251256\end{pmatrix}$ sein.

Macht man nun die Probe mit der Matrix-Vektor-Multiplikation, so erhält man

$$\begin{pmatrix}0{,}000001 & 0{,}00002\\ 2 & 0{,}2\end{pmatrix} \cdot \begin{pmatrix}-25123\\251256\end{pmatrix} = \begin{pmatrix}4{,}999997\\5{,}2\end{pmatrix}$$

Der ersten Zahl kann man noch ansehen, daß das Ergebnis 5 sein soll. Der Wert 4,999997 ist offenbar durch Rundungsfehler entstanden und kann als 5 im Rahmen der Ungenauigkeit beim Rechnen mit Dezimalzahlen erkannt werden. Der zweite Wert 5,2 kann aber wohl kaum als 4 mit Rundungsfehlern angesehen werden. Natürlich ist dieser fehlerhafte Wert auch durch Rundungsfehler entstanden, aber man „sieht es ihm nicht an". Sie können sich vorstellen, daß bei wesentlich umfangreicheren Rechnungen, wie sie in der Praxis vorkommen, die Rundungsfehler noch größer werden können. Dann kann es gefährlich werden, der Berechnung eines Computers blind zu vertrauen.

Die Rundungsfehler in dem hier gewählten einfachen Beispiel haben ihren Grund in den sehr kleinen und den sehr großen Zahlen, die bei dem Gleichungssystem auftreten. Wenn man das Gleichungssystem mit Hilfe der gewöhnlichen Bruchrechnung löst, erhält man

$$x_1 = -25123\frac{123}{199} \qquad x_2 = 251256\frac{36}{199}$$

Die Probe zeigt, daß mit diesen Werten die Gleichungen erfüllt sind:

$$0{,}000001 \cdot \left(-25123\frac{123}{199}\right) + 0{,}00002 \cdot 251256\frac{36}{199} = 5$$

$$2 \cdot \left(-25123\frac{123}{199}\right) + 0{,}2 \cdot 251256\frac{36}{199} = 4$$

Die zweite Gleichung ergibt nämlich

$$-50247\frac{47}{199} + 50251\frac{47}{199} = 4$$

6

6.5 Unterbestimmte Systeme

Mit dem Gauß-Algorithmus haben Sie bisher nur Gleichungssysteme gelöst, die genausoviele Gleichungen wie Unbekannte hatten. Aus der Lektion 5 wissen Sie, daß auch Probleme auftreten können, bei denen die Zahl der Gleichungen nicht mit der Zahl der Variablen übereinstimmt. Denken Sie zum Beispiel an die Arbeitszeitberechnungen in den Werkstätten: Es wurden vier Arten von Werkstücken in drei verschiedenen Werkstätten gefertigt. Die Tabelle, die über die Arbeitsstunden pro Werkstück Auskunft gibt, könnte etwa so aussehen:

	A	B	C	D
Schreiner	2	6	0	2
Schlosser	6	8	5	1
Kunststoff	0	1	2	3

Kurz vor den Werksferien stellt der Betriebsleiter fest, wieviele Arbeitsstunden bis zur Urlaubszeit in den Werkstätten noch geleistet werden können: In der Schreinerei 54 Stunden, in der Schlosserei 72 Stunden und in der Kunststoffwerkstatt 49 Stunden. Wieviel Stück der Produkte A, B, C und D soll der Betriebsleiter noch in Auftrag geben, damit keine unfertigen Werkstücke stehenbleiben und die Arbeitsstunden voll ausgenutzt werden?

Diese Fragestellung entspricht der Aufgabe: Lösen Sie das lineare Gleichungssystem

$$\begin{pmatrix} 2 & 6 & 0 & 2 \\ 6 & 8 & 5 & 1 \\ 0 & 1 & 2 & 3 \end{pmatrix} \cdot \begin{pmatrix} x_1 \\ x_2 \\ x_3 \\ x_4 \end{pmatrix} = \begin{pmatrix} 54 \\ 72 \\ 49 \end{pmatrix}$$

Dies sind drei Gleichungen mit vier Unbekannten. Wendet man den Gauß-Algorithmus darauf an, so erhält man:

x_1	x_2	x_3	x_4	
2	6	0	2	54
6	8	5	1	72
0	1	2	3	49
1	3	0	1	27
0	−10	5	−5	−90
0	1	2	3	49
1	3	0	1	27
0	1	−0,5	0,5	9
0	0	2,5	2,5	40
1	3	0	1	27
0	1	−0,5	0,5	9
0	0	1	1	16

Da die Matrix nicht quadratisch ist, läßt sie sich nicht zu einer „Dreiecksmatrix" machen. Man kommt nur zu einer Trapezform. Die letzte Zeile der Matrix zeigt an, daß man eine der Variablen x_3 oder x_4 frei wählen kann. Man nennt daher ein solches Gleichungssystem ein **unterbestimmtes System**. Wählt man zum Beispiel $x_4 = 6$, so wird aus dem Gleichungssystem

$$\begin{aligned} x_1 + 3x_2 \qquad\quad + 6 &= 27 \\ x_2 - 0{,}5x_3 + 3 &= 9 \\ x_3 + 6 &= 16 \end{aligned}$$

Daraus kann man bestimmen $x_3 = 10$

$$\begin{aligned} x_2 - 0{,}5 \cdot 10 + 3 &= 9 \\ x_2 - \quad 5 \quad + 3 &= 9 \\ x_2 &= 11 \end{aligned}$$

$$\begin{aligned} x_1 + 3 \cdot 11 \qquad + 6 &= 27 \\ x_1 + 39 &= 27 \\ x_1 &= -12 \end{aligned}$$

Das Ergebnis: −12 mal das Werkstück A herzustellen, ist nicht sinnvoll. (Dies könnte ja allenfalls heißen, 12 fertige Werkstücke in die einzelnen Werkstoffe zu zerlegen.) Für das

praktische Problem kann man nur positive Zahlen oder allenfalls null als Lösungen gebrauchen.
Versuchen Sie es mit einer anderen Lösung: Setzen Sie $x_4 = 16$.

Der Lösungsvektor ist dann $\vec{x} = \begin{pmatrix} \\ \\ \\ \\ \end{pmatrix}$

→ 4

Dies ist eine Lösung, die auf das gestellte Problem paßt.

Wie kann man nun alle möglichen Lösungen finden? Dazu geht man so vor: Da man x_4 frei wählen kann, setzt man $x_4 = r$ mit $r \in \mathbb{N}$. Dann ergibt sich folgende Rechnung:

$$\begin{aligned} x_4 &= r \\ x_3 + r &= 16 \\ x_2 - 0{,}5x_3 + 0{,}5r &= 9 \\ x_1 + 3x_2 \quad + r &= 27 \end{aligned}$$

$$x_3 = 16 - r$$

$$\begin{aligned} x_2 - 0{,}5(16 - r) + 0{,}5r &= 9 \\ x_2 - 8 + 0{,}5r + 0{,}5r &= 9 \\ x_2 - 8 + r &= 9 \\ x_2 &= 17 - r \end{aligned}$$

$$\begin{aligned} x_1 + 3x_2 + r &= 27 \\ x_1 + 3(17 - r) + r &= 27 \\ x_1 + 51 - 3r + r &= 27 \\ x_1 &= 2r - 24 \end{aligned}$$

Alle Lösungen erhält man also durch

$$\boxed{\begin{aligned} x_1 &= 2r - 24 \\ x_2 &= 17 - r \\ x_3 &= 16 - r \\ x_4 &= r \end{aligned}}$$

Aus der ersten Beziehung sieht man, daß für die praktische Aufgabe, bei der nur ganze positive Zahlen als Lösungen zugelassen sind, r nicht kleiner als 12 sein darf. Aus der Beziehung für x_3 erkennt man, daß andererseits r nicht größer als 16 sein kann. Damit lassen sich alle Lösungsvektoren angeben:

$$\vec{x} = \begin{pmatrix} 0 \\ 5 \\ 4 \\ 12 \end{pmatrix} \quad \vec{y} = \begin{pmatrix} 2 \\ 4 \\ 3 \\ 13 \end{pmatrix} \quad \vec{z} = \begin{pmatrix} 4 \\ 3 \\ 2 \\ 14 \end{pmatrix} \quad \vec{u} = \begin{pmatrix} 6 \\ 2 \\ 1 \\ 15 \end{pmatrix} \quad \vec{v} = \begin{pmatrix} 8 \\ 1 \\ 0 \\ 16 \end{pmatrix}$$

Ist ein solches Gleichungssystem mathematisch abstrakt zu lösen, dann dürfen natürlich auch negative und gebrochene, ja sogar beliebige reelle Zahlen als Lösungen auftreten. Dann darf für r jede beliebige reelle Zahl gewählt werden ($r \in \mathbb{R}$). In diesem Fall gibt es unendlich viele Lösungen.

Auch in dem Fall eines Gleichungssystems mit quadratischer Matrix kann es unendlich viele Lösungen geben. Dazu folgendes Beispiel:

$$\begin{aligned} x_1 + x_2 + x_3 &= 10 \\ 3x_1 - 5x_2 - x_3 &= 2 \\ 5x_1 - 3x_2 + x_3 &= 22 \end{aligned}$$

Mit dem Gauß-Algorithmus erhält man die Rechnung

G1.	1	1	1	10
G2.	3	−5	−1	2
G3.	5	−3	1	22
1.	1	1	1	10
2.	0	−8	−4	−28
3.	0	−8	−4	−28
1.	1	1	1	10
2.	0	1	0,5	3,5
3.	0	0	0	0

Sie sehen, daß bei der Umrechnung zwei gleiche Zeilen und daher schließlich eine Zeile mit lauter Nullen entstehen.
Die Zeile mit den Nullen bedeutet $0 \cdot x_1 + 0 \cdot x_2 + 0 \cdot x_3 = 0$.
Diese Gleichung gilt natürlich für alle Zahlen. Man kann sie daher weglassen. Das Gleichungssystem ist gar kein System mit drei Gleichungen und drei Variablen, sondern eines mit zwei Gleichungen. Die dritte Gleichung bringt nämlich keine neuen Bedingungen. Dies sehen Sie so:

Addieren Sie das Doppelte der Gleichung G1. $\quad 2x_1 + 2x_2 + 2x_3 = 20$
zu der Gleichung G2. $\quad 3x_1 - 5x_2 - x_3 = 2$
so erhalten Sie die Gleichung G3. $\quad 5x_1 - 3x_2 + x_3 = 22$

Abkürzend geschrieben G3. = 2 · G1. + G2.
Alle Zahlen, die die Gleichungen G1. und G2. erfüllen, müssen dann auch die Gleichung G3. erfüllen.

Eine entsprechende Beziehung kennen Sie von den Vektoren: Zum Beispiel war bei der Ebene gesagt worden, jeder Vektor in der Ebene läßt sich als Vielfachsumme der beiden Richtungsvektoren der Ebene darstellen.

$$\vec{w} = \lambda \cdot \vec{u} + \mu \cdot \vec{v}$$

$\vec{w}$ hieß linear abhängig von $\vec{u}$ und $\vec{v}$. $\vec{u}$, $\vec{v}$ und $\vec{w}$ wurden linear abhängige Vektoren genannt.
Das Entsprechende gilt für die Gleichungen: Die Gleichung G3. ist linear abhängig von den Gleichungen G1. und G2. . Statt der Gleichungen können Sie auch direkt die Zeilen (als Vektoren) betrachten. Es ist

$$\begin{pmatrix} 5 \\ -3 \\ 1 \\ 22 \end{pmatrix} = 2 \cdot \begin{pmatrix} 1 \\ 1 \\ 1 \\ 10 \end{pmatrix} + \begin{pmatrix} 3 \\ -5 \\ -1 \\ 2 \end{pmatrix}$$

Nun wird das obige Gleichungssystem ein wenig verändert. Die linken Seiten bleiben gleich.

$$\begin{aligned} x_1 + x_2 + x_3 &= 10 \\ 3x_1 - 5x_2 - x_3 &= 2 \\ 5x_1 - 3x_2 + x_3 &= 23 \end{aligned}$$

Mit dem Gauß-Algorithmus erhält man die Rechnung

G1.	1	1	1	10
G2.	3	–5	–1	2
G3.	5	–3	1	23
1.	1	1	1	10
2.	0	–8	–4	–28
3.	0	–8	–4	–27
1.	1	1	1	10
2.	0	1	0,5	3,5
3.	0	0	0	1

Auch hier entsteht in der Matrix (auf der linken Seite des Gleichungssystems) eine Zeile mit lauter Nullen. Aber nicht die ganze Zeile besteht aus Nullen; rechts steht nämlich eine 1. Die letzte Zeile steht also für die Gleichung $0 \cdot x_1 + 0 \cdot x_2 + 0 \cdot x_3 = 1$. Diese Gleichung läßt sich aber durch gar keine Zahlen erfüllen. Was immer man für x_1, x_2 oder x_3 einsetzt, es müßte stets $0 = 1$ sein. Das ist aber ein Widerspruch.
Die Zeilenvektoren der Matrix sind zwar linear abhängig, die ganzen Zeilen (als Vektoren betrachtet) jedoch linear unabhängig. In diesem Fall hat das Gleichungssystem keine Lösung.
In beiden Fällen läßt sich durch die Umformungen beim Gauß-Algorithmus nicht die Einheitsmatrix E herstellen.

Als Ergebnis können Sie festhalten:

Führen die Umformungen beim Gauß-Algorithmus
- zur Einheitsmatrix E, so hat das Gleichungssystem **genau eine Lösung**;
- zu einer Zeile (oder mehreren Zeilen) mit lauter Nullen, so hat das Gleichungssystem **unendlich viele Lösungen**;
- zu einem Zeilenvektor (in der Matrix) mit lauter Nullen, ohne daß auch rechts eine Null erscheint, so hat das Gleichungssystem **keine Lösung**.

6

Aufgaben zu 6.5

1. Geben Sie drei Lösungen des Gleichungssystems an.

$$\begin{aligned} x_1 + x_2 + x_3 &= 10 \\ 3x_1 - 5x_2 - x_3 &= 2 \\ 5x_1 - 3x_2 + x_3 &= 22 \end{aligned}$$

2. Lösen Sie das Gleichungssystem $\begin{pmatrix} 6 & 2 & 0 & 2 \\ 4 & 3 & 3 & 1 \\ 0 & 1 & 4 & 3 \end{pmatrix} \cdot \begin{pmatrix} x_1 \\ x_2 \\ x_3 \\ x_4 \end{pmatrix} = \begin{pmatrix} 40 \\ 37 \\ 18 \end{pmatrix}$

3. Sind die folgenden Gleichungssysteme lösbar? Falls ja, geben Sie die Lösungen an.

a) $\begin{pmatrix} 2 & 1 & -4 \\ 1 & -2 & 3 \\ 3 & -1 & -1 \end{pmatrix} \cdot \begin{pmatrix} x_1 \\ x_2 \\ x_3 \end{pmatrix} = \begin{pmatrix} 5 \\ 3 \\ 7 \end{pmatrix}$ b) $\begin{pmatrix} 2 & 1 & -4 \\ 1 & -2 & 3 \\ 3 & -1 & -1 \end{pmatrix} \cdot \begin{pmatrix} x_1 \\ x_2 \\ x_3 \end{pmatrix} = \begin{pmatrix} 4 \\ -3 \\ 1 \end{pmatrix}$

Wiederholungsaufgaben

Lösen Sie die Gleichungssysteme. Verwenden Sie nach Wunsch Ihren Taschenrechner. Machen Sie jeweils mit der Matrix-Vektor-Multiplikation die Probe.

1. $\begin{aligned} 2x_1 + 2x_2 - 2x_3 &= 14 \\ 2x_1 - x_2 + x_3 &= 8 \\ 3x_1 + 2x_2 - x_3 &= 20 \end{aligned}$

2. $\begin{aligned} x_1 + x_2 + x_3 + x_4 &= 14 \\ x_1 - x_2 - x_3 + x_4 &= 0 \\ 2x_1 + x_2 - x_3 + x_4 &= 8 \\ x_1 + x_2 + x_3 + 3x_4 &= 24 \end{aligned}$

3. a) $\begin{pmatrix} 2 & 3 & 4 \\ -2 & -2 & 3 \\ -1 & -3 & 4 \end{pmatrix} \cdot \begin{pmatrix} x_1 \\ x_2 \\ x_3 \end{pmatrix} = \begin{pmatrix} 20 \\ 3 \\ 5 \end{pmatrix}$ b) $\begin{pmatrix} 1 & 1 & 1 \\ 1 & 2 & 3 \\ 1 & -1 & 1 \end{pmatrix} \cdot \begin{pmatrix} x_1 \\ x_2 \\ x_3 \end{pmatrix} = \begin{pmatrix} 140 \\ 250 \\ 0 \end{pmatrix}$

4. $\begin{pmatrix} 1 & 2 & 0 & 0 \\ 0 & 1 & 2 & 0 \\ 0 & 0 & 1 & 2 \\ 2 & 0 & 0 & 1 \end{pmatrix} \cdot \begin{pmatrix} x_1 \\ x_2 \\ x_3 \\ x_4 \end{pmatrix} = \begin{pmatrix} -1 \\ -1 \\ 1 \\ 10 \end{pmatrix}$

5. $\begin{pmatrix} 1 & 1 & 1 & 1 \\ 1 & 2 & 3 & -9 \\ 3 & -1 & -5 & 1 \\ 2 & 3 & -4 & -5 \end{pmatrix} \cdot \begin{pmatrix} x_1 \\ x_2 \\ x_3 \\ x_4 \end{pmatrix} = \begin{pmatrix} 24 \\ 0 \\ 0 \\ 0 \end{pmatrix}$

6. $\begin{pmatrix} 1 & 1 & 2 & 3 \\ 2 & 5 & 5 & 5 \\ -1 & 2 & -1 & -4 \\ -3 & 0 & -5 & -10 \end{pmatrix} \cdot \begin{pmatrix} x_1 \\ x_2 \\ x_3 \\ x_4 \end{pmatrix} = \begin{pmatrix} 0 \\ 0 \\ 0 \\ 0 \end{pmatrix}$

7. $\begin{aligned} 2x_1 - 3x_2 + 4x_3 + 5x_4 &= 25 \\ x_1 + 4x_2 - 2x_3 + x_4 &= -7 \\ 3x_1 + x_3 + 3x_4 &= 10 \\ 5x_1 + x_2 + 2x_3 - 4x_4 &= -12 \end{aligned}$

[8.] Lösen Sie das Gleichungssystem $A \cdot \vec{x} = \vec{b}$ für

$A = \begin{pmatrix} 1 & 1 & 2 & 3 \\ 2 & 5 & 5 & 5 \\ -1 & 2 & -1 & -4 \\ -3 & 0 & -5 & -10 \end{pmatrix}$ a) $\vec{b} = \begin{pmatrix} 6 \\ 6 \\ -12 \\ -24 \end{pmatrix}$ b) $\vec{b} = \begin{pmatrix} 6 \\ 31 \\ 13 \\ 1 \end{pmatrix}$

9. $\begin{aligned} 2x_1 - 3x_2 + 4x_3 + 5x_4 &= -5 \\ x_1 + 4x_2 - 2x_3 + x_4 &= 1 \\ 3x_1 + x_3 + 3x_4 &= -5 \\ 5x_1 + x_2 + 2x_3 - 4x_4 &= 14 \end{aligned}$

10. $\begin{pmatrix} 2 & 3 & 4 & 5 \\ 5 & 10 & 15 & 20 \\ 10 & 10 & 10 & 10 \\ 0 & 5 & 10 & 15 \end{pmatrix} \cdot \begin{pmatrix} x_1 \\ x_2 \\ x_3 \\ x_4 \end{pmatrix} = \begin{pmatrix} 12 \\ 40 \\ 40 \\ 20 \end{pmatrix}$

7. Matrizen in der Geometrie

Vor der Sendung

In dieser Lektion wird untersucht, welche Bedeutung die Matrizen bzw. die Produkte aus Matrix und Vektor für geometrische Vektoren haben. Dabei wird sich herausstellen, daß die Matrizen eine rechnerische Beschreibung für geometrische Abbildungen ermöglichen. Sie brauchen daher einige Kenntnisse über solche Abbildungen aus der Elementargeometrie. Die wichtigsten Abbildungen sind im ersten Abschnitt dieser Lektion kurz zusammengestellt. Evtl. lesen Sie diesen Abschnitt 7.1 vor der Sendung. Weiterhin werden Sie Ihre Kenntnisse über Einheitsvektoren aus Lektion 3.3 und einige Beziehungen zwischen der Sinusfunktion und der Kosinusfunktion benötigen. Eine kurze Wiederholung der Abschnitte 1.5 und 3.3 aus dem Band über Trigonometrie (Seite 16 und 44) ist sicher hilfreich.

Übersicht

1. Aus der Elementargeometrie sind **einige geometrische Abbildungen in der Ebene** bereits bekannt. In diesem Abschnitt werden die Achsenspiegelung, die Drehung, die Parallelverschiebung und die zentrische Streckung kurz dargestellt.

2. Die **geometrische Interpretation der Matrix-Vektor-Multiplikation** zeigt, daß sich Matrizen zur rechnerischen Beschreibung von geometrischen Abbildungen eignen. Betrachtet man die Einheitsvektoren in Richtung der Koordinatenachsen, die sogenannten Koordinateneinheitsvektoren, und ihre Bildvektoren und vergleicht mit der Abbildungsmatrix, so stellt man fest, daß die Spalten der Matrix die Bilder der Koordinateneinheitsvektoren bestimmen. Mit dieser Kenntnis lassen sich umgekehrt zu vorgegebenen Abbildungen verhältnismäßig einfach die Abbildungsmatrizen bestimmen.

3. Mit Hilfe der Koordinateneinheitsvektoren und ihrer Bildvektoren werden die **Abbildungsmatrizen für einige wichtige Kongruenzabbildungen** bestimmt. Insbesondere werden die Drehung um den Nullpunkt und die Spiegelung an einer Ursprungsgeraden betrachtet.

4. Mit der gleichen Methode lassen sich die **Abbildungsmatrizen für zentrische Streckungen und einige affine Abbildungen** finden. Als Beispiele für affine Abbildungen sind die senkrechte Dehnung bzw. Stauchung und die Scherung gewählt.

5. Die **Bestimmung von Urbildvektoren bei vorgegebenen Bildvektoren** führt auf lineare Gleichungssysteme, die sich mit den Methoden aus Lektion 6 lösen lassen.

7.1 Einige geometrische Abbildungen in der Ebene

Aus der Elementargeometrie kennen Sie geometrische Abbildungen, die auf Figuren angewendet werden können, zum Beispiel die Spiegelung, die Drehung, die Verschiebung. Diese Abbildungen faßt man zusammen unter dem Begriff der Kongruenzabbildungen, da das Ergebnis der Abbildung kongruent (deckungsgleich) mit dem Ausgangszustand ist. Sie kennen aber auch Ähnlichkeitsabbildungen, bei denen die Gestalt einer Figur erhalten bleibt, aber nicht mehr ihre Größe. Zur Wiederholung werden die wichtigsten Abbildungen hier aufgelistet:

Kongruenzabbildungen

1. Die Spiegelung an einer Geraden (Achsenspiegelung)

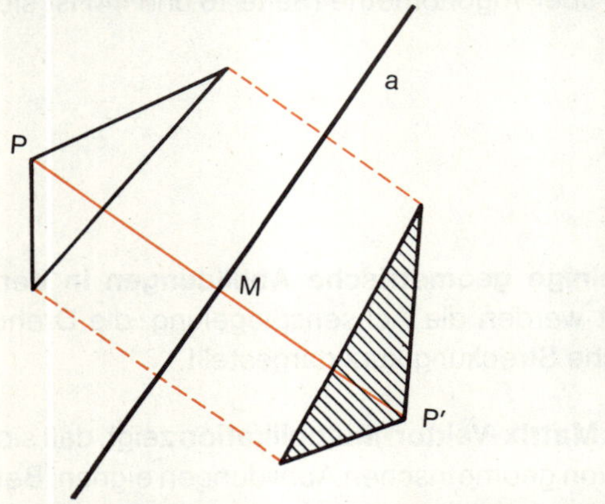

Die Achsenspiegelung ist durch die Angabe der Spiegelachse a eindeutig festgelegt.
Konstruktionsvorschrift:
Für den Urpunkt P findet man den Bildpunkt P′ folgendermaßen:*
Man zeichnet durch P eine Senkrechte zu a. Diese schneidet die Achse a in M. Auf dieser Senkrechten verlängert man die Strecke $\overline{PM}$ um die Entfernung $|PM|$. Der Endpunkt ist der Bildpunkt P′.

Wichtige Eigenschaften der Achsenspiegelung:
- Jeder Punkt hat genau einen Bildpunkt.
- Jeder Punkt auf der Spiegelachse wird auf sich selbst abgebildet.
- Punkt und Bildpunkt haben gleichen Abstand von der Spiegelachse.
- Jede Figur wird auf eine zu ihr kongruente Bildfigur abgebildet.

2. Die Drehung um einen Punkt M mit dem Drehwinkel φ

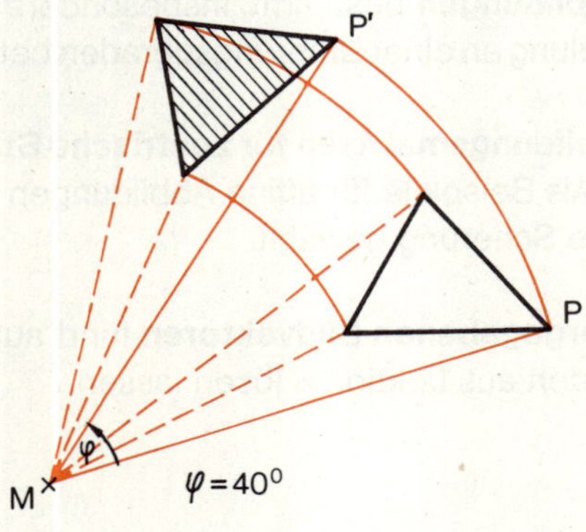

Die Drehung ist durch die Angabe des Drehpunktes M und des Drehwinkels φ (phi) eindeutig bestimmt. Ein positiver Winkel bedeutet Drehung im mathematisch positiven Sinne (entgegen dem Uhrzeigersinn).
Konstruktionsvorschrift:
Für den Urpunkt P findet man den Bildpunkt P′ folgendermaßen:
Man verbindet den Drehpunkt M mit dem Urpunkt P. An die Strecke $\overline{MP}$ trägt man in M den Drehwinkel φ an und trägt auf dem freien Schenkel des Winkels φ eine Strecke der Länge $|MP|$ ab. Der Endpunkt ist P′.

* Der Strich ′ kennzeichnet jeweils das Bild. Der zu einem Bildpunkt gehörende ursprüngliche Punkt heißt Urbildpunkt oder kurz Urpunkt.

Wichtige Eigenschaften der Drehung um M mit dem Winkel φ :
- Jeder Punkt hat genau einen Bildpunkt.
- Nur der Drehpunkt M wird auf sich selbst abgebildet (außer bei $\varphi = 0°$).
- Punkt und Bildpunkt liegen auf einer Kreislinie um M mit dem Radius $\overline{MP}$.
- Jede Figur wird auf eine zu ihr kongruente Bildfigur abgebildet.

3. Die Verschiebung um einen Vektor $\vec{v}$

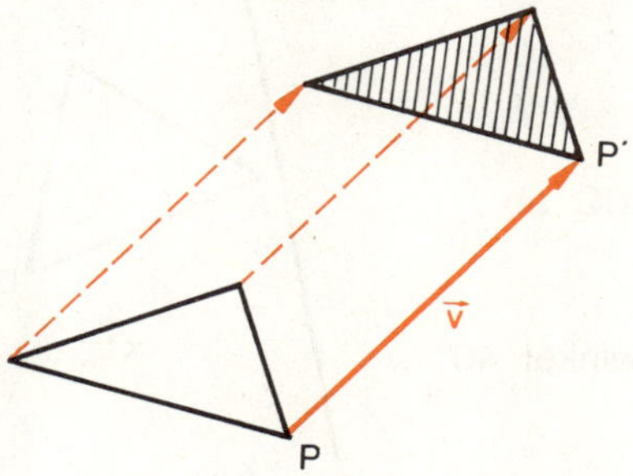

Die Verschiebung ist durch die Angabe des Verschiebungsvektors $\vec{v}$ eindeutig bestimmt:
Konstruktionsvorschrift:
Für den Urpunkt P findet man den Bildpunkt P' folgendermaßen:
An den Urpunkt P wird der Vektor $\vec{v}$ angetragen. Der Endpunkt des Pfeiles ist der Bildpunkt P' .

Wichtige Eigenschaften der Verschiebung um einen Vektor $\vec{v}$:
- Jeder Punkt hat genau einen Bildpunkt.
- Kein Punkt wird auf sich selbst abgebildet (außer bei $\vec{v} = \vec{o}$).
- Punkt und Bildpunkt liegen auf einer Geraden in Richtung des Vektors $\vec{v}$.
- Jede Figur wird auf eine zu ihr kongruente Bildfigur abgebildet.

7

Ähnlichkeitsabbildungen

Die zentrische Streckung (die zentrische Stauchung)

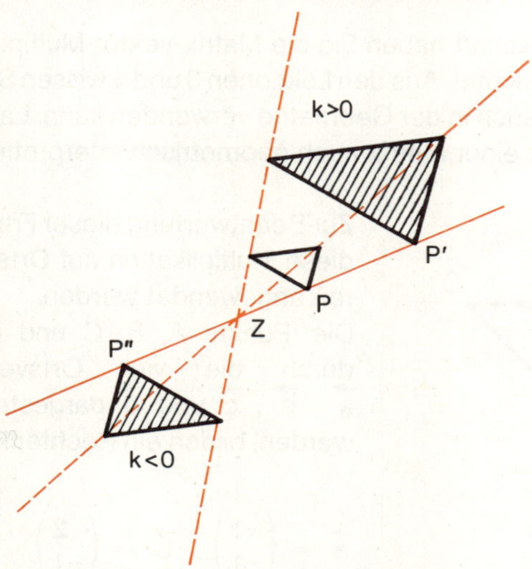

Die zentrische Streckung ist durch die Angabe des Streckzentrums Z und des Streckfaktors k eindeutig bestimmt.
Konstruktionsvorschrift:
Für den Urpunkt P findet man den Bildpunkt P' folgendermaßen:
Man verbindet das Streckzentrum Z mit dem Urpunkt P. Man verlängert die Strecke $\overline{ZP}$ auf das k-fache. Der Endpunkt der verlängerten Strecke ist P' .

Wichtige Eigenschaften der zentrischen Streckung:
- Jeder Punkt hat genau einen Bildpunkt.
- Nur das Streckzentrum Z wird auf sich selbst abgebildet (außer bei $k = 1$).
- Punkt und Bildpunkt liegen auf einer Geraden durch Z.

- Jede Figur wird auf eine zu ihr ähnliche Bildfigur abgebildet. (Die Winkel bleiben bei der Abbildung erhalten.)
- Ist k positiv, so liegen P und P' auf einer Seite von Z.
- Ist k negativ, so liegen P und P' auf verschiedenen Seiten von Z.
- Ist $|k| < 1$, so werden die Strecken verkleinert. Es handelt sich um eine zentrische Stauchung.

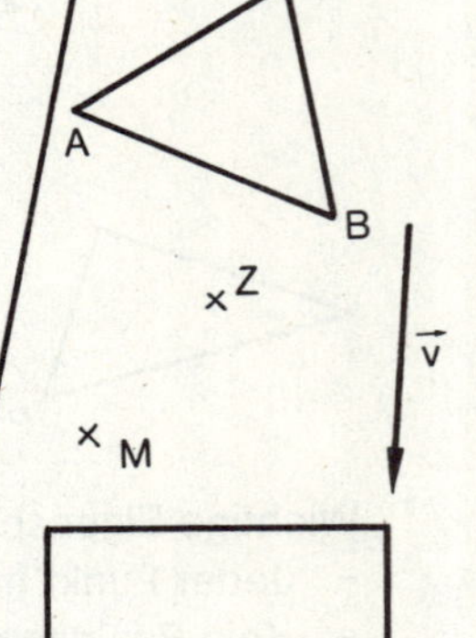

Aufgaben zu 7.1

1. Bilden Sie das rechts gezeichnete Dreieck ABC ab.

a) Spiegelung an der Geraden a.

b) Drehung um den Punkt M mit dem Drehwinkel $40°$.

c) Verschiebung um den Vektor $\vec{v}$.

d) Zentrische Streckung vom Zentrum Z mit $k = 1{,}5$.

2. Drehen Sie das Quadrat um den Punkt A mit dem Winkel $50°$ und stauchen Sie es anschließend vom Zentrum Z mit $k = 0{,}5$.

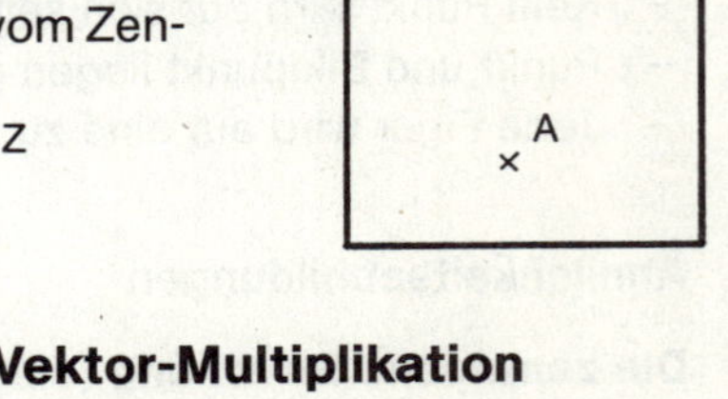

7.2 Geometrische Interpretation der Matrix-Vektor-Multiplikation

Bei Anwendungsaufgaben aus der Wirtschaft haben Sie die Matrix-Vektor-Multiplikation kennengelernt und ihre Brauchbarkeit erkannt. Aus den Lektionen 3 und 4 wissen Sie, daß man Vektoren und ihre Verknüpfungen auch in der Geometrie verwenden kann. Läßt sich nun die Multiplikation eines Vektors mit einer Matrix auch geometrisch interpretieren?

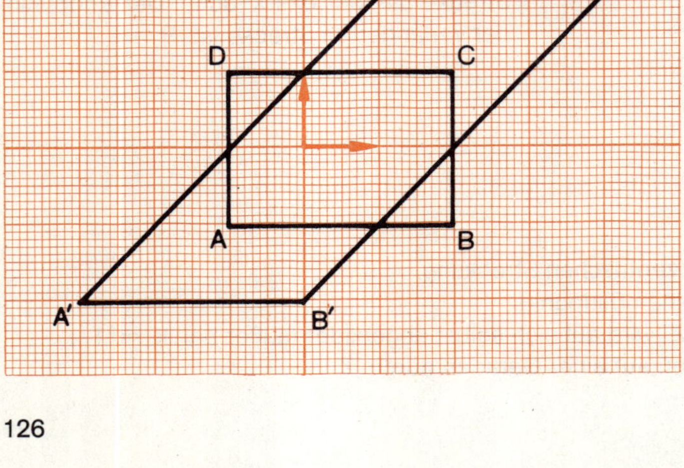

Zur Beantwortung dieser Frage soll diese Multiplikation auf Ortsvektoren angewendet werden.

Die Punkte A, B, C und D, die durch die vier Ortsvektoren $\vec{a}$, $\vec{b}$, $\vec{c}$ und $\vec{d}$ dargestellt werden, bilden ein Rechteck. Es ist

$$\vec{a} = \begin{pmatrix} -1 \\ -1 \end{pmatrix} \quad \vec{b} = \begin{pmatrix} 2 \\ -1 \end{pmatrix}$$

$$\vec{c} = \begin{pmatrix} 2 \\ 1 \end{pmatrix} \quad \vec{d} = \begin{pmatrix} -1 \\ 1 \end{pmatrix}$$

Multipliziert man diese Vektoren mit der Matrix

$$M = \begin{pmatrix} 1 & 2 \\ 0 & 2 \end{pmatrix} \quad \text{so erhält man die vier Bildvektoren}$$

$$\vec{a}\,' = \begin{pmatrix} -3 \\ -2 \end{pmatrix} \quad \vec{b}\,' = \begin{pmatrix} 0 \\ -2 \end{pmatrix} \quad \vec{c}\,' = \begin{pmatrix} 4 \\ 2 \end{pmatrix} \quad \vec{d}\,' = \begin{pmatrix} 1 \\ 2 \end{pmatrix}$$

Die Zeichnung zeigt, daß aus dem Rechteck ein Parallelogramm geworden ist. Zu jedem Punkt hat man einen Bildpunkt bzw. zu jedem Vektor einen Bildvektor erhalten. Die Figur „Rechteck" ist in eine Figur „Parallelogramm" abgebildet worden. Mit Hilfe der Matrix wurde offenbar eine geometrische Abbildung durchgeführt. Welche Art von Abbildung dies ist, läßt sich jedoch noch nicht sagen. Dazu müßte man die Abbildung erst genauer auf ihre Eigenschaften untersuchen.

Ein zweites Beispiel:

Der Vektor $\vec{v} = \begin{pmatrix} 4 \\ 3 \end{pmatrix}$ soll mit

der Matrix $A = \begin{pmatrix} 2 & 1 \\ -1 & 3 \end{pmatrix}$

multipliziert werden.

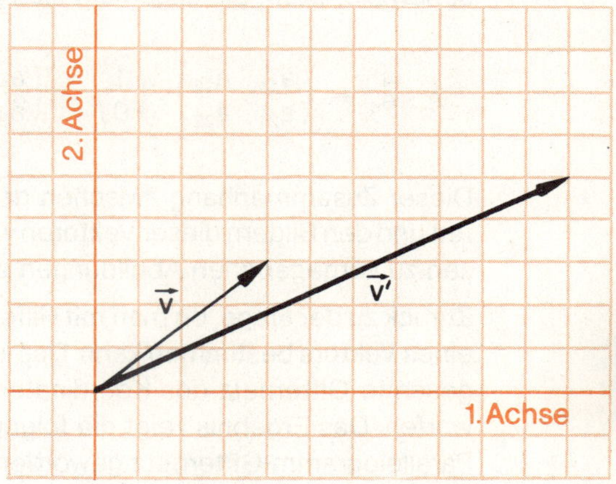

Das Ergebnis ist der Vektor $\vec{v}\,' = \begin{pmatrix} 11 \\ 5 \end{pmatrix}$.

Im Koordinatensystem ist der Ortsvektor durch seine Komponenten bestimmt. Man kann jeden Ortsvektor als Summe von Vektoren auffassen, die entlang den Koordinatenachsen liegen. Wählt man auf den Koordinatenachsen Einheitsvektoren aus, also Vektoren von der Länge bzw. dem Betrag 1 , so kann man einen Vektor besonders einfach als Vielfachsumme dieser **Koordinateneinheitsvektoren** angeben. Die Koordinateneinheitsvektoren sind

$$\vec{e}_1 = \begin{pmatrix} 1 \\ 0 \end{pmatrix} \quad \text{und} \quad \vec{e}_2 = \begin{pmatrix} 0 \\ 1 \end{pmatrix}$$

Dies sind Vektoren, die in die positive Richtung der ersten bzw. zweiten Achse zeigen und die Länge 1 haben. Es ist ja

$$\vec{e}_1^{\,2} = \begin{pmatrix} 1 \\ 0 \end{pmatrix} \cdot \begin{pmatrix} 1 \\ 0 \end{pmatrix} = 1 \quad \text{und}$$

$$\vec{e}_2^{\,2} = \begin{pmatrix} 0 \\ 1 \end{pmatrix} \cdot \begin{pmatrix} 0 \\ 1 \end{pmatrix} = 1$$

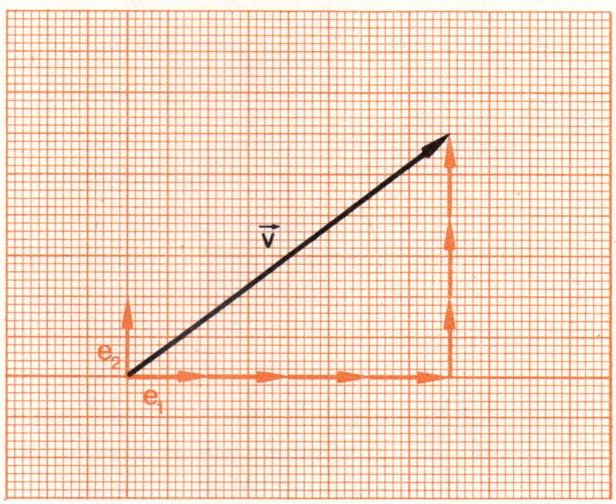

7

Der Vektor $\vec{v} = \begin{pmatrix} 4 \\ 3 \end{pmatrix}$ läßt sich jetzt schreiben als $\vec{v} = \begin{pmatrix} 4 \\ 3 \end{pmatrix} = 4\,\vec{e}_1 + 3\,\vec{e}_2$

Der Bildvektor von $\vec{v}$ ist dann $\vec{v}\,' = A \cdot \vec{v} = A \cdot (4\,\vec{e}_1 + 3\,\vec{e}_2)$

Darf man hier distributiv ausmultiplizieren? Also $\vec{v}\,' = 4A \cdot \vec{e}_1 + 3A \cdot \vec{e}_2$ schreiben? Um dies zu überprüfen, wird die Matrix A mit den Koordinateneinheitsvektoren multipliziert.

Es ist $A \cdot \vec{e}_1 = \begin{pmatrix} 2 & 1 \\ -1 & 3 \end{pmatrix} \cdot \begin{pmatrix} 1 \\ 0 \end{pmatrix} =$ ______ und $A \cdot \vec{e}_2 = \begin{pmatrix} 2 & 1 \\ -1 & 3 \end{pmatrix} \cdot \begin{pmatrix} 0 \\ 1 \end{pmatrix} =$ ______

Bitte rechnen Sie aus! → (1)

Die Bildvektoren zu den Koordinateneinheitsvektoren werden durch die Spalten der Matrix angegeben. Daß dies nicht nur für diese spezielle Matrix, sondern für jede beliebige zutrifft, sehen Sie, wenn Sie allgemein die Produkte $A \cdot \vec{e}_1$ und $A \cdot \vec{e}_2$ ausrechnen:

$$A \cdot \vec{e}_1 = \begin{pmatrix} a_{11} & a_{12} \\ a_{21} & a_{22} \end{pmatrix} \cdot \begin{pmatrix} 1 \\ 0 \end{pmatrix} = \begin{pmatrix} a_{11} \\ a_{21} \end{pmatrix} \quad \text{und} \quad A \cdot \vec{e}_2 = \begin{pmatrix} a_{11} & a_{12} \\ a_{21} & a_{22} \end{pmatrix} \cdot \begin{pmatrix} 0 \\ 1 \end{pmatrix} = \begin{pmatrix} a_{12} \\ a_{22} \end{pmatrix}$$

Dieser Zusammenhang zwischen der Abbildungsmatrix, den Koordinateneinheitsvektoren und den Bildern dieser Vektoren wird im folgenden eine Hilfe sein, die Abbildungsmatrizen zu vorgegebenen Abbildungen zu finden.

Zurück zu der Frage, ob man mit Hilfe der Bilder der Koordinateneinheitsvektoren das Bild eines Vektors bestimmen kann. Das ist tatsächlich der Fall. Dazu wird zunächst einmal das gesamte Gitternetz des Koordinatensystems der Abbildung durch die Matrix A unterworfen. Das Ergebnis zeigt die folgende Zeichnung. Aus dem Quadrat-Gitternetz ist ein Parallelogramm-Gitternetz geworden.

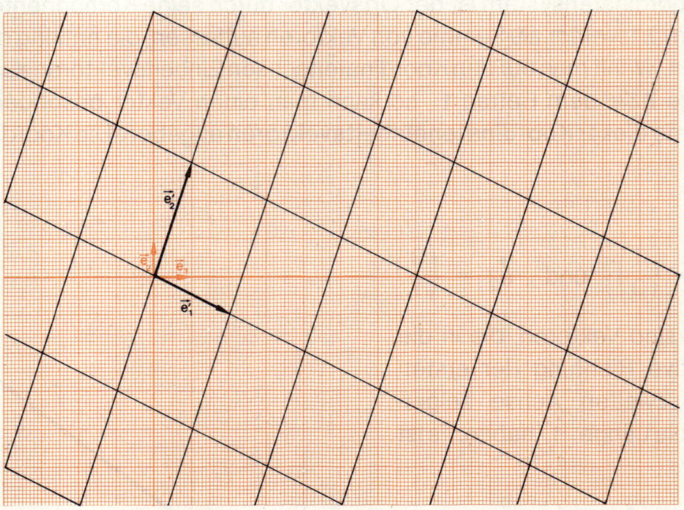

Der Bildvektor $\vec{v}\,'$ des Vektors $\vec{v}$ setzt sich nun genauso aus den Bildvektoren $\vec{e}_1\,'$ und $\vec{e}_2\,'$ zusammen, wie $\vec{v}$ aus den Vektoren $\vec{e}_1$ und $\vec{e}_2$. Das können Sie an der folgenden Zeichnung sehen.

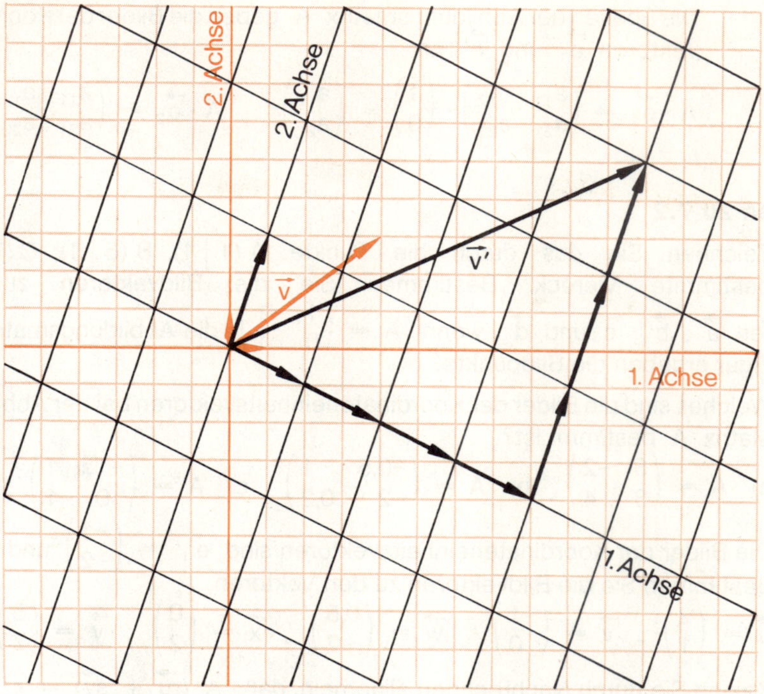

$$\vec{v}' = 4\vec{e}_1{}' + 3\vec{e}_2{}' = 4\cdot\begin{pmatrix}2\\-1\end{pmatrix} + 3\cdot\begin{pmatrix}1\\3\end{pmatrix}$$

Aufgrund dieser Eigenschaften genügt es, wenn für eine Abbildung die Bildvektoren der Koordinateneinheitsvektoren bekannt sind. Man kann dann zu jedem Vektor den zugehörigen Bildvektor angeben. Anders ausgedrückt heißt dies auch: Wenn für eine Abbildung die Bildvektoren der Koordinateneinheitsvektoren bekannt sind, kann man die Abbildungsmatrix der Abbildung sofort aufschreiben. Die Spalten der Abbildungsmatrix stellen ja die Bilder der Koordinateneinheitsvektoren dar. Dieses Verfahren wird im nächsten Abschnitt verwendet werden.

Merken Sie sich aus diesem Abschnitt bitte die Ergebnisse:

– Jeder Vektor $\vec{v}$ in der Ebene läßt sich als Vielfachsumme der beiden Koordinateneinheitsvektoren $\vec{e}_1$ und $\vec{e}_2$ schreiben.

$$\vec{v} = v_1\vec{e}_1 + v_2\vec{e}_2 \qquad \vec{e}_1 = \begin{pmatrix}1\\0\end{pmatrix} \quad \vec{e}_2 = \begin{pmatrix}0\\1\end{pmatrix} \quad v_1, v_2 \in \mathbb{R}$$

(Für Vielfachsumme ist auch das Wort **Linearkombination** gebräuchlich.)

– Eine Matrix A wird mit einer Vielfachsumme von Vektoren folgendermaßen multipliziert

$$A\cdot(r\cdot\vec{u} + s\cdot\vec{v}) = r\cdot A\cdot\vec{u} + s\cdot A\cdot\vec{v} \qquad r,s \in \mathbb{R}$$

(Dies nennt man die Linearitätseigenschaft der von A angegebenen Abbildung.)
Insbesondere gilt $A\cdot\vec{v} = A\cdot(v_1\vec{e}_1 + v_2\vec{e}_2) = v_1 A\cdot\vec{e}_1 + v_2 A\cdot\vec{e}_2$.

– Die Spalten der Abbildungsmatrix A geben die Bilder der Koordinateneinheitsvektoren $\vec{e}_1$ und $\vec{e}_2$ an.

$$A \cdot \vec{e}_1 = \begin{pmatrix} a_{11} & a_{12} \\ a_{21} & a_{22} \end{pmatrix} \cdot \begin{pmatrix} 1 \\ 0 \end{pmatrix} = \begin{pmatrix} a_{11} \\ a_{21} \end{pmatrix} \qquad A \cdot \vec{e}_2 = \begin{pmatrix} a_{11} & a_{12} \\ a_{21} & a_{22} \end{pmatrix} \cdot \begin{pmatrix} 0 \\ 1 \end{pmatrix} = \begin{pmatrix} a_{12} \\ a_{22} \end{pmatrix}$$

Aufgaben zu 7.2

1. Zeichnen Sie das durch die Punkte A (1 | 1), B (5 | 1), C (7 | 3) und D (3 | 3) bestimmte Viereck. Bestimmen Sie die Bildvektoren zu den Ortsvektoren $\vec{a}$, $\vec{b}$, $\vec{c}$ und $\vec{d}$, wenn $A = \begin{pmatrix} 1 & -1 \\ 0 & 1 \end{pmatrix}$ die Abbildungsmatrix darstellt. Welche Figur ergeben die Bildpunkte?
2. Welches sind die Bilder der Koordinateneinheitsvektoren bei der Abbildung, die durch die Matrix A bestimmt ist?

   a) $A = \begin{pmatrix} 5 & -2 \\ 3 & 4 \end{pmatrix}$ b) $A = \begin{pmatrix} -0{,}5 & -1 \\ 2 & 0{,}2 \end{pmatrix}$ c) $A = \begin{pmatrix} -1 & 1 \\ 0 & -1 \end{pmatrix}$
3. Die Bilder der Koordinateneinheitsvektoren sind $\vec{e}_1{}' = \begin{pmatrix} -1 \\ 2 \end{pmatrix}$ und $\vec{e}_2{}' = \begin{pmatrix} 1 \\ -3 \end{pmatrix}$.
   Bestimmen Sie die Bildvektoren zu den Vektoren

   $\vec{u} = \begin{pmatrix} 2 \\ 1 \end{pmatrix}$, $\vec{v} = \begin{pmatrix} -1 \\ 0 \end{pmatrix}$, $\vec{w} = \begin{pmatrix} 0{,}5 \\ -2 \end{pmatrix}$, $\vec{x} = \begin{pmatrix} 0 \\ 2 \end{pmatrix}$, $\vec{y} = \begin{pmatrix} 5 \\ 7 \end{pmatrix}$
4. Zeigen Sie durch Nachrechnen allgemein, daß $A \cdot (r\vec{u} + s\vec{v}) = r \cdot A\vec{u} + s \cdot A\vec{v}$ ist.

   $$A = \begin{pmatrix} a_{11} & a_{12} \\ a_{21} & a_{22} \end{pmatrix} \quad \vec{u} = \begin{pmatrix} u_1 \\ u_2 \end{pmatrix} \quad \vec{v} = \begin{pmatrix} v_1 \\ v_2 \end{pmatrix}$$

7.3 Abbildungsmatrizen für einige wichtige Kongruenzabbildungen

1. Die Drehung um den Nullpunkt

Es werden hier nur Drehungen betrachtet, die den Nullpunkt als Drehpunkt haben. Dies ist selbstverständlich eine Einschränkung, jedoch keine wesentliche. Jede Drehung um einen anderen Punkt ließe sich durch entsprechende Verschiebungen zusätzlich zur Drehung realisieren.

a) Drehung um 90°

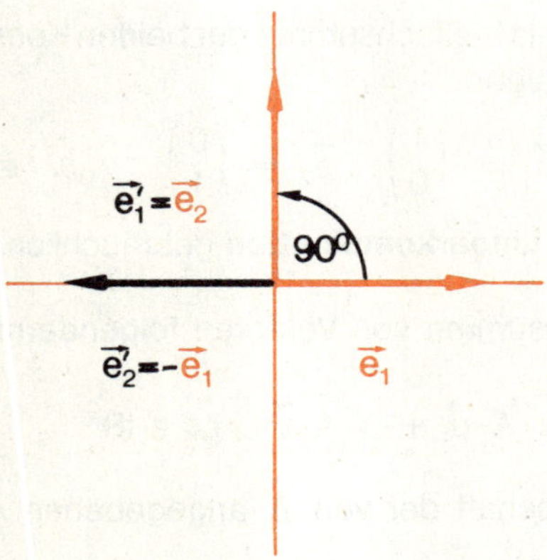

Aus der Zeichnung lesen Sie sofort ab, daß der Vektor $\vec{e}_1$ als Bild $\vec{e}_2$ und der Vektor $\vec{e}_2$ als Bild $-\vec{e}_1$ hat. Es ist

$$\vec{e}_1{}' = \begin{pmatrix} 0 \\ 1 \end{pmatrix} \quad \text{und} \quad \vec{e}_2{}' = \begin{pmatrix} -1 \\ 0 \end{pmatrix},$$

also die Abbildungsmatrix

$$D_{90} = \begin{pmatrix} 0 & -1 \\ 1 & 0 \end{pmatrix}$$

Die drei Punkte mit den Ortsvektoren $\vec{a} = \begin{pmatrix} 1 \\ 1 \end{pmatrix}$, $\vec{b} = \begin{pmatrix} 4 \\ 2 \end{pmatrix}$ und $\vec{c} = \begin{pmatrix} -1 \\ 4 \end{pmatrix}$ bilden ein Dreieck. Bestimmen Sie die Bildvektoren für die Drehung um 90° und zeichnen Sie das Bilddreieck. → (5)

b) Drehung um 180°

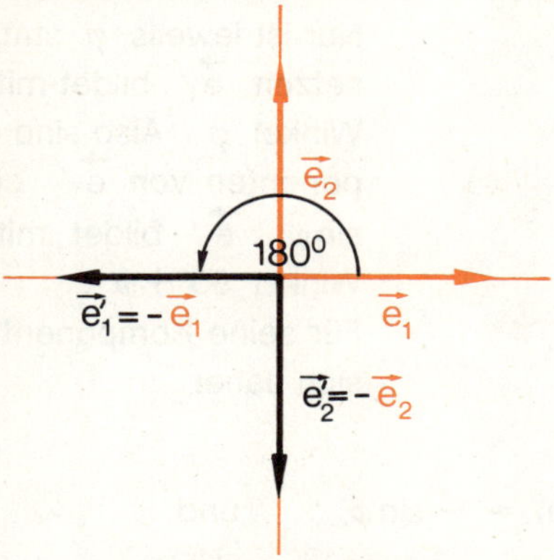

Es ist $\vec{e}_1{}' = \begin{pmatrix} -1 \\ 0 \end{pmatrix}$ und $\vec{e}_2{}' = \begin{pmatrix} 0 \\ -1 \end{pmatrix}$.

Die Abbildungsmatrix ist

$$D_{180} = \begin{pmatrix} -1 & 0 \\ 0 & -1 \end{pmatrix}$$

Die Drehung um 180° nennt man auch **Punktspiegelung**. Die Bildpunkte erhält man nämlich auch durch „Spiegelung am Nullpunkt“.

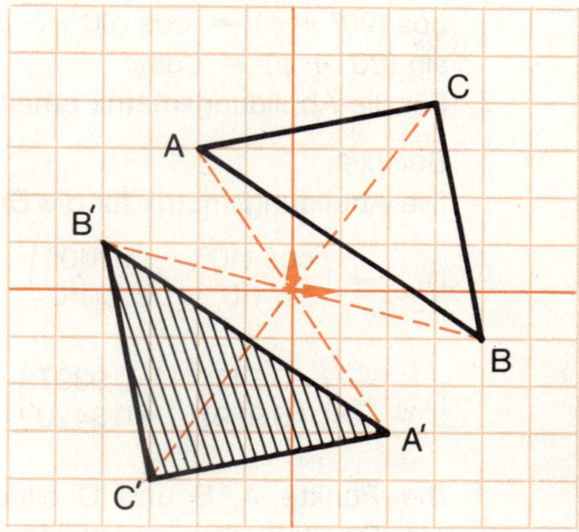

Diese Punktspiegelung können Sie an dem hier rechts gezeichneten Dreieck sehen. Prüfen Sie durch Rechnung nach, daß sich die Bildpunkte durch Multiplikation der Ortsvektoren mit D_{180} ergeben.

→ 8

c) Drehung um 60°

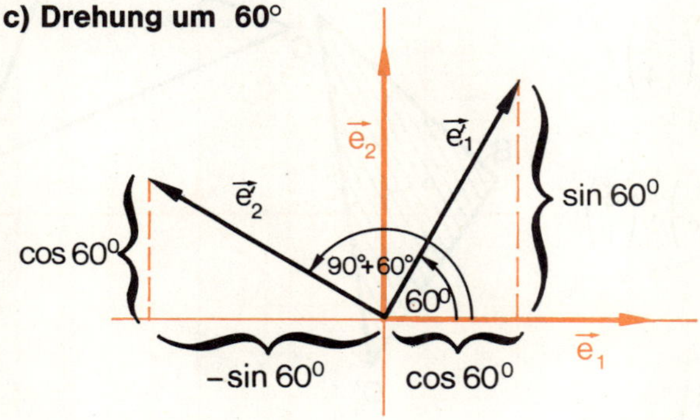

Der Bildvektor $\vec{e}_1{}'$ bildet mit dem Urvektor $\vec{e}_1$ einen Winkel von 60°. Da $\vec{e}_1$ und $\vec{e}_1{}'$ Einheitsvektoren sind, haben sie die Länge 1. Die Komponenten von $\vec{e}_1{}'$ sind daher cos 60° und sin 60°. $\vec{e}_2{}'$ bildet mit $\vec{e}_1$ einen Winkel von 90° + 60°.

Seine Komponenten sind daher

$\cos(90° + 60°) = \cos(90° - (-60°)) = \sin(-60°) = -\sin 60° = -\frac{1}{2}\sqrt{3}$ und

$\sin(90° + 60°) = \cos 60° = \frac{1}{2}$

(Zur Umrechnung der Sinus- bzw. Kosinuswerte vgl. TK II, Trigonometrie, Seite 44 f./130.)

Die Abbildungsmatrix für die Drehung um 60° ist also $D_{60} = \begin{pmatrix} \frac{1}{2} & -\frac{1}{2}\sqrt{3} \\ \frac{1}{2}\sqrt{3} & \frac{1}{2} \end{pmatrix}$

d) Drehung mit dem Winkel φ

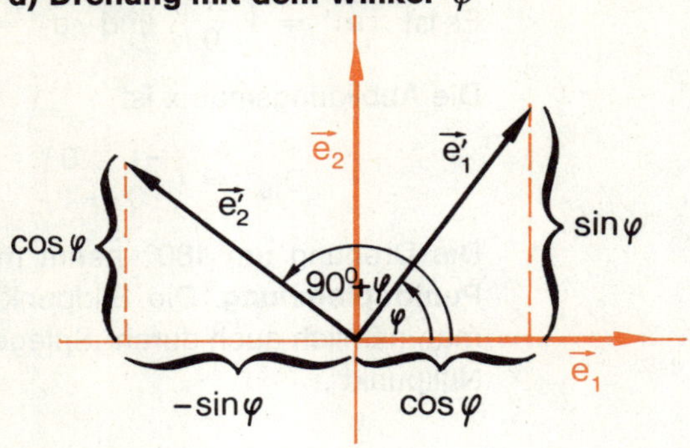

Die Überlegung ist die gleiche wie bei dem Winkel von 60°. Nur ist jeweils φ statt 60° zu setzen. $\vec{e}_1'$ bildet mit $\vec{e}_1$ den Winkel φ. Also sind die Komponenten von $\vec{e}_1'$ $\cos\varphi$ und $\sin\varphi$. $\vec{e}_2'$ bildet mit $\vec{e}_1$ den Winkel $90^\circ+\varphi$.
Für seine Komponenten ergibt sich daher

$\cos(90^\circ+\varphi) = \cos(90^\circ-(-\varphi)) = \sin(-\varphi) = -\sin\varphi$ und
$\sin(90^\circ+\varphi) = \cos\varphi$

Für die Abbildungsmatrix erhält man daher $D_\varphi = \begin{pmatrix} \cos\varphi & -\sin\varphi \\ \sin\varphi & \cos\varphi \end{pmatrix}$

Beispiel:
Die Abbildungsmatrix für die Drehung um den Nullpunkt mit dem Winkel 110° ist

$D_{110} = \begin{pmatrix} \cos 110^\circ & -\sin 110^\circ \\ \sin 110^\circ & \cos 110^\circ \end{pmatrix}$ oder mit dem Taschenrechner ausgerechnet

$$D_{110} = \begin{pmatrix} -0{,}3420 & -0{,}9397 \\ 0{,}9397 & -0{,}3420 \end{pmatrix}$$

Die Punkte A, B und C bilden ein Dreieck. Ihre Ortsvektoren sind

$$\vec{a} = \begin{pmatrix} 5 \\ 1 \end{pmatrix} \quad \vec{b} = \begin{pmatrix} 3 \\ 6 \end{pmatrix} \quad \vec{c} = \begin{pmatrix} -2 \\ 4 \end{pmatrix}$$

Die Bildvektoren sind dann

$$\vec{a}\,' = \begin{pmatrix} \cos 110^\circ & -\sin 110^\circ \\ \sin 110^\circ & \cos 110^\circ \end{pmatrix} \cdot \begin{pmatrix} 5 \\ 1 \end{pmatrix}$$

$$= \begin{pmatrix} -2{,}65 \\ 4{,}36 \end{pmatrix}$$

$$\vec{b}\,' = D_{110} \cdot \begin{pmatrix} 3 \\ 6 \end{pmatrix} = \begin{pmatrix} -6{,}66 \\ 0{,}77 \end{pmatrix}$$

$$\vec{c}\,' = D_{110} \cdot \begin{pmatrix} -2 \\ 4 \end{pmatrix} = \begin{pmatrix} -3{,}07 \\ -3{,}25 \end{pmatrix}$$

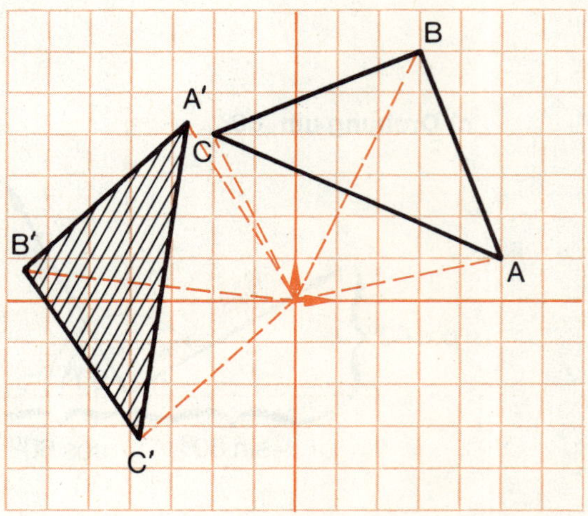

Das Bilddreieck ist in der Zeichnung schraffiert eingetragen.

Ein Sonderfall ist die Drehung um den Nullpunkt mit dem Winkel 0°. Anschaulich ist klar, daß dann gar keine Drehung erfolgt, sondern alle Vektoren unverändert bleiben. Eine solche Abbildung, die nichts ändert, nennt man die **identische Abbildung** oder die **Identität** (es bleibt alles identisch dasselbe). Die Abbildungsmatrix ergibt sich als

$$D_0 = \begin{pmatrix} \cos 0° & -\sin 0° \\ \sin 0° & \cos 0° \end{pmatrix} = \begin{pmatrix} 1 & 0 \\ 0 & 1 \end{pmatrix} = E$$

Die Abbildungsmatrix ist also die Einheitsmatrix E. Zur identischen Abbildung gehört die Einheitsmatrix als Abbildungsmatrix.

2. Die Spiegelung an einer Nullpunktsgeraden

Eine Nullpunktsgerade ist eine Gerade, die durch den Nullpunkt geht. Es wird hier eine ähnliche Einschränkung wie bei der Drehung vorgenommen, wo nur Drehungen um den Nullpunkt betrachtet wurden.

a) Spiegelung an der ersten Achse

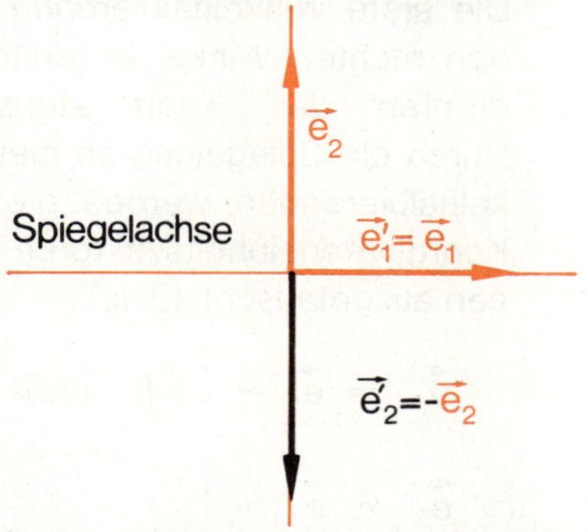

Wieder brauchen nur die Koordinateneinheitsvektoren betrachtet zu werden. Bei der Spiegelung an der ersten Achse wird $\vec{e}_1$ auf sich abgebildet.

Es ist also $\vec{e}_1{}' = \begin{pmatrix} 1 \\ 0 \end{pmatrix}$. $\vec{e}_2$ wird auf $-\vec{e}_2$ abgebildet. Es ist $\vec{e}_2{}' = \begin{pmatrix} 0 \\ -1 \end{pmatrix}$.

Die Abbildungsmatrix ist

$$S_1 = \begin{pmatrix} 1 & 0 \\ 0 & -1 \end{pmatrix}$$

Spiegeln Sie das Trapez, das hier rechts gezeichnet ist, an der ersten Achse. Bestimmen Sie die Bildvektoren zu den Ortsvektoren der Punkte durch die Multiplikation mit der Matrix S_1. Kontrollieren Sie an der Zeichnung.

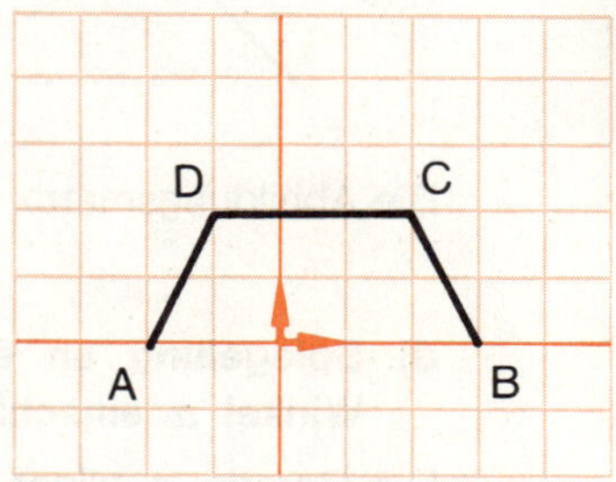

→ 2

b) Spiegelung an der zweiten Achse

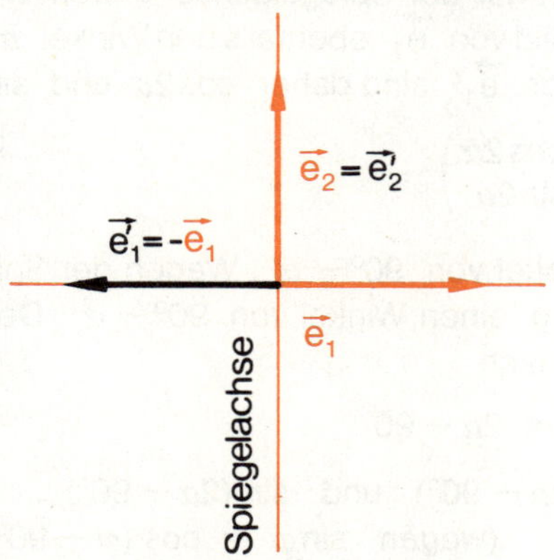

Sie finden die Abbildungsmatrix S_2 ganz analog zur Matrix S_1.

Der Bildvektor von $\vec{e}_1$ ist

$$\vec{e}_1{}' = \begin{pmatrix} -1 \\ 0 \end{pmatrix}.$$

Der Bildvektor von $\vec{e}_2$ ist

$$\vec{e}_2{}' = \begin{pmatrix} 0 \\ 1 \end{pmatrix}.$$

Aus den Bildern der Koordinateneinheitsvektoren ergeben sich die Spalten der Abbildungsmatrix, also

$$S_2 = \begin{pmatrix} -1 & 0 \\ 0 & 1 \end{pmatrix}$$

7

Spiegeln Sie das gezeichnete Dreieck an der zweiten Achse. Rechnen und zeichnen Sie.

→ 6

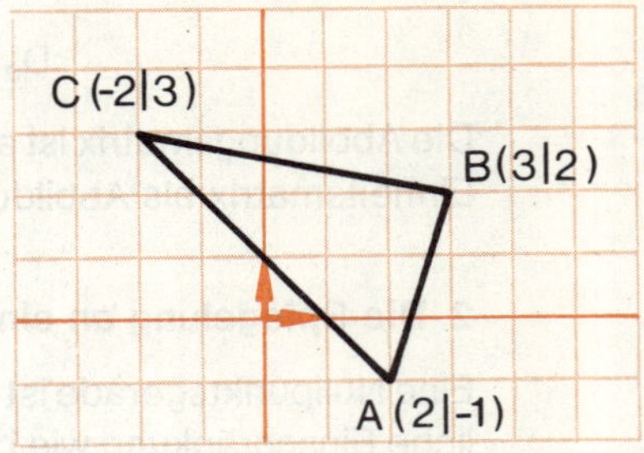

c) Spiegelung an der ersten Winkelhalbierenden

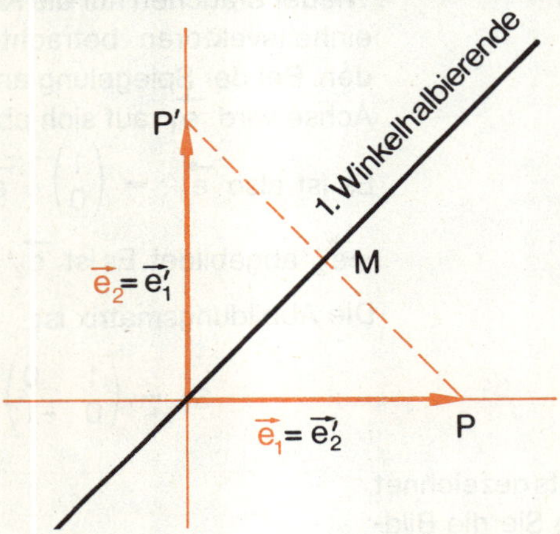

Die erste Winkelhalbierende halbiert den rechten Winkel im ersten Quadranten des Koordinatensystems. Durch die Spiegelung an dieser Winkelhalbierenden werden die beiden Koordinateneinheitsvektoren sozusagen ausgetauscht. Es ist

$$\vec{e}_1{}' = \vec{e}_2 = \begin{pmatrix} 0 \\ 1 \end{pmatrix} \quad \text{und}$$

$$\vec{e}_2{}' = \vec{e}_1 = \begin{pmatrix} 1 \\ 0 \end{pmatrix}$$

Die Abbildungsmatrix ist dann $S_W = \begin{pmatrix} 0 & 1 \\ 1 & 0 \end{pmatrix}$

d) Spiegelung an einer Nullpunktsgeraden g, die mit der ersten Achse den Winkel α einschließt.

Die Gerade g bildet mit der ersten Achse den Winkel α ; sie hat also die Steigung $\tan\alpha$.

Da $\vec{e}_1$ auf der ersten Achse liegt, bildet $\vec{e}_1$ mit der Spiegelachse g den Winkel α . Wegen der Gesetze der Spiegelung muß das Bild von $\vec{e}_1$ ebenfalls den Winkel α mit der Spiegelachse g bilden. Die Komponenten von $\vec{e}_1{}'$ sind daher $\cos 2\alpha$ und $\sin 2\alpha$.

$$\vec{e}_1{}' = \begin{pmatrix} \cos 2\alpha \\ \sin 2\alpha \end{pmatrix}$$

$\vec{e}_2$ bildet mit der Spiegelachse g einen Winkel von $90° - \alpha$. Wegen der Spiegelung bildet dann auch $\vec{e}_2{}'$ mit der Spiegelachse g einen Winkel von $90° - \alpha$. Der Winkel zwischen $\vec{e}_2{}'$ und der ersten Achse ist demnach

$$\alpha - (90° - \alpha) = 2\alpha - 90°$$

Die Komponenten von $\vec{e}_2{}'$ sind also $\cos(2\alpha - 90°)$ und $\sin(2\alpha - 90°)$.

Es ist aber $\cos(2\alpha - 90°) = \sin 2\alpha$ (wegen $\sin\varphi = \cos(\varphi - 90°)$)

und $\sin(2\alpha - 90°) = -\sin(90° - 2\alpha) = -\cos 2\alpha$

(wegen $\cos\varphi = \sin(90° - \varphi)$, vgl. TK II, Trigonometrie, S. 130/131).

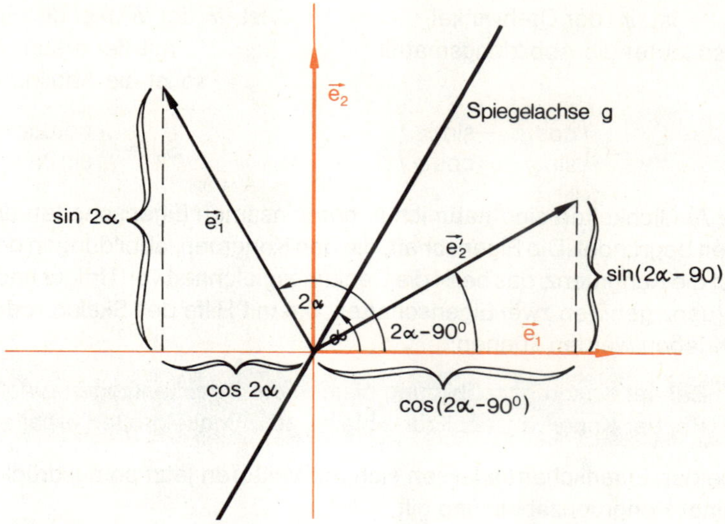

Also ist $\vec{e}_2{}' = \begin{pmatrix} \sin 2\alpha \\ -\cos 2\alpha \end{pmatrix}$ und damit die Abbildungsmatrix für die Spiegelung an der Spiegelachse g

$$S_g = \begin{pmatrix} \cos 2\alpha & \sin 2\alpha \\ \sin 2\alpha & -\cos 2\alpha \end{pmatrix}$$

Beispiel:
Das Dreieck ABC soll an der Geraden g: $\vec{x} = \lambda \cdot \begin{pmatrix} 1 \\ 2 \end{pmatrix}$ gespiegelt werden.

Die Ortsvektoren, die zu den Punkten A, B und C führen, sind

$$\vec{a} = \begin{pmatrix} 5 \\ 10 \end{pmatrix} \quad \vec{b} = \begin{pmatrix} 10 \\ 15 \end{pmatrix} \quad \vec{c} = \begin{pmatrix} 15 \\ 0 \end{pmatrix}$$

Die Gerade g hat den Richtungsvektor $\begin{pmatrix} 1 \\ 2 \end{pmatrix}$, also die Steigung $m = 2$.

Der Winkel α, den die Gerade g mit der ersten Achse einschließt, läßt sich errechnen aus $\tan \alpha = 2$. Es ist $\alpha = \tan^{-1} 2 = 63{,}43°$.

Die Abbildungsmatrix ist $S_g = \begin{pmatrix} \cos 126{,}9° & \sin 126{,}9° \\ \sin 126{,}9° & -\cos 126{,}9° \end{pmatrix} = \begin{pmatrix} -0{,}6 & 0{,}8 \\ 0{,}8 & 0{,}6 \end{pmatrix}$.

Damit wird $\vec{a}' = S_g \cdot \vec{a} = \begin{pmatrix} 5 \\ 10 \end{pmatrix}$, $\vec{b}' = \begin{pmatrix} 6 \\ 17 \end{pmatrix}$ und $\vec{c}' = \begin{pmatrix} -9 \\ 12 \end{pmatrix}$.

Das Bilddreieck ist A′ B′ C′.

3. Gemeinsame Eigenschaften der Kongruenzabbildungen

Die Abbildungsmatrizen für die Drehung und für die Spiegelung weisen in ihrer allgemeinen Form gewisse Ähnlichkeiten auf. Es gilt ja

7

Ist φ der Drehwinkel, so lautet die Abbildungsmatrix

$$D_\varphi = \begin{pmatrix} \cos\varphi & -\sin\varphi \\ \sin\varphi & \cos\varphi \end{pmatrix}$$

Ist α der Winkel der Spiegelachse g mit der ersten Achse, so ist die Abbildungsmatrix

$$S_g = \begin{pmatrix} \cos 2\alpha & \sin 2\alpha \\ \sin 2\alpha & -\cos 2\alpha \end{pmatrix}$$

Diese Ähnlichkeiten sind natürlich in gemeinsamen Eigenschaften der Kongruenzabbildungen begründet. Die Eigenschaft, die den Kongruenzabbildungen den Namen gegeben hat, ist die Kongruenz, das heißt die Deckungsgleichheit von Urfigur und Bildfigur. Zu dieser Kongruenz gehören zwei Eigenschaften, die mit Hilfe des Skalarproduktes von Vektoren beschrieben werden können:

1. Bei der Kongruenzabbildung bleiben die Streckenlängen erhalten.
2. Bei der Kongruenzabbildung bleiben die Winkelgrößen erhalten.

Die beiden Eigenschaften lassen sich mit Vektoren jetzt so ausdrücken:
Bei einer Kongruenzabbildung gilt

1. Der Bildvektor $\vec{v}'$ hat denselben Betrag wie sein Urvektor $\vec{v}$.
2. Der Winkel zwischen zwei Bildvektoren $\vec{u}'$ und $\vec{v}'$ hat dieselbe Größe wie der Winkel zwischen den beiden Urvektoren $\vec{u}$ und $\vec{v}$.

Die Länge eines Vektors ist $|\vec{x}| = \sqrt{\vec{x} \cdot \vec{x}} = \sqrt{x_1^2 + x_2^2}$

Die Größe eines Winkels α zwischen zwei Vektoren $\vec{u}$ und $\vec{v}$ ergibt sich aus

$$\cos\alpha = \frac{\vec{u} \cdot \vec{v}}{|\vec{u}| \cdot |\vec{v}|}$$

Da sich die Länge eines Vektors und die Winkelgröße allein auf das Skalarprodukt gründen lassen, ist folgende Aussage mit den beiden Eigenschaften 1. und 2. gleichbedeutend:

Bei einer Kongruenzabbildung bleibt das Skalarprodukt unverändert.

Dieser Satz läßt sich ganz einfach beweisen, indem man das Skalarprodukt der Bildvektoren bei einer Kongruenzabbildung berechnet. Hier soll dies nur für die oben besprochenen Drehungen und Spiegelungen ausgeführt werden. Für diese Abbildungen ist die Abbildungsmatrix immer von der Gestalt

$$\begin{pmatrix} \cos\varphi & \mp\sin\varphi \\ \sin\varphi & \pm\cos\varphi \end{pmatrix}$$

Das obere Vorzeichen gilt für die Drehung, das untere für die Spiegelung.

Dann ist $\vec{u}' \cdot \vec{v}' = A\vec{u} \cdot A\vec{v} =$

$$\begin{aligned}
&= (u_1 \cos\varphi \mp u_2 \sin\varphi)(v_1 \cos\varphi \mp v_2 \sin\varphi) + (u_1 \sin\varphi \pm u_2 \cos\varphi)(v_1 \sin\varphi \pm v_2 \cos\varphi) \\
&= u_1v_1 \cos^2\varphi + u_2v_2 \sin^2\varphi \mp u_1v_2 \cos\varphi \sin\varphi \mp u_2v_1 \sin\varphi \cos\varphi + u_1v_1 \sin^2\varphi \\
&\quad + u_2v_2\cos^2\varphi \pm u_1v_2 \sin\varphi \cos\varphi \pm u_2v_1 \cos\varphi \sin\varphi \\
&= u_1v_1 (\cos^2\varphi + \sin^2\varphi) + u_2v_2 (\sin^2\varphi + \cos^2\varphi) \\
&= u_1v_1 + u_2v_2 \qquad (\text{da } \sin^2\varphi + \cos^2\varphi = 1)
\end{aligned}$$

Beispiel:
Die beiden Ortsvektoren $\vec{u} = \begin{pmatrix} -3 \\ 4 \end{pmatrix}$ und $\vec{v} = \begin{pmatrix} 5 \\ 12 \end{pmatrix}$ werden an einer Geraden gespiegelt. Die Abbildungsmatrix ist $S_g = \begin{pmatrix} \frac{3}{5} & \frac{4}{5} \\ \frac{4}{5} & -\frac{3}{5} \end{pmatrix}$

Dann sind die Bildvektoren $\vec{u}' = \begin{pmatrix} \frac{7}{5} \\ -\frac{24}{5} \end{pmatrix}$ und $\vec{v}' = \begin{pmatrix} \frac{63}{5} \\ -\frac{16}{5} \end{pmatrix}$.

Für die Beträge ergibt sich $|\vec{u}| = \sqrt{3^2+4^2} = 5$

$$|\vec{v}| = \sqrt{5^2+12^2} = 13$$

$$|\vec{u}'| = \frac{1}{5}\sqrt{7^2+24^2} = \frac{25}{5} = 5$$

$$|\vec{v}'| = \frac{1}{5}\sqrt{63^2+16^2} = \frac{65}{5} = 13$$

Für die Skalarprodukte erhält man

$$\vec{u} \cdot \vec{v} = -3 \cdot 5 + 4 \cdot 12 = 33$$

$$\vec{u}' \cdot \vec{v}' = \frac{7}{5} \cdot \frac{63}{5} + \left(-\frac{24}{5}\right) \cdot \left(-\frac{16}{5}\right) = \frac{441}{25} + \frac{384}{25} = \frac{825}{25} = 33$$

Die Beträge und das Skalarprodukt ändern sich bei der Abbildung nicht.

Aufgaben zu 7.3

1. Zeigen Sie an der allgemeinen Matrix für die Drehung $D_\varphi = \begin{pmatrix} \cos\varphi & -\sin\varphi \\ \sin\varphi & \cos\varphi \end{pmatrix}$, daß sich für a) $\varphi = 90°$ b) $\varphi = 180°$ die im Text angegebenen Abbildungsmatrizen D_{90} bzw. D_{180} ergeben.

2. Bestimmen Sie den Bildvektor $\vec{v}'$ für einen Vektor $\vec{v}$ bei einer Drehung mit der Abbildungsmatrix $D_{65} = \begin{pmatrix} 0{,}4226 & -0{,}9063 \\ 0{,}9063 & 0{,}4226 \end{pmatrix}$. (Verwenden Sie Ihren Taschenrechner)

a) $\vec{v} = \begin{pmatrix} 1 \\ 1 \end{pmatrix}$ b) $\vec{v} = \begin{pmatrix} 5 \\ -2 \end{pmatrix}$ c) $\vec{v} = \begin{pmatrix} 0{,}5 \\ -4 \end{pmatrix}$ *d) $\vec{v} = \begin{pmatrix} -0{,}4 \\ 2{,}5 \end{pmatrix}$

3. Wie lautet die Abbildungsmatrix für eine Drehung um den Nullpunkt mit dem Drehwinkel
a) 30° b) 45° *c) 270° *d) 75° ?

4. Welche der folgenden Abbildungsmatrizen können eine Drehung um den Nullpunkt darstellen? Bestimmen Sie gegebenenfalls den Drehwinkel.

a) $\begin{pmatrix} -0{,}1736 & -0{,}9848 \\ 0{,}9848 & -0{,}1736 \end{pmatrix}$ b) $\begin{pmatrix} 0 & 1 \\ -1 & 0 \end{pmatrix}$ c) $\begin{pmatrix} \frac{1}{2}\sqrt{2} & \frac{1}{2}\sqrt{2} \\ \frac{1}{2}\sqrt{2} & -\frac{1}{2}\sqrt{2} \end{pmatrix}$

5. Zeigen Sie an der allgemeinen Matrix für die Spiegelung an einer Geraden g, daß sich für die Spiegelung an a) der ersten Achse, b) der zweiten Achse, c) der ersten Winkelhalbierenden die oben hergeleiteten Abbildungsmatrizen ergeben.

6. Berechnen Sie den Bildvektor $\vec{w}'$ für den Vektor $\vec{w}$ bei einer Spiegelung mit der Spiegelungsmatrix $S_g = \begin{pmatrix} -\frac{1}{2}\sqrt{3} & \frac{1}{2} \\ \frac{1}{2} & \frac{1}{2}\sqrt{3} \end{pmatrix}$ a) $\vec{w} = \begin{pmatrix} 2 \\ 1 \end{pmatrix}$ b) $\vec{w} = \begin{pmatrix} -3 \\ 5 \end{pmatrix}$ c) $\vec{w} = \begin{pmatrix} 0 \\ -4 \end{pmatrix}$

7. Geben Sie die Abbildungsmatrix für die Spiegelung an der Geraden g an.

a) g: $\vec{x} = \lambda \cdot \begin{pmatrix} 2 \\ 3 \end{pmatrix}$ b) g: $\vec{x} = \lambda \cdot \begin{pmatrix} -1 \\ 0{,}5 \end{pmatrix}$ *c) g: $\vec{x} = \lambda \cdot \begin{pmatrix} 4 \\ 1 \end{pmatrix}$

8. Welche der folgenden Abbildungsmatrizen können eine Spiegelung an einer Ursprungsgeraden angeben?

a) $\begin{pmatrix} 0 & 1 \\ -1 & 0 \end{pmatrix}$ b) $\begin{pmatrix} 0 & -1 \\ -1 & 0 \end{pmatrix}$ c) $\begin{pmatrix} 0{,}9063 & 0{,}4226 \\ 0{,}4226 & -0{,}9063 \end{pmatrix}$ d) $\begin{pmatrix} 1 & 1 \\ 1 & -1 \end{pmatrix}$

7.4 Abbildungsmatrizen für zentrische Streckungen und einige affine Abbildungen

Neben den Kongruenzabbildungen treten einige Ähnlichkeitsabbildungen und affine Abbildungen öfters auf. Wie schon in Abschnitt 7.1 vermerkt, ändern die Ähnlichkeitsabbildungen zwar die Größe von Figuren, nicht aber deren Gestalt. Das heißt, die Streckenlänge bleibt nicht erhalten; die Winkelgröße jedoch bleibt erhalten. Von den Ähnlichkeitsabbildungen wird hier nur die zentrische Streckung betrachtet.

1. Die zentrische Streckung vom Nullpunkt aus mit dem Streckfaktor k (k ≠ 0)

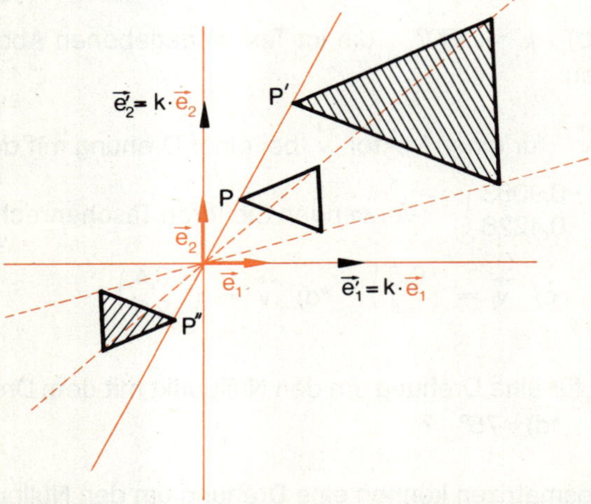

Bei einer zentrischen Streckung wird jeder Ortsvektor auf das k-fache gestreckt. Man spricht deshalb vom Streckfaktor k. Ist $|k| > 1$, so handelt es sich tatsächlich um eine Streckung; ist $|k| < 1$, so wird der Ortsvektor gestaucht. Man könnte in diesem Fall von einer zentrischen Stauchung sprechen. Rechnerisch bedeutet die Streckung oder Stauchung eine S-Multiplikation des Vektors mit der reellen Zahl k. Ist k negativ, so findet die zentrische Streckung oder Stauchung nach der anderen Seite hin statt (es wird neben der zentrischen Streckung eine Punktspiegelung am Nullpunkt durchgeführt). Um die Abbildungsmatrix zu bestimmen, betrachtet man wieder die Koordinateneinheitsvektoren.

Das Bild des Vektors $\vec{e}_1 = \begin{pmatrix} 1 \\ 0 \end{pmatrix}$ ist der Vektor $\vec{e}_1{}' = \begin{pmatrix} k \\ 0 \end{pmatrix}$.

Das Bild des Vektors $\vec{e}_2 = \begin{pmatrix} 0 \\ 1 \end{pmatrix}$ ist der Vektor $\vec{e}_2{}' = \begin{pmatrix} 0 \\ k \end{pmatrix}$.

Die Abbildungsmatrix für die zentrische Streckung ist $Z = \begin{pmatrix} k & 0 \\ 0 & k \end{pmatrix}$

Sie sehen: Man muß voraussetzen, daß $k \neq 0$ ist; für $k = 0$ würden alle Vektoren zum Nullvektor einschrumpfen.
Ist $k = 1$, so erhält man die Abbildungsmatrix $E = \begin{pmatrix} 1 & 0 \\ 0 & 1 \end{pmatrix}$. Die zugehörige Abbildung ist die Identität.

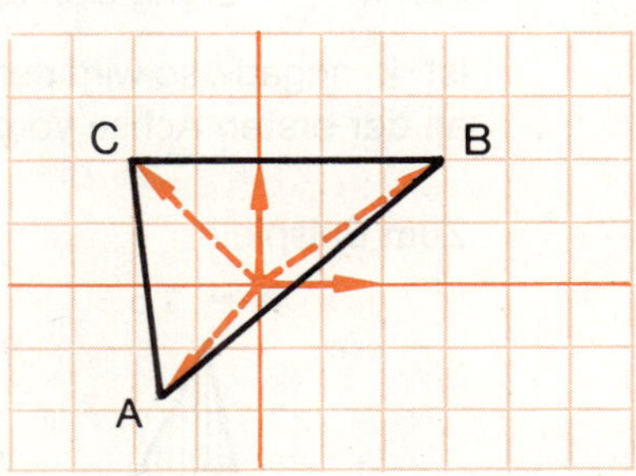

Die drei Ortsvektoren $\vec{a} = \begin{pmatrix} -0{,}7 \\ -0{,}8 \end{pmatrix}$, $\vec{b} = \begin{pmatrix} 1{,}5 \\ 1 \end{pmatrix}$ und $\vec{c} = \begin{pmatrix} -1 \\ 1 \end{pmatrix}$ werden vom Nullpunkt aus zentrisch gestreckt mit dem Streckfaktor 1,5. Zeichnen und rechnen Sie.

→ 3

2. Einige affine Abbildungen

a) Die zur ersten Achse senkrechte Dehnung oder Stauchung

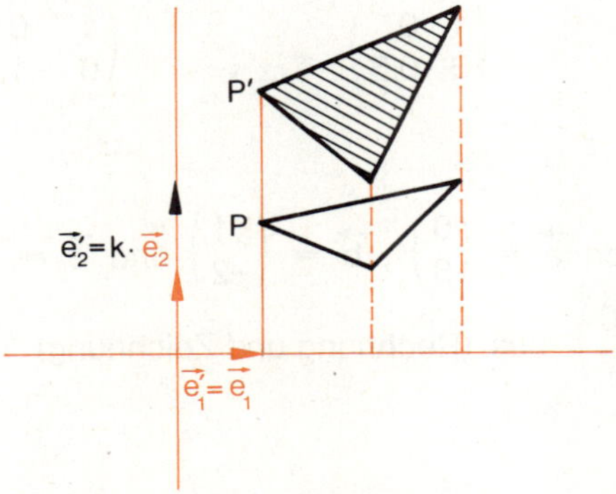

Bei dieser Abbildung werden die Linien senkrecht zur ersten Achse gedehnt oder gestaucht. Die Linien parallel zur ersten Achse bleiben in ihrer Ausdehnung gleich. Diese Abbildung kann man sich etwa so vorstellen, daß man alles auf einem Gummituch gezeichnet hat, das man in eine Richtung, nämlich senkrecht zur ersten Achse, auseinanderzieht oder einschrumpfen läßt. So entsteht zum Beispiel aus dem Kreis eine Ellipse.

senkrechte Dehnung

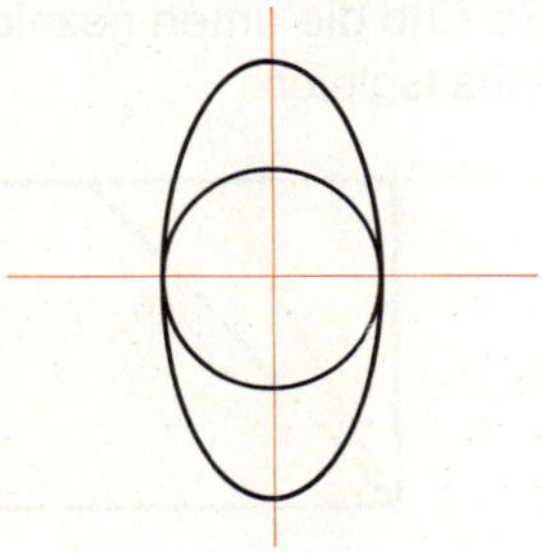

senkrechte Stauchung

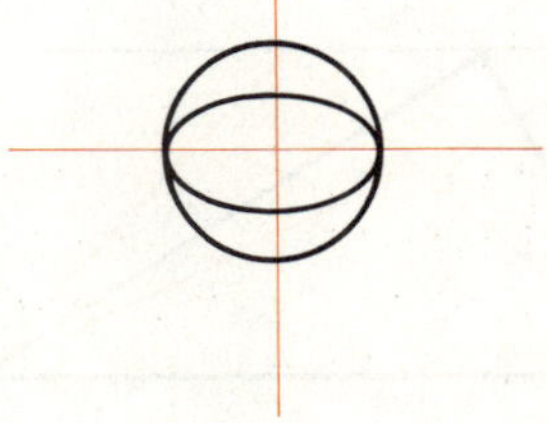

Für die Koordinateneinheitsvektoren ergibt sich folgendes:
Der Vektor $\vec{e}_1$ bleibt unverändert, das heißt $\vec{e}_1{}' = \vec{e}_1 = \begin{pmatrix} 1 \\ 0 \end{pmatrix}$.

Der Vektor $\vec{e}_2$ wird auf das k-fache gedehnt oder gestaucht:

$\vec{e}_2{}' = k\,\vec{e}_2 = \begin{pmatrix} 0 \\ k \end{pmatrix}$ $\quad (k \neq 0)$.

Die Abbildungsmatrix ist $A = \begin{pmatrix} 1 & 0 \\ 0 & k \end{pmatrix}$

Ist $|k| > 1$, so liegt eine Dehnung vor; ist $|k| < 1$, so liegt eine Stauchung vor.
Für $k = 1$ ergibt sich die identische Abbildung mit der Matrix $E = \begin{pmatrix} 1 & 0 \\ 0 & 1 \end{pmatrix}$.

Ist k negativ, so wird neben der senkrechten Dehnung oder Stauchung eine Spiegelung an der ersten Achse vorgenommen.

Zum Beispiel:

$k = 1{,}5$

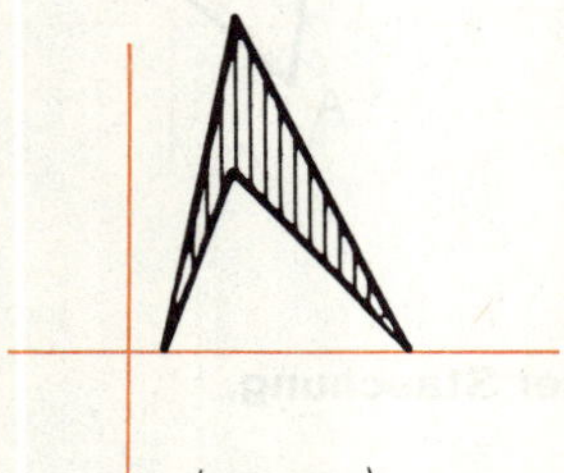

Matrix $\begin{pmatrix} 1 & 0 \\ 0 & 1{,}5 \end{pmatrix}$

$k = 0{,}5$

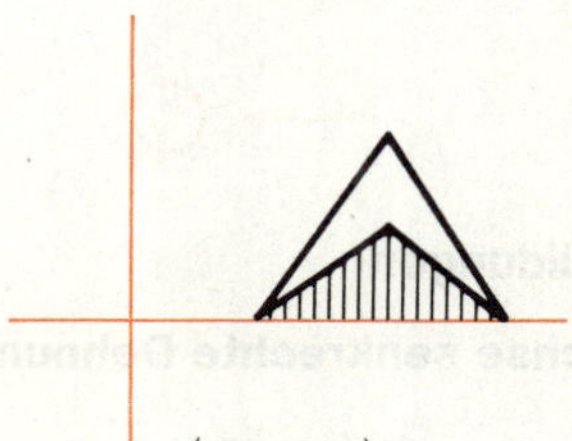

$\begin{pmatrix} 1 & 0 \\ 0 & 0{,}5 \end{pmatrix}$

$k = -1{,}5$

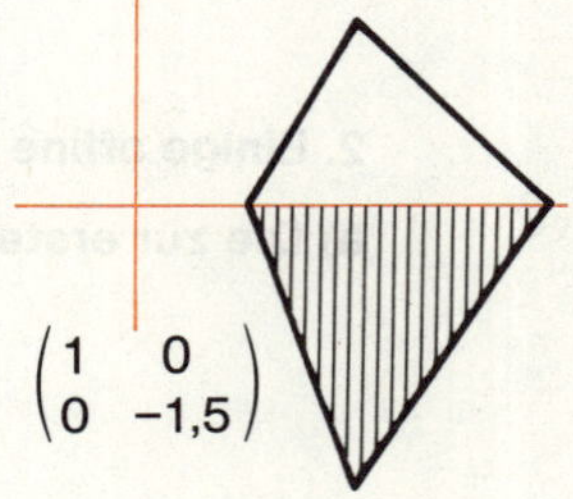

$\begin{pmatrix} 1 & 0 \\ 0 & -1{,}5 \end{pmatrix}$

Beispiel:
Führen Sie für die drei Ortsvektoren $\vec{a} = \begin{pmatrix} 0 \\ 3 \end{pmatrix}$, $\vec{b} = \begin{pmatrix} 1 \\ -2 \end{pmatrix}$ und $\vec{c} = \begin{pmatrix} -2 \\ 2 \end{pmatrix}$ die Abbildung mit der Matrix $A = \begin{pmatrix} 1 & 0 \\ 0 & -2 \end{pmatrix}$ aus. (Rechnung und Zeichnung)

→ 7

b) Die Scherung bezüglich der ersten Achse

Aus der Elementargeometrie wissen Sie, daß Dreiecke mit gleicher Grundlinie und gleicher Höhe auch gleichen Flächeninhalt haben.
Entsprechendes gilt für Parallelogramme. So sind die unten gezeichneten Dreiecke und Parallelogramme je untereinander flächeninhaltsgleich.

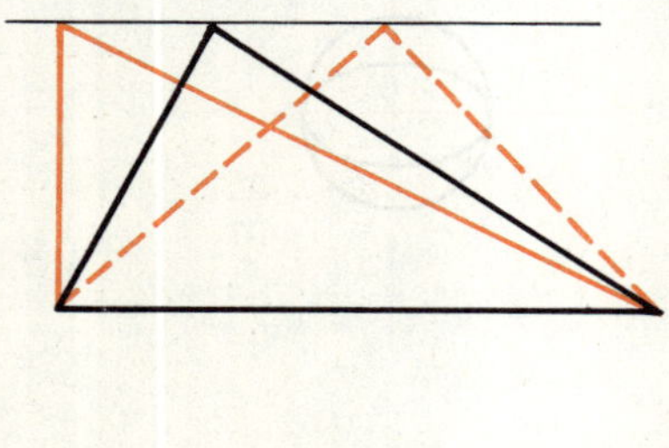

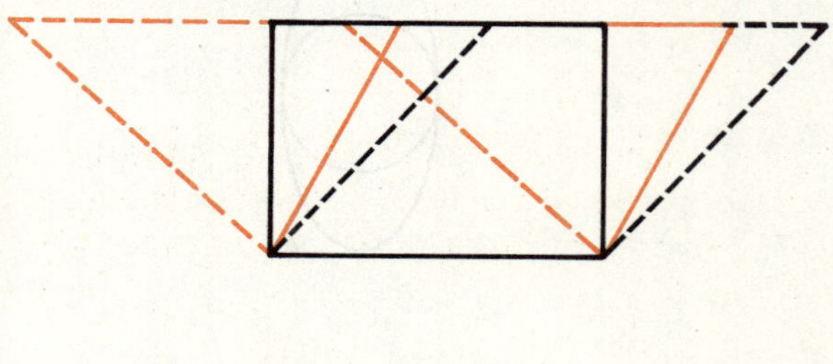

Man sagt, diese Dreiecke bzw. diese Parallelogramme entstehen auseinander durch **Scherung**, weil eine Seite so bewegt wird wie die Schneide einer Schere.

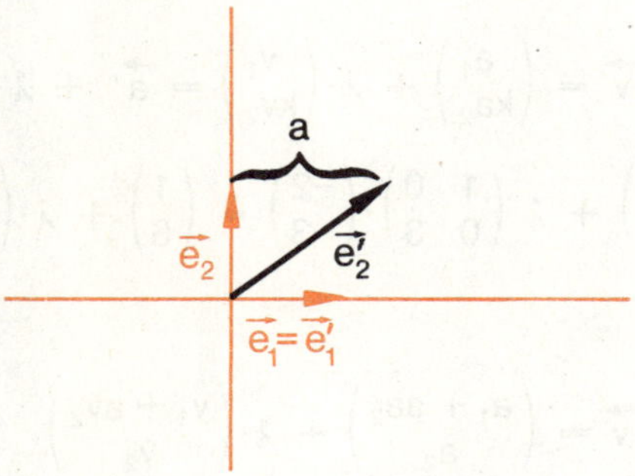

Bei dieser Abbildung wird der Koordinateneinheitsvektor $\vec{e}_1$ unverändert gelassen; der Vektor $\vec{e}_2$ erhält jedoch (je nach Öffnung der Schere) eine Komponente in Richtung der ersten Achse. Seine Komponente in Richtung der zweiten Achse bleibt unverändert. Die Öffnung der Schere bestimmt man mit der Vorschrift: „ 1 nach oben, a nach rechts".

Für die Koordinateneinheitsvektoren gilt dann:

$$\vec{e}_1{}' = \vec{e}_1 = \begin{pmatrix} 1 \\ 0 \end{pmatrix} \quad \text{und} \quad \vec{e}_2{}' = \vec{e}_2 + a\,\vec{e}_1 = \begin{pmatrix} a \\ 1 \end{pmatrix}$$

Die Abbildungsmatrix wird dann $A = \begin{pmatrix} 1 & a \\ 0 & 1 \end{pmatrix}$

Beispiel:

Das hier rechts gezeichnete Viereck soll der Scherung mit der Abbildungsmatrix

$$A = \begin{pmatrix} 1 & 1 \\ 0 & 1 \end{pmatrix}$$

unterworfen werden.
Berechnen Sie die Bildvektoren der Ortsvektoren und zeichnen Sie die Bildfigur.

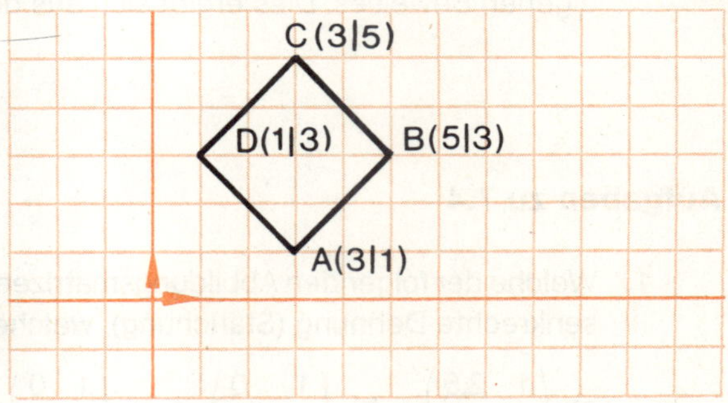

→ 4

3. Eine wichtige Eigenschaft dieser Abbildungen: Die Geradentreue

Die vektorielle Gleichung einer Geraden g haben Sie in Lektion 3.5 kennengelernt.

$$g: \quad \vec{x} = \vec{a} + \lambda \cdot \vec{v}$$

zum Beispiel:

$$g: \quad \vec{x} = \begin{pmatrix} 1 \\ 2 \end{pmatrix} + \lambda \cdot \begin{pmatrix} -2 \\ 3 \end{pmatrix}$$

Bildet man eine solche Gerade g mit einer zentrischen Streckung, einer senkrechten Dehnung (Stauchung) oder einer Scherung ab, so ist das Bild stets wieder eine Gerade. Dies zeigen die folgenden Rechnungen zunächst allgemein und anschließend am Beispiel.

a) zentrische Streckung

$$Z = \begin{pmatrix} k & 0 \\ 0 & k \end{pmatrix} \quad g'\colon \vec{x}\,' = Z\vec{a} + \lambda \cdot Z\vec{v} = \begin{pmatrix} ka_1 \\ ka_2 \end{pmatrix} + \lambda \cdot \begin{pmatrix} kv_1 \\ kv_2 \end{pmatrix} = \vec{a}\,' + \lambda \cdot \vec{v}\,'$$

$$Z = \begin{pmatrix} 2 & 0 \\ 0 & 2 \end{pmatrix} \quad g'\colon \vec{x}\,' = \begin{pmatrix} 2 & 0 \\ 0 & 2 \end{pmatrix} \cdot \begin{pmatrix} 1 \\ 2 \end{pmatrix} + \lambda \cdot \begin{pmatrix} 2 & 0 \\ 0 & 2 \end{pmatrix} \cdot \begin{pmatrix} -2 \\ 3 \end{pmatrix} = \begin{pmatrix} 2 \\ 4 \end{pmatrix} + \lambda \cdot \begin{pmatrix} -4 \\ 6 \end{pmatrix}$$

b) senkrechte Dehnung

$$A = \begin{pmatrix} 1 & 0 \\ 0 & k \end{pmatrix} \quad g'\colon \vec{x}\,' = A\vec{a} + \lambda \cdot A\vec{v} = \begin{pmatrix} a_1 \\ ka_2 \end{pmatrix} + \lambda \cdot \begin{pmatrix} v_1 \\ kv_2 \end{pmatrix} = \vec{a}\,' + \lambda \cdot \vec{v}\,'$$

$$A = \begin{pmatrix} 1 & 0 \\ 0 & 3 \end{pmatrix} \quad g'\colon \vec{x}\,' = \begin{pmatrix} 1 & 0 \\ 0 & 3 \end{pmatrix} \cdot \begin{pmatrix} 1 \\ 2 \end{pmatrix} + \lambda \cdot \begin{pmatrix} 1 & 0 \\ 0 & 3 \end{pmatrix} \cdot \begin{pmatrix} -2 \\ 3 \end{pmatrix} = \begin{pmatrix} 1 \\ 6 \end{pmatrix} + \lambda \cdot \begin{pmatrix} -2 \\ 9 \end{pmatrix}$$

c) Scherung

$$A = \begin{pmatrix} 1 & a \\ 0 & 1 \end{pmatrix} \quad g'\colon \vec{x}\,' = A\vec{a} + \lambda \cdot A\vec{v} = \begin{pmatrix} a_1 + aa_2 \\ a_2 \end{pmatrix} + \lambda \cdot \begin{pmatrix} v_1 + av_2 \\ v_2 \end{pmatrix}$$

$$= \vec{a}\,' + \lambda \cdot \vec{v}\,'$$

$$A = \begin{pmatrix} 1 & 2 \\ 0 & 1 \end{pmatrix} \quad g'\colon \vec{x}\,' = \begin{pmatrix} 1 & 2 \\ 0 & 1 \end{pmatrix} \cdot \begin{pmatrix} 1 \\ 2 \end{pmatrix} + \lambda \cdot \begin{pmatrix} 1 & 2 \\ 0 & 1 \end{pmatrix} \cdot \begin{pmatrix} -2 \\ 3 \end{pmatrix} = \begin{pmatrix} 5 \\ 2 \end{pmatrix} + \lambda \cdot \begin{pmatrix} 4 \\ 3 \end{pmatrix}$$

Die Geradentreue ist eine wesentliche Eigenschaft aller affinen Abbildungen. Daß eine Gerade bei Kongruenzabbildungen stets auf eine Gerade abgebildet wird, bedarf keines eigenen Beweises. Dies ergibt sich aus der Deckungsgleichheit von Figur und Bildfigur.

Aufgaben zu 7.4

1. Welche der folgenden Abbildungsmatrizen stellen eine zentrische Streckung, welche eine senkrechte Dehnung (Stauchung), welche eine Scherung dar?

a) $\begin{pmatrix} 1 & 2{,}5 \\ 0 & 1 \end{pmatrix}$ b) $\begin{pmatrix} 1 & 0 \\ 0 & -4 \end{pmatrix}$ c) $\begin{pmatrix} 1 & 0 \\ 1 & 0 \end{pmatrix}$ d) $\begin{pmatrix} 0{,}5 & 0 \\ 0 & 0{,}5 \end{pmatrix}$

e) $\begin{pmatrix} 2 & 3 \\ -1 & 1 \end{pmatrix}$ f) $\begin{pmatrix} 1 & -2 \\ 0 & 1 \end{pmatrix}$ g) $\begin{pmatrix} 50 & 0 \\ 0 & 50 \end{pmatrix}$ h) $\begin{pmatrix} 1 & 0 \\ 0 & 22 \end{pmatrix}$

2. Bilden Sie die Vektoren $\vec{u} = \begin{pmatrix} 4 \\ 0 \end{pmatrix}$, $\vec{v} = \begin{pmatrix} -1 \\ 6 \end{pmatrix}$ und $\vec{w} = \begin{pmatrix} -4 \\ -2 \end{pmatrix}$ durch die Abbildungsmatrix a) $A = \begin{pmatrix} 1 & -2 \\ 0 & 1 \end{pmatrix}$ b) $B = \begin{pmatrix} 1 & 0 \\ 0 & 0{,}5 \end{pmatrix}$ ab. (Rechnung)

3. Es seien die Geraden $g_1\colon \vec{x} = \begin{pmatrix} -1 \\ 3 \end{pmatrix} + \lambda \cdot \begin{pmatrix} 2 \\ 5 \end{pmatrix}$, $g_2\colon \vec{x} = \begin{pmatrix} 2 \\ -1 \end{pmatrix} + \lambda \cdot \begin{pmatrix} -2 \\ -3 \end{pmatrix}$ und

g_3: $\vec{x} = \lambda \cdot \begin{pmatrix} -2 \\ 5 \end{pmatrix}$ gegeben. Bestimmen Sie die Bilder dieser Geraden bei

a) der zentrischen Streckung $Z = \begin{pmatrix} -2 & 0 \\ 0 & -2 \end{pmatrix}$

b) der senkrechten Stauchung $A = \begin{pmatrix} 1 & 0 \\ 0 & 0{,}1 \end{pmatrix}$

c) der Scherung $A = \begin{pmatrix} 1 & 1{,}5 \\ 0 & 1 \end{pmatrix}$

7.5 Bestimmung von Urbildvektoren bei vorgegebenen Bildvektoren

Mit der Matrix-Vektor-Multiplikation haben Sie für eine durch die Matrix gegebene Abbildung zu vorgegebenen Vektoren die Bildvektoren berechnet. Auch die umgekehrte Aufgabenstellung tritt auf: Für eine Abbildungsmatrix und einen bekannten Bildvektor soll der zugehörige Urbildvektor bestimmt werden. Zum Beispiel: Es ist

$$A = \begin{pmatrix} 1 & 2 \\ 3 & -1 \end{pmatrix} \quad \text{und} \quad \vec{v}\,' = \begin{pmatrix} 8 \\ 3 \end{pmatrix} \qquad \text{Bestimmen Sie } \vec{v}\text{ !}$$

Dann gilt die Gleichung $A \cdot \vec{v} = \vec{v}\,'$

in Komponenten $\begin{pmatrix} 1 & 2 \\ 3 & -1 \end{pmatrix} \cdot \begin{pmatrix} v_1 \\ v_2 \end{pmatrix} = \begin{pmatrix} 8 \\ 3 \end{pmatrix}$

Diese Art von Aufgaben kennen Sie schon aus Lektion 6. Es handelt sich um ein lineares Gleichungssystem, im Fall der geometrischen Abbildungen in der Ebene um ein System mit zwei Gleichungen und zwei Variablen.

$$\begin{aligned} v_1 + 2v_2 &= 8 \\ 3v_1 - v_2 &= 3 \end{aligned}$$

Dieses Gleichungssystem können Sie mit einer der bekannten Methoden lösen, zum Beispiel mit dem Gauß-Algorithmus:

1	2	8
3	−1	3
1	2	8
0	−7	−21
1	2	8
0	1	3
1	0	2
0	1	3

Lösung: $v_1 = 2$, $v_2 = 3$ $\quad \vec{v} = \begin{pmatrix} 2 \\ 3 \end{pmatrix}$

Dieses Verfahren können Sie natürlich bei allen oben beschriebenen Abbildungen anwenden. Hier noch ein Beispiel mit einer Drehung um 30°.

$$D_{30} = \begin{pmatrix} \frac{1}{2}\sqrt{3} & -\frac{1}{2} \\ \frac{1}{2} & \frac{1}{2}\sqrt{3} \end{pmatrix} \qquad \vec{v}\,' = \begin{pmatrix} -\sqrt{3}-\frac{1}{2} \\ -1+\frac{1}{2}\sqrt{3} \end{pmatrix}$$ Bestimmen Sie $\vec{v}$!

Das zugehörige Gleichungssystem ist

(1) $$\frac{1}{2}\sqrt{3}\cdot v_1 - \frac{1}{2}\cdot v_2 = -\sqrt{3}-\frac{1}{2} \quad |\cdot\sqrt{3}$$

(2) $$\frac{1}{2}\cdot v_1 + \frac{1}{2}\sqrt{3}\cdot v_2 = -1+\frac{1}{2}\sqrt{3}$$

Die Lösung erhält man so

$$\left.\begin{aligned} \frac{3}{2}v_1 - \frac{1}{2}\sqrt{3}\cdot v_2 &= -3-\frac{1}{2}\sqrt{3} \\ \frac{1}{2}v_1 + \frac{1}{2}\sqrt{3}\cdot v_2 &= -1+\frac{1}{2}\sqrt{3} \end{aligned}\right\} \text{addieren}$$

$$\begin{aligned} 2\,v_1 &= -4 \\ v_1 &= -2 \end{aligned}$$

einsetzen in (1) ergibt

$$-\sqrt{3}-\frac{1}{2}v_2 = -\sqrt{3}-\frac{1}{2}$$

$$v_2 = 1 \qquad \vec{v} = \begin{pmatrix} -2 \\ 1 \end{pmatrix}$$

Da bei Abbildungen in der Ebene immer nur (2,2)-Matrizen auftreten, sind die zugehörigen Gleichungssysteme verhältnismäßig leicht zu lösen. Selbstverständlich gibt es auch etwas kompliziertere Probleme, zum Beispiel wenn man Abbildungen und ihre Matrizen im dreidimensionalen Raum betrachtet. Dann erhält man (3,3)-Matrizen und entsprechend Gleichungssysteme mit drei Gleichungen und drei Variablen.
Die Frage nach dem Urbildvektor bei gegebenem Bildvektor läßt sich geometrisch auch so interpretieren: Man fragt nach einer Rückabbildung, also einer solchen, die die ursprüngliche Abbildung wieder rückgängig macht. Wenn man diese Rückabbildung auf den Bildvektor anwendet, muß man den ursprünglichen Vektor erhalten. Dann möchte man die Abbildungsmatrix für die Rückabbildung bestimmen. Mit der Lösung dieses Problems wird sich die folgende Lektion beschäftigen.

Aufgaben zu 7.5

1. Bestimmen Sie den Urvektor für den Bildvektor $\vec{v}\,' = \begin{pmatrix} 1 \\ 3 \end{pmatrix}$ bei der Abbildung

a) $\begin{pmatrix} 3 & -2 \\ 2 & 1 \end{pmatrix}$ b) $\begin{pmatrix} 4 & -1 \\ -1 & 1 \end{pmatrix}$ *c) $\begin{pmatrix} -2 & -1 \\ -11 & -6 \end{pmatrix}$

2. Was ist die Rückabbildung zu a) einer Drehung um 45°, b) einer Spiegelung an der ersten Winkelhalbierenden, c) einer zentrischen Streckung mit dem Streckfaktor 4, d) einer senkrechten Stauchung mit dem 0,2-fachen ?

[3.] Geben Sie die Abbildungsmatrizen für die Abbildungen und die Rückabbildungen aus Aufgabe 2 an.

Wiederholungsaufgaben

1. Welche Abbildung wird durch die Matrix dargestellt?

a) $\begin{pmatrix} 1 & 1 \\ 0 & 1 \end{pmatrix}$ b) $\begin{pmatrix} -1 & 0 \\ 0 & -1 \end{pmatrix}$ c) $\begin{pmatrix} 0 & 1 \\ 1 & 0 \end{pmatrix}$ d) $\begin{pmatrix} 0{,}6 & -0{,}8 \\ 0{,}8 & 0{,}6 \end{pmatrix}$

e) $\begin{pmatrix} 0{,}6 & 0{,}8 \\ 0{,}8 & -0{,}6 \end{pmatrix}$ f) $\begin{pmatrix} 3 & 0 \\ 0 & 3 \end{pmatrix}$ g) $\begin{pmatrix} 1 & 0 \\ 0 & 1 \end{pmatrix}$ h) $\begin{pmatrix} 1 & 0 \\ 0 & -3 \end{pmatrix}$

2. Bestimmen Sie das Bild des Vektors $\vec{v} = \begin{pmatrix} 3 \\ -2 \end{pmatrix}$ unter den Abbildungen der Aufgabe 1.

3. Geben Sie die Bildgerade zur Geraden g: $\vec{x} = \begin{pmatrix} 1 \\ 2 \end{pmatrix} + \lambda \cdot \begin{pmatrix} -2 \\ 5 \end{pmatrix}$ unter den Abbildungen der Aufgabe 1 an.

4. Bestimmen Sie die Abbildungsmatrix für eine

a) Drehung um den Nullpunkt mit dem Winkel 120°,

b) Spiegelung an der Geraden durch den Nullpunkt, die mit der ersten Achse einen Winkel von 25° bildet.

c) Spiegelung an der Geraden g: $\vec{x} = \lambda \cdot \begin{pmatrix} 2 \\ 6 \end{pmatrix}$

d) zentrische Streckung vom Nullpunkt mit dem Streckfaktor $k = -3$,

e) zur ersten Achse senkrechte Stauchung mit dem 0,3-fachen,

f) Scherung bezüglich der ersten Achse, bei der $\vec{e}_2$ auf $\vec{e}_2{}' = \begin{pmatrix} 4 \\ 1 \end{pmatrix}$ abgebildet wird.

5. Bei einer Spiegelung an der zweiten Achse entsteht der Bildvektor $\vec{v}\,' = \begin{pmatrix} -2 \\ -3 \end{pmatrix}$. Geben Sie den Urvektor $\vec{v}$ dazu an.

6. Bei einer Drehung um 180° ergibt sich der Bildvektor $\vec{v}\,' = \begin{pmatrix} -3 \\ 7 \end{pmatrix}$. Welche Komponenten hat der Urvektor $\vec{v}$?

7. Bei einer Abbildung mit der Matrix $\begin{pmatrix} -2 & 3 \\ 1 & -2 \end{pmatrix}$ wird der Bildvektor

a) $\vec{v}\,' = \begin{pmatrix} 4 \\ -2 \end{pmatrix}$ b) $\vec{v}\,' = \begin{pmatrix} 19 \\ -12 \end{pmatrix}$ c) $\vec{v}\,' = \begin{pmatrix} -7{,}5 \\ 4 \end{pmatrix}$.

Welches ist der Urvektor $\vec{v}$ dazu?

7

8. Die inverse Matrix

Vor der Sendung

Sie kennen jetzt aus verschiedenen Zusammenhängen das Produkt einer Matrix mit einem Vektor. In dieser Lektion wird es darum gehen, eine Matrix zu finden, die aus dem Produkt Matrix mal Vektor wieder den ursprünglichen Vektor hervorbringt, also den Multiplikationsvorgang rückgängig macht. Dies wird zunächst an geometrischen Abbildungen gezeigt. Sie brauchen daher die Kenntnisse aus der vorhergehenden Lektion. Die allgemeine Bestimmung der inversen Matrix wird es erforderlich machen, lineare Gleichungssysteme zu lösen. Dafür benötigen Sie die Verfahren aus den Lektionen 5 und 6, die Sie vor der Sendung evtl. noch einmal durchsehen sollten. Insbesondere brauchen Sie auch Kenntnisse über die nicht eindeutig lösbaren Gleichungssysteme und ihre Matrizen. Solche Matrizen haben linear abhängige Zeilen.

Übersicht

1. In diesem Abschnitt wird gezeigt, wie man **die Umkehrabbildung zu einer geometrischen Abbildung** und zu der Abbildungsmatrix die Rückabbildungsmatrix findet. Zu jeder der in Lektion 7 besprochenen Abbildungen läßt sich eine eindeutig bestimmte Umkehrabbildung finden.

2. Für die Lösung von Gleichungssystemen wäre es praktisch, auch für eine größere Matrix **die inverse Matrix** zu kennen. Dann könnte man Gleichungssysteme, die sich nur in der rechten Seite unterscheiden, durch Multiplikation der inversen Matrix mit dem Vektor auf der rechten Seite lösen.

3. **Das Rechenverfahren zur Bestimmung der inversen Matrix** verwendet den Gauß-Algorithmus. Er ermöglicht es, die Inverse zu einer Matrix relativ einfach zu bestimmen.

4. Es gibt auch **nicht invertierbare Matrizen**. Das sind solche Matrizen, die zu Gleichungssystemen gehören, die nicht eindeutig lösbar sind. Aus Lektion 6 ist bereits bekannt, daß die Zeilen einer Matrix linear abhängig sein können. Eine Matrix mit linear abhängigen Zeilen ist nicht invertierbar.

5. Die inverse Matrix läßt sich bei **Aufgaben aus der Wirtschaft** verwenden, wenn bei einer festen Matrix A viele Gleichungssysteme $A \cdot \vec{x} = \vec{b}$ mit immer wechselnden rechten Seiten $\vec{b}$ zu lösen sind.

8.1 Die Umkehrabbildung zu einer geometrischen Abbildung

Im letzten Abschnitt der vorhergehenden Lektion haben Sie zu einer vorgegebenen Abbildung und einem Bildvektor den Urvektor bestimmt. Dazu haben Sie ein lineares Gleichungssystem gelöst. Die Fragestellung nach dem Urvektor zu einem Bildvektor kann man aber auch als Frage nach einer Abbildung auffassen, die die ursprüngliche Abbildung rückgängig macht. Eine solche Abbildung soll **Umkehrabbildung** genannt werden.
Betrachten Sie zunächst die **Drehung** um den Nullpunkt mit dem Winkel φ. Anschaulich besteht die Umkehrabbildung im „Zurückdrehen" um denselben Winkel. Genauer: Die Umkehrabbildung zu einer Drehung mit dem Winkel φ ist die Drehung mit dem Winkel $-\varphi$.

Die Drehung war durch die Matrix $D_\varphi = \begin{pmatrix} \cos\varphi & -\sin\varphi \\ \sin\varphi & \cos\varphi \end{pmatrix}$ dargestellt worden. Die

Umkehrabbildung muß also durch die Matrix $D_{-\varphi} = \begin{pmatrix} \cos(-\varphi) & -\sin(-\varphi) \\ \sin(-\varphi) & \cos(-\varphi) \end{pmatrix}$ dargestellt

werden. Wegen der Eigenschaften der Sinus- und der Kosinusfunktion ist

$$D_{-\varphi} = \begin{pmatrix} \cos\varphi & \sin\varphi \\ -\sin\varphi & \cos\varphi \end{pmatrix}$$

Beispiele dazu:

1. Der Vektor $\vec{v} = \begin{pmatrix} 2 \\ 3 \end{pmatrix}$ wird der Drehung um 90° unterworfen.

Die zugehörige Matrix ist $D_{90} = \begin{pmatrix} 0 & -1 \\ 1 & 0 \end{pmatrix}$. Der Bildvektor ist $\vec{v}\,' = \begin{pmatrix} -3 \\ 2 \end{pmatrix}$. Die Matrix der Umkehrabbildung ist dann $D_{-90} = \begin{pmatrix} 0 & 1 \\ -1 & 0 \end{pmatrix}$.

Wendet man die Umkehrabbildung auf den Bildvektor an, so muß sich der Urvektor ergeben:

$$D_{-90} \cdot \vec{v}\,' = \begin{pmatrix} 0 & 1 \\ -1 & 0 \end{pmatrix} \cdot \begin{pmatrix} -3 \\ 2 \end{pmatrix} = \begin{pmatrix} 2 \\ 3 \end{pmatrix} = \vec{v}$$

2. Der Vektor $\vec{v} = \begin{pmatrix} 2 \\ 3 \end{pmatrix}$ wird der Drehung um 60° unterworfen.

Die zugehörige Matrix ist $D_{60} = \begin{pmatrix} \frac{1}{2} & -\frac{1}{2}\sqrt{3} \\ \frac{1}{2}\sqrt{3} & \frac{1}{2} \end{pmatrix}$.

Der Bildvektor ist $\vec{v}\,' = \begin{pmatrix} 1 - \frac{3}{2}\sqrt{3} \\ \sqrt{3} + \frac{3}{2} \end{pmatrix}$.

Die Matrix der Umkehrabbildung ist $D_{-60} = \begin{pmatrix} \frac{1}{2} & \frac{1}{2}\sqrt{3} \\ -\frac{1}{2}\sqrt{3} & \frac{1}{2} \end{pmatrix}$.

Es gilt $D_{-60} \cdot \vec{v}\,' = \begin{pmatrix} \frac{1}{2} & \frac{1}{2}\sqrt{3} \\ -\frac{1}{2}\sqrt{3} & \frac{1}{2} \end{pmatrix} \cdot \begin{pmatrix} 1 - \frac{3}{2}\sqrt{3} \\ \sqrt{3} + \frac{3}{2} \end{pmatrix} = \begin{pmatrix} 2 \\ 3 \end{pmatrix}$

8

Auch bei der **senkrechten Dehnung** bzw. **Stauchung** läßt sich die Matrix der Umkehrabbildung leicht finden.

Der Vektor $\vec{v} = \begin{pmatrix} 2 \\ 3 \end{pmatrix}$ wird senkrecht zur ersten Achse auf das 2-fache gedehnt.

Die Abbildungsmatrix ist $A = \begin{pmatrix} 1 & 0 \\ 0 & 2 \end{pmatrix}$. Der Bildvektor ist $\vec{v}' = \begin{pmatrix} 2 \\ 6 \end{pmatrix}$.

Die Umkehrabbildung ist eine Stauchung auf das 0,5-fache.

Die Matrix für diese Umkehrabbildung ist dann $\overline{A} = \begin{pmatrix} 1 & 0 \\ 0 & 0{,}5 \end{pmatrix}$.

Wendet man diese Matrix auf den Bildvektor an, so erhält man den Urvektor.

$$\overline{A} \cdot \vec{v}' = \begin{pmatrix} 1 & 0 \\ 0 & 0{,}5 \end{pmatrix} \cdot \begin{pmatrix} 2 \\ 6 \end{pmatrix} = \begin{pmatrix} 2 \\ 3 \end{pmatrix}$$

Allgemein ist die Umkehrabbildung zur senkrechten Dehnung (bzw. Stauchung) auf das k-fache die senkrechte Stauchung (bzw. Dehnung) auf das $\frac{1}{k}$-fache $(k \neq 0)$.

Zur Abbildungsmatrix $\begin{pmatrix} 1 & 0 \\ 0 & k \end{pmatrix}$ gehört die Umkehrmatrix $\begin{pmatrix} 1 & 0 \\ 0 & \frac{1}{k} \end{pmatrix}$ $k \neq 0$.

Für die **Scherung** läßt sich ebenfalls die Umkehrabbildung angeben. Einer Scherung „nach rechts" entspricht in der Scherungsmatrix ein positiver Wert für a. Die „Umkehrscherung" ist dann eine Scherung „nach links" mit der Gegenzahl von a, also $-a$.

Für die Scherung $\begin{pmatrix} 1 & 2 \\ 0 & 1 \end{pmatrix}$ ist zu $\vec{v} = \begin{pmatrix} 2 \\ 3 \end{pmatrix}$ der Bildvektor $\vec{v}' = \begin{pmatrix} 8 \\ 3 \end{pmatrix}$

Umgekehrt gilt $\begin{pmatrix} 1 & -2 \\ 0 & 1 \end{pmatrix} \cdot \begin{pmatrix} 8 \\ 3 \end{pmatrix} = \begin{pmatrix} 2 \\ 3 \end{pmatrix}$

Für die **Spiegelung** gilt: Das Bild des Bildvektors ist der Urvektor. Es wird ja an der Achse zurückgespiegelt. Dies haben Sie sicher schon bei den Aufgaben zur Lektion 7 herausgefunden. Die Spiegelung ist daher ihre eigene Umkehrabbildung.

Die Zusammenstellung gibt eine Übersicht über die Abbildungsmatrizen und die zugehörigen Matrizen für die Umkehrabbildung.

	Matrix der Abbildung	Matrix der Umkehrabbildung
Drehung	$\begin{pmatrix} \cos\varphi & -\sin\varphi \\ \sin\varphi & \cos\varphi \end{pmatrix}$	$\begin{pmatrix} \cos\varphi & \sin\varphi \\ -\sin\varphi & \cos\varphi \end{pmatrix}$
Spiegelung	$\begin{pmatrix} \cos 2\alpha & \sin 2\alpha \\ \sin 2\alpha & -\cos 2\alpha \end{pmatrix}$	$\begin{pmatrix} \cos 2\alpha & \sin 2\alpha \\ \sin 2\alpha & -\cos 2\alpha \end{pmatrix}$
Zentrische Streckung	$\begin{pmatrix} k & 0 \\ 0 & k \end{pmatrix}$	$\begin{pmatrix} \frac{1}{k} & 0 \\ 0 & \frac{1}{k} \end{pmatrix}$
Senkrechte Dehnung	$\begin{pmatrix} 1 & 0 \\ 0 & k \end{pmatrix}$	$\begin{pmatrix} 1 & 0 \\ 0 & \frac{1}{k} \end{pmatrix}$
Scherung	$\begin{pmatrix} 1 & a \\ 0 & 1 \end{pmatrix}$	$\begin{pmatrix} 1 & -a \\ 0 & 1 \end{pmatrix}$

Aufgaben zu 8.1

1. Geben Sie die Umkehrabbildung zur Drehung um $270°$ und ihre Matrix an. Prüfen Sie an einem selbst gewählten Vektor nach, ob die Matrix der Umkehrabbildung den Bildvektor wieder auf den Urvektor abbildet.

2. Wie lautet die Matrix zur Umkehrabbildung der Scherung $\begin{pmatrix} 1 & \frac{1}{3} \\ 0 & 1 \end{pmatrix}$?

3. Bei der zentrischen Streckung mit der Matrix $\begin{pmatrix} 3 & 0 \\ 0 & 3 \end{pmatrix}$ sind die folgenden Bildvektoren entstanden

$$\vec{a}' = \begin{pmatrix} 3 \\ 6 \end{pmatrix} \quad \vec{b}' = \begin{pmatrix} -9 \\ 3 \end{pmatrix} \quad \vec{c}' = \begin{pmatrix} 1{,}5 \\ -0{,}3 \end{pmatrix}$$

Welches waren die Urvektoren? Rechnen Sie mit der Matrix der Umkehrabbildung.

4. Die Abbildung, die in Abschnitt 7.2 verwendet wurde, ist durch die Matrix $\begin{pmatrix} 1 & 2 \\ 0 & 2 \end{pmatrix}$ gegeben. Versuchen Sie, die Matrix der Umkehrabbildung zu finden.

8.2 Die zu einer Matrix inverse Matrix

Die Frage nach der Umkehrabbildung und deren Matrix trat auf bei der Lösung von Gleichungen der Art

$$\begin{pmatrix} a_{11} & a_{12} \\ a_{21} & a_{22} \end{pmatrix} \cdot \vec{x} = \vec{b}$$

bei denen der Bildvektor $\vec{b}$ gegeben, der Urvektor $\vec{x}$ aber unbekannt war. Mit der Matrix B der Umkehrabbildung kann diese Gleichung gelöst werden durch $\vec{x} = B \cdot \vec{b}$.

8

Dieselbe Art von Gleichungen haben Sie schon bei Wirtschaftsproblemen gelöst. Allgemein wurden diese Gleichungen dort geschrieben als

$$A \cdot \vec{x} = \vec{b}$$

Es wäre nun sicher angenehm, wenn man auch für diese Aufgaben eine Matrix finden könnte, die mit $\vec{b}$ multipliziert den unbekannten Vektor $\vec{x}$ ergäbe. Die Matrix A war in der Regel mehr als zweizeilig. Man kann auch nicht mehr anschaulich eine „Umkehrung" finden wie etwa beim „Zurückdrehen" einer Drehung.
Zunächst läßt sich eine formale Schreibweise einführen. Aus der Algebra wissen Sie, daß man eine Gleichung

$$a \cdot x = b \quad (a \neq 0)$$

lösen kann, wenn man die Gleichung mit dem Kehrwert von a multipliziert. Für den Kehrwert von a sagt man auch das Inverse von a und schreibt es als a^{-1}. Die Lösung der obigen Gleichung ist also formal

$$x = a^{-1} \cdot b$$

Dieselbe formale Schreibweise wird auf die Matrix-Vektor-Gleichung angewandt.

> Die Lösung von $A \cdot \vec{x} = \vec{b}$ schreibt man als $\vec{x} = A^{-1} \cdot \vec{b}$ und nennt A^{-1} die zu A **inverse Matrix**.

Die inverse Matrix A^{-1} zur Matrix A macht die Matrix-Vektor-Multiplikation rückgängig.

Betrachten Sie folgendes Beispiel:

Es soll das Gleichungssystem $A \cdot \vec{x} = \vec{b}$ gelöst werden:

$$\begin{pmatrix} 2 & -1 & 0 & -2 \\ -2 & 3 & 2 & -2 \\ 1 & 0 & -2 & 1 \\ 1 & 1 & 0 & -2 \end{pmatrix} \cdot \begin{pmatrix} x_1 \\ x_2 \\ x_3 \\ x_4 \end{pmatrix} = \begin{pmatrix} 2 \\ -1 \\ 3 \\ -2 \end{pmatrix}$$

Die inverse Matrix zu A ist

$$A^{-1} = \begin{pmatrix} -5 & -4 & -4 & 7 \\ -3 & -2 & -2 & 4 \\ -4{,}5 & -3{,}5 & -4 & 6 \\ -4 & -3 & -3 & 5 \end{pmatrix}$$

Bestimmen Sie mit Hilfe von A^{-1} den Lösungsvektor $\vec{x}$.

→ (1)

Wenn Sie die inverse Matrix A^{-1} kennen, können Sie Lösungen für weitere Vektoren $\vec{b}$ ohne allzu großen Rechenaufwand angeben. Sie brauchen ja nur jeweils A^{-1} mit $\vec{b}$ zu multiplizieren. Bitte berechnen Sie die Lösungen für

$$\vec{b} = \begin{pmatrix} 1 \\ 0 \\ 3 \\ 4 \end{pmatrix} \quad \vec{b} = \begin{pmatrix} -3 \\ 4 \\ 2 \\ 1 \end{pmatrix} \quad \vec{b} = \begin{pmatrix} -2 \\ 1 \\ 0 \\ -1 \end{pmatrix} \quad \vec{b} = \begin{pmatrix} 5 \\ -3 \\ 10 \\ 10 \end{pmatrix}$$

→ (5)

Sie haben gesehen: Die inverse Matrix A^{-1} macht sozusagen die Multiplikation mit der Matrix A wieder rückgängig. Es gilt ja:

Wenn $\vec{b} = A \cdot \vec{a}$, dann ist $\vec{a} = A^{-1} \cdot \vec{b}$

Betrachtet man nun die Gleichung $\vec{a} = A^{-1} \cdot \vec{b}$ und sucht nach der inversen Matrix von A^{-1}, so kann man formal schreiben

$$\vec{b} = (A^{-1})^{-1} \cdot \vec{a}$$

Die Matrix, die mit $\vec{a}$ multipliziert $\vec{b}$ ergibt, ist aber A, denn es gilt ja $\vec{b} = A \cdot \vec{a}$. Die Matrix, die die Multiplikation mit A^{-1} rückgängig macht, ist also A.

Folglich gilt $(A^{-1})^{-1} = A$

oder in Worten: Die inverse Matrix zur Inversen von A ist wieder A selbst.

oder Eine Matrix A zweimal invertiert ergibt wieder die Matrix A.

Aufgaben zu 8.2

1. Geben Sie zu folgenden Matrizen jeweils die inverse Matrix an. (Interpretieren Sie dazu die Matrizen als Abbildungsmatrizen in der Geometrie.)

a) $\begin{pmatrix} -1 & 0 \\ 0 & 1 \end{pmatrix}$ b) $\begin{pmatrix} 1 & 0{,}2 \\ 0 & 1 \end{pmatrix}$ c) $\begin{pmatrix} \cos\varphi & -\sin\varphi \\ \sin\varphi & \cos\varphi \end{pmatrix}$ d) $\begin{pmatrix} 3 & 0 \\ 0 & 3 \end{pmatrix}$ [e)] $\begin{pmatrix} -2 & 0 \\ 0 & 2 \end{pmatrix}$

2. Lösen Sie das Gleichungssystem $A \cdot \vec{x} = \begin{pmatrix} 9 & -2 & -1 \\ -0{,}2 & 0{,}2 & -0{,}2 \\ -2{,}8 & 0{,}8 & 0{,}2 \end{pmatrix} \cdot \begin{pmatrix} x_1 \\ x_2 \\ x_3 \end{pmatrix} = \vec{b}$,

indem Sie die zu A inverse Matrix $A^{-1} = \begin{pmatrix} 1 & -2 & 3 \\ 3 & -5 & 10 \\ 2 & -8 & 7 \end{pmatrix}$ anwenden für

a) $\vec{b} = \begin{pmatrix} 2 \\ 4 \\ -2 \end{pmatrix}$ b) $\vec{b} = \begin{pmatrix} 20 \\ 1 \\ -5 \end{pmatrix}$ c) $\vec{b} = \begin{pmatrix} 10 \\ 5 \\ 4 \end{pmatrix}$ d) $\vec{b} = \begin{pmatrix} -2 \\ -1 \\ 3 \end{pmatrix}$

8.3 Das Rechenverfahren zur Bestimmung der inversen Matrix

Bei den geometrischen Abbildungen konnten Sie aus der Anschauung die inverse Abbildung bestimmen und dafür dann die Abbildungsmatrix angeben. Diese Abbildungsmatrix war jeweils die inverse Matrix zu der ursprünglichen. Im allgemeinen Fall können Sie jedoch zu einer Matrix A die inverse Matrix A^{-1} noch nicht bestimmen. In diesem Abschnitt werden Sie ein Verfahren kennenlernen, das es Ihnen ermöglicht, mit Hilfe des Gauß-Algorithmus zu einer Matrix die Inverse zu berechnen.
Bei der Einführung des Begriffs der inversen Matrix war der Ausgangspunkt die Gleichung $A \cdot \vec{x} = \vec{b}$ mit der Lösung $\vec{x} = A^{-1} \cdot \vec{b}$.
Um aus den Elementen einer Matrix A die Elemente der inversen Matrix A^{-1} zu berechnen, benutzt man wieder die Tatsache, daß das Produkt einer Matrix mit den Koordinateneinheitsvektoren die Spalten der Matrix ergibt. Die Elemente der Matrix A werden mit a_{ij} bezeichnet, die Elemente der inversen Matrix A^{-1} sollen in diesem Abschnitt mit x_{ij} bezeichnet werden, da sie als Unbekannte erst errechnet werden müssen. Die Matrizen sind dann

$$A = \begin{pmatrix} a_{11} & a_{12} & \dots & a_{1n} \\ \dots & \dots & \dots & \dots \\ a_{n1} & a_{n2} & \dots & a_{nn} \end{pmatrix} \qquad A^{-1} = \begin{pmatrix} x_{11} & x_{12} & \dots & x_{1n} \\ \dots & \dots & \dots & \dots \\ x_{n1} & x_{n2} & \dots & x_{nn} \end{pmatrix}$$

Multipliziert man A^{-1} mit einem Koordinateneinheitsvektor $\vec{e}_i$, so ergibt sich

$$A^{-1} \cdot \vec{e}_1 = \begin{pmatrix} x_{11} \\ x_{21} \\ \vdots \\ x_{n1} \end{pmatrix} \qquad A^{-1} \cdot \vec{e}_2 = \begin{pmatrix} x_{12} \\ x_{22} \\ \vdots \\ x_{n2} \end{pmatrix} \qquad \dots \qquad A^{-1} \cdot \vec{e}_n = \begin{pmatrix} x_{1n} \\ x_{2n} \\ \vdots \\ x_{nn} \end{pmatrix}$$

Wendet man hier die Beziehung „Wenn $A^{-1} \cdot \vec{b} = \vec{a}$ ist, dann ist $A \cdot \vec{a} = \vec{b}$." an, so gilt

$$A \cdot \begin{pmatrix} x_{11} \\ x_{21} \\ \vdots \\ x_{n1} \end{pmatrix} = \vec{e}_1 \qquad A \cdot \begin{pmatrix} x_{12} \\ x_{22} \\ \vdots \\ x_{n2} \end{pmatrix} = \vec{e}_2 \qquad \dots \qquad A \cdot \begin{pmatrix} x_{1n} \\ x_{2n} \\ \vdots \\ x_{nn} \end{pmatrix} = \vec{e}_n$$

Da die Elemente von A und die Komponenten der Koordinateneinheitsvektoren bekannt sind, müssen zur Berechnung der Elemente der inversen Matrix A^{-1} die obigen Gleichungssysteme gelöst werden. Allgemein gilt:

> Um die Elemente der i-ten Spalte der inversen Matrix A^{-1} zu bestimmen, muß man das Gleichungssystem $A \cdot \begin{pmatrix} x_{1i} \\ x_{2i} \\ \vdots \\ x_{ni} \end{pmatrix} = \vec{e}_i$ lösen.

Betrachten Sie dies am Beispiel einer (3,3)-Matrix A und der zugehörigen inversen Matrix A^{-1}.

$$A = \begin{pmatrix} a_{11} & a_{12} & a_{13} \\ a_{21} & a_{22} & a_{23} \\ a_{31} & a_{32} & a_{33} \end{pmatrix} \qquad A^{-1} = \begin{pmatrix} x_{11} & x_{12} & x_{13} \\ x_{21} & x_{22} & x_{23} \\ x_{31} & x_{32} & x_{33} \end{pmatrix}$$

Um die Elemente der ersten Spalte von A^{-1} zu bestimmen, muß man das Gleichungssystem

$$A \cdot \begin{pmatrix} x_{11} \\ x_{21} \\ x_{31} \end{pmatrix} = \vec{e}_1 \text{ lösen.} \qquad \begin{pmatrix} a_{11} & a_{12} & a_{13} \\ a_{21} & a_{22} & a_{23} \\ a_{31} & a_{32} & a_{33} \end{pmatrix} \cdot \begin{pmatrix} x_{11} \\ x_{21} \\ x_{31} \end{pmatrix} = \begin{pmatrix} 1 \\ 0 \\ 0 \end{pmatrix}$$

Um die Elemente der zweiten Spalte von A^{-1} zu bestimmen, muß man das Gleichungssystem

$$A \cdot \begin{pmatrix} x_{12} \\ x_{22} \\ x_{32} \end{pmatrix} = \vec{e}_2 \text{ lösen.} \qquad \begin{pmatrix} a_{11} & a_{12} & a_{13} \\ a_{21} & a_{22} & a_{23} \\ a_{31} & a_{32} & a_{33} \end{pmatrix} \cdot \begin{pmatrix} x_{12} \\ x_{22} \\ x_{32} \end{pmatrix} = \begin{pmatrix} 0 \\ 1 \\ 0 \end{pmatrix}$$

Um die Elemente der dritten Spalte von A^{-1} zu bestimmen, muß man das Gleichungssystem

$$A \cdot \begin{pmatrix} x_{13} \\ x_{23} \\ x_{33} \end{pmatrix} = \vec{e}_3 \text{ lösen.} \qquad \begin{pmatrix} a_{11} & a_{12} & a_{13} \\ a_{21} & a_{22} & a_{23} \\ a_{31} & a_{32} & a_{33} \end{pmatrix} \cdot \begin{pmatrix} x_{13} \\ x_{23} \\ x_{33} \end{pmatrix} = \begin{pmatrix} 0 \\ 0 \\ 1 \end{pmatrix}$$

Nun müßte man für jedes dieser Gleichungssysteme den Gauß-Algorithmus durchführen. Da die Umformungen auf der linken Seite des Gauß-Algorithmus jedoch immer dieselben bleiben, kann man die drei Gleichungssysteme gleichzeitig in einem Gauß-Algorithmus behandeln. Man schreibt dann die drei verschiedenen rechten Seiten in drei Spalten rechts nebeneinander und rechnet immer mit den ganzen Zeilen.
Das folgende Beispiel zeigt das Verfahren an der (3,3)-Matrix, zu der im vorhergehenden Abschnitt bereits die Inverse angegeben war. (Vgl. Aufgabe 2 zu 8.2) Es sei

$$A = \begin{pmatrix} 9 & -2 & -1 \\ -0{,}2 & 0{,}2 & -0{,}2 \\ -2{,}8 & 0{,}8 & 0{,}2 \end{pmatrix}$$

9	−2	−1	1	0	0
−0,2	0,2	−0,2	0	1	0
−2,8	0,8	0,2	0	0	1
1	−0,2222	−0,1111	0,11111	0	0
0	0,15555	−0,2222	0,02222	1	0
0	0,17777	−0,1111	0,31111	0	1
1	−0,2222	−0,1111	0,11111	0	0
0	1	−1,4285	0,14285	6,42857	0
0	0	0,14285	0,28571	−1,1428	1
1	−0,2222	−0,1111	0,11111	0	0
0	1	−1,4285	0,14285	6,42857	0
0	0	1	2	−8	7
1	−0,2222	0	0,33333	−0,8888	0,77777
0	1	0	3	−5	10
0	0	1	2	−8	7
1	0	0	1	−2	3
0	1	0	3	−5	10
0	0	1	2	−8	7

Also ist

$$A^{-1} = \begin{pmatrix} 1 & -2 & 3 \\ 3 & -5 & 10 \\ 2 & -8 & 7 \end{pmatrix}$$

8

Prüfen Sie bitte, ob A^{-1} tatsächlich die inverse Matrix zu A ist, indem Sie A zum Beispiel mit den Vektoren $\vec{u}$, $\vec{v}$ und $\vec{w}$ multiplizieren und dann das Ergebnis wieder mit A^{-1} multiplizieren.

$$\vec{u} = \begin{pmatrix} 3 \\ 11 \\ 3 \end{pmatrix} \qquad \vec{v} = \begin{pmatrix} 3 \\ 8 \\ 10 \end{pmatrix} \qquad \vec{w} = \begin{pmatrix} 20 \\ 55 \\ 60 \end{pmatrix}$$

→ 7

Bitte probieren Sie nun das Verfahren selbst für eine (2,2)-Matrix aus. Es sei

$$A = \begin{pmatrix} 1 & 4 \\ 0 & 2 \end{pmatrix}$$

1	4		
0	2		

→ 6

Machen Sie eine Probe für den Vektor $\vec{v} = \begin{pmatrix} 2 \\ -1 \end{pmatrix}$

$$\vec{v}\,' = A \cdot \vec{v} = \begin{pmatrix} 1 & 4 \\ 0 & 2 \end{pmatrix} \cdot \begin{pmatrix} 2 \\ -1 \end{pmatrix} = \begin{pmatrix} \quad \\ \quad \end{pmatrix}$$

→ 2

$$\vec{v} = A^{-1} \cdot \vec{v}\,' = \begin{pmatrix} \quad & \quad \\ \quad & \quad \end{pmatrix} \cdot \begin{pmatrix} \quad \\ \quad \end{pmatrix} = \begin{pmatrix} \quad \\ \quad \end{pmatrix}$$

→ 8

Allgemein läßt sich das Verfahren so beschreiben:

Ist $A = \begin{pmatrix} a_{11} & \dots & a_{1n} \\ \dots & \dots & \dots \\ a_{n1} & \dots & a_{nn} \end{pmatrix}$ und bezeichnet man $A^{-1} = \begin{pmatrix} x_{11} & \dots & x_{1n} \\ \dots & \dots & \dots \\ x_{n1} & \dots & x_{nn} \end{pmatrix}$, dann setzt man

für den Gauß-Algorithmus an

a_{11}	a_{12}	...	a_{1n}	1	0	0	...	0
a_{21}	a_{22}	...	a_{2n}	0	1	0	...	0
...	...	...	...	...	...	...	...	...
...	...	...	...	...	...	...	...	...
a_{n1}	a_{n2}	...	a_{nn}	0	0	0	...	1
...	...	...	...	...	...	...	...	...
...	...	...	...	...	...	...	...	...
...	...	...	...	...	...	...	...	...
...	...	...	...	...	...	...	...	...
1	0	...	0	x_{11}	x_{12}	x_{13}	...	x_{1n}
0	1	...	0	x_{21}	x_{22}	x_{23}	...	x_{2n}
...	...	...	...	...	...	...	...	...
...	...	...	...	...	...	...	...	...
0	0	...	1	x_{n1}	x_{n2}	x_{n3}	...	x_{nn}

Links steht also die Matrix A; rechts steht die n-reihige Einheitsmatrix E_n.

Nun führt man die Umformungen des Gauß-Algorithmus durch, bis man links

die n-reihige Einheitsmatrix E_n erhält. Dann steht rechts die inverse Matrix A^{-1}.

Aufgaben zu 8.3

1. Invertieren Sie mit Hilfe des Gauß-Algorithmus die folgenden Matrizen.

a) $\begin{pmatrix} 3 & 1 \\ 5 & 2 \end{pmatrix}$ b) $\begin{pmatrix} 10 & 13 \\ 3 & 4 \end{pmatrix}$ c) $\begin{pmatrix} 4 & 6 \\ 3 & 5 \end{pmatrix}$ d) $\begin{pmatrix} 2 & -1 \\ 1 & 2 \end{pmatrix}$

2. Bilden Sie die inverse Matrix mit Hilfe des Gauß-Algorithmus zu

a) $\begin{pmatrix} 2 & -1 & 1 \\ 1 & 0{,}5 & 0 \\ 0 & 2 & 1 \end{pmatrix}$ b) $\begin{pmatrix} 1 & -1 & 1 \\ 0 & 1 & 0 \\ 1 & -2 & 2 \end{pmatrix}$ *c) $\begin{pmatrix} 2 & -1 & 1 \\ 1 & 0{,}5 & 0 \\ 0 & -3 & 2 \end{pmatrix}$

3. Lösen Sie das Gleichungssystem $A \cdot \vec{x} = \vec{b}$ für die folgenden Werte, indem Sie zunächst die inverse Matrix zu A bestimmen.

$A = \begin{pmatrix} 2 & -1 & 1 \\ 1 & 0{,}5 & 1 \\ 1 & -3{,}5 & 1{,}5 \end{pmatrix}$ a) $\vec{b} = \begin{pmatrix} 10 \\ 8 \\ 1 \end{pmatrix}$ b) $\vec{b} = \begin{pmatrix} 8 \\ 20 \\ 1 \end{pmatrix}$ c) $\vec{b} = \begin{pmatrix} 5 \\ 5 \\ -2{,}5 \end{pmatrix}$

8.4 Nicht invertierbare Matrizen

Nicht zu jeder Matrix gibt es eine Inverse. Nur dann existiert zu einer Matrix A eine Inverse, wenn es eine **eindeutig bestimmte Matrix A^{-1}** gibt, die die Multiplikation mit A wieder rückgängig macht. Die inverse Matrix zu einer Matrix zu bestimmen, bedeutet nach Abschnitt 8.3 gewisse Gleichungssysteme zu lösen. Bereits aus Kapitel 6.5 wissen Sie, daß nicht alle Gleichungssysteme eindeutig lösbar sind. Dies bedeutet dann auch, daß nicht jede Matrix invertierbar ist. Nach 6.5 sind unterbestimmte Systeme nicht eindeutig lösbar. Unterbestimmt ist ein System, wenn es weniger Gleichungen als Variable hat, wenn also die zugehörige Matrix eine (m,n)-Matrix mit $m < n$ ist.
Da auch überbestimmte Systeme, also Systeme mit mehr Gleichungen als Variablen, in der Regel keine eindeutige Lösung besitzen, legt man fest:

Eine nicht quadratische Matrix besitzt keine Inverse.

Dies bedeutet jedoch nicht umgekehrt, daß jede quadratische Matrix invertierbar ist. Vielmehr sind nur solche quadratische Matrizen invertierbar, die zu einem eindeutig lösbaren Gleichungssystem gehören. Bei einem Gleichungssystem, das unendlich viele oder gar keine Lösungen hat, führen die Umformungen des Gauß-Algorithmus in der Matrix zu einer Zeile mit lauter Nullen (vgl. Abschnitt 6.5, Seite 120). Ein Beispiel dafür ist die Matrix

$\begin{pmatrix} 1 & 1 & 1 \\ 3 & -5 & -1 \\ 5 & -3 & 1 \end{pmatrix}$, aus der nach der zweiten Umformung $\begin{pmatrix} 1 & 1 & 1 \\ 0 & 1 & 0{,}5 \\ 0 & 0 & 0 \end{pmatrix}$ wird.

Sie erinnern sich: Bei dieser Matrix ergab sich die dritte Zeile als Summe des Zweifachen der ersten Zeile und der zweiten Zeile. Allgemein ausgedrückt: Die dritte Zeile der Matrix

8

ist eine Vielfachsumme (oder Linearkombination) der beiden anderen. Die dritte Zeile ist von den beiden anderen linear abhängig. Daraus kann man den Satz formulieren:

Ist in einer Matrix eine Zeile linear abhängig von den anderen Zeilen, dann ist die Matrix nicht invertierbar.

Sie wissen auch schon: Bei den Umformungen des Gauß-Algorithmus entsteht in einem solchen Fall aus der Matrix nie die Einheitsmatrix. Umgekehrt gilt: Wenn die Zeilen einer Matrix linear unabhängig sind, dann entsteht bei den Umformungen des Gauß-Algorithmus stets aus der Matrix schließlich die Einheitsmatrix. Daher kann man auch sagen:

Genau dann ist eine quadratische Matrix invertierbar, wenn ihre Zeilen linear unabhängig sind.

Der Gauß-Algorithmus für die Matrix $\begin{pmatrix} 2 & 2 & -2 \\ 2 & 0 & 4 \\ 3 & 2 & -1 \end{pmatrix}$ zeigt, daß die Zeilen der Matrix linear unabhängig sind, die Matrix also invertierbar ist. (Rechnen Sie evtl. selbst nach.)

Die Matrix, die sich bei dem Beispiel der Aufbau-Bücherregale aus Abschnitt 5.5 ergeben hat, ist nicht invertierbar. Der Möbelhändler kann also nicht für verschiedene Restposten von Einzelteilen mit einer inversen Matrix rechnen. Daß die Zeilen der Matrix linear abhängig sind, erkennt man, wenn man sie den Umformungen des Gauß-Algorithmus unterwirft.

2	3	4	5
5	10	15	20
10	10	10	10
0	5	10	15
1	1,5	2	2,5
0	2,5	5	7,5
0	−5	−10	−15
0	5	10	15
1	1,5	2	2,5
0	1	2	3
0	0	0	0
0	0	0	0

Zum Beispiel ergibt sich die vierte Zeile aus dem Fünffachen der ersten Zeile vermindert um das Einfache der dritten Zeile.

Aus Abschnitt 7.2 wissen Sie, daß (2,2)-Matrizen geometrische Abbildungen in der Ebene beschreiben können. Die Abbildungen, die in Lektion 7 betrachtet wurden, lassen sich rückgängig machen. Man kann eine Umkehrabbildung finden und damit auch eine inverse Matrix zur Abbildungsmatrix angeben. Welche Art von Abbildungen wird nun durch eine Matrix beschrieben, die nicht invertierbar ist? Das einfachste Beispiel ist eine Matrix, die in einer Zeile nur Nullen enthält. Welche Abbildung erzeugt etwa die Matrix $\begin{pmatrix} 2 & 3 \\ 0 & 0 \end{pmatrix}$?

Multiplizieren Sie diese Matrix mit den folgenden Vektoren und zeichnen Sie hier rechts die Bildvektoren ein.

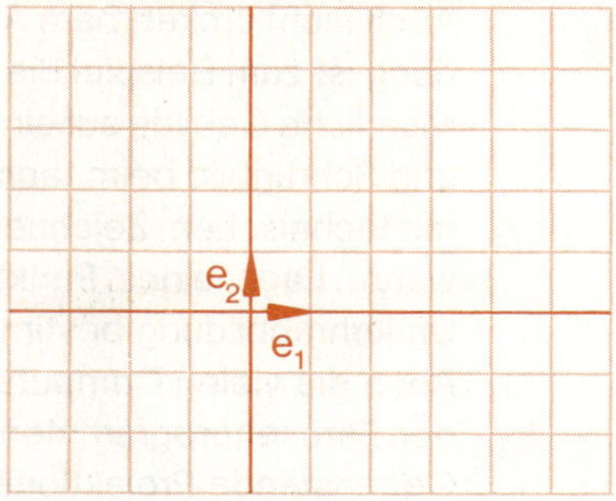

$\vec{u} = \begin{pmatrix} 1 \\ 1 \end{pmatrix}$ $\vec{v} = \begin{pmatrix} -1 \\ 1 \end{pmatrix}$ $\vec{w} = \begin{pmatrix} -2 \\ 3 \end{pmatrix}$

$\vec{u}\,' = \begin{pmatrix} \quad \end{pmatrix}$ $\vec{v}\,' = \begin{pmatrix} \quad \end{pmatrix}$ $\vec{w}\,' = \begin{pmatrix} \quad \end{pmatrix}$

→ 4

Allgemein: $\vec{v} = \begin{pmatrix} v_1 \\ v_2 \end{pmatrix}$ $\vec{v}\,' = \begin{pmatrix} 2v_1 + 3v_2 \\ 0 \end{pmatrix}$

Sie sehen: Alle Vektoren der Ebene werden in Vektoren auf der ersten Achse abgebildet. Wenn man nun einen solchen Vektor auf der ersten Achse als Bildvektor vorgibt, etwa $\vec{w}\,' = \begin{pmatrix} 5 \\ 0 \end{pmatrix}$, läßt sich nicht sagen, aus welchem Urvektor er entstanden ist. Es gibt nämlich unendlich viele Möglichkeiten für den Urvektor. Eine eindeutig bestimmte Umkehrabbildung ist daher nicht vorhanden; eine inverse Matrix zur Abbildungsmatrix kann nicht existieren.

Betrachten Sie ein zweites Beispiel einer Matrix mit linear abhängigen Zeilen:

$\begin{pmatrix} 2 & 0 \\ 3 & 0 \end{pmatrix}$ Die zweite Zeile ist das 1,5-fache der ersten Zeile.

Diese Matrix auf einen beliebigen Vektor der Ebene angewendet liefert

$$\begin{pmatrix} 2 & 0 \\ 3 & 0 \end{pmatrix} \cdot \begin{pmatrix} v_1 \\ v_2 \end{pmatrix} = \begin{pmatrix} 2 \cdot v_1 \\ 3 \cdot v_1 \end{pmatrix} = v_1 \cdot \begin{pmatrix} 2 \\ 3 \end{pmatrix}$$

Die Bildvektoren sind alle Vielfache des Vektors $\begin{pmatrix} 2 \\ 3 \end{pmatrix}$; sie liegen alle auf der Geraden

$$\vec{x} = \lambda \cdot \begin{pmatrix} 2 \\ 3 \end{pmatrix}.$$

Auch hier läßt sich zu einem Bildvektor kein eindeutig bestimmter Urvektor angeben.

Ein drittes Beispiel: $A = \begin{pmatrix} 2 & -1 \\ 4 & -2 \end{pmatrix}$. Die zweite Zeile ist das Doppelte der ersten Zeile. Die Bildvektoren sind

$$\begin{pmatrix} 2 & -1 \\ 4 & -2 \end{pmatrix} \cdot \begin{pmatrix} v_1 \\ v_2 \end{pmatrix} = \begin{pmatrix} 2v_1 - v_2 \\ 4v_1 - 2v_2 \end{pmatrix} = (2v_1 - v_2) \cdot \begin{pmatrix} 1 \\ 2 \end{pmatrix}$$

Alle Bildvektoren sind Vielfache des Vektors $\begin{pmatrix} 1 \\ 2 \end{pmatrix}$; sie liegen auf der Geraden

$$\vec{x} = \lambda \cdot \begin{pmatrix} 1 \\ 2 \end{pmatrix}.$$

Auch nicht umkehrbare Abbildungen können sehr nützlich sein. Ein solcher Typ von Abbildung ist zum Beispiel die **Projektion aus dem Raum in die Ebene**, die benötigt wird, um räumliche Gebilde auf einem ebenen Zeichenblatt darzustellen. Aufriß, Grundriß, Seitenriß und Schrägbild beim technischen Zeichnen stellen solche Projektionen dar. Falls Sie sich mit technischem Zeichnen beschäftigt haben, wissen Sie, daß man aus einem Riß allein die wahre Lage eines Punktes nicht ermitteln kann. Es läßt sich eben keine eindeutige Umkehrabbildung bestimmen.
Auch die vielen Computer-Zeichnungen, die Sie heute auf Bildschirmen zum Beispiel in den Fernsehprogrammen bewundern können, beruhen darauf, daß man für die räumlichen Gegenstände Projektionen in die (Bildschirm-)Ebene vornimmt.

Aufgaben zu 8.4

1. Welche der folgenden Matrizen sind invertierbar, welche nicht?

a) $\begin{pmatrix} 2 & -3 & 1 \\ 1 & 0 & 4 \end{pmatrix}$ b) $\begin{pmatrix} 7 & 3 \\ 9 & 4 \end{pmatrix}$ c) $\begin{pmatrix} 3 & -2 \\ -1 & 1{,}5 \end{pmatrix}$ d) $\begin{pmatrix} 3 & -2 \\ -1{,}5 & 1 \end{pmatrix}$

e) $\begin{pmatrix} 5 & 0 & 4 & 2 \\ 3 & 8 & -1 & 2 \\ -2 & 3 & 0 & -1 \\ 1 & 0 & 4 & 7 \\ 0 & 5 & 3 & -3 \end{pmatrix}$ f) $\begin{pmatrix} 3 & 4 & 1 \\ 0 & -1 & 2 \\ 1 & 0 & -3 \end{pmatrix}$ g) $\begin{pmatrix} 2 & 3 & -1 \\ 5 & 9 & 3 \\ 1 & 3 & 5 \end{pmatrix}$ h) $\begin{pmatrix} 1 & 0 & 1 \\ 0 & 1 & 0 \\ 1 & 0 & 1 \end{pmatrix}$

2. Welche Abbildungen werden von den folgenden nicht invertierbaren Matrizen dargestellt?

a) $\begin{pmatrix} -1 & 0 \\ 1 & 0 \end{pmatrix}$ b) $\begin{pmatrix} 1 & 0 \\ 0 & 0 \end{pmatrix}$ c) $\begin{pmatrix} 0 & 0 \\ -1 & -1 \end{pmatrix}$

3. Die Abbildung im Raum, die durch die Matrix $\begin{pmatrix} 1 & 2 & -1 \\ 0 & 1 & 1 \\ 0 & 0 & 0 \end{pmatrix}$ dargestellt wird, ist eine Projektion. Berechnen Sie die Bildvektoren zu den Vektoren

$$\vec{u} = \begin{pmatrix} 1 \\ 2 \\ 3 \end{pmatrix} \quad \vec{v} = \begin{pmatrix} -2 \\ 1 \\ 0 \end{pmatrix} \quad \vec{w} = \begin{pmatrix} -2 \\ -1 \\ 5 \end{pmatrix}$$

8.5 Anwendungsbeispiele

In einem Betrieb werden vier Produkte A, B, C und D aus den gleichen (höchstens vier) Rohstoffen hergestellt. Die folgende Tabelle gibt an, wieviele Tonnen des jeweiligen Rohstoffes für das Produkt benötigt werden.

Produkte	A	B	C	D
Rohstoff 1	1,2	0,2	0	0,2
Rohstoff 2	0,8	0,425	0,5	0,05
Rohstoff 3	1,2	0,825	0,5	0,45
Rohstoff 4	0,2	0,175	0	0,05

Auf Grund von besonderen Lieferbedingungen werden jede Woche unterschiedliche Mengen der Rohstoffe angeliefert. Die Liefermengen in Tonnen für die nächsten sechs Wochen sind hier aufgelistet:

Woche	1	2	3	4	5	6
Rohstoff 1	37,6	166	92	72,8	33,2	300
Rohstoff 2	72,15	155,25	93,75	88,7	35,55	300
Rohstoff 3	107,35	247,25	167,75	162,3	61,95	600
Rohstoff 4	14,65	35,75	27,75	27,1	7,05	100

Um einerseits mit den Rohstoffen auszukommen, andererseits möglichst keine Lagerhaltung betreiben zu müssen, rechnet der Betriebsleiter aus, wieviel Stück der Produkte A, B, C und D in jeder Woche produziert werden müssen, damit gerade die angelieferten Rohstoffe verbraucht werden. Dazu ist – wie Sie wissen – sechsmal die Gleichung $A \cdot \vec{x} = \vec{b}$ mit immer gleicher Matrix A und jeweils anderem Vektor $\vec{b}$ zu lösen. Für diesen Fall lohnt sich die Berechnung der inversen Matrix.

Zu $A = \begin{pmatrix} 1{,}2 & 0{,}2 & 0 & 0{,}2 \\ 0{,}8 & 0{,}425 & 0{,}5 & 0{,}05 \\ 1{,}2 & 0{,}825 & 0{,}5 & 0{,}45 \\ 0{,}2 & 0{,}175 & 0 & 0{,}05 \end{pmatrix}$ wird A^{-1} berechnet.

Dies geschieht mit dem Gauß-Algorithmus.

$$A^{-1} \text{ ist } \begin{pmatrix} 1 & 0{,}5 & -0{,}5 & 0 \\ -1{,}2 & 0{,}4 & -0{,}4 & 8 \\ -0{,}6 & 1{,}2 & 0{,}8 & -6 \\ 0{,}2 & -3{,}4 & 3{,}4 & -8 \end{pmatrix}$$

Mit dieser Matrix läßt sich jetzt die gestellte Aufgabe für die sechs Wochen (und auch für alle folgenden Wochen) relativ einfach bewältigen:

Erste Woche:

$$\begin{pmatrix} 1 & 0{,}5 & -0{,}5 & 0 \\ -1{,}2 & 0{,}4 & -0{,}4 & 8 \\ -0{,}6 & 1{,}2 & 0{,}8 & -6 \\ 0{,}2 & -3{,}4 & 3{,}4 & -8 \end{pmatrix} \cdot \begin{pmatrix} 37{,}6 \\ 72{,}15 \\ 107{,}35 \\ 14{,}65 \end{pmatrix} = \begin{pmatrix} 20 \\ 58 \\ 62 \\ 10 \end{pmatrix}$$

Zweite Woche:

$$\begin{pmatrix} 1 & 0{,}5 & -0{,}5 & 0 \\ -1{,}2 & 0{,}4 & -0{,}4 & 8 \\ -0{,}6 & 1{,}2 & 0{,}8 & -6 \\ 0{,}2 & -3{,}4 & 3{,}4 & -8 \end{pmatrix} \cdot \begin{pmatrix} 166 \\ 155{,}25 \\ 247{,}25 \\ 35{,}75 \end{pmatrix} = \begin{pmatrix} 120 \\ 50 \\ 70 \\ 60 \end{pmatrix}$$

8

Dritte Woche: (Bitte rechnen Sie selbst.)

$$\begin{pmatrix} 1 & 0{,}5 & -0{,}5 & 0 \\ -1{,}2 & 0{,}4 & -0{,}4 & 8 \\ -0{,}6 & 1{,}2 & 0{,}8 & -6 \\ 0{,}2 & -3{,}4 & 3{,}4 & -8 \end{pmatrix} \cdot \begin{pmatrix} 92 \\ 93{,}75 \\ 167{,}75 \\ 27{,}75 \end{pmatrix} = \begin{pmatrix} \\ \\ \\ \\ \end{pmatrix}$$

→ 3

Weiter ergibt sich:

Vierte Woche: $\begin{pmatrix} 36 \\ 100 \\ 30 \\ 48 \end{pmatrix}$ Fünfte Woche: $\begin{pmatrix} 20 \\ 6 \\ 30 \\ 40 \end{pmatrix}$ Sechste Woche: $\begin{pmatrix} 150 \\ 320 \\ 60 \\ 280 \end{pmatrix}$

Aufgaben zu 8.5

1. Die Tabelle gibt an, wieviele Arbeitsstunden zur Produktion der Erzeugnisse A, B, C und D in den Werkstätten I, II, III und IV benötigt werden.

Erzeugnis	A	B	C	D
Werkstatt I	5	10	25	20
Werkstatt II	25	30	25	0
Werkstatt III	5	0	25	20
Werkstatt IV	12	6	40	18

Der Koordinator für die einzelnen Werkstätten stellt sich auf Grund der Urlaubskartei für die nächsten Wochen eine Liste der in den Werkstätten I bis IV verfügbaren Arbeitszeit auf.

Verfügbare Arbeitszeit in der	ersten	zweiten	dritten	vierten Woche
Werkstatt I	1640	1200	1180	1425
Werkstatt II	2400	1900	2000	1825
Werkstatt III	1340	900	930	1075
Werkstatt IV	2336	1440	1542	1670

Wieviele Erzeugnisse der Arten A bis D sollen in den einzelnen Wochen hergestellt werden, damit die verfügbare Arbeitszeit möglichst ausgeschöpft wird?

2. In einem Betrieb werden aus drei Einzelteilen drei verschiedene Produkte hergestellt. Die Tabelle gibt den Bedarf der Einzelteile an.

Produkte	I	II	III
Einzelteil A	5	2	1
Einzelteil B	0	2	2
Einzelteil C	1	1	1

Bestimmen Sie, wieviele Produkte jeweils hergestellt werden können, wenn die folgende Anzahl der Einzelteile zur Verfügung steht:

	a)	b)	c)	d)	e)
Einzelteil A	121	115	130	820	850
Einzelteil B	122	80	100	400	400
Einzelteil C	66	50	62	300	320

Wiederholungsaufgaben

1. Die folgenden Matrizen stellen geometrische Abbildungen dar. Geben Sie jeweils die Matrix der Umkehrabbildung an.

a) $\begin{pmatrix} -0{,}2 & 0 \\ 0 & -0{,}2 \end{pmatrix}$ b) $\begin{pmatrix} -0{,}1736 & 0{,}9848 \\ 0{,}9848 & 0{,}1736 \end{pmatrix}$ c) $\begin{pmatrix} 1 & -\frac{1}{2} \\ 0 & 1 \end{pmatrix}$ d) $\begin{pmatrix} 0{,}7660 & -0{,}6428 \\ 0{,}6428 & 0{,}7660 \end{pmatrix}$

2. Bei einer Scherung mit der Matrix $\begin{pmatrix} 1 & 1{,}6 \\ 0 & 1 \end{pmatrix}$ sind die folgenden Bildvektoren entstanden:

$$\vec{u}\,' = \begin{pmatrix} -3{,}6 \\ -1 \end{pmatrix} \qquad \vec{v}\,' = \begin{pmatrix} 8 \\ 5 \end{pmatrix} \qquad \vec{w}\,' = \begin{pmatrix} 1 \\ 2{,}5 \end{pmatrix}$$

Berechnen Sie mit Hilfe der inversen Matrix die Urvektoren.

[3.] Berechnen Sie jeweils die inverse Matrix, falls vorhanden.

a) $\begin{pmatrix} 4 & 2 \\ 5 & 3 \end{pmatrix}$ b) $\begin{pmatrix} 3 & 1 & 0 \\ -1 & 5 & 2 \end{pmatrix}$ c) $\begin{pmatrix} -0{,}5 & 3 \\ 2 & -12 \end{pmatrix}$ d) $\begin{pmatrix} -3 & -4 \\ 4 & 6 \end{pmatrix}$

e) $\begin{pmatrix} -3 & 2 & -4 \\ 0 & 1 & 0 \\ -2 & 5 & -3 \end{pmatrix}$ f) $\begin{pmatrix} 2 & -1 & 3 \\ 1 & 2 & -8 \\ 5 & 0 & -2 \end{pmatrix}$ g) $\begin{pmatrix} 5 & 4 & 0 \\ 6 & 5 & 0 \end{pmatrix}$

[4.] Lösen Sie das Gleichungssystem $A \cdot \vec{x} = \vec{b}$ für die verschiedenen rechten Seiten $\vec{b}$, indem Sie zunächst die inverse Matrix A^{-1} berechnen.

$A = \begin{pmatrix} 2 & 0 & 5 \\ -3 & 1 & -1 \\ 1 & 0 & 3 \end{pmatrix}$ a) $\vec{b} = \begin{pmatrix} 11 \\ 3 \\ 7 \end{pmatrix}$ b) $\vec{b} = \begin{pmatrix} -7 \\ 6 \\ -4 \end{pmatrix}$ c) $\vec{b} = \begin{pmatrix} 10 \\ -1 \\ 6 \end{pmatrix}$

8

9. Multiplikation von Matrizen

Vor der Sendung

In dieser Lektion werden die geometrischen Abbildungen in der Ebene und ihre Darstellung mit Hilfe von Matrizen aufgegriffen. Sie brauchen die Ergebnisse aus Lektion 7. Durch das Nacheinanderausführen von zwei Abbildungen kommt man zur Multiplikation von Matrizen. Zur Herleitung des Matrizenprodukts müssen Sie wieder die Tatsache benutzen, daß die Spalten einer Matrix die Bilder der Koordinateneinheitsvektoren darstellen. Wie bei der Multiplikation einer Matrix mit einem Vektor, benötigt man für die Multiplikation zweier Matrizen die Skalarproduktbildung.

Übersicht

1. Werden zwei geometrische Abbildungen nacheinander ausgeführt, so spricht man von der **Verkettung der geometrischen Abbildungen**. Wie sich die einzelnen Abbildungen durch eine Matrix darstellen lassen, läßt sich auch das Ergebnis der Verkettung durch eine Matrix angeben.

2. Die **Multiplikation von Matrizen** wird bei (2,2)-Matrizen definiert als

$$\begin{pmatrix} a_{11} & a_{12} \\ a_{21} & a_{22} \end{pmatrix} \cdot \begin{pmatrix} b_{11} & b_{12} \\ b_{21} & b_{22} \end{pmatrix} = \begin{pmatrix} a_{11}b_{11} + a_{12}b_{21} & a_{11}b_{12} + a_{12}b_{22} \\ a_{21}b_{11} + a_{22}b_{21} & a_{21}b_{12} + a_{22}b_{22} \end{pmatrix}$$

Das Produkt $C = A \cdot B$ zweier Matrizen A und B läßt sich immer dann bilden, wenn A eine (m,n)-Matrix und B eine (n,k)-Matrix ist. Für die Produktmatrix C gilt:

> Das Element c_{ij} ist das Skalarprodukt der i-ten Zeile von A mit der j-ten Spalte von B.

Die Produktmatrix C ist dann eine (m,k)-Matrix.

3. Bildet man **das Produkt einer Matrix mit ihrer Inversen**, so entsteht die **Einheitsmatrix**.

4. Bei Wirtschaftsproblemen tritt **die Teileverflechtung als Beispiel der Matrizenmultiplikation** auf.

5. Multipliziert man eine Matrix mehrmals mit sich selbst, so spricht man von **Potenzen einer Matrix.**

9.1 Die Verkettung von geometrischen Abbildungen

Aus Lektion 7 kennen Sie die Darstellung einiger geometrischer Abbildungen der Ebene durch Matrizen. Es ist für die

Abbildung	die Abbildungsmatrix
Drehung um den Nullpunkt mit dem Drehwinkel φ	$\begin{pmatrix} \cos\varphi & -\sin\varphi \\ \sin\varphi & \cos\varphi \end{pmatrix}$
Spiegelung an einer Nullpunktsgeraden, die mit der ersten Achse den Winkel α bildet	$\begin{pmatrix} \cos 2\alpha & \sin 2\alpha \\ \sin 2\alpha & -\cos 2\alpha \end{pmatrix}$
Zentrische Streckung vom Nullpunkt aus mit dem Streckfaktor k $(k \neq 0)$	$\begin{pmatrix} k & 0 \\ 0 & k \end{pmatrix}$
Zur ersten Achse senkrechte Dehnung (bzw. Stauchung) mit dem Dehnungsfaktor k $(k \neq 0)$	$\begin{pmatrix} 1 & 0 \\ 0 & k \end{pmatrix}$
Scherung parallel zur ersten Achse mit dem Scherungsbetrag a	$\begin{pmatrix} 1 & a \\ 0 & 1 \end{pmatrix}$

Was geschieht, wenn man zwei Abbildungen nacheinander ausführt, zum Beispiel zuerst eine Drehung um den Nullpunkt mit dem Winkel 90° und anschließend eine senkrechte Stauchung mit dem Stauchungsfaktor 0,5 ? Ein solches Nacheinanderausführen von Abbildungen nennt man eine **Verkettung von Abbildungen**.

Betrachten Sie diese Verkettung an den folgenden Zeichnungen und an dem Ortsvektor $\vec{p}$ des Punktes P.

1. Beispiel

Drehung mit 90°

$$A = \begin{pmatrix} 0 & -1 \\ 1 & 0 \end{pmatrix}$$

Stauchung mit 0,5

$$B = \begin{pmatrix} 1 & 0 \\ 0 & 0{,}5 \end{pmatrix}$$

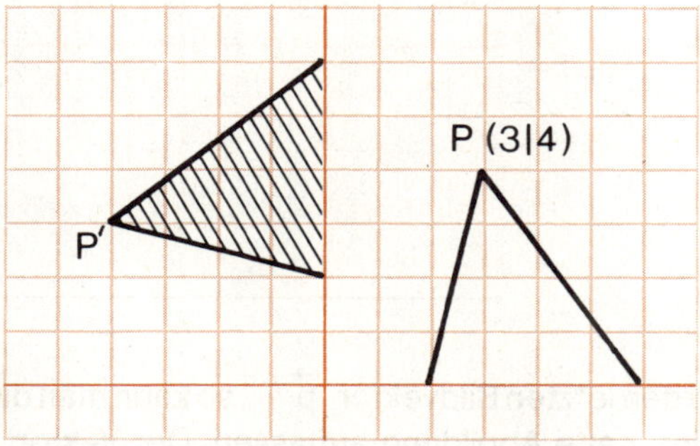

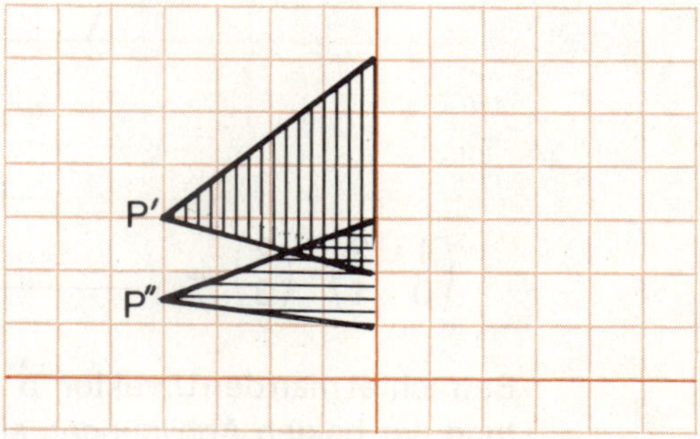

$$\begin{pmatrix} 0 & -1 \\ 1 & 0 \end{pmatrix} \cdot \begin{pmatrix} 3 \\ 4 \end{pmatrix} = \begin{pmatrix} -4 \\ 3 \end{pmatrix} \qquad \begin{pmatrix} 1 & 0 \\ 0 & 0{,}5 \end{pmatrix} \cdot \begin{pmatrix} -4 \\ 3 \end{pmatrix} = \begin{pmatrix} -4 \\ 1{,}5 \end{pmatrix}$$

9

Bitte zeichnen und rechnen Sie die weiteren Beispiele jeweils selbst:

2. Beispiel

Spiegelung an der ersten Winkelhalbierenden

$$A = \begin{pmatrix} 0 & 1 \\ 1 & 0 \end{pmatrix}$$

zentrische Streckung mit $k = 1{,}5$

$$B = \begin{pmatrix} 1{,}5 & 0 \\ 0 & 1{,}5 \end{pmatrix}$$

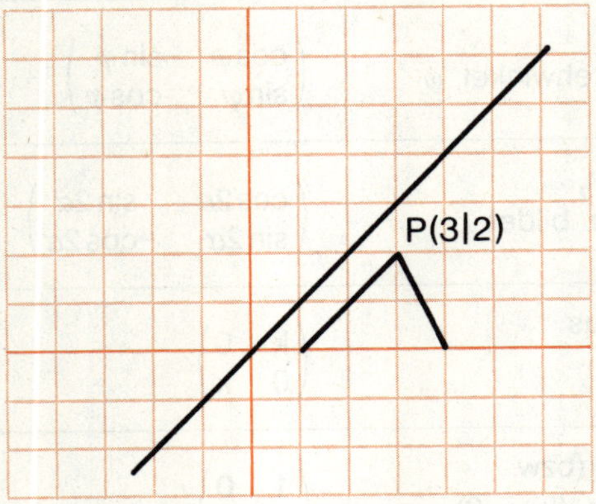

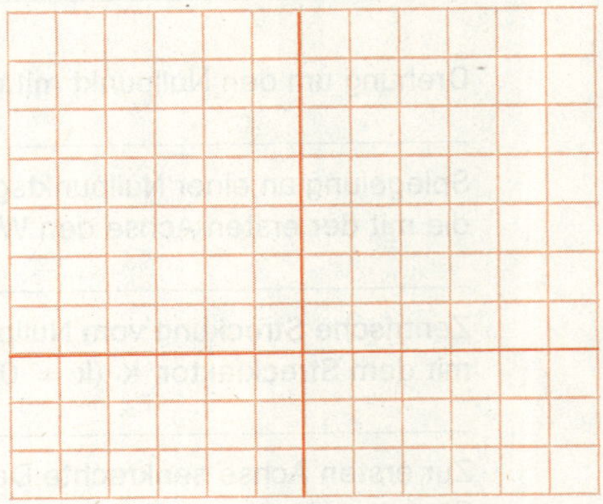

$$\begin{pmatrix} 0 & 1 \\ 1 & 0 \end{pmatrix} \cdot \begin{pmatrix} 3 \\ 2 \end{pmatrix} = \underline{\qquad\qquad} \qquad \underline{\qquad\qquad\qquad\qquad}$$

→ (1)

3. Beispiel

Scherung mit $a = 2$

$$A = \begin{pmatrix} 1 & 2 \\ 0 & 1 \end{pmatrix}$$

Drehung um 45°

$$B = \begin{pmatrix} \frac{1}{2}\sqrt{2} & -\frac{1}{2}\sqrt{2} \\ \frac{1}{2}\sqrt{2} & \frac{1}{2}\sqrt{2} \end{pmatrix}$$

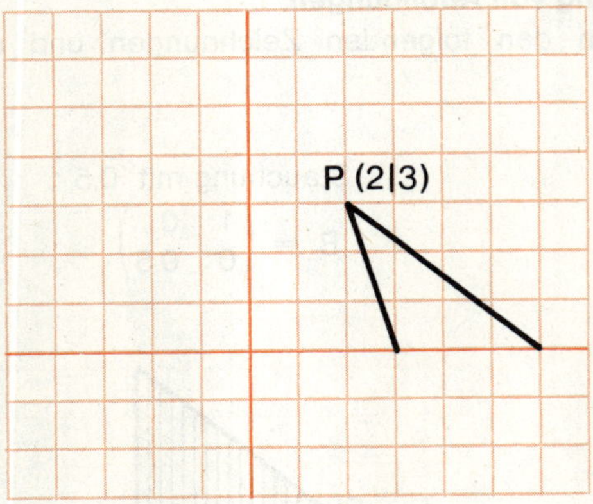

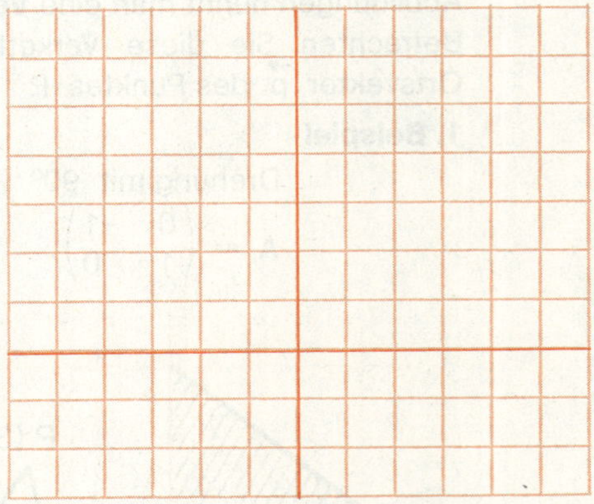

$$\begin{pmatrix} 1 & 2 \\ 0 & 1 \end{pmatrix} \cdot \begin{pmatrix} 2 \\ 3 \end{pmatrix} = \underline{\qquad\qquad} \qquad \underline{\qquad\qquad\qquad\qquad}$$

→ (4)

Betrachtet man den Urvektor $\vec{p}$ und den letzten Bildvektor $\vec{p}\,''$, so kann man die Verkettung der beiden Abbildungen als **eine neue** Abbildung auffassen. Der Vektor $\vec{p}\,''$ entsteht, indem man auf den Vektor $\vec{p}$ zunächst die Matrix A anwendet und auf das Ergebnis anschließend die Matrix B.

Gibt es auch eine Abbildungsmatrix C, die den Vektor $\vec{p}$ direkt in den Vektor $\vec{p}''$ überführt, so daß also gilt

$$\vec{p}'' = B \cdot (A \cdot \vec{p}) = C \cdot \vec{p}$$

Betrachten Sie dies an den Beispielen:

1. Beispiel

$$\begin{pmatrix} -4 \\ 1{,}5 \end{pmatrix} = \begin{pmatrix} 1 & 0 \\ 0 & 0{,}5 \end{pmatrix} \cdot \left[\begin{pmatrix} 0 & -1 \\ 1 & 0 \end{pmatrix} \cdot \begin{pmatrix} 3 \\ 4 \end{pmatrix} \right] = \begin{pmatrix} 0 & -1 \\ 0{,}5 & 0 \end{pmatrix} \cdot \begin{pmatrix} 3 \\ 4 \end{pmatrix}$$

Offenbar ist $\qquad C = \begin{pmatrix} 0 & -1 \\ 0{,}5 & 0 \end{pmatrix}$

2. Beispiel

$$\begin{pmatrix} 3 \\ 4{,}5 \end{pmatrix} = \begin{pmatrix} 1{,}5 & 0 \\ 0 & 1{,}5 \end{pmatrix} \cdot \left[\begin{pmatrix} 0 & 1 \\ 1 & 0 \end{pmatrix} \cdot \begin{pmatrix} 3 \\ 2 \end{pmatrix} \right] = \begin{pmatrix} 0 & 1{,}5 \\ 1{,}5 & 0 \end{pmatrix} \cdot \begin{pmatrix} 3 \\ 2 \end{pmatrix}$$

Offenbar ist $\qquad C = \begin{pmatrix} 0 & 1{,}5 \\ 1{,}5 & 0 \end{pmatrix}$

Wie läßt sich diese Matrix bestimmen? Aus den früheren Lektionen wissen Sie, daß die Spalten einer Abbildungsmatrix die Bilder der Koordinateneinheitsvektoren darstellen. Wendet man also die Matrizen A und B nacheinander auf die Koordinateneinheitsvektoren an, so erhält man als Endergebnis die Spalten der Matrix C. Hier ist dies für das dritte Beispiel durchgeführt:

3. Beispiel

$$\begin{pmatrix} \frac{1}{2}\sqrt{2} & -\frac{1}{2}\sqrt{2} \\ \frac{1}{2}\sqrt{2} & \frac{1}{2}\sqrt{2} \end{pmatrix} \cdot \left[\begin{pmatrix} 1 & 2 \\ 0 & 1 \end{pmatrix} \cdot \begin{pmatrix} 1 \\ 0 \end{pmatrix} \right] = \begin{pmatrix} \frac{1}{2}\sqrt{2} & -\frac{1}{2}\sqrt{2} \\ \frac{1}{2}\sqrt{2} & \frac{1}{2}\sqrt{2} \end{pmatrix} \cdot \begin{pmatrix} 1 \\ 0 \end{pmatrix} = \begin{pmatrix} \frac{1}{2}\sqrt{2} \\ \frac{1}{2}\sqrt{2} \end{pmatrix}$$

$$\begin{pmatrix} \frac{1}{2}\sqrt{2} & -\frac{1}{2}\sqrt{2} \\ \frac{1}{2}\sqrt{2} & \frac{1}{2}\sqrt{2} \end{pmatrix} \cdot \left[\begin{pmatrix} 1 & 2 \\ 0 & 1 \end{pmatrix} \cdot \begin{pmatrix} 0 \\ 1 \end{pmatrix} \right] = \begin{pmatrix} \frac{1}{2}\sqrt{2} & -\frac{1}{2}\sqrt{2} \\ \frac{1}{2}\sqrt{2} & \frac{1}{2}\sqrt{2} \end{pmatrix} \cdot \begin{pmatrix} 2 \\ 1 \end{pmatrix} = \begin{pmatrix} \frac{1}{2}\sqrt{2} \\ \frac{3}{2}\sqrt{2} \end{pmatrix}$$

Also ist $\qquad C = \begin{pmatrix} \frac{1}{2}\sqrt{2} & \frac{1}{2}\sqrt{2} \\ \frac{1}{2}\sqrt{2} & \frac{3}{2}\sqrt{2} \end{pmatrix}$

Prüfen Sie dieses Verfahren selbst für die Beispiele 1 und 2 oben. → ②

Im 1. Beispiel wurden zuerst eine Drehung und dann eine Stauchung durchgeführt. Erhält man dasselbe Ergebnis, wenn man zuerst die Stauchung und anschließend die Drehung durchführt?
Die folgenden Bilder zeigen die Verkettung der beiden Abbildungen in beiden Fällen an einem Kreis:

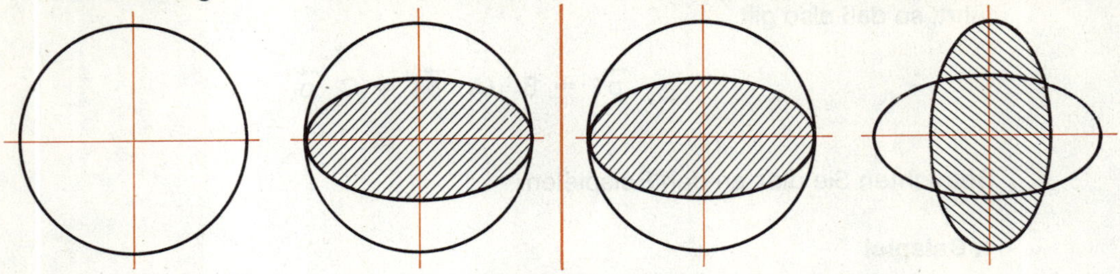

Sie erkennen, daß bei der Verkettung von Abbildungen die Reihenfolge in der Ausführung eine Rolle spielt. Man kann die beiden Abbildungen nicht vertauschen.

Bei der Verkettung von Abbildungen gilt das Kommutativgesetz nicht.

Für die Verkettung der Drehung mit der Stauchung wurde oben die Matrix

$$\begin{pmatrix} 0 & -1 \\ 0{,}5 & 0 \end{pmatrix}$$

gefunden. Für die Verkettung der Stauchung mit der Drehung findet man die Abbildungsmatrix ebenfalls über die Koordinateneinheitsvektoren:

$$\begin{pmatrix} 0 & -1 \\ 1 & 0 \end{pmatrix} \cdot \left[\begin{pmatrix} 1 & 0 \\ 0 & 0{,}5 \end{pmatrix} \cdot \begin{pmatrix} 1 \\ 0 \end{pmatrix}\right] = \begin{pmatrix} 0 & -1 \\ 1 & 0 \end{pmatrix} \cdot \begin{pmatrix} 1 \\ 0 \end{pmatrix} = \begin{pmatrix} 0 \\ 1 \end{pmatrix}$$

$$\begin{pmatrix} 0 & -1 \\ 1 & 0 \end{pmatrix} \cdot \left[\begin{pmatrix} 1 & 0 \\ 0 & 0{,}5 \end{pmatrix} \cdot \begin{pmatrix} 0 \\ 1 \end{pmatrix}\right] = \begin{pmatrix} 0 & -1 \\ 1 & 0 \end{pmatrix} \cdot \begin{pmatrix} 0 \\ 0{,}5 \end{pmatrix} = \begin{pmatrix} -0{,}5 \\ 0 \end{pmatrix}$$

Diese Matrix ist also $\begin{pmatrix} 0 & -0{,}5 \\ 1 & 0 \end{pmatrix}$ und damit von $\begin{pmatrix} 0 & -1 \\ 0{,}5 & 0 \end{pmatrix}$ verschieden.

Aufgaben zu 9.1

1. Verketten Sie die folgenden Abbildungen:
a) erst die Drehung um 180°, dann die Spiegelung an der ersten Achse.
b) erst die zentrische Streckung mit dem Faktor 2, dann die senkrechte Stauchung mit dem Faktor 0,5.
c) erst die Spiegelung an der zweiten Achse, dann die Scherung mit $a = 1$.
Stellen Sie die Matrizen für die Verkettung auf. (Verwenden Sie die Einheitsvektoren.)

2. Verketten Sie die Abbildungen aus Aufgabe 1 jeweils in der anderen Reihenfolge. Welches sind jetzt die Verkettungsmatrizen?

3. Verketten Sie die Spiegelung an der ersten Achse mit der Spiegelung an der zweiten Achse. Bestimmen Sie die Verkettungsmatrix.

4. Verketten Sie a) die Drehung um 45° mit der Drehung um 135°.
b) die Drehung um 90° mit der Drehung um 270°.
Bestimmen Sie jeweils die Verkettungsmatrix.

5. Verketten Sie die Spiegelung an der ersten Winkelhalbierenden mit sich selbst. Verkettungsmatrix? Was läßt sich grundsätzlich über die Verkettung einer Spiegelung mit sich selbst aussagen?

9.2 Die Multiplikation von Matrizen

Bei der Verkettung von Abbildungen hat man die beiden Matrizen der einzelnen Abbildungen durch eine Matrix der Verkettung ersetzt. Dies nimmt man zum Anlaß, eine Multiplikation von Matrizen zu definieren. Man sagt: Die Verkettungsmatrix ist das Produkt der beiden einzelnen Abbildungsmatrizen.

$$C = A \cdot B \quad \text{, wenn} \quad C \cdot \vec{v} = A \cdot (B \cdot \vec{v})$$

Um eine allgemeine Formel für die Berechnung des Matrizenprodukts zu erhalten, wählt man wieder die Anwendung der Matrizen auf die Koordinateneinheitsvektoren.

Ist $A = \begin{pmatrix} a_{11} & a_{12} \\ a_{21} & a_{22} \end{pmatrix}$ und $B = \begin{pmatrix} b_{11} & b_{12} \\ b_{21} & b_{22} \end{pmatrix}$, dann rechnet man

$$\begin{pmatrix} a_{11} & a_{12} \\ a_{21} & a_{22} \end{pmatrix} \cdot \left[\begin{pmatrix} b_{11} & b_{12} \\ b_{21} & b_{22} \end{pmatrix} \cdot \begin{pmatrix} 1 \\ 0 \end{pmatrix}\right] = \begin{pmatrix} a_{11} & a_{12} \\ a_{21} & a_{22} \end{pmatrix} \cdot \begin{pmatrix} b_{11} \\ b_{21} \end{pmatrix} = \begin{pmatrix} a_{11}b_{11} + a_{12}b_{21} \\ a_{21}b_{11} + a_{22}b_{21} \end{pmatrix}$$

und

$$\begin{pmatrix} a_{11} & a_{12} \\ a_{21} & a_{22} \end{pmatrix} \cdot \left[\begin{pmatrix} b_{11} & b_{12} \\ b_{21} & b_{22} \end{pmatrix} \cdot \begin{pmatrix} 0 \\ 1 \end{pmatrix}\right] = \begin{pmatrix} a_{11} & a_{12} \\ a_{21} & a_{22} \end{pmatrix} \cdot \begin{pmatrix} b_{12} \\ b_{22} \end{pmatrix} = \begin{pmatrix} a_{11}b_{12} + a_{12}b_{22} \\ a_{21}b_{12} + a_{22}b_{22} \end{pmatrix}$$

und erhält die Matrix C als $\begin{pmatrix} a_{11}b_{11} + a_{12}b_{21} & a_{11}b_{12} + a_{12}b_{22} \\ a_{21}b_{11} + a_{22}b_{21} & a_{21}b_{12} + a_{22}b_{22} \end{pmatrix}$

Für (2,2)-Matrizen gilt

$$\begin{pmatrix} a_{11} & a_{12} \\ a_{21} & a_{22} \end{pmatrix} \cdot \begin{pmatrix} b_{11} & b_{12} \\ b_{21} & b_{22} \end{pmatrix} = \begin{pmatrix} a_{11}b_{11} + a_{12}b_{21} & a_{11}b_{12} + a_{12}b_{22} \\ a_{21}b_{11} + a_{22}b_{21} & a_{21}b_{12} + a_{22}b_{22} \end{pmatrix}$$

Die einzelnen Elemente der Produktmatrix ergeben sich also als Skalarprodukte der verschiedenen Zeilen der ersten Matrix mit den verschiedenen Spalten der zweiten Matrix.

Etwas ungenau, aber kurz kann man sagen:

c_{11} ist erste Zeile (der 1. Matrix) mal erste Spalte (der 2. Matrix),
c_{12} ist erste Zeile mal zweite Spalte,
c_{21} ist zweite Zeile mal erste Spalte,
c_{22} ist zweite Zeile mal zweite Spalte.

Einige Beispiele:

$$\begin{pmatrix} 3 & 4 \\ 1 & 1 \end{pmatrix} \cdot \begin{pmatrix} 1 & 2 \\ 3 & -1 \end{pmatrix} = \begin{pmatrix} 15 & 2 \\ 4 & 1 \end{pmatrix} \qquad \begin{pmatrix} -1 & 0 \\ 1 & 1 \end{pmatrix} \cdot \begin{pmatrix} 1 & 0 \\ 0 & 2 \end{pmatrix} = \begin{pmatrix} -1 & 0 \\ 1 & 2 \end{pmatrix}$$

$$\begin{pmatrix} 1 & 2 \\ 0 & 1 \end{pmatrix} \cdot \begin{pmatrix} 3 & 0 \\ 0 & 3 \end{pmatrix} = \begin{pmatrix} 3 & 6 \\ 0 & 3 \end{pmatrix} \qquad \begin{pmatrix} 4 & 2 \\ 1 & 3 \end{pmatrix} \cdot \begin{pmatrix} 3 & 1 \\ -2 & 5 \end{pmatrix} = \begin{pmatrix} 8 & 14 \\ -3 & 16 \end{pmatrix}$$

Rechnen Sie bitte selbst.

$$\begin{pmatrix} 2 & 6 \\ -1 & 3 \end{pmatrix} \cdot \begin{pmatrix} 3 & -4 \\ 2 & 1 \end{pmatrix} = \underline{\qquad\qquad\qquad}$$ → 5

Zeigen Sie an diesem Beispiel, daß das Kommutativgesetz nicht gilt:

$$\begin{pmatrix} 3 & -4 \\ 2 & 1 \end{pmatrix} \cdot \begin{pmatrix} 2 & 6 \\ -1 & 3 \end{pmatrix} = \underline{\qquad\qquad\qquad}$$ → 3

Ganz entsprechend läßt sich das Produkt von (3,3)-Matrizen definieren. Ist

$$A = \begin{pmatrix} a_{11} & a_{12} & a_{13} \\ a_{21} & a_{22} & a_{23} \\ a_{31} & a_{32} & a_{33} \end{pmatrix} \quad \text{und} \quad B = \begin{pmatrix} b_{11} & b_{12} & b_{13} \\ b_{21} & b_{22} & b_{23} \\ b_{31} & b_{32} & b_{33} \end{pmatrix},$$

so ergibt die Anwendung auf die Koordinateneinheitsvektoren

$$\begin{pmatrix} a_{11} & a_{12} & a_{13} \\ a_{21} & a_{22} & a_{23} \\ a_{31} & a_{32} & a_{33} \end{pmatrix} \cdot \left[\begin{pmatrix} b_{11} & b_{12} & b_{13} \\ b_{21} & b_{22} & b_{23} \\ b_{31} & b_{32} & b_{33} \end{pmatrix} \cdot \begin{pmatrix} 1 \\ 0 \\ 0 \end{pmatrix} \right] = \begin{pmatrix} a_{11} & a_{12} & a_{13} \\ a_{21} & a_{22} & a_{23} \\ a_{31} & a_{32} & a_{33} \end{pmatrix} \cdot \begin{pmatrix} b_{11} \\ b_{21} \\ b_{31} \end{pmatrix} =$$

$$= \begin{pmatrix} a_{11}b_{11} + a_{12}b_{21} + a_{13}b_{31} \\ a_{21}b_{11} + a_{22}b_{21} + a_{23}b_{31} \\ a_{31}b_{11} + a_{32}b_{21} + a_{33}b_{31} \end{pmatrix}$$

$$\begin{pmatrix} a_{11} & a_{12} & a_{13} \\ a_{21} & a_{22} & a_{23} \\ a_{31} & a_{32} & a_{33} \end{pmatrix} \cdot \left[\begin{pmatrix} b_{11} & b_{12} & b_{13} \\ b_{21} & b_{22} & b_{23} \\ b_{31} & b_{32} & b_{33} \end{pmatrix} \cdot \begin{pmatrix} 0 \\ 1 \\ 0 \end{pmatrix} \right] = \begin{pmatrix} a_{11} & a_{12} & a_{13} \\ a_{21} & a_{22} & a_{23} \\ a_{31} & a_{32} & a_{33} \end{pmatrix} \cdot \begin{pmatrix} b_{12} \\ b_{22} \\ b_{32} \end{pmatrix} =$$

$$= \begin{pmatrix} a_{11}b_{12} + a_{12}b_{22} + a_{13}b_{32} \\ a_{21}b_{12} + a_{22}b_{22} + a_{23}b_{32} \\ a_{31}b_{12} + a_{32}b_{22} + a_{33}b_{32} \end{pmatrix}$$

$$\begin{pmatrix} a_{11} & a_{12} & a_{13} \\ a_{21} & a_{22} & a_{23} \\ a_{31} & a_{32} & a_{33} \end{pmatrix} \cdot \left[\begin{pmatrix} b_{11} & b_{12} & b_{13} \\ b_{21} & b_{22} & b_{23} \\ b_{31} & b_{32} & b_{33} \end{pmatrix} \cdot \begin{pmatrix} 0 \\ 0 \\ 1 \end{pmatrix} \right] = \begin{pmatrix} a_{11} & a_{12} & a_{13} \\ a_{21} & a_{22} & a_{23} \\ a_{31} & a_{32} & a_{33} \end{pmatrix} \cdot \begin{pmatrix} b_{13} \\ b_{23} \\ b_{33} \end{pmatrix} =$$

$$= \begin{pmatrix} a_{11}b_{13} + a_{12}b_{23} + a_{13}b_{33} \\ a_{21}b_{13} + a_{22}b_{23} + a_{23}b_{33} \\ a_{31}b_{13} + a_{32}b_{23} + a_{33}b_{33} \end{pmatrix}$$

Somit gilt

$$\begin{pmatrix} a_{11} & a_{12} & a_{13} \\ a_{21} & a_{22} & a_{23} \\ a_{31} & a_{32} & a_{33} \end{pmatrix} \cdot \begin{pmatrix} b_{11} & b_{12} & b_{13} \\ b_{21} & b_{22} & b_{23} \\ b_{31} & b_{32} & b_{33} \end{pmatrix} =$$

$$= \begin{pmatrix} a_{11}b_{11} + a_{12}b_{21} + a_{13}b_{31} & a_{11}b_{12} + a_{12}b_{22} + a_{13}b_{32} & a_{11}b_{13} + a_{12}b_{23} + a_{13}b_{33} \\ a_{21}b_{11} + a_{22}b_{21} + a_{23}b_{31} & a_{21}b_{12} + a_{22}b_{22} + a_{23}b_{32} & a_{21}b_{13} + a_{22}b_{23} + a_{23}b_{33} \\ a_{31}b_{11} + a_{32}b_{21} + a_{33}b_{31} & a_{31}b_{12} + a_{32}b_{22} + a_{33}b_{32} & a_{31}b_{13} + a_{32}b_{23} + a_{33}b_{33} \end{pmatrix}$$

Einige Beispiele:

$$\begin{pmatrix} 2 & 1 & 1 \\ -1 & 1 & -3 \\ 3 & 2 & -2 \end{pmatrix} \cdot \begin{pmatrix} 2 & -1 & -2 \\ -1 & 2 & 1 \\ -3 & -1 & 3 \end{pmatrix} = \begin{pmatrix} 0 & -1 & 0 \\ 6 & 6 & -6 \\ 10 & 3 & -10 \end{pmatrix}$$

$$\begin{pmatrix} 2 & 1 & -1 \\ 4 & 2 & -2 \\ -3 & -1{,}5 & 1{,}5 \end{pmatrix} \cdot \begin{pmatrix} 3 & -1 & -2 \\ -2 & 2 & 1 \\ 4 & 0 & -3 \end{pmatrix} = \begin{pmatrix} 0 & 0 & 0 \\ 0 & 0 & 0 \\ 0 & 0 & 0 \end{pmatrix}$$

Aus dem letzten Beispiel sehen Sie, daß das Produkt zweier Matrizen eine Matrix ergeben kann, die aus lauter Nullen besteht, ohne daß die Ausgangsmatrizen bereits aus lauter Nullen bestanden hätten.

Eine Matrix, deren Elemente alle Nullen sind, heißt Nullmatrix.

Wie schon bei der Nicht-Kommutativität sehen Sie auch hier, daß für das Multiplizieren von Matrizen einige andere Regeln gelten als für das Zahlenrechnen.

Die Definition der Multiplikation von Matrizen kann man verallgemeinern für (n,n)-Matrizen.

Sind A und B (n,n)-Matrizen, so ist auch ihr Produkt C eine (n,n)-Matrix und es gilt für die Elemente von C:

c_{ij} ist gleich dem Skalarprodukt aus der i-ten Zeile der Matrix A und der j-Spalte der Matrix B.

9

Ein Beispiel für das Produkt zweier (4,4)-Matrizen :

$$\begin{pmatrix} 3 & -2 & 1 & -1 \\ 1 & 0 & -3 & 2 \\ 2 & -1 & 0 & 4 \\ -1 & 3 & -2 & 2 \end{pmatrix} \cdot \begin{pmatrix} 4 & -2 & 3 & -1 \\ 2 & -6 & 0 & 8 \\ 5 & 0 & 4 & -5 \\ 1 & 2 & -3 & 4 \end{pmatrix} = \begin{pmatrix} 12 & 4 & 16 & -28 \\ -9 & 2 & -15 & 22 \\ 10 & 10 & -6 & 6 \\ -6 & -12 & -17 & 43 \end{pmatrix}$$

Wie Sie sehen, benötigt man für die Matrizenmultiplikation nur die Bildung von Skalarprodukten aus einer Zeile der ersten Matrix und einer Spalte der zweiten Matrix. Ein solches Skalarprodukt kann immer gebildet werden, wenn jede Zeile der ersten Matrix genausoviele Elemente hat wie jede Spalte der zweiten Matrix. Man braucht daher für die Matrizenmultiplikation die Forderung nach quadratischen Matrizen nicht aufrechtzuerhalten. Es genügt, wenn die erste Matrix soviele Spalten hat wie die zweite Matrix Zeilen besitzt.

Das Produkt $C = A \cdot B$ zweier Matrizen A und B läßt sich immer dann bilden, wenn A eine (m,n)-Matrix und B eine (n,k)-Matrix ist. Für die Produktmatrix C gilt:

Das Element c_{ij} ist das Skalarprodukt der i-ten Zeile von A mit der j-ten Spalte von B.

Die Produktmatrix C ist dann eine (m,k)-Matrix.

Ein Beispiel: A ist eine (3,4)-Matrix, B ist eine (4,2)-Matrix.
Das Produkt $C = A \cdot B$ ist dann eine (3,2)-Matrix.

$$\begin{pmatrix} 1 & -2 & 3 & -1 \\ 2 & -3 & 0 & 8 \\ 5 & 0 & 4 & -5 \end{pmatrix} \cdot \begin{pmatrix} -2 & 1 \\ 1 & 0 \\ 2 & -1 \\ -1 & 3 \end{pmatrix} = \begin{pmatrix} 3 & -5 \\ -15 & 26 \\ 3 & -14 \end{pmatrix}$$

Aufgaben zu 9.2

1. $A = \begin{pmatrix} 3 & 4 \\ 2 & -1 \end{pmatrix}$, $B = \begin{pmatrix} -2 & 0 \\ 5 & 3 \end{pmatrix}$, $C = \begin{pmatrix} 1 & -1 \\ 0 & 1 \end{pmatrix}$

Bilden Sie die Produkte $A \cdot B$, $A \cdot C$, $B \cdot C$, $B \cdot A$, $C \cdot A$ und $C \cdot B$.

2. Es sei A eine (2,3)-Matrix, B eine (3,5)-Matrix, C eine (3,2)-Matrix und D eine (3,3)-Matrix. Welche der folgenden Matrizenprodukte können gebildet werden: $A \cdot B$, $A \cdot C$, $A \cdot D$, $B \cdot A$, $B \cdot C$, $B \cdot D$, $C \cdot A$, $C \cdot B$, $C \cdot D$, $D \cdot A$, $D \cdot B$, $D \cdot C$? Von welcher Art ist die Produktmatrix, wenn sie existiert?

3. $A = \begin{pmatrix} 3 & 2 \\ 0 & 1 \\ -1 & 2 \end{pmatrix}$, $B = \begin{pmatrix} 1 & 0 & -2 \\ 3 & -1 & 2 \\ 1 & 4 & 1 \end{pmatrix}$, $C = \begin{pmatrix} 2 & 0 & -1 \\ 1 & -2 & 3 \end{pmatrix}$

Bilden Sie alle möglichen Matrizenprodukte aus A, B und C.

9.3 Die Einheitsmatrix als Produkt einer Matrix mit ihrer Inversen

Bei den geometrischen Abbildungen macht die Umkehrabbildung die ursprüngliche wieder rückgängig. Zum Beispiel wird die **Drehung** um den Nullpunkt mit dem Drehwinkel $40°$ von der Rückdrehung, also der Drehung um $-40°$, rückgängig gemacht. Die Abbildungsmatrizen dieser Abbildungen sind für die

Drehung um $40°$ $\begin{pmatrix} 0{,}7660 & -0{,}6428 \\ 0{,}6428 & 0{,}7660 \end{pmatrix}$ Drehung um $-40°$ $\begin{pmatrix} 0{,}7660 & 0{,}6428 \\ -0{,}6428 & 0{,}7660 \end{pmatrix}$

Wenn man eine Abbildung und ihre Umkehrabbildung miteinander verkettet, so erhält man den ursprünglichen Zustand. Es ist also so, als hätte man keine Abbildung durchgeführt; mathematisch genauer gesagt: man hat die identische Abbildung durchgeführt. Die Identität wird aber – wie Sie aus Lektion 7.3 wissen – durch die Einheitsmatrix dargestellt

$$E = \begin{pmatrix} 1 & 0 \\ 0 & 1 \end{pmatrix}$$

Demnach muß das Produkt der Abbildungsmatrix mit der Matrix der Umkehrabbildung die Einheitsmatrix ergeben. Dies läßt sich nachrechnen:

$$\begin{pmatrix} 0{,}7660 & 0{,}6428 \\ -0{,}6428 & 0{,}7660 \end{pmatrix} \cdot \begin{pmatrix} 0{,}7660 & -0{,}6428 \\ 0{,}6428 & 0{,}7660 \end{pmatrix} = \begin{pmatrix} 1{,}00 & 0{,}00 \\ 0{,}00 & 1{,}00 \end{pmatrix}$$

Jede Spiegelung ist ihre eigene Umkehrabbildung, denn beim Zurückspiegeln wird der ursprüngliche Zustand wiederhergestellt. Die Verkettung einer Spiegelung mit sich selbst muß daher die identische Abbildung ergeben. Das Produkt einer Spiegelungsmatrix mit sich selbst muß die Einheitsmatrix sein. Zum Beispiel bei der Spiegelung an der ersten Winkelhalbierenden:

$$\begin{pmatrix} 0 & 1 \\ 1 & 0 \end{pmatrix} \cdot \begin{pmatrix} 0 & 1 \\ 1 & 0 \end{pmatrix} = \begin{pmatrix} 1 & 0 \\ 0 & 1 \end{pmatrix} = E$$

Prüfen Sie diesen Sachverhalt bei der Spiegelung an der ersten Achse, indem Sie die Spiegelungsmatrix mit sich selbst multiplizieren:

$$\begin{pmatrix} 1 & 0 \\ 0 & -1 \end{pmatrix} \cdot \begin{pmatrix} 1 & 0 \\ 0 & -1 \end{pmatrix} = \_\_\_\_\_\_\_\_$$ → 7

Was Sie hier bei Abbildungsmatrizen gesehen haben, gilt ganz allgemein.

> Das Produkt einer Matrix A mit ihrer inversen Matrix A^{-1} ergibt die Einheitsmatrix E.
>
> $$A \cdot A^{-1} = E \quad \text{und} \quad A^{-1} \cdot A = E$$

Diesen Satz kann man folgendermaßen begründen:

Gilt für eine Matrix A die Gleichung $A \cdot \vec{a} = \vec{b}$ (1),

so gilt für die zu A inverse Matrix A^{-1} die Gleichung $\vec{a} = A^{-1}\vec{b}$ (2).

Setzt man die Gleichung (2) in Gleichung (1) ein, so erhält man

$$A \cdot (A^{-1} \cdot \vec{b}) = \vec{b}$$

oder gleichbedeutend $A \cdot (A^{-1} \cdot \vec{b}) = E \cdot \vec{b}$ (weil $E \cdot \vec{b} = \vec{b}$ ist).

Nach der Definition des Matrizenprodukts aus Abschnitt 9.2 bedeutet dies

$$A \cdot A^{-1} = E$$

Setzt man umgekehrt Gleichung (1) in Gleichung (2) ein, so erhält man

$$A^{-1} \cdot (A \cdot \vec{a}) = \vec{a} = E \cdot \vec{a}$$

und nach der Definition des Matrizenproduktes $A^{-1} \cdot A = E$.

Es ist klar, daß diese Überlegungen nur für quadratische Matrizen gelten, da nicht-quadratische Matrizen nicht invertierbar sind.
Verifizieren Sie den Satz selbst an folgenden Matrizen und ihren Inversen.

$$\begin{pmatrix} 9 & -2 & -1 \\ -0{,}2 & 0{,}2 & -0{,}2 \\ -2{,}8 & 0{,}8 & 0{,}2 \end{pmatrix} \cdot \begin{pmatrix} 1 & -2 & 3 \\ 3 & -5 & 10 \\ 2 & -8 & 7 \end{pmatrix} = \_\_\_\_\_\_\_\_$$

$$\begin{pmatrix} 5 & 2 \\ 7 & 3 \end{pmatrix} \cdot \begin{pmatrix} 3 & -2 \\ -7 & 5 \end{pmatrix} = \_\_\_\_\_\_\_\_$$

→ 6

Wäre die Einheitsmatrix noch nicht eingeführt gewesen, so hätte man sie folgendermaßen definieren können:

Das Produkt einer Matrix und ihrer Inversen heißt Einheitsmatrix.

Aufgaben zu 9.3

1. Stellen Sie die Matrizen für die Drehung um 90° und ihre Umkehrabbildung auf. Zeigen Sie, daß das Produkt dieser beiden Matrizen die Einheitsmatrix ergibt.

2. Multiplizieren Sie die in Aufgabe 1. zu 8.2 gegebenen Matrizen jeweils mit der (dort bestimmten) zugehörigen inversen Matrix.

3. Bilden Sie das Produkt der Matrizen aus Aufgabe 2 zu 8.3 mit der jeweils zugehörigen inversen Matrix.

9.4 Die Teileverflechtung als Beispiel für eine Matrizenmultiplikation

In Lektion 5 Abschnitt 3 haben Sie die Matrix-Vektor-Multiplikation verwendet, um Aufgaben aus dem Wirtschaftsbereich zu lösen. Die Aufgabe 1 aus den Aufgaben zu 5.3 verlangte die Berechnung von Rohstoffmengen, die bei der Herstellung bestimmter Produkte benötigt werden. Dazu war eine Tabelle vorgegeben, die die Rohstoffmengen für ein Stück eines jeden Produktes anzeigte:

	P_1	P_2	P_3	P_4
R_1	5	4	0	2
R_2	2	1	4	3
R_3	0	3	2	1
R_4	0	0	5	2
R_5	3	2	0	3

In dem Beispiel wurden vier Produkte aus fünf Rohstoffen hergestellt.

In Wirklichkeit sind die Produktionsvorgänge meist komplexer. Aus Rohstoffen werden zunächst Zwischenprodukte hergestellt, die vielleicht anschließend zu größeren Bauteilen zusammengebaut werden, aus denen schließlich die Endprodukte entstehen. Die Produktionskette kann durchaus noch länger sein.
Nehmen Sie an, die Tabelle oben sei nicht für die Endprodukte, sondern für Zwischenprodukte Z_1 , Z_2 , Z_3 und Z_4 gültig. Aus diesen vier Zwischenprodukten werden dann sechs verschiedene Endprodukte E_1 bis E_6 erzeugt. Für diese Endprodukte braucht man bestimmte Stückzahlen der Zwischenprodukte, die in einer zweiten Tabelle aufgelistet sind.

	Z_1	Z_2	Z_3	Z_4
R_1	5	4	0	2
R_2	2	1	4	3
R_3	0	3	2	1
R_4	0	0	5	2
R_5	3	2	0	3

	E_1	E_2	E_3	E_4	E_5	E_6
Z_1	2	3	0	1	2	4
Z_2	3	1	2	3	1	0
Z_3	1	3	2	0	1	3
Z_4	2	2	4	3	2	1

Gibt man nun die gewünschte Anzahl der Endprodukte durch den Bedarfsvektor $\vec{v}$ (mit sechs Komponenten) an, so muß man die benötigten Rohstoffmengen in zwei Schritten berechnen: Zuerst ermittelt man die erforderlichen Stückzahlen der Zwischenprodukte. Aus diesen läßt sich der Rohstoffbedarf berechnen.

Zum Beispiel:

$$\vec{v} = \begin{pmatrix} 3 \\ 5 \\ 10 \\ 6 \\ 2 \\ 5 \end{pmatrix}$$

Dann ist für die Bestimmung der Anzahl der Zwischenprodukte zu berechnen

$$\begin{pmatrix} 2 & 3 & 0 & 1 & 2 & 4 \\ 3 & 1 & 2 & 3 & 1 & 0 \\ 1 & 3 & 2 & 0 & 1 & 3 \\ 2 & 2 & 4 & 3 & 2 & 1 \end{pmatrix} \cdot \begin{pmatrix} 3 \\ 5 \\ 10 \\ 6 \\ 2 \\ 5 \end{pmatrix} = \begin{pmatrix} 51 \\ 54 \\ 55 \\ 83 \end{pmatrix}$$

und anschließend zur Ermittlung des Rohstoffbedarfs

$$\begin{pmatrix} 5 & 4 & 0 & 2 \\ 2 & 1 & 4 & 3 \\ 0 & 3 & 2 & 1 \\ 0 & 0 & 5 & 2 \\ 3 & 2 & 0 & 3 \end{pmatrix} \cdot \begin{pmatrix} 51 \\ 54 \\ 55 \\ 83 \end{pmatrix} = \begin{pmatrix} 637 \\ 625 \\ 355 \\ 441 \\ 510 \end{pmatrix}$$

Wenn die Anzahl der Zwischenprodukte nicht interessiert und solche Rechnungen oft durchzuführen sind, ist es vorteilhaft, zunächst die Produktmatrix der beiden einzelnen Matrizen zu bestimmen und mit dieser Produktmatrix dann direkt den Rohstoffbedarf auszurechnen.

Das Produkt aus einer (5,4)-Matrix und einer (4,6)-Matrix ist eine (5,6)-Matrix :

$$\begin{pmatrix} 5 & 4 & 0 & 2 \\ 2 & 1 & 4 & 3 \\ 0 & 3 & 2 & 1 \\ 0 & 0 & 5 & 2 \\ 3 & 2 & 0 & 3 \end{pmatrix} \cdot \begin{pmatrix} 2 & 3 & 0 & 1 & 2 & 4 \\ 3 & 1 & 2 & 3 & 1 & 0 \\ 1 & 3 & 2 & 0 & 1 & 3 \\ 2 & 2 & 4 & 3 & 2 & 1 \end{pmatrix} = \begin{pmatrix} 26 & 23 & 16 & 23 & 18 & 22 \\ 17 & 25 & 22 & 14 & 15 & 23 \\ 13 & 11 & 14 & 12 & 7 & 7 \\ 9 & 19 & 18 & 6 & 9 & 17 \\ 18 & 17 & 16 & 18 & 14 & 15 \end{pmatrix}$$

Der Rohstoffbedarf ergibt sich als Produkt dieser neuen Matrix mit dem Bedarfsvektor $\vec{v}$ zu

$$\begin{pmatrix} 26 & 23 & 16 & 23 & 18 & 22 \\ 17 & 25 & 22 & 14 & 15 & 23 \\ 13 & 11 & 14 & 12 & 7 & 7 \\ 9 & 19 & 18 & 6 & 9 & 17 \\ 18 & 17 & 16 & 18 & 14 & 15 \end{pmatrix} \cdot \begin{pmatrix} 3 \\ 5 \\ 10 \\ 6 \\ 2 \\ 5 \end{pmatrix} = \begin{pmatrix} 637 \\ 625 \\ 355 \\ 441 \\ 510 \end{pmatrix}$$

Dieses Beispiel zeigt, wie man mit einer Matrizenrechnung den Produktionsvorgang rechnerisch verfolgen kann. Rohstoffe werden über Zwischenprodukte zu Endprodukten verarbeitet. In der Produktion sind die einzelnen Teile miteinander verflochten. Diese Teileverflechtung wird in den Matrizen und den Matrizen-Produkten dargestellt.

Aufgaben zu 9.4

1. In einem Betrieb werden aus drei Rohstoffen zwei Zwischenprodukte und aus diesen drei Endprodukte hergestellt. Die folgenden Tabellen zeigen, welche Mengen jeweils im Produktionsprozeß gebraucht werden.

	Z_1	Z_2
R_1	4	5
R_2	3	1
R_3	2	8

	E_1	E_2	E_3
Z_1	10	3	6
Z_2	7	4	9

Es werden 200 Stück von E_1, 400 Stück von E_2 und 500 Stück von E_3 benötigt.

Bestimmen Sie die Matrix, aus der sich direkt der Rohstoffbedarf für die Endprodukte ablesen läßt, und berechnen Sie die erforderliche Rohstoffmenge.

2. In einer Fabrik werden aus zwei Rohstoffen vier Endprodukte über zwei Stufen von Zwischenprodukten hergestellt. Das Pfeilbild zeigt die jeweils erforderlichen Mengen. Wieviele Rohstoffe werden für je eine Einheit der Endprodukte benötigt? (Produktmatrix!)

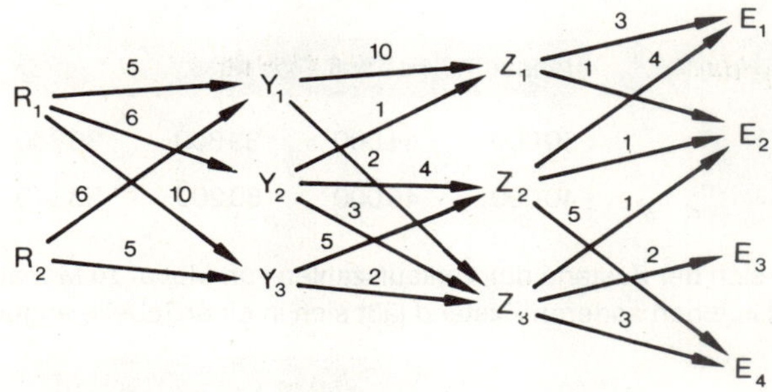

9.5 Potenzen von Matrizen

Aus den vorhergehenden Abschnitten wissen Sie: Bei einer Spiegelung ist die Umkehrabbildung die Spiegelung selbst. Mit Matrizen ausgedrückt, heißt das: Die Spiegelungsmatrix ist zu sich selbst invers. Multipliziert man eine Spiegelungsmatrix mit sich selbst, so erhält man die Einheitsmatrix. Zum Beispiel: Spiegelung an der zweiten Winkelhalbierenden. Die Matrix ist

$$A = \begin{pmatrix} 0 & -1 \\ -1 & 0 \end{pmatrix}$$

Es gilt
$$\begin{pmatrix} 0 & -1 \\ -1 & 0 \end{pmatrix} \cdot \begin{pmatrix} 0 & -1 \\ -1 & 0 \end{pmatrix} = \begin{pmatrix} 1 & 0 \\ 0 & 1 \end{pmatrix}$$

Vom Zahlenrechnen her wissen Sie, daß man mehrfache Produkte einer Zahl mit sich selbst als Potenzen bezeichnet und abgekürzt mit Hochzahlen schreibt. Es ist ja

$$a \cdot a = a^2 \qquad a \cdot a \cdot a = a^3 \qquad \underbrace{a \cdot a \cdot a \cdot \ldots \cdot a}_{n \text{ Faktoren } a} = a^n$$

Entsprechend schreibt man auch mehrfache Produkte einer Matrix mit sich selbst als Potenzen:

$$A \cdot A = A^2 \qquad A \cdot A \cdot A = A^3 \qquad \underbrace{A \cdot A \cdot \ldots \cdot A}_{n \text{ Faktoren } A} = A^n$$

Die Eigenschaft der Spiegelung, daß ihre Matrix zu sich selbst invers ist, kann man daher auch so ausdrücken:

Eine Spiegelung mit der Abbildungsmatrix A hat die Eigenschaft $A^2 = E$.

Potenzen von Matrizen werden auch in anderen Anwendungen benötigt. Dazu folgendes Beispiel:

Die beiden Verlage T und R bringen je eine Computerzeitschrift heraus, die monatlich erscheint. Aus der Statistik der Verkaufszahlen hat man herausgefunden, daß bei jeder neuen Ausgabe ein Teil der ursprünglichen Käufer der Zeitschrift des Verlages T nunmehr die Zeitschrift des Verlages R kauft und umgekehrt; und zwar wechseln 20% der Käufer von T zu R und 10% der Käufer von R zu T. Das heißt, daß 80% der T-Käufer bzw. 90% der R-Käufer dieselbe Zeitschrift wie im Vormonat kauft. Zu Beginn eines Jahres hat die Zeitschrift von T eine Auflage von 50000 verkauften Exemplaren, die Zeitschrift

9

von R eine Auflage von 40000 verkauften Exemplaren. Geht man davon aus, daß keine neuen Käuferschichten erschlossen werden, kann man die Entwicklung der Verkaufszahlen auf Grund der erhobenen Statistik in einer Tabelle darstellen:

	$\vec{v}_1$ Januar	$\vec{v}_2$ Februar	$\vec{v}_3$ März	$\vec{v}_4$ April	$\vec{v}_5$ Mai	$\vec{v}_6$ Juni
Käufer von T	50000	44000	39800	36860	34802	33361
Käufer von R	40000	46000	50200	53140	55198	56639

Sie sehen, daß sich der Zustand der Verkaufszahlen von Monat zu Monat ändert. Der Wechsel von einem Zustand in einen anderen Zustand läßt sich in einer Tabelle angeben:

von Verlag		T	R
zu Verlag	T	80%	10%
	R	20%	90%

Die Verkaufszahlen kann man als Vektoren ansehen, zum Beispiel

$$\vec{v}_1 = \begin{pmatrix} 50000 \\ 40000 \end{pmatrix}, \quad \vec{v}_2 = \begin{pmatrix} 44000 \\ 46000 \end{pmatrix}, \quad \vec{v}_3 = \begin{pmatrix} 39800 \\ 50200 \end{pmatrix} \quad \text{usw.}$$

Der Übergang von einem Zustand in einen anderen läßt sich als Matrix schreiben:

$$A = \begin{pmatrix} 0{,}8 & 0{,}1 \\ 0{,}2 & 0{,}9 \end{pmatrix} \qquad \left(80\% \text{ bedeutet ja } \frac{80}{100} \text{ bzw. } 0{,}8 \right)$$

> Eine Matrix, die den Wechsel von einem Zustand in einen anderen Zustand beschreibt, heißt **Übergangsmatrix**.

Multipliziert man diese Übergangsmatrix A mit dem Vektor der Verkaufszahlen $\vec{v}_1$, so erhält man den Vektor $\vec{v}_2$. Multipliziert man $\vec{v}_2$ mit der Übergangsmatrix, so erhält man $\vec{v}_3$ usw.

Will man beispielsweise aus $\vec{v}_1$ sofort $\vec{v}_7$, die Verkaufszahlen im Monat Juli, ermitteln, so muß man $\vec{v}_1$ sechsmal mit A multiplizieren:

$$A \cdot A \cdot A \cdot A \cdot A \cdot A \cdot \vec{v}_1 = A^6 \cdot \vec{v}_1$$

Die sechste Potenz der Matrix A erlaubt es, sofort die Verkaufszahlen im Juli aus denen im Monat Januar zu bestimmen.
Zur Berechnung der sechsten Potenz muß man keine fünf Matrizenprodukte berechnen; man bildet vielmehr zunächst A^3 und anschließend $(A^3)^2 = A^6$.

Die Verkaufszahlen im Juli ergeben sich aus

$$\begin{pmatrix} 0{,}8 & 0{,}1 \\ 0{,}2 & 0{,}9 \end{pmatrix}^6 \cdot \begin{pmatrix} 50000 \\ 40000 \end{pmatrix} = \begin{pmatrix} 0{,}411766 & 0{,}294117 \\ 0{,}588234 & 0{,}705883 \end{pmatrix} \cdot \begin{pmatrix} 50000 \\ 40000 \end{pmatrix} = \begin{pmatrix} 32352{,}98 \\ 57647{,}02 \end{pmatrix}$$

Der Verlag T muß erkennen, daß seine Verkaufszahlen sinken. Um sich einen größeren Marktanteil zu sichern, beschließt er, eine weitere Computerzeitschrift herauszubringen. Eine Marktanalyse ergibt, daß man dann mit der folgenden Übergangsmatrix rechnen muß.

von Zeitschrift		T_1	T_2	R
zu Zeitschrift	T_1	0,7	0,5	0,1
	T_2	0,2	0,4	0,1
	R	0,1	0,1	0,8

Die Verkaufszahlen für den Juli ergeben sich dann aus

$$A^6 \cdot \vec{v}_1 = \begin{pmatrix} 0{,}7 & 0{,}5 & 0{,}1 \\ 0{,}2 & 0{,}4 & 0{,}1 \\ 0{,}1 & 0{,}1 & 0{,}8 \end{pmatrix}^6 \cdot \begin{pmatrix} 50000 \\ 0 \\ 40000 \end{pmatrix}$$

$$= \begin{pmatrix} 0{,}489724 & 0{,}48966 & 0{,}395592 \\ 0{,}216159 & 0{,}216223 & 0{,}192642 \\ 0{,}294117 & 0{,}294117 & 0{,}411766 \end{pmatrix} \cdot \begin{pmatrix} 50000 \\ 0 \\ 40000 \end{pmatrix} = \begin{pmatrix} 40309{,}88 \\ 18513{,}63 \\ 31176{,}49 \end{pmatrix}$$

Der Verlag T hat seinen Marktanteil vergrößern können.

Aufgaben zu 9.5

1. Die Pfeildarstellung beschreibt die Berufswahl der Söhne in Abhängigkeit von den Berufen der Väter in den Gruppen der Selbständigen (S), der Beamten (B) und der Angestellten und Arbeiter (A) in Prozenten. Stellen Sie eine Übergangsmatrix auf. Nehmen Sie an, daß in einem Bezirk 20000 Selbständige, 20000 Beamte und 60000 Angestellte und Arbeiter leben. Wie ist die Verteilung in der ersten Nachfolgegeneration, wie in der vierten Nachfolgegeneration?

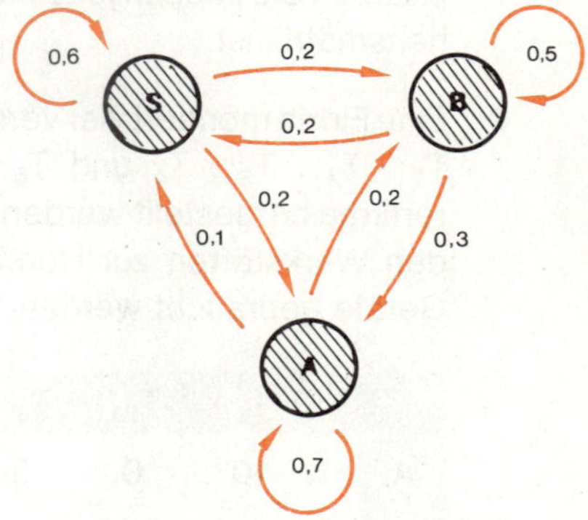

2. Das DIN A-Format für Papiere geht von der Größe A0 aus. Es ist dies ein Blatt vom Flächeninhalt 1 m^2 mit der Länge $l = 118{,}92$ cm und der Breite $b = 84{,}09$ cm. Das jeweils folgende kleinere Blatt hat als Länge die Breite und als Breite die halbe Länge des vorhergehenden Blattes. Faßt man Länge und Breite eines DIN A-Papierblattes als Komponenten eines Vektors auf, so wird der Übergang von den Ausmaßen eines Blattes zu den Ausmaßen des nächstkleineren Blattes dargestellt durch die Übergangsmatrix

$$A = \begin{pmatrix} 0 & 1 \\ 0{,}5 & 0 \end{pmatrix}$$

Berechnen Sie A^4 und A^6 und bestimmen Sie damit die Ausmaße des DIN A4-Blattes und des DIN A6-Blattes (Postkartenformat).

Wiederholungsaufgaben

1. Verketten Sie die jeweils angegebenen Abbildungen und bestimmen Sie die Matrix der Verkettungsabbildung.

a) senkrechte Stauchung mit $k = 0{,}8$ und Drehung um 0 mit $60°$.

b) zentrische Streckung mit $k = 4$ und Spiegelung an der zweiten Achse.

c) Spiegelung an der ersten Winkelhalbierenden und Scherung mit $a = 3$.

d) Scherung mit $a = 0{,}1$ und Drehung um 0 mit $90°$.

2. Verketten Sie die in Aufgabe 1 angegebenen Abbildungen in der anderen Reihenfolge und geben Sie jeweils die Matrix der Verkettungsabbildung an. Welche Ergebnisse unterscheiden sich von denen der Aufgabe 1?

3. Bilden Sie alle möglichen Produkte der folgenden Matrizen.

$$A = \begin{pmatrix} 1 & 0 & 1 \\ 0 & 2 & 0 \end{pmatrix} \quad B = \begin{pmatrix} 1 & 0 \\ -1 & 2 \\ 2 & -1 \\ 3 & -2 \end{pmatrix} \quad C = \begin{pmatrix} 0 & 2 & 2 \\ 1 & -2 & 0 \\ -3 & 2 & -1 \end{pmatrix}$$

$$D = \begin{pmatrix} 1 & 0 & 1 \\ 0 & 1 & 0 \\ 1 & 0 & 0 \end{pmatrix} \quad F = \begin{pmatrix} 1 & 2 & 3 & 4 \\ 3 & 2 & 1 & 0 \end{pmatrix} \quad G = \begin{pmatrix} 1 & 0 & -1 \\ 2 & 1 & 2 \\ -1 & 2 & 0 \end{pmatrix}$$

4. Bestimmen Sie mit den Matrizen aus Aufgabe 3, soweit möglich, $A \cdot B \cdot F$, $A \cdot C^2$, $C^2 \cdot A$, $F \cdot B \cdot A$, $A \cdot D^2$, $A \cdot G \cdot C$.

[5.] Bestimmen Sie zu den Matrizen aus Aufgabe 3 die Inversen, sofern diese existieren. Multiplizieren Sie sodann jede Matrix mit ihrer Inversen und zeigen Sie, daß das Produkt die Einheitsmatrix ist.

6. Eine Firma montiert vier verschiedene Geräte G_1, G_2, G_3 und G_4 aus fünf Bauteilen T_1, T_2, T_3, T_4 und T_5, die von den Werkstätten A, B, C und D einer Zulieferfirma hergestellt werden. Die folgenden Tabellen geben an, wieviele Arbeitsstunden in den Werkstätten zur Herstellung der Bauteile und wieviele Bauteile zur Montage der Geräte gebraucht werden.

	T_1	T_2	T_3	T_4	T_5
A	10	0	5	1	20
B	0	20	10	6	2
C	2	10	5	3	10
D	5	10	20	2	1

	G_1	G_2	G_3	G_4
T_1	2	3	1	0
T_2	0	2	1	5
T_3	2	1	4	2
T_4	1	0	2	5
T_5	6	3	0	2

Es sollen 200 Geräte G_1, 100 G_2, 500 G_3 und 50 G_4 hergestellt werden. Wieviele Arbeitsstunden müssen in den einzelnen Werkstätten dafür aufgewendet werden? Bestimmen Sie die Produktmatrix, mit der Sie sofort die Arbeitsstunden aus den Geräteanzahlen berechnen können.

10. Vektoren und Matrizen in Anwendungsgebieten

Vor der Sendung

In einigen Lektionen wurden bereits Anwendungsbeispiele aus dem Wirtschaftsbereich dargestellt und gelöst. Dabei waren stets Matrix-Vektor-Produkte oder Matrix-Matrix-Produkte zu bilden oder lineare Gleichungssysteme zu lösen. Tatsächlich haben diese Rechenverfahren in der Wirtschaft als mathematische Modelle große Bedeutung. Natürlich erfassen mathematische Modelle nicht **die** Realität in der gesamten Breite; sie geben aber wichtige Aufschlüsse für Planungen und Ausführungen. An den tatsächlichen Auswirkungen müssen die mathematischen Modelle immer wieder korrigiert und verbessert werden. Wenn auch in der Wirklichkeit die zu lösenden Gleichungssysteme viel umfangreicher sind, zeigen die Beispiele dieser Lektion doch grundsätzliche Verfahren. Sie benötigen Ihre bisher erworbenen Kenntnisse über Vektoren, Matrizen und lineare Gleichungssysteme aus den Lektionen 5, 6, 8 und 9.

Übersicht

1. Bei Produktionen komplizierter Geräte werden viele Einzelteile und vorgefertigte Bausteine zusammengebaut. Werden von den Kunden sowohl fertige Geräte als auch Einzelteile und Bausteine bestellt, so entsteht für die produzierende Firma das Problem, eine Liste der zu fertigenden Stücke aufzustellen. Man spricht hierbei vom sogenannten **Stücklistenproblem**. Mit einer Mengenmatrix, die den jeweiligen Bedarf an bereits hergestellten Bauteilen angibt, läßt sich ein lineares Gleichungssystem zur Ermittlung der gesuchten Stückliste aufstellen, das auch stets lösbar ist.

2. Bei betriebs- und volkswirtschaftlichen Vorgängen werden einzelne Bereiche betrachtet, die in Zusammenhang miteinander stehen, zum Beispiel verschiedene Betriebe einer großen Firma oder die einzelnen Bereiche einer Volkswirtschaft wie Agrar-, Energie-, Produktionsgüter-, Verbrauchsgüter- und Dienstleistungsbereich. Zwischen diesen Bereichen bestehen sehr komplexe Zusammenhänge: Güter- und Geldströme fließen zwischen diesen Bereichen. Wichtig sind Kenntnisse über die Veränderung der Ausgabegrößen (Output) eines Bereichs, wenn die Eingabegrößen (Input) geändert werden und umgekehrt. **Die Input-Output-Analyse** hilft, diese Veränderungen festzustellen.

3. Die Veränderungen gewisser Zustände, zum Beispiel des Kaufverhaltens der Bevölkerung, der Wanderung von Einwohnern zwischen Stadt und Land, der Entwicklung einer Population, lassen sich durch Übergangsmatrizen darstellen. Für viele Fragen ist es interessant zu wissen, ob sich Veränderungen auf Dauer vollziehen oder nicht. Man fragt also, ob es bei Zustandsänderungen zu einem **stationären Zustand** kommen kann. Solche möglichen stationären Zustände lassen sich aus der Übergangsmatrix mit Hilfe eines linearen Gleichungssystems bestimmen.

10.1 Das Stücklistenproblem

Schon in Lektion 5 haben Sie gesehen, daß die Matrizenrechnung dazu dienen kann, bei Produktionen in der Wirtschaft zum Beispiel den Bedarf an Rohstoffen auszurechnen. Bei der Matrizenmultiplikation sind Ihnen dann Beispiele begegnet, bei denen Endprodukte aus Rohstoffen über eine oder mehrere Stufen von Zwischenprodukten entstanden sind. Komplizierte Geräte bestehen oft aus Hunderten oder Tausenden von Einzelteilen, die wieder aus anderen Einzelteilen zusammengebaut sind, welche wiederum aus Grundbauteilen zusammengestellt werden. Denken Sie nur an moderne elektronische Geräte oder gar an Großgeräte wie Flugzeuge. Bei der Reparatur von solchen komplizierten Geräten werden häufig ganze Bausteine ausgewechselt, weil dies meist einfacher und billiger ist als die mühsame Suche nach einem defekten Grundbauteil. Dennoch werden bei manchen Instandhaltungen auch Grundbauteile ausgewechselt und müssen daher verfügbar sein. Eine Firma, die solche Geräte und die entsprechenden Bausteine oder auch Einzelteile liefert, hat dann das Problem, nach welcher Stückliste zu produzieren ist, wenn die Aufträge der Abnehmer vorliegen. Diese Frage bezeichnet man als das **Stücklistenproblem**.

Greifen Sie zurück auf eine Problemstellung aus Lektion 5.5. Dort war von einer Einrichtungsfirma, die Wandregale vertreibt, die Rede. Für ein Grundregal sind 2 Seitenteile, 5 Regalbretter und 10 kurze Schrauben nötig. Alle breiteren Regale lassen sich durch Ansetzen von Anbauregalen an das Grundregal herstellen. Ein Doppelregal besteht also aus einem Grundregal und einem Anbauregal, ein Dreifachregal aus einem Grundregal und zwei Anbauregalen. Man kann daher Seitenteile, Regalbretter und Schrauben als Grundbauteile, Grundregale und Anbauregale als Zwischenprodukte und Doppel- bzw. Dreifachregale als Endprodukte betrachten. Die Verflechtung läßt sich dann in diesem Pfeilbild darstellen:

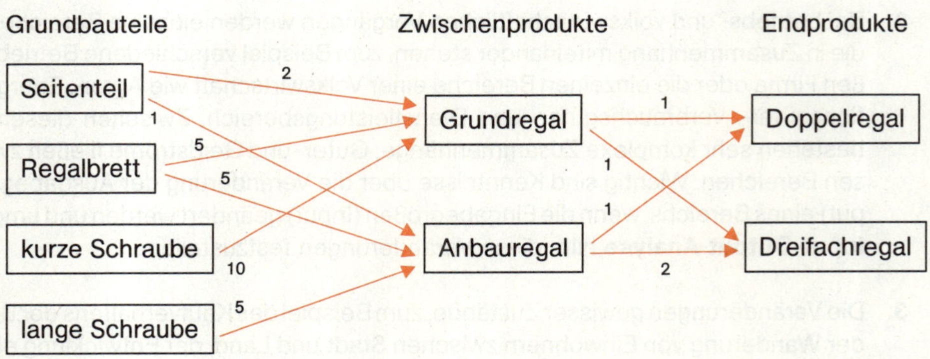

Nun werden nicht die einzelnen Verflechtungsmatrizen aufgestellt, sondern eine Matrix, die jeweils den Bedarf an bereits hergestellten Teilen angibt. Bei den Grundbauteilen greift man nicht auf bereits hergestellte Teile zurück. Bei den Zwischenprodukten hat man einen Bedarf an Grundbauteilen. Bei den Endprodukten hat man einen Bedarf an Zwischenprodukten und evtl. auch direkt an einigen Grundbauteilen (in diesem Beispiel greift man bei den Endprodukten nur auf Zwischenprodukte zurück).

Die Matrix, die die Mengen an benötigten bereits hergestellten Teilen angibt, heißt **Mengenmatrix**.

Für das Beispiel der Wandregale sieht die Mengenmatrix M dann so aus:

	Seitenteile	Regalbretter	kurze Schrauben	lange Schrauben	Grundregal	Anbauregal	Doppelregal	Dreifachregal
Seitenteile	0	0	0	0	2	1	0	0
Regalbretter	0	0	0	0	5	5	0	0
kurze Schrauben	0	0	0	0	10	0	0	0
lange Schrauben	0	0	0	0	0	5	0	0
Grundregal	0	0	0	0	0	0	1	1
Anbauregal	0	0	0	0	0	0	1	2
Doppelregal	0	0	0	0	0	0	0	0
Dreifachregal	0	0	0	0	0	0	0	0

Die Zeilen (bzw. Spalten) der Matrix werden dabei **in technologischer Ordnung** aufgeschrieben; das heißt ein Teil erscheint erst dann in der Liste, wenn alle Teile, die zu seinem Bau gebraucht werden, vorher schon aufgelistet sind. Vor dem Grundregal zum Beispiel müssen alle Bauteile, die man für das Grundregal braucht, schon auf der Liste stehen. Diese technologische Ordnung der Matrix hat zur Folge, daß eine **obere Dreiecksmatrix** entsteht, in der außerdem alle Elemente in der Diagonalen null sind. Dies ist später für die Lösbarkeit der Aufgabenstellung wichtig.

Erfolgen nun Bestellungen von Kunden, so spricht man von einer **externen Nachfrage**. Diese externe Nachfrage läßt sich in einem Vektor $\vec{b}$, dem Bestellvektor, aufschreiben. Zum Beispiel sei

$$\vec{b} = \begin{pmatrix} 100 \\ 800 \\ 1000 \\ 900 \\ 500 \\ 400 \\ 600 \\ 200 \end{pmatrix}$$

Der Vektor $\vec{b}$ der externen Nachfrage hat acht Komponenten, die alle auch von null verschieden sein können, da außer den Endprodukten alle sogenannten Zwischenprodukte und die Grundbauteile bestellt werden können. Durch diese Nachfrage von außen entsteht nun ein **interner Bedarf** oder eine **interne Nachfrage**, da zur Herstellung der Produkte auf

10

vorher zu produzierende Teile zurückgegriffen werden muß. Diese interne Nachfrage läßt sich als ein Vektor $\vec{z}$ schreiben, bei dem allerdings die letzten der Komponenten null sind; und zwar die Komponenten, die an den Stellen für die Endprodukte stehen, da Endprodukte in dem Beispiel nicht intern nachgefragt werden. Für das Beispiel läßt sich der Vektor $\vec{z}$ der internen Nachfrage schreiben als

$$\vec{z} = \begin{pmatrix} z_1 \\ z_2 \\ z_3 \\ z_4 \\ z_5 \\ z_6 \\ 0 \\ 0 \end{pmatrix}$$

Die Komponenten von $\vec{z}$ lassen sich nicht sofort angeben. Interessanter als der Vektor $\vec{z}$ ist für die Firma aber die insgesamt zu produzierende Menge der Grundbauteile, der Zwischenprodukte und der Endprodukte. Diese läßt sich als der **Produktionsvektor** $\vec{x}$ darstellen. Es ist dann

$$\vec{x} = \vec{b} + \vec{z} \qquad (1)$$

Produktion = externe Nachfrage + interne Nachfrage

Der Produktionsvektor $\vec{x}$ ist noch unbekannt, da auch der Vektor $\vec{z}$ der internen Nachfrage noch unbekannt ist. Allerdings läßt sich etwas über das Produkt der Mengenmatrix M mit dem Produktionsvektor $\vec{x}$ aussagen. Da die Mengenmatrix M den jeweiligen Bedarf an schon hergestellten Teilen enthält, muß ihr Produkt mit dem Vektor, der alle zu produzierenden Teile angibt, also dem Produktionsvektor $\vec{x}$, gleich einem Vektor sein, der die Anzahl aller für die Produktion benötigten schon hergestellten Teile als Komponenten enthält. Dies ist aber gerade der Vektor $\vec{z}$ der internen Nachfrage. Für das Beispiel läßt sich dies so schreiben:

$$\begin{pmatrix} 0&0&0&0&2&1&0&0 \\ 0&0&0&0&5&5&0&0 \\ 0&0&0&0&10&0&0&0 \\ 0&0&0&0&0&5&0&0 \\ 0&0&0&0&0&0&1&1 \\ 0&0&0&0&0&0&1&2 \\ 0&0&0&0&0&0&0&0 \\ 0&0&0&0&0&0&0&0 \end{pmatrix} \cdot \begin{pmatrix} x_1 \\ x_2 \\ x_3 \\ x_4 \\ x_5 \\ x_6 \\ x_7 \\ x_8 \end{pmatrix} = \begin{pmatrix} 2x_5 + x_6 \\ 5x_5 + 5x_6 \\ 10x_5 \\ 5x_6 \\ x_7 + x_8 \\ x_7 + 2x_8 \\ 0 \\ 0 \end{pmatrix} = \begin{pmatrix} z_1 \\ z_2 \\ z_3 \\ z_4 \\ z_5 \\ z_6 \\ 0 \\ 0 \end{pmatrix}$$

Aufgrund dieses Zusammenhangs läßt sich die Gleichung (1) umschreiben in

$$\vec{x} = \vec{b} + M \cdot \vec{x} \qquad (2)$$

oder $\vec{x} - M \cdot \vec{x} = \vec{b}$

Beachtet man, daß $\vec{x} = E \cdot \vec{x}$ gilt, wobei E die Einheitsmatrix ist, dann erhält man schließlich die Gleichung

$$E \cdot \vec{x} - M \cdot \vec{x} = \vec{b}$$
$$(E - M) \cdot \vec{x} = \vec{b}$$

Dabei hat man eine Differenz zweier Matrizen gebildet. Eine Summe oder Differenz zweier Matrizen ist so erklärt, daß man die Matrizen elementweise addiert oder subtrahiert.

Sind A und B zwei Matrizen mit gleich vielen Zeilen und Spalten, so gilt

$$A \pm B = \begin{pmatrix} a_{11} & a_{12} & \dots & a_{1n} \\ \dots & \dots & \dots & \dots \\ a_{m1} & a_{m2} & \dots & a_{mn} \end{pmatrix} \pm \begin{pmatrix} b_{11} & b_{12} & \dots & b_{1n} \\ \dots & \dots & \dots & \dots \\ b_{m1} & b_{m2} & \dots & b_{mn} \end{pmatrix} =$$

$$= \begin{pmatrix} a_{11} \pm b_{11} & \dots & a_{1n} \pm b_{1n} \\ \dots & \dots & \dots \\ a_{m1} \pm b_{m1} & \dots & a_{mn} \pm b_{mn} \end{pmatrix}$$

Da M eine obere Dreiecksmatrix ist, die in der Diagonalen lauter Nullen enthält, ist E — M ebenfalls eine obere Dreiecksmatrix, die in der Diagonalen lauter Einsen enthält.

$$\begin{pmatrix} 1&0&0&0&0&0&0&0 \\ 0&1&0&0&0&0&0&0 \\ 0&0&1&0&0&0&0&0 \\ 0&0&0&1&0&0&0&0 \\ 0&0&0&0&1&0&0&0 \\ 0&0&0&0&0&1&0&0 \\ 0&0&0&0&0&0&1&0 \\ 0&0&0&0&0&0&0&1 \end{pmatrix} - \begin{pmatrix} 0&0&0&0&2&1&0&0 \\ 0&0&0&0&5&5&0&0 \\ 0&0&0&0&10&0&0&0 \\ 0&0&0&0&0&5&0&0 \\ 0&0&0&0&0&0&1&1 \\ 0&0&0&0&0&0&1&2 \\ 0&0&0&0&0&0&0&0 \\ 0&0&0&0&0&0&0&0 \end{pmatrix} = \begin{pmatrix} 1&0&0&0&-2&-1&0&0 \\ 0&1&0&0&-5&-5&0&0 \\ 0&0&1&0&-10&0&0&0 \\ 0&0&0&1&0&-5&0&0 \\ 0&0&0&0&1&0&-1&-1 \\ 0&0&0&0&0&1&-1&-2 \\ 0&0&0&0&0&0&1&0 \\ 0&0&0&0&0&0&0&1 \end{pmatrix}$$

Das Stücklistenproblem ist also lösbar, wenn die Gleichung

$$(E - M) \cdot \vec{x} = \vec{b}$$

lösbar ist. Nun kennen Sie aus Lektion 6 den Gauß-Algorithmus zur Lösung linearer Gleichungssysteme. Von daher wissen Sie, daß ein Gleichungssystem eindeutig lösbar ist, wenn sich die zugehörige Matrix in Dreiecksform mit lauter Einsen in der Diagonalen bringen läßt. Die Fortsetzung des Gauß-Algorithmus von da an verändert nämlich nichts mehr an den Einsen in der Diagonalen, so daß keine Zeile in der Matrix mit lauter Nullen auftritt. Es existiert also die Inverse zur Matrix (E — M) . Die Lösung läßt sich schreiben

$$\vec{x} = (E - M)^{-1} \cdot \vec{b}$$

10

Die zahlenmäßige Lösung des hier gestellten Problems können Sie ganz leicht mit dem Gauß-Algorithmus herstellen und damit den Produktionsvektor bestimmen.

Man braucht 4100 Seitenteile, 14300 Regalbretter, 14000 kurze Schrauben, 7900 lange Schrauben, 1300 Grundregale, 1400 Anbauregale, 600 Doppelregale und 200 Dreifachregale.

Das Stücklistenproblem wird also in folgenden Schritten gelöst:

1. Man stellt die Mengenmatrix M auf. Dies ist eine obere Dreiecksmatrix, die in der Diagonalen nur Nullen hat.
2. Man stellt die externe Nachfrage durch den Bestellvektor $\vec{b}$ fest.
3. Die Anzahl der zu produzierenden Teile wird vom Produktionsvektor $\vec{x}$ angegeben. Er ergibt sich aus der Gleichung

$$(E - M) \cdot \vec{x} = \vec{b}$$

4. Diese Gleichung ist stets lösbar, da $E - M$ eine obere Dreiecksmatrix mit lauter Einsen in der Diagonalen ist.

   Die Lösung ist $\vec{x} = (E - M)^{-1} \cdot \vec{b}$

Aufgabe zu 10.1

Eine Firma stellt elektrische Geräte her. Die Grundbauteile sind Widerstände, Spulen und Kondensatoren. Zwischenprodukte sind ein Bauteil Z_1 aus 3 Widerständen und 2 Spulen und ein Bauteil Z_2 aus 2 Widerständen, 2 Spulen und 4 Kondensatoren. Die beiden Endprodukte sind A aus $2\,Z_1$ und $3\,Z_2$, sowie B aus $5\,Z_1$ und $2\,Z_2$. Berechnen Sie die Stückliste, wenn bei der Firma insgesamt 200 Widerstände, 100 Spulen, 150 Kondensatoren, 50 Bauteile Z_1, 20 Bauteile Z_2, 200 Geräte A und 300 Geräte B bestellt werden.

10.2 Die Input-Output-Analyse – Das Leontief-Modell

Bei den Produktionen, die die Berechnung einer Stückliste notwendig machen, ist es stets so, daß die Herstellung komplexerer Bauteile die Verwendung einfacherer Bauteile erforderlich macht. Zur Herstellung einfacherer Bauteile werden natürlich keine komplexeren Bauteile gebraucht. Das ist ja auch der Grund dafür, daß die Mengenmatrix (in technologischer Ordnung) eine obere Dreiecksmatrix mit lauter Nullen in der Diagonalen ist. Nun gibt es aber Produktionsprozesse, bei denen die Produkte auch wechselseitig zur Herstellung gebraucht werden. In solchen Fällen entsteht nicht nur ein Ausstoß (Output) an Produkten, die aus Rohstoffen oder Grundbauteilen entstehen, sondern es fließt ein Teil der Produkte

auch wieder in die Produktion eben dieser Produkte ein (Input). Es muß also zusätzlich eine innerbetriebliche Leistungsverrechnung erfolgen. Die Bestimmung des Zusammenhangs zwischen dem Input und dem für den Verkauf bereitstehenden Netto-Output bzw. dem Gesamt-Output bezeichnet man als **Input-Output-Analyse**.
Die Fragestellung kann man als eine Verallgemeinerung des Stücklistenproblems aus dem vorhergehenden Abschnitt ansehen.

Ein Beispiel: Ein Unternehmen der Grundstoffindustrie fördert Kohle und erzeugt Stahl und elektrische Energie. Für die Förderung der Kohle werden Stahl und elektrische Energie eingesetzt, für die Stahlherstellung werden Kohle und elektrische Energie gebraucht und zur Erzeugung elektrischer Energie finden Kohle und Stahl Verwendung. Die wechselseitig benötigten Mengen für einen Tag sind in der Verflechtungsmatrix in Mengeneinheiten (ME) angegeben:

Zur Herstellung von		Kohle	Stahl	Elektrizität
wird benötigt	Kohle	0	20000	60000
	Stahl	800	0	3000
	Elektrizität	4800	20000	0

Wird Kohle nur für den eigenen Gebrauch gefördert und sollen 96200 ME Stahl und 125200 ME elektrische Energie abgegeben werden, so ist der Nachfrage- oder Bestellvektor

$$\vec{b} = \begin{pmatrix} 0 \\ 96200 \\ 125200 \end{pmatrix}$$

Für die Gesamtproduktion ergibt sich aus der internen Nachfrage und den externen Bestellungen der

$$\text{Produktionsvektor } \vec{x} = \begin{pmatrix} 80000 \\ 100000 \\ 150000 \end{pmatrix}$$

Verändern sich nun die Bestellmengen, so muß die Produktion diesen Veränderungen angepaßt werden. Nimmt man an, daß sich die interne Nachfrage proportional zur Gesamtproduktion verändert, so kann man die Verflechtungsmatrix in Prozenten der Gesamtproduktion angeben. Im Falle dieses Beispiels ist dies

	Kohle	Stahl	Elektrizität
Kohle	0	0,2	0,4
Stahl	0,01	0	0,02
Elektrizität	0,06	0,2	0

$$\begin{pmatrix} 0 & 0{,}2 & 0{,}4 \\ 0{,}01 & 0 & 0{,}02 \\ 0{,}06 & 0{,}2 & 0 \end{pmatrix} = T$$

10

In dieser Matrix T steht, wieviele Mengeneinheiten der Produkte zur Herstellung einer Mengeneinheit eines Produktes gebraucht werden. Die Elemente dieser Matrix erhalten Sie, wenn Sie von der ursprünglichen Matrix A mit den Mengenangaben, dem Bestellvektor $\vec{b}$ und dem Produktionsvektor der Gesamtproduktion $\vec{x}$ ausgehen. Im Falle von drei Komponenten haben Sie

$$A = \begin{pmatrix} a_{11} & a_{12} & a_{13} \\ a_{21} & a_{22} & a_{23} \\ a_{31} & a_{32} & a_{33} \end{pmatrix} \qquad \vec{b} = \begin{pmatrix} b_1 \\ b_2 \\ b_3 \end{pmatrix} \qquad \vec{x} = \begin{pmatrix} x_1 \\ x_2 \\ x_3 \end{pmatrix}$$

Um x_1 des ersten Erzeugnisses zu produzieren, braucht man a_{11} des ersten, a_{21} des zweiten und a_{31} des dritten Produktes. Um also eine Mengeneinheit des ersten Erzeugnisses herzustellen, benötigt man jeweils den x_1-ten Teil der vorherigen Mengen. Entsprechendes gilt für die anderen Produkte. Die Matrix T ergibt sich daher zu

$$T = \begin{pmatrix} t_{11} & t_{12} & t_{13} \\ t_{21} & t_{22} & t_{23} \\ t_{31} & t_{32} & t_{33} \end{pmatrix} = \begin{pmatrix} \frac{a_{11}}{x_1} & \frac{a_{12}}{x_2} & \frac{a_{13}}{x_3} \\ \frac{a_{21}}{x_1} & \frac{a_{22}}{x_2} & \frac{a_{23}}{x_3} \\ \frac{a_{31}}{x_1} & \frac{a_{32}}{x_2} & \frac{a_{33}}{x_3} \end{pmatrix} \qquad \left(\text{Allgemein } t_{ij} = \frac{a_{ij}}{x_j}\right)$$

Die Matrix T beschreibt also hinsichtlich der notwendigen Produktionsstoffe den technologischen Prozeß. Sie heißt daher **technologische Matrix T** oder auch **Input-Matrix**, da sie den für die Produktion notwendigen Input angibt. Sie erkennen sofort, daß hier – ähnlich wie beim Stücklistenproblem, wo die Mengenmatrizen spezielle technologische Matrizen sind – das Produkt der technologischen Matrix T mit dem Produktionsvektor $\vec{x}$ den Vektor $\vec{z}$ der internen Nachfrage ergibt. Es ist

$$\vec{x} = \vec{z} + \vec{b} \qquad \text{und} \qquad \vec{z} = T \cdot \vec{x}$$

insgesamt gilt demnach $\vec{x} = T \cdot \vec{x} + \vec{b}$

oder

$$\begin{aligned} \vec{x} - T \cdot \vec{x} &= \vec{b} \\ E \cdot \vec{x} - T \cdot \vec{x} &= \vec{b} \\ (E - T) \cdot \vec{x} &= \vec{b} \\ \vec{x} &= (E - T)^{-1} \cdot \vec{b} \end{aligned}$$

sofern diese inverse Matrix $(E - T)^{-1}$ existiert, das heißt $(E - T) \cdot \vec{x} = \vec{b}$ lösbar ist. Ist dies der Fall, dann läßt sich für jede neue externe Nachfrage sofort die Gesamtproduktion berechnen. Man muß ja nur wieder einen Gauß-Algorithmus durchführen.

Nehmen Sie an, die externe Nachfrage steigt auf 145000 ME Stahl und 164000 ME elektrische Energie und die Betriebsleitung beschließt 10000 ME Kohle dazuzukaufen, so wird der Bestellvektor

$$\vec{b} = \begin{pmatrix} -10000 \\ 145000 \\ 164000 \end{pmatrix}$$

Es ist also das Gleichungssystem

$$\begin{pmatrix} 1 & -0{,}2 & -0{,}4 \\ -0{,}01 & 1 & -0{,}02 \\ -0{,}06 & -0{,}2 & 1 \end{pmatrix} \cdot \begin{pmatrix} x_1 \\ x_2 \\ x_3 \end{pmatrix} = \begin{pmatrix} -10000 \\ 145000 \\ 164000 \end{pmatrix} \text{ zu lösen.}$$

Der Produktionsvektor ist $\vec{x} = \begin{pmatrix} 100000 \\ 150000 \\ 200000 \end{pmatrix}$

Es kann natürlich sein, daß das an einer Produktionsstätte erzeugte Produkt an seiner Produktion selbst beteiligt ist. Dann stehen in der Diagonalen der technologischen Matrix nicht mehr Nullen. Wird zum Beispiel bei der Förderung von Kohle auch etwas Kohle verbraucht, bei der Erzeugung von Stahl etwas Stahl verwendet und bei der Gewinnung elektrischer Energie auch elektrische Energie benutzt, dann könnte die technologische Matrix T der obigen Firma etwa so aussehen:

	Kohle	Stahl	Elektrizität
Kohle	0,02	0,2	0,4
Stahl	0,01	0,02	0,01
Elektrizität	0,04	0,20	0,01

$= T$

Bei einem Bestellvektor $\vec{b} = \begin{pmatrix} -12000 \\ 144000 \\ 164000 \end{pmatrix}$

ist dann der Produktionsvektor $\vec{x} = \begin{pmatrix} 100000 \\ 150000 \\ 200000 \end{pmatrix}$ wie Sie durch Lösen des Gleichungssystems $(E - T) \cdot \vec{x} = \vec{b}$ leicht nachprüfen können.

Die Input-Output-Analyse, die Sie hier in betriebswirtschaftlicher Anwendung gesehen haben, läßt sich auch auf die Volkswirtschaft übertragen. Die Wirtschaftszweige einer Volkswirtschaft stehen miteinander in Beziehung. Als Beispiel wird hier zunächst eine ganz einfach strukturierte Volkswirtschaft betrachtet, die nur zwei Produktionszweige, nämlich die Landwirtschaft und das Handwerk, hat. Hinzu kommen dann noch die Konsumenten, die die Erzeugnisse dieser beiden Produktionszweige abnehmen. Angenommen die Landwirtschaft verbraucht 20% der eigenen Produkte sowie 55% der Handwerkserzeugnisse und das Handwerk benötigt 40% der landwirtschaftlichen und 10% der eigenen Produkte, dann ist die Inputmatrix für diese Volkswirtschaft

10

$$T = \begin{pmatrix} 0{,}2 & 0{,}4 \\ 0{,}55 & 0{,}1 \end{pmatrix}$$

Werden von den Konsumenten nun in einem gewissen Zeitraum für 1000 Währungseinheiten landwirtschaftliche Produkte und für 800 Währungseinheiten handwerkliche Erzeugnisse (statt mit Mengeneinheiten rechnet man in der Volkswirtschaft in der Regel mit Geldwerten, also mit Währungseinheiten) nachgefragt, dann läßt sich wieder die Gesamtproduktion aus der Gleichung

$$(E - T) \cdot \vec{x} = \vec{b}$$

also für diesen Fall aus der Gleichung

$$\left[\begin{pmatrix} 1 & 0 \\ 0 & 1 \end{pmatrix} - \begin{pmatrix} 0{,}2 & 0{,}4 \\ 0{,}55 & 0{,}1 \end{pmatrix}\right] \cdot \begin{pmatrix} x_1 \\ x_2 \end{pmatrix} = \begin{pmatrix} 1000 \\ 800 \end{pmatrix}$$

$$\begin{pmatrix} 0{,}8 & -0{,}4 \\ -0{,}55 & 0{,}9 \end{pmatrix} \cdot \begin{pmatrix} x_1 \\ x_2 \end{pmatrix} = \begin{pmatrix} 1000 \\ 800 \end{pmatrix}$$

bestimmen.

Es ist $(E - T)^{-1} = \begin{pmatrix} 1{,}8 & 0{,}8 \\ 1{,}1 & 1{,}6 \end{pmatrix}$ und damit $\vec{x} = \begin{pmatrix} 1{,}8 & 0{,}8 \\ 1{,}1 & 1{,}6 \end{pmatrix} \cdot \begin{pmatrix} 1000 \\ 800 \end{pmatrix} = \begin{pmatrix} 2440 \\ 2380 \end{pmatrix}$

Natürlich ist dieses Beispiel eine grobe Vereinfachung der für eine heutige Volkswirtschaft, zum Beispiel die der Bundesrepublik Deutschland, erforderlichen Input-Output-Analyse. „Die Input-Output-Tabelle beschreibt den gesamten Komplex einer Volkswirtschaft. ... In Form eines konsistenten Rechenschemas beschreibt die Input-Output-Tabelle die Güterströme, die zwischen den zu Sektoren zusammengefaßten Produktionseinheiten eines Wirtschaftsraumes in einer bestimmten Periode – meistens in einem Jahr – fließen. Außerdem zeigt sie die Lieferungen der Produktionssektoren an die Endnachfrage-Bereiche und den Einsatz von primären Inputs in den einzelnen Sektoren. Alle Transaktionen stellen Werteströme dar, die in DM-Beträgen ausgedrückt sind." (Spektrum der Wissenschaft, Heft Mai 1985, S. 47 und S. 50) In der zitierten Zeitschrift finden Sie eine solche Input-Output-Tabelle für die Bundesrepublik Deutschland mit sechzig Wirtschaftssektoren. Wie Sie schon aus dem einfachen Beispiel oben (mit den zwei Wirtschaftssektoren Landwirtschaft und Handwerk) entnehmen können, dient eine solche Analyse nicht der Prognose der Endnachfrage, sondern der Berechnung der von einer solchen Nachfrage ausgehenden Wirkung auf die verschiedenen Wirtschaftszweige. In diesem Bereich hat sie Bedeutung erlangt. Wie alle mathematischen Modelle ist sie jedoch nur soweit gültig, wie sie in der Lage ist, die tatsächlichen Gegebenheiten in das Modell zu übersetzen. Zum Beispiel werden bei der Input-Output-Analyse wichtige Gegebenheiten noch nicht berücksichtigt: Der zeitliche Ablauf des Marktgeschehens ist nicht einbezogen. Man rechnet vielmehr so, als würde die Nachfrageänderung ohne Zeitverzögerung auf die Produktion durchschlagen können. Eine Lagerhaltung wird nicht eingerechnet. Mit der Konstanz der Prozentsätze in der technologischen Matrix läßt man einen möglichen technischen Fortschritt in den Produktionsmethoden außer acht.

Dennoch hat die Input-Output-Analyse, die nach ihrem Begründer, dem 1906 in Rußland geborenen amerikanischen Wirtschaftswissenschaftler Wassily W. Leontief, auch **Leontief-Modell** genannt wird, schon wichtige Erkenntnisse gebracht. Zum Beispiel haben W. Leontief und F. Duchin im April 1984 eine Studie über die Auswirkungen der Automation auf die Beschäftigung vom Jahr 1963 bis zum Jahr 2000 vorgelegt, die auf dem Leontief-Modell gründet und bedeutsame Planungsdaten liefert.

Aufgaben zu 10.2

1. Bestimmen Sie für die Firma aus Abschnitt 10.2 die Gesamtproduktion, wenn Kohle weder verkauft noch eingekauft wird und 193 600 ME Stahl sowie 201 600 ME elektrische Energie ausgeliefert werden sollen.

$$\text{Technologische Matrix} \quad T = \begin{pmatrix} 0 & 0{,}2 & 0{,}4 \\ 0{,}01 & 0 & 0{,}02 \\ 0{,}06 & 0{,}2 & 0 \end{pmatrix}$$

2. Durch die Input-Matrix $T = \begin{pmatrix} 0{,}2 & 0{,}4 \\ 0{,}1 & 0{,}3 \end{pmatrix}$ ist die Verflechtung zweier Industriezweige gegeben.
Bestimmen Sie die Gesamtproduktion für den Bestellvektor

a) $\vec{b} = \begin{pmatrix} 80 \\ 100 \end{pmatrix}$ b) $\vec{b} = \begin{pmatrix} 200 \\ 300 \end{pmatrix}$

3. In einer einfachen Volkswirtschaft gibt es die drei Wirtschaftszweige Landwirtschaft, Industrie und Dienstleistungen. Die Verflechtung zwischen diesen Bereichen wurde in einem Bezugsjahr durch die Mengenmatrix A beschrieben. Die externe Nachfrage ließ sich durch den Vektor $\vec{b}$ darstellen.

$$A = \begin{pmatrix} 480 & 144 & 280 \\ 160 & 528 & 360 \\ 0 & 240 & 800 \end{pmatrix} \qquad \vec{b} = \begin{pmatrix} 696 \\ 152 \\ 960 \end{pmatrix}$$

a) Bestimmen Sie den Gesamt-Output der einzelnen Wirtschaftszweige.

b) Berechnen Sie die technologische Matrix.

c) Wie groß muß der Gesamt-Output werden, wenn die externe Nachfrage 400 Währungseinheiten (WE) beim Wirtschaftssektor 1, 1000 WE beim Sektor 2 und 1600 WE beim Sektor 3 wird?

10.3 Stationäre Verteilungen

Aus Abschnitt 9.5 kennen Sie das Beispiel der Zeitschriftenkäufer und ihres sich ändernden Kaufverhaltens.

Die Übergangsmatrix $A = \begin{pmatrix} 0{,}8 & 0{,}1 \\ 0{,}2 & 0{,}9 \end{pmatrix}$ beschreibt dabei die Veränderung im Kaufverhalten. Der Verlag T, dessen Verkaufszahlen bei diesem Kaufverhalten sinken, wird sich überlegen, ob sich die Verteilung der Zeitschriftenkäufer ständig zu seinem Nachteil verändert oder ob sich nach einiger Zeit ein stationärer Zustand einstellt, ein Zustand also, bei dem der Verlag T keine weiteren Einbußen an Kunden erleidet. Diese Überlegung läßt sich mathematisch so formulieren: Gibt es eine Verteilung der Verkaufszahlen v_1 und v_2, die ja die Komponenten des Vektors $\vec{v}$ sind, so daß die Multiplikation $A \cdot \vec{v}$ keine Veränderung in dieser Verteilung hervorbringt? Anders ausgedrückt: Gibt es einen Vektor $\vec{v}$, für den $A \cdot \vec{v} = \vec{v}$ gilt?

Diese Frage führt sofort zu dem Gleichungssystem

$$A \cdot \vec{x} = \vec{x}$$

oder

$$\vec{x} - A \cdot \vec{x} = \vec{o}$$

$$E \cdot \vec{x} - A \cdot \vec{x} = \vec{o}$$

$$(E - A) \cdot \vec{x} = \vec{o}$$

Sie wissen von der Matrizenmultiplikation aus Lektion 5.4, daß dieses System für $\vec{x} = \vec{o}$ selbstverständlich erfüllt wird. Diese triviale Lösung ist aber für die Verlage T und R uninteressant; es würde ja keine einzige Zeitschrift verkauft. Die Frage ist also, hat das Gleichungssystem weitere, nicht-triviale Lösungen?

Für das Beispiel ist das Gleichungssystem

$$0{,}2 \cdot x_1 - 0{,}1 \cdot x_2 = 0$$

$$-0{,}2 \cdot x_1 + 0{,}1 \cdot x_2 = 0 \quad \text{zu lösen.}$$

Da die beiden Gleichungen linear abhängig sind, gibt es unendlich viele Lösungen mit der Bedingung

$$2 \cdot x_1 - x_2 = 0$$

$$x_2 = 2x_1$$

Da die Gesamtzahl der Käufer unverändert bei 90000 liegt, gilt jedoch die Zusatzbedingung

$$x_1 + x_2 = 90000$$

Also

$$3x_1 = 90000$$

$$x_1 = 30000$$

und

$$x_2 = 60000$$

Wenn der Verlag T seine Zeitschrift bei 30000 Käufern gewinnbringend publizieren kann, braucht er folglich keine anderen Lösungen, wie zum Beispiel die Herausgabe einer weiteren Zeitschrift, zu suchen. Bei der gegebenen Übergangsmatrix A ist die Verteilung im Verhältnis 1 : 2 eine stationäre Verteilung.

Auch bei der sogenannten Landflucht kann man nach einem stationären Zustand fragen. Wenn zum Beispiel jedes Jahr 3% der Landbevölkerung in die Stadt zieht, umgekehrt aber nur 1% der Stadtbevölkerung auf das Land geht, dann läßt sich dieses Verhalten in der Übergangsmatrix A darstellen.

	Stadt	Land
Stadt	0,99	0,01
Land	0,03	0,97

$$\begin{pmatrix} 0{,}99 & 0{,}01 \\ 0{,}03 & 0{,}97 \end{pmatrix} = A$$

Bei welcher Verteilung von Stadt- und Landbevölkerung tritt ein stationärer Zustand ein?

Dafür ist wieder die Gleichung $A \cdot \vec{v} = \vec{v}$ oder $(E - A) \cdot \vec{v} = \vec{o}$ zu lösen. Die Lösung des Gleichungssystems (bitte führen Sie sie selbst durch) zeigt eine stationäre Verteilung, wenn die Stadtbevölkerung 75% und die Landbevölkerung 25% ausmacht.

Überträgt man die Methode der Berechnung eines stationären Zustands auf die geometrischen Abbildungen, so stellt A eine Abbildungsmatrix dar und die Gleichung $A \cdot \vec{x} = \vec{x}$ zu lösen, bedeutet, einen Vektor zu finden, der auf sich selbst abgebildet wird.
Betrachten Sie zum Beispiel die Spiegelung an der ersten Winkelhalbierenden mit der Abbildungsmatrix $S = \begin{pmatrix} 0 & 1 \\ 1 & 0 \end{pmatrix}$.

Es ist also das folgende Gleichungssystem zu lösen.

$$\left[\begin{pmatrix} 1 & 0 \\ 0 & 1 \end{pmatrix} - \begin{pmatrix} 0 & 1 \\ 1 & 0 \end{pmatrix}\right] \cdot \begin{pmatrix} x_1 \\ x_2 \end{pmatrix} = \begin{pmatrix} 0 \\ 0 \end{pmatrix}$$

$$\begin{pmatrix} 1 & -1 \\ -1 & 1 \end{pmatrix} \cdot \begin{pmatrix} x_1 \\ x_2 \end{pmatrix} = \begin{pmatrix} 0 \\ 0 \end{pmatrix}$$

$$x_1 - x_2 = 0$$

$$-x_1 + x_2 = 0$$

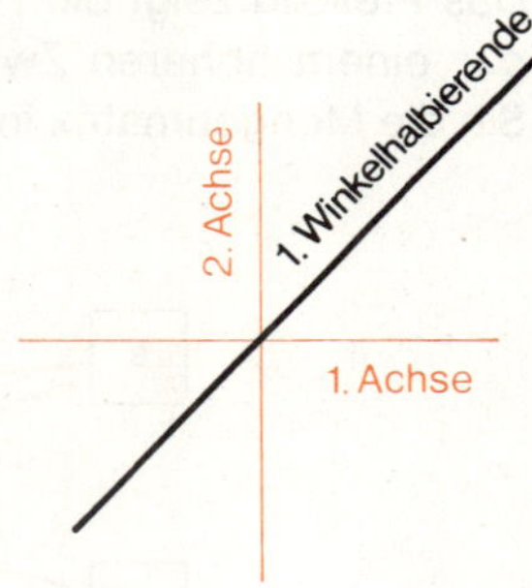

Lösung ist jeder Vektor, für den $x_1 = x_2$ ist. Diese Ortsvektoren bestimmen alle Punkte mit zwei gleichen Koordinaten. Alle diese Punkte liegen auf der ersten Winkelhalbierenden. Bei der Spiegelung an der ersten Winkelhalbierenden werden aber alle Punkte auf dieser Winkelhalbierenden auf sich selbst abgebildet.

> Punkte, die bei einer Abbildung auf sich selbst abgebildet werden, heißen **Fixpunkte der Abbildung**.

Für die geometrischen Abbildungen mit der Abbildungsmatrix A werden durch die Gleichung $(E - A) \cdot \vec{x} = \vec{o}$ die Fixpunkte bestimmt.

Aufgaben zu 10.3

1. Berechnen Sie den stationären Zustand bei den Verkaufszahlen der drei Zeitschriften aus Abschnitt 9.5, wenn die Gesamtzahl der Käufer weiterhin 90000 beträgt. Hat sich dieser stationäre Zustand im Juli bereits eingestellt?

2. Welcher stationäre Zustand besteht bei einer Wanderung zwischen Stadtmitte und Vororten, wenn 4% der Bewohner der Stadtmitte in die Vororte, aber nur 1% der Bewohner der Vororte in die Stadtmitte umziehen?

3. Bestimmen Sie die Fixpunkte bei der

a) Spiegelung an der zweiten Achse

b) Scherung mit der Scherungsmatrix $A = \begin{pmatrix} 1 & 2 \\ 0 & 1 \end{pmatrix}$

c) zentrischen Streckung mit dem Faktor 3

d) senkrechten Stauchung mit dem Faktor 0,5

Wiederholungsaufgaben

1. Das Pfeilbild zeigt die Herstellung eines Endproduktes e aus einem Zwischenprodukt c, einem höheren Zwischenprodukt d und zwei Grundbauteilen a und b. Stellen Sie die Mengenmatrix in technologischer Ordnung auf und berechnen Sie die Stückliste.

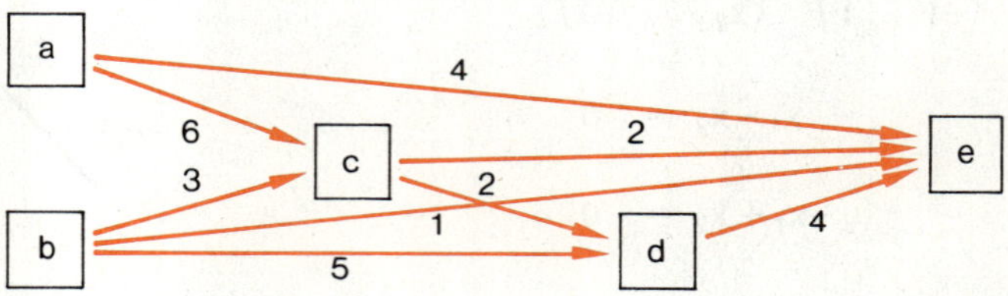

2. Drei Teilbetriebe einer Firma sind gemäß der Verflechtungsmatrix T in ihren Produkten P_1, P_2 und P_3 voneinander abhängig. Wie groß ist die Gesamtproduktion, wenn der Bestellvektor $\vec{b}$ gegeben ist?

$$T = \begin{pmatrix} 0{,}5 & 0{,}2 & 0{,}1 \\ 0{,}1 & 0{,}5 & 0{,}2 \\ 0{,}2 & 0{,}1 & 0{,}5 \end{pmatrix} \qquad \vec{b} = \begin{pmatrix} 3000 \\ 2000 \\ 1000 \end{pmatrix}$$

3. Eine einfache Volkswirtschaft aus zwei Wirtschaftssektoren W_1 und W_2 hat in der Statistik eines Jahres festgehalten, daß der Sektor W_1 einen Eigenverbrauch von 3000 Währungseinheiten (WE) hatte und von W_2 Produkte im Wert von 6000 WE benötigte. W_2 brauchte von W_1 Produkte im Wert von 5000 WE und hatte einen Eigenbedarf von 2000 WE. Die externe Nachfrage war 22000 WE bei W_1 und 12000 WE bei W_2. Stellen Sie die Mengenmatrix auf, berechnen Sie die Inputmatrix und bestimmen Sie den Gesamt-Output im nächsten Jahr, wenn sich der externe Bedarf auf 30000 WE bei W_1 und 15000 WE bei W_2 erhöht.

Lösungen

Lektion 1

Aufgaben im Text

1 4,5 cm 3 cm 4,5 cm

2 $18\,\frac{\text{km}}{\text{h}}$

3 $347{,}5\,\frac{\text{km}}{\text{h}}$

4

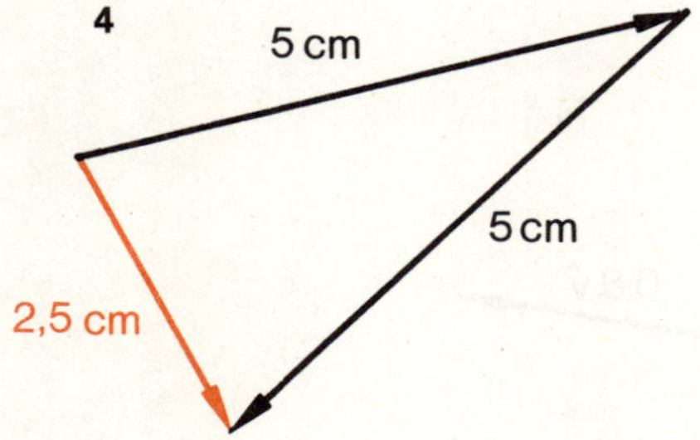

5 300 m 200 m 360 m

6 $\left|\vec{v}_3\right| = \sqrt{15^2 + 10^2} \approx 18$

7 $9\,\frac{\text{km}}{\text{h}}$

8

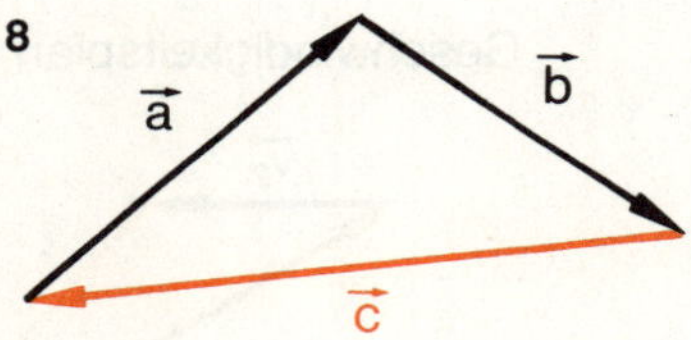

9 33,7°

10

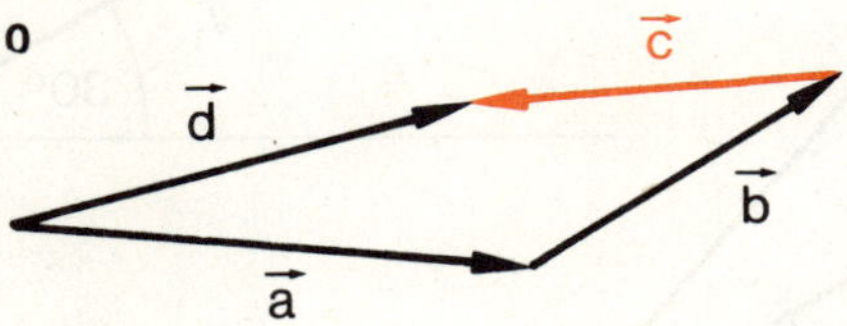

11

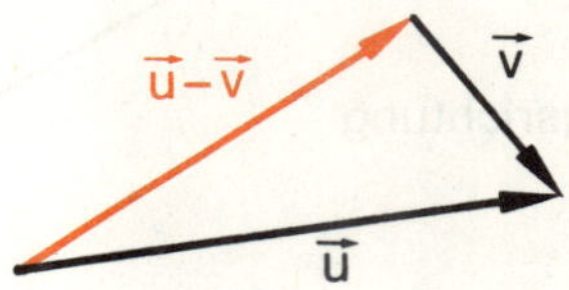

12 $\overrightarrow{BE} = -\vec{a} + \vec{c}$ $\overrightarrow{FA} = -\vec{a} - \vec{c}$ $\overrightarrow{AG} = \vec{a} + \vec{b} + \vec{c}$

13 $0{,}5\,\vec{a} - \vec{b}$

Lösungen der Aufgaben

1.1

1. $\left|\vec{s}_1\right| = 4{,}5$ $\left|\vec{s}_2\right| = 3{,}2$ $\left|\vec{s}_3\right| = 2{,}7$ $\left|\vec{s}_4\right| = 2$

2.

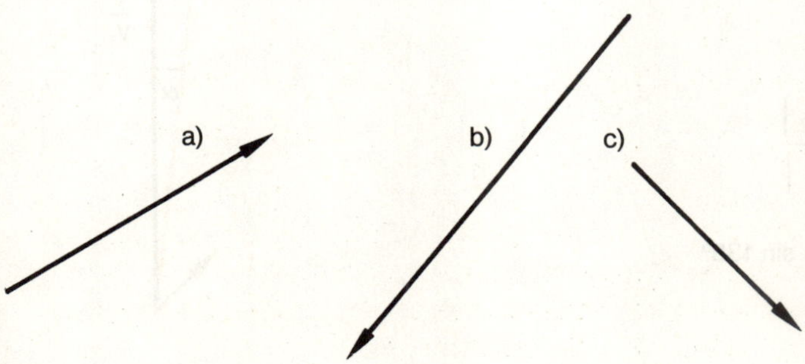

L

3. a) b) c)

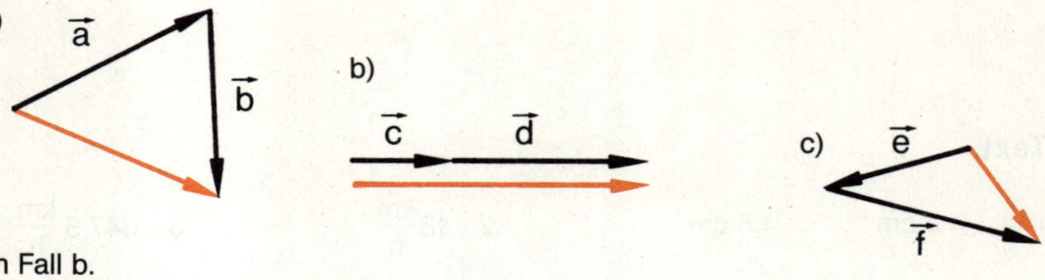

4. im Fall b.

1.2

1.

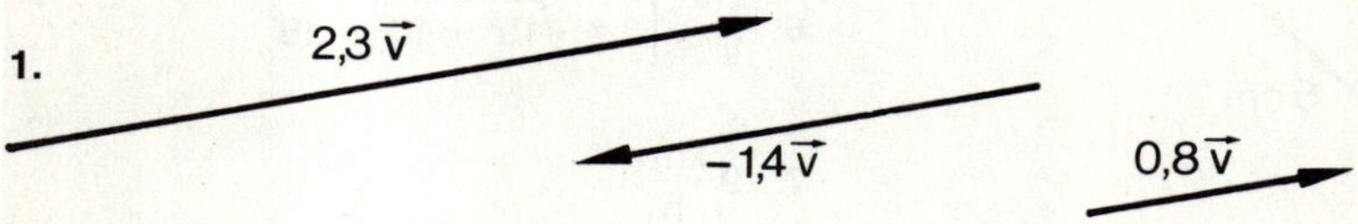

2.

Lageplan

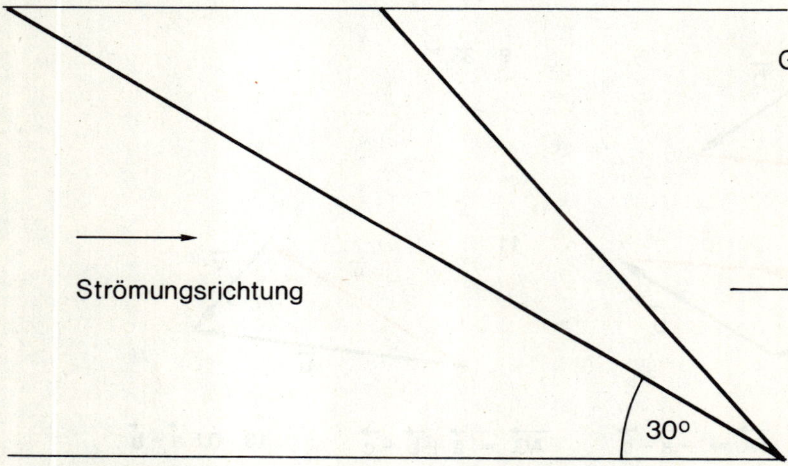

Geschwindigkeitsplan

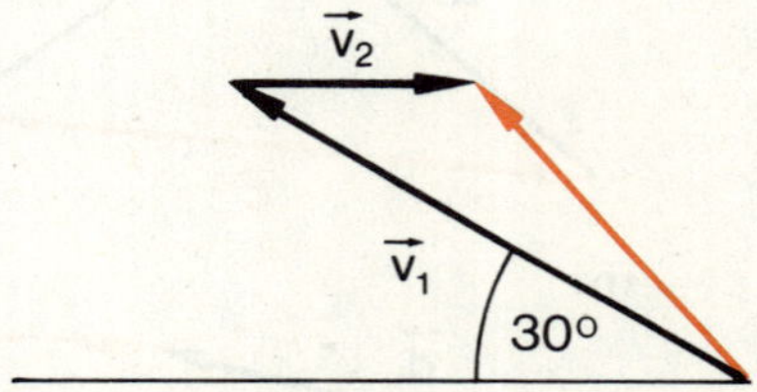

3. Kosinussatz

$$|\vec{v}|^2 = |\vec{v}_1|^2 + |\vec{v}_2|^2 - 2 \cdot |\vec{v}_1| \cdot |\vec{v}_2| \cdot \cos\delta$$

$$\delta = 135°$$

$$|\vec{v}|^2 = 150^2 + 30^2 - 2 \cdot 150 \cdot 30 \cdot \cos 135°$$

$$|\vec{v}| = 172{,}5$$

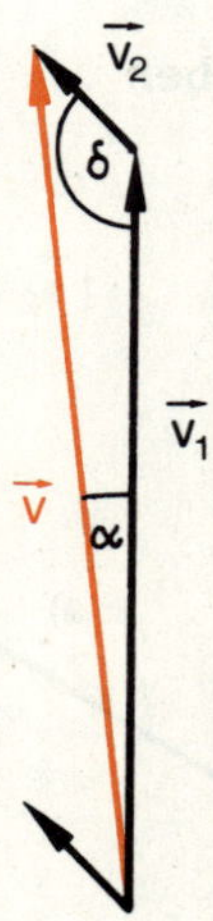

Sinussatz

$$\frac{\sin\alpha}{\sin 135°} = \frac{|\vec{v}_2|}{|\vec{v}|}$$

$$\sin\alpha = \frac{30}{172{,}5} \cdot \sin 135°$$

$$\alpha = 7{,}06°$$

1.3

1. a)

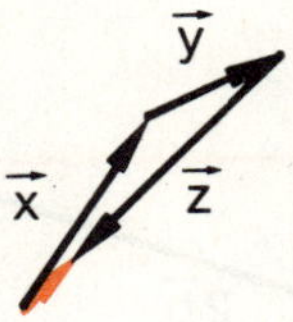

b)

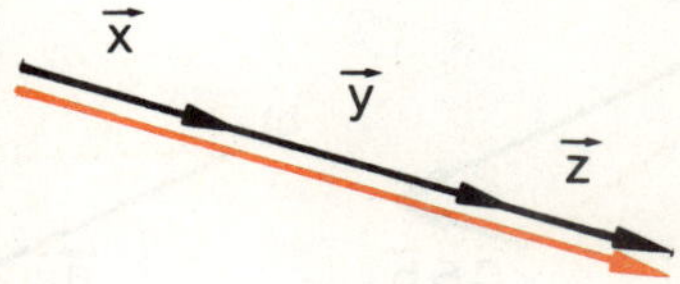

c)

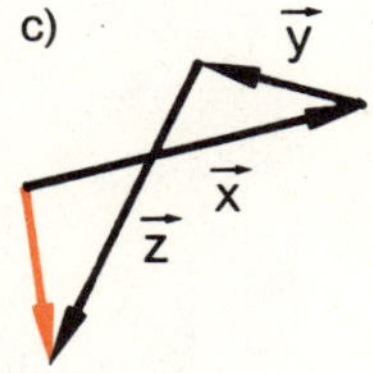

2. $\vec{d} = \vec{a} + \vec{b}$

$\vec{e} = \vec{b} + \vec{c}$

$\vec{f} = -\vec{a} - \vec{b} - \vec{c}$

3. $\vec{a} + \vec{b} + \vec{c} + \vec{f} = \vec{o}$

$\vec{a} + \vec{e} + \vec{f} = \vec{o}$

4. Wenn die Vektoren einen Winkel von 60° bilden (gleichseitiges Dreieck).

1.4

1.

a)

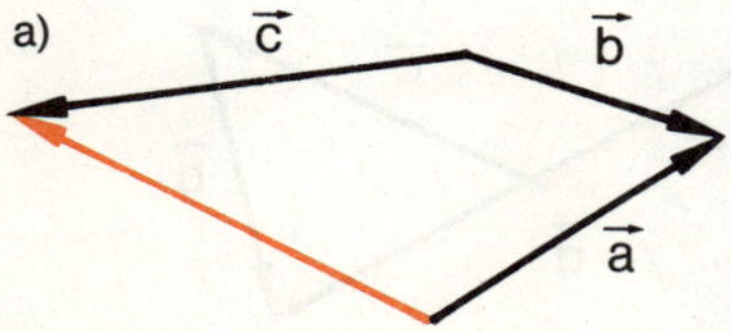

b)

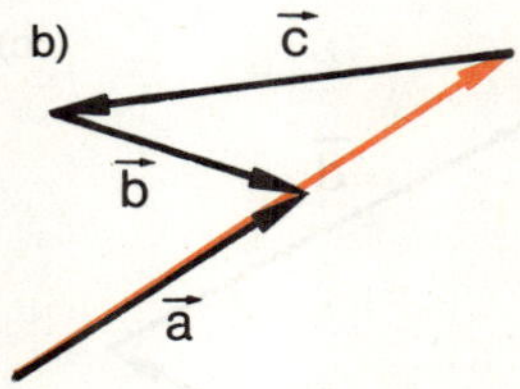

c)

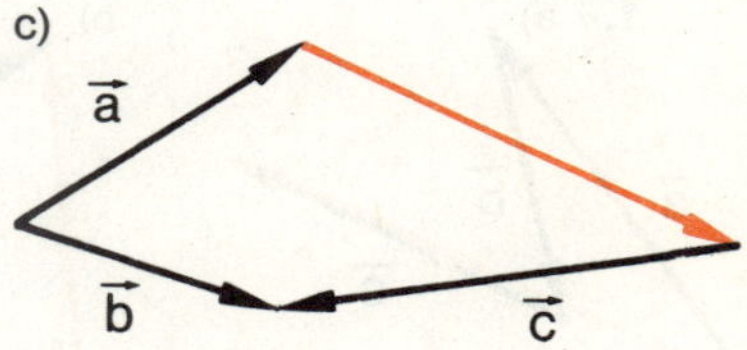

2.

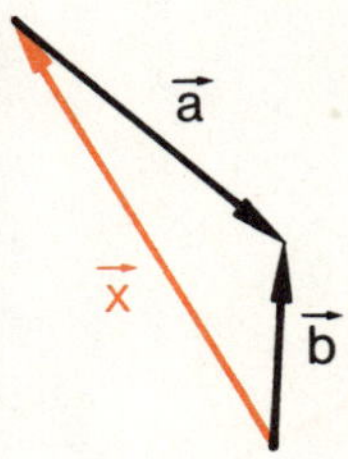

3. $\overrightarrow{AC} = \overrightarrow{AB} + \overrightarrow{AD}$

$\overrightarrow{BD} = -\overrightarrow{AB} + \overrightarrow{AD}$

4. $\overrightarrow{DB} = \vec{a} - \vec{b}$

$\overrightarrow{AC} = \vec{a} + \vec{b}$

$\overrightarrow{SB} = \vec{a} - \vec{c}$

$\overrightarrow{DS} = -\vec{b} + \vec{c}$

$\overrightarrow{SC} = \vec{a} + \vec{b} - \vec{c}$

L

1.5

1.

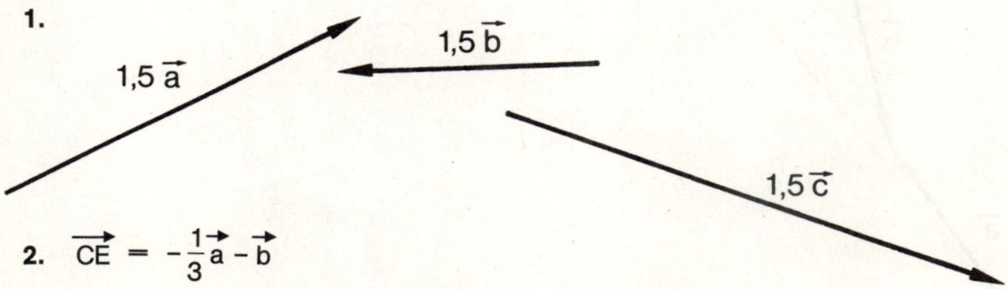

2. $\overrightarrow{CE} = -\frac{1}{3}\vec{a} - \vec{b}$

3. a)

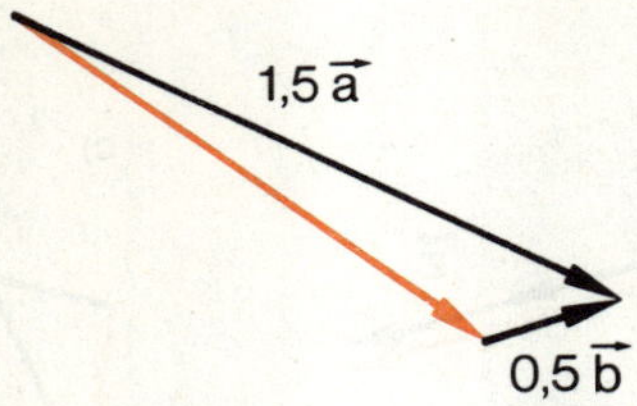

b)

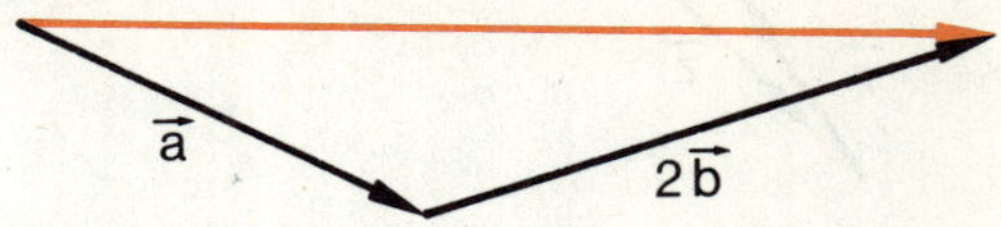

c)

d)

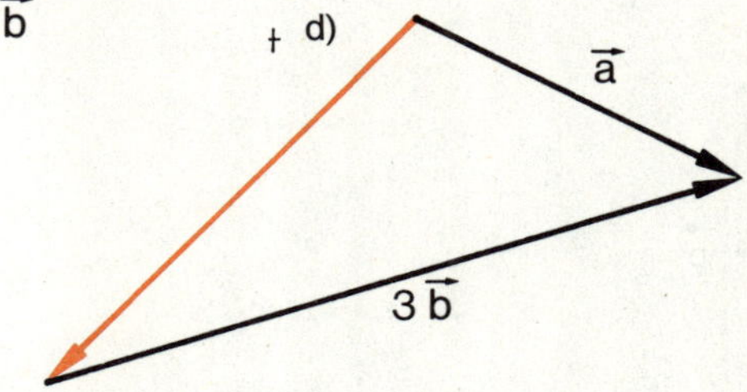

4. $\overrightarrow{AC} = \vec{a} + \vec{c}$ $\qquad \vec{s}_a = 0{,}5\,\vec{a} + \vec{c}$

$\vec{s}_c = -\vec{a} - 0{,}5\,\vec{c}$ $\qquad \vec{s}_b = 0{,}5\,\vec{a} + 0{,}5\,\vec{c} - \vec{c} = 0{,}5\,\vec{a} - 0{,}5\,\vec{c}$

Wiederholungsaufgaben

1. a)

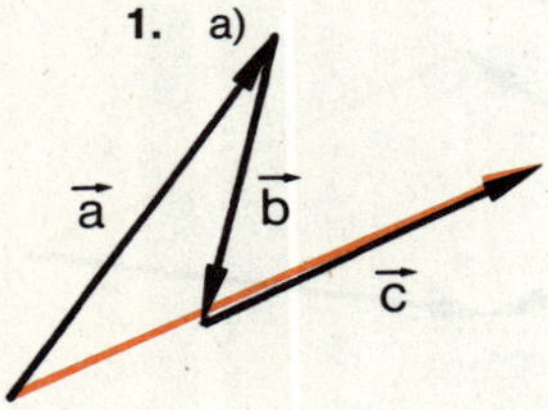

b)

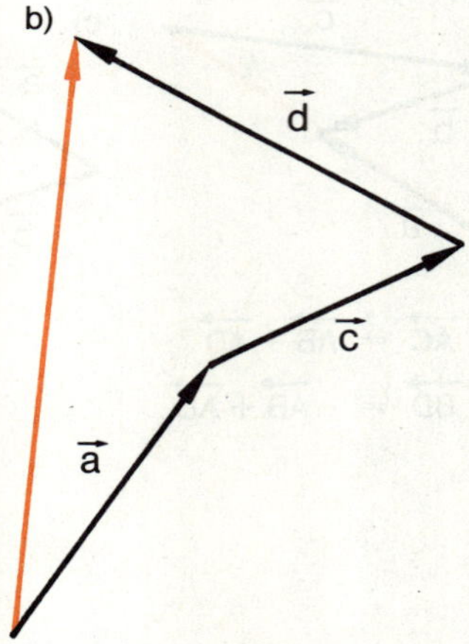

c)

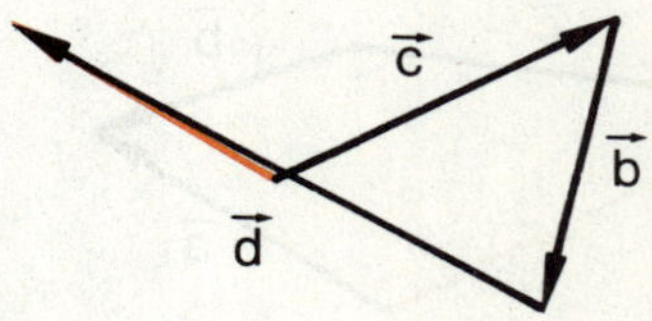

d)

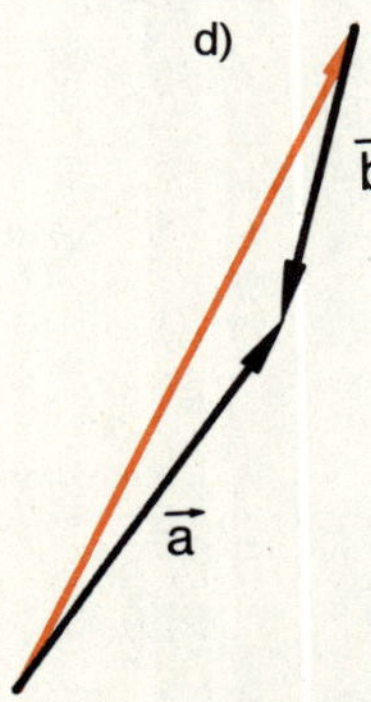

e)

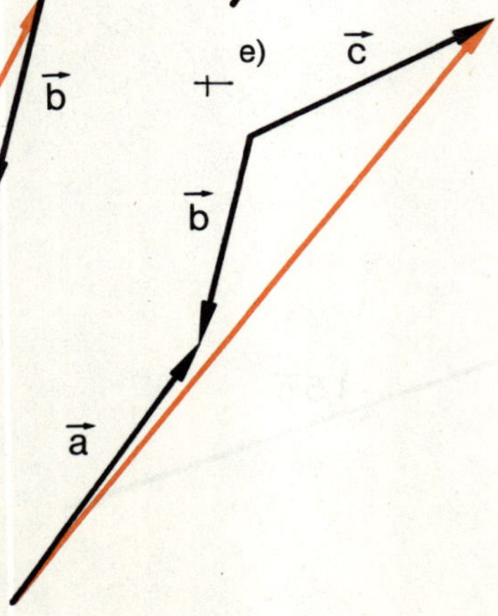

f)

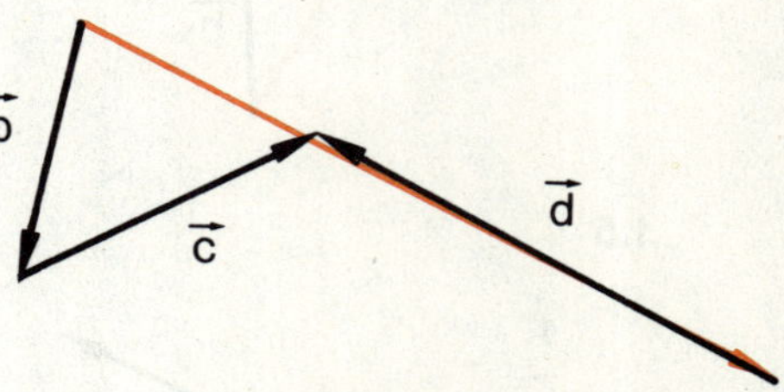

2. $\vec{a} + \vec{b} + \vec{c} = \vec{o}$

oder $\vec{a} - \vec{b} + \vec{c} = \vec{o}$

oder $\vec{a} + \vec{b} - \vec{c} = \vec{o}$

oder $\vec{a} - \vec{b} - \vec{c} = \vec{o}$

3. Wenn $\vec{a}$, $\vec{b}$ und $\vec{c}$ gleiche oder entgegengesetzte Richtung haben.

4. $\overrightarrow{BM} = 0{,}5\vec{b} - 0{,}5\vec{a}$

$\overrightarrow{MC} = 0{,}5\vec{a} + 0{,}5\vec{b}$

5. $87{,}5 \frac{cm}{s}$

6. $25 \frac{cm}{s}$; 60 s

7. $|\vec{v}_B| = 1{,}44 \frac{m}{s}$ $\quad |\vec{v}_S| = 1{,}2 \frac{m}{s}$

$|\vec{v}_R| = \sqrt{|\vec{v}_B|^2 + |\vec{v}_S|^2} = 1{,}87 \frac{m}{s}$

$\tan\alpha = \frac{|\vec{v}_S|}{|\vec{v}_B|} \Rightarrow \alpha = 39{,}8°$ Der Winkel α zwischen $\vec{v}_B$ und $\vec{v}_R$ beträgt 39,8°.

8.
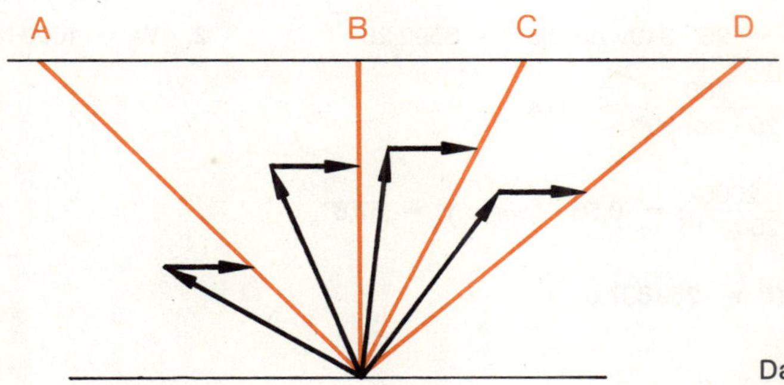

Das Boot B hat den kürzesten Weg.

L

Lektion 2

Aufgaben im Text

1 $|\vec{F}|^2 = 52^2 + 37^2 - 2 \cdot 52 \cdot 37 \cdot \cos 104°$

$|\vec{F}| = 70{,}7$ N

$\sin\alpha = \frac{37 \cdot \sin 104°}{70{,}7} \Rightarrow \alpha = 30{,}5°$

2 $\cos\gamma = \frac{|\vec{F}_S|}{|\vec{F}|}$

$|\vec{F}_S| = |\vec{F}| \cdot \cos\gamma$

3 138 N

Lösungen der Aufgaben

2.1

1.

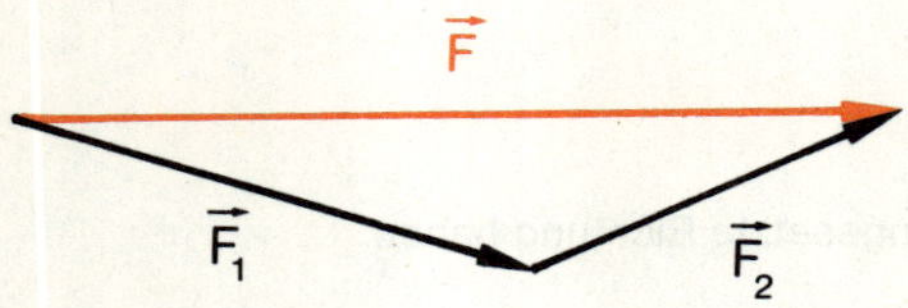

2.

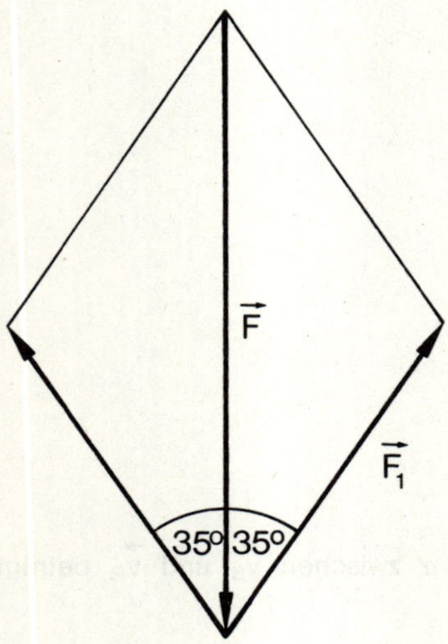

$$|\vec{F}|^2 = 2 \cdot |\vec{F_1}|^2 - 2 \cdot |\vec{F_1}|^2 \cdot \cos 110°$$

$$|\vec{F_1}|^2 = \frac{|\vec{F}|^2}{2 - 2\cos 110°}$$

$$\Rightarrow \quad |\vec{F_1}| = 195{,}3$$

oder mit dem Sinussatz

$$|\vec{F_1}| = \frac{|\vec{F}| \cdot \sin 35°}{\sin 110°} = 195{,}3$$

2.2

1. $W = |\vec{F}| \cdot |\vec{s}| \cdot \cos\gamma = 25 \cdot 340 \cdot \cos 65° = 3592{,}26$

2. $W = 1600\ \text{Nm}$

3. $|\vec{F}| = \dfrac{W}{|\vec{s}| \cdot \cos\gamma} = \dfrac{700}{20 \cdot \cos 30°} = 40{,}4$

4. $\cos\gamma = \dfrac{W}{|\vec{F}| \cdot |\vec{s}|} = \dfrac{2000}{250 \cdot 15} = 0{,}53 \quad \Rightarrow \quad \gamma = 57{,}8°$

5. $W = 2500 \cdot 120 \cdot \cos 30° = 259\,807{,}6$

2.3

1. $\vec{a} \cdot \vec{b} = 3 \cdot 4 \cdot \cos 0° = 12$

$\vec{a} \cdot \vec{c} = 3 \cdot 5 \cdot \cos 30° = 12{,}99$

$\vec{b} \cdot \vec{c} = 4 \cdot 5 \cdot \cos 30° = 17{,}32$

2. $\vec{m} \cdot \vec{n} = 0$

3. a) $\cos\gamma = \dfrac{\vec{a} \cdot \vec{b}}{|\vec{a}| \cdot |\vec{b}|} \quad \Rightarrow \quad \gamma = 0°$ b) $\gamma = 60°$

c) $\gamma = 90°$ d) $\gamma = 180°$ e) $\gamma = 120°$

4. $|\vec{b}| = 2 \quad \gamma = 0°$
$|\vec{b}| = 4 \quad \gamma = 60°$
$|\vec{b}| = 5 \quad \gamma = 66{,}4°$

5. $|\vec{u}| = 2 \quad |\vec{v}| = 3 \quad \gamma = 0°$
$|\vec{u}| = 1 \quad |\vec{v}| = 6 \quad \gamma = 0°$
$|\vec{u}| = 4 \quad |\vec{v}| = 3 \quad \gamma = 60°$

[6.] $\vec{a} + \vec{b} = \vec{o} \quad | \cdot \vec{c}$

$\vec{a} \cdot \vec{c} + \vec{b} \cdot \vec{c} = 0$ Wegen $\vec{a} \cdot \vec{c} > 0$ und $\vec{b} \cdot \vec{c} > 0$ gilt aber $\vec{a} \cdot \vec{c} + \vec{b} \cdot \vec{c} > 0$

2.4

1. $\vec{a} \cdot \vec{b} = |\vec{a}| \cdot |\vec{b}| \cdot \cos\gamma = |\vec{b}| \cdot |\vec{a}| \cdot \cos\gamma = \vec{b} \cdot \vec{a}$

$r(\vec{a} \cdot \vec{b}) = r(|\vec{a}| \cdot |\vec{b}| \cdot \cos\gamma) = \pm |r\vec{a}| \cdot |\vec{b}| \cdot \cos\gamma = (r\vec{a}) \cdot \vec{b}$

Für $r(\vec{a} \cdot \vec{b}) = \vec{a} \cdot (r\vec{b})$ entsprechend

2.

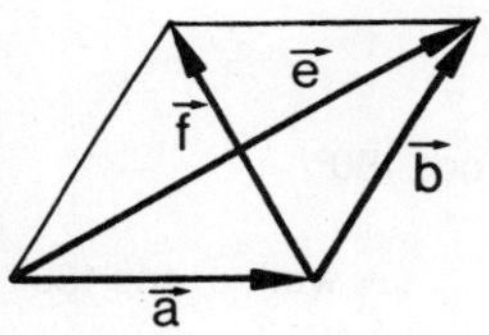

$\vec{e} = \vec{a} + \vec{b}$

$\vec{f} = \vec{a} - \vec{b}$

$\vec{e} \perp \vec{f} \;\Leftrightarrow\; \vec{e} \cdot \vec{f} = 0 \;\Leftrightarrow\; (\vec{a} + \vec{b}) \cdot (\vec{a} - \vec{b}) = 0$

$\Leftrightarrow\; \vec{a}^2 - \vec{b}^2 = 0 \;\Leftrightarrow\; \vec{a}^2 = \vec{b}^2 \;\Leftrightarrow\; |\vec{a}| = |\vec{b}|$

3. a) $|\vec{e}| = |\vec{f}| \;\Leftrightarrow\; \vec{e}^2 = \vec{f}^2 \;\Leftrightarrow\; (\vec{a} + \vec{b})^2 = (\vec{a} - \vec{b})^2$

$\Leftrightarrow\; \vec{a}^2 + 2\vec{a} \cdot \vec{b} + \vec{b}^2 = \vec{a}^2 - 2\vec{a} \cdot \vec{b} + \vec{b}^2 \;\Leftrightarrow\; \vec{a} \cdot \vec{b} = 0 \;\Leftrightarrow\; \vec{a} \perp \vec{b}$

b) $\vec{a} \perp \vec{b} \;\Leftrightarrow\; \vec{a} \cdot \vec{b} = 0 \;\Rightarrow\; 2\vec{a} \cdot \vec{b} = -2\vec{a} \cdot \vec{b} \;\Leftrightarrow$

$\vec{a}^2 + 2\vec{a} \cdot \vec{b} + \vec{b}^2 = \vec{a}^2 - 2\vec{a} \cdot \vec{b} + \vec{b}^2 \;\Leftrightarrow\; (\vec{a} + \vec{b})^2 = (\vec{a} - \vec{b})^2$

$\Leftrightarrow\; \vec{e}^2 = \vec{f}^2 \;\Leftrightarrow\; |\vec{e}| = |\vec{f}|$

4.

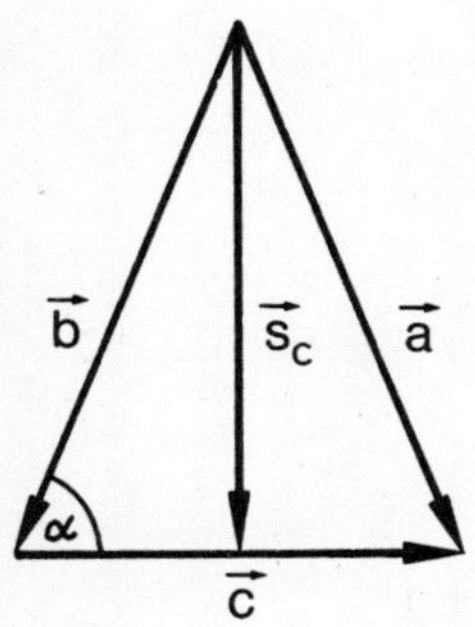

$\vec{c} = \vec{a} - \vec{b}$

$\vec{s}_c = \vec{b} + \frac{\vec{c}}{2} = \vec{b} + \frac{\vec{a}}{2} - \frac{\vec{b}}{2} = \frac{\vec{a} + \vec{b}}{2}$

L

$$\vec{s}_c \cdot \vec{c} = \frac{\vec{a}\vec{c} + \vec{b}\vec{c}}{2} = \frac{1}{2}(|\vec{a}| \cdot |\vec{c}| \cdot \cos\alpha + |\vec{b}| \cdot |\vec{c}| \cdot \cos(180° - \alpha))$$

$$= \frac{1}{2}(|\vec{a}| \cdot |\vec{c}| \cdot \cos\alpha - |\vec{a}| \cdot |\vec{c}| \cdot \cos\alpha) = 0$$

wegen $|\vec{a}| = |\vec{b}|$ und $\cos(180° - \alpha) = -\cos\alpha$

5.

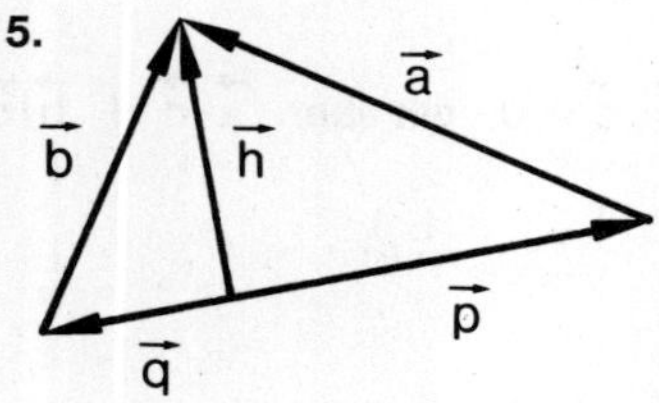

$$\vec{a} = \vec{h} - \vec{p}$$

$$\vec{b} = \vec{h} - \vec{q}$$

$$\vec{a} \perp \vec{b} \quad \Leftrightarrow \quad \vec{a} \cdot \vec{b} = 0$$

$$\Leftrightarrow \quad (\vec{h} - \vec{p})(\vec{h} - \vec{q}) = 0$$

$$\vec{h}^2 - \vec{p}\vec{h} - \vec{q}\vec{h} + \vec{p}\vec{q} = 0$$

$$\vec{h}^2 - (\vec{p} + \vec{q})\vec{h} + \vec{p}\vec{q} = 0$$

$$\vec{h}^2 - 0 + \vec{p}\vec{q} = 0 \qquad \text{weil} \quad \vec{p} + \vec{q} \perp \vec{h}$$

$$\vec{h}^2 = -\vec{p}\vec{q}$$

$$|\vec{h}|^2 = -|\vec{p}| \cdot |\vec{q}| \cdot \cos 180°$$

$$|\vec{h}|^2 = |\vec{p}| \cdot |\vec{q}| \qquad \text{weil} \quad \cos 180° = -1$$

Wiederholungsaufgaben

1. $|\vec{F}_1| = 125\ \text{N} \qquad |\vec{F}_2| = 75\ \text{N}$

$$|\vec{F}|^2 = 125^2 + 75^2 \quad \Rightarrow \quad |\vec{F}| = 145{,}77\ \text{N}$$

2. $|\vec{G}| = 50\ \text{N}$

$$2|\vec{F}_1|^2 = 50^2 \quad \Rightarrow \quad |\vec{F}_1| = 35{,}355\ \text{N}$$

3. $|\vec{G}| = 4200\ \text{N}$

$$|\vec{F}| = |\vec{G}| \cdot \cos 34{,}8° \approx 3450 \quad \Rightarrow \quad |\vec{F}| \approx 3450\ \text{N}$$

$$|\vec{H}| = |\vec{G}| \cdot \sin 34{,}8° \approx 2400 \quad \Rightarrow \quad |\vec{H}| \approx 2400\ \text{N}$$

4. $W = 40 \cdot 350 \cdot \cos 45° = 9899{,}5 \quad \Rightarrow \quad W = 9899{,}5\ \text{Nm}$

5. $\cos\gamma = \dfrac{270}{90 \cdot 6} \quad \Rightarrow \quad \gamma = 60°$

[6.] $\vec{a} \cdot \vec{b} = |\vec{a}| \cdot |\vec{b}| \cdot \cos\gamma \leqq |\vec{a}| \cdot |\vec{b}| \quad \text{weil} \quad -1 \leqq \cos\gamma \leqq +1$

7. $\vec{a} \cdot (\vec{b} \cdot \vec{c})$

Skalarprodukt (inneres $\cdot$)

S-Multiplikation (äußeres $\cdot$), da $\vec{b} \cdot \vec{c}$ eine reelle Zahl ergibt

8. a) falsch; Division durch einen Vektor nicht möglich

b) richtig; $\vec{a} \cdot \vec{b}$ ist eine reelle Zahl $(\neq 0)$.

9.

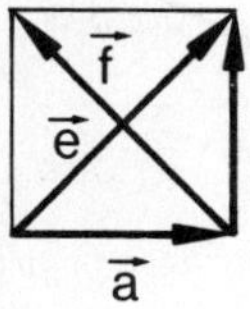

$\vec{e} = \vec{a} + \vec{b}$

$\vec{f} = \vec{b} - \vec{a}$

$\vec{e} \cdot \vec{f} = (\vec{a} + \vec{b}) \cdot (\vec{b} - \vec{a}) = \vec{b}^{\,2} - \vec{a}^{\,2} = 0$ weil $|\vec{a}| = |\vec{b}|$

[10.] $|\overrightarrow{BS}|^2 = \vec{a}^{\,2} + \vec{c}^{\,2} - 2|\vec{a}| \cdot |\vec{c}| \cdot \cos 120° \quad \Rightarrow \quad |\overrightarrow{BS}| = 14$

$|\overrightarrow{CS}| = \vec{c} - \vec{a} - \vec{b}$

$|\overrightarrow{CS}|^2 = \vec{c}^{\,2} + \vec{a}^{\,2} + \vec{b}^{\,2} - 2\vec{a} \cdot \vec{c} - 2\vec{b} \cdot \vec{c} + 2\vec{a} \cdot \vec{b}$

$= 6^2 + 10^2 + 8^2 - 2 \cdot 10 \cdot 6 \cdot \cos 120° - 2 \cdot 8 \cdot 6 \cdot \cos 90° + 2 \cdot 10 \cdot 8 \cdot \cos 60°$

$= 340 \qquad \Rightarrow \quad |\overrightarrow{CS}| = 18{,}44$

$|\overrightarrow{DS}|^2 = \vec{c}^{\,2} + \vec{b}^{\,2} - 2\,\vec{b} \cdot \vec{c}$

$= 6^2 + 8^2 - 2 \cdot 6 \cdot 8 \cdot \cos 90°$

$= 100 \qquad \Rightarrow \quad |\overrightarrow{DS}| = 10$

$\overrightarrow{BS} = \vec{c} - \vec{a} \qquad \sphericalangle ASB = \alpha$

$\vec{c} \cdot (\vec{c} - \vec{a}) = |\vec{c}| \cdot |\vec{c} - \vec{a}| \cdot \cos\alpha = |\vec{c}| \cdot |\overrightarrow{BS}| \cdot \cos\alpha$

$\vec{c} \cdot (\vec{c} - \vec{a}) = \vec{c}^{\,2} - \vec{c} \cdot \vec{a} = 6^2 - 6 \cdot 10 \cdot \cos 120° = 66$

$\Rightarrow \quad \cos\alpha = \dfrac{66}{6 \cdot 14} \quad \Rightarrow \quad \alpha = 38{,}2°$

L

Lektion 3

Aufgaben im Text

1 $2 \cdot \begin{pmatrix} 4 \\ -2 \end{pmatrix} = \begin{pmatrix} 8 \\ -4 \end{pmatrix}$ $\quad 0{,}5 \cdot \begin{pmatrix} -6 \\ -3 \end{pmatrix} = \begin{pmatrix} -3 \\ -1{,}5 \end{pmatrix}$ $\quad -3 \cdot \begin{pmatrix} 2 \\ 1 \end{pmatrix} = \begin{pmatrix} -6 \\ -3 \end{pmatrix}$

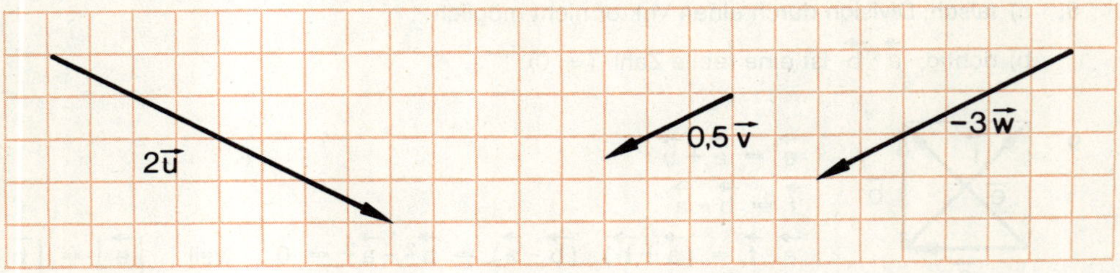

2 $\left|\begin{pmatrix} 0{,}6 \\ 0{,}8 \end{pmatrix}\right| = \sqrt{0{,}6^2 + 0{,}8^2} = 1$

3

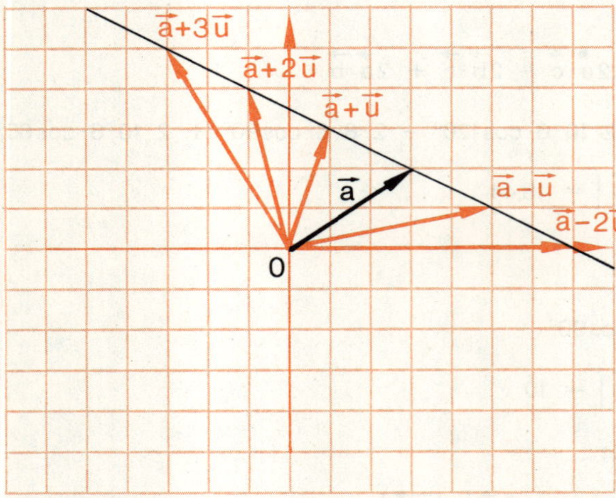

4 $\vec{d} = \begin{pmatrix} 7 \\ -2 \end{pmatrix}$ $\quad \vec{e} = \begin{pmatrix} 5 \\ 5 \end{pmatrix}$ $\quad \vec{f} = \begin{pmatrix} -6 \\ -2 \end{pmatrix}$

5 $\vec{x} = \begin{pmatrix} 3 \\ -4 \end{pmatrix} + \lambda \cdot \left(\begin{pmatrix} -1 \\ 3 \end{pmatrix} - \begin{pmatrix} 3 \\ -4 \end{pmatrix}\right)$

$\vec{x} = \begin{pmatrix} 3 \\ -4 \end{pmatrix} + \lambda \cdot \begin{pmatrix} -4 \\ 7 \end{pmatrix}$

6 $2 \cdot \vec{x} = \begin{pmatrix} -5 \\ 1 \\ 2 \end{pmatrix} - \begin{pmatrix} 5 \\ 3 \\ -6 \end{pmatrix}$

$2 \cdot \vec{x} = \begin{pmatrix} -10 \\ -2 \\ 8 \end{pmatrix}$

$\vec{x} = \begin{pmatrix} -5 \\ -1 \\ 4 \end{pmatrix}$

7 $|\vec{a}| = 1$ $|\vec{b}| = 1$ $|\vec{c}| = 1$ $|\vec{d}| = 1$ $|\vec{e}| = 1$ $|\vec{f}| = 1$

8 $\vec{x} = \begin{pmatrix} -2 \\ 1 \\ 3 \end{pmatrix} + \lambda \cdot \begin{pmatrix} 3 \\ 1 \\ 2 \end{pmatrix}$

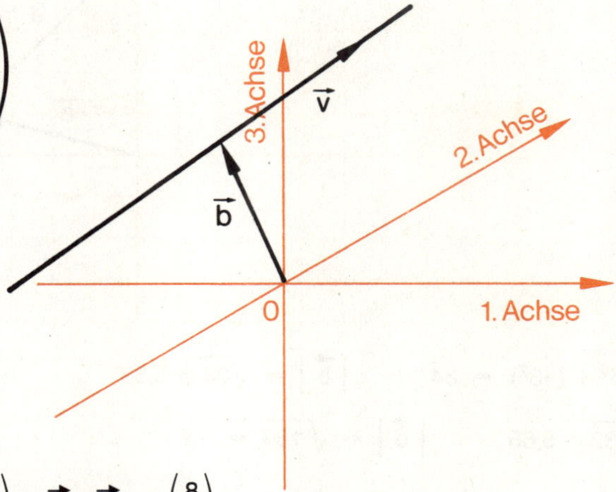

9 $\vec{a} = \begin{pmatrix} 6 \\ 2 \end{pmatrix}$ $\vec{b} = \begin{pmatrix} 2 \\ 3 \end{pmatrix}$ $\vec{a} + \vec{b} = \begin{pmatrix} 8 \\ 5 \end{pmatrix}$

$\vec{c} = \begin{pmatrix} -6 \\ -2 \end{pmatrix}$ $\vec{d} = \begin{pmatrix} 3 \\ 5 \end{pmatrix}$ $\vec{c} + \vec{d} = \begin{pmatrix} -3 \\ 3 \end{pmatrix}$

$\vec{u} = \begin{pmatrix} -4 \\ 3 \end{pmatrix}$ $\vec{v} = \begin{pmatrix} 1 \\ -4 \end{pmatrix}$ $\vec{u} + \vec{v} = \begin{pmatrix} -3 \\ -1 \end{pmatrix}$

10 $\vec{b} = \begin{pmatrix} -2 \\ 4 \end{pmatrix}$ $\vec{c} = \begin{pmatrix} -5 \\ -2 \end{pmatrix}$ $\vec{d} = \begin{pmatrix} 3 \\ -2 \end{pmatrix}$ $\vec{r} = \begin{pmatrix} -5 \\ 2 \end{pmatrix}$

11 $\vec{x} = \begin{pmatrix} 5 \\ 3 \\ -2 \end{pmatrix} + \lambda \cdot \left(\begin{pmatrix} -2 \\ 4 \\ 1 \end{pmatrix} - \begin{pmatrix} 5 \\ 3 \\ -2 \end{pmatrix} \right)$

$\vec{x} = \begin{pmatrix} 5 \\ 3 \\ -2 \end{pmatrix} + \lambda \cdot \begin{pmatrix} -7 \\ 1 \\ 3 \end{pmatrix}$

12

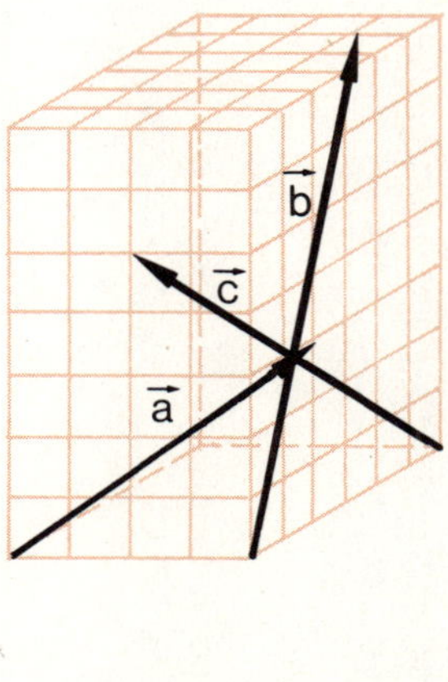

L

13 $\vec{x} = \begin{pmatrix} 4 \\ 1 \end{pmatrix} + \lambda \cdot \begin{pmatrix} -1 \\ 1 \end{pmatrix}$

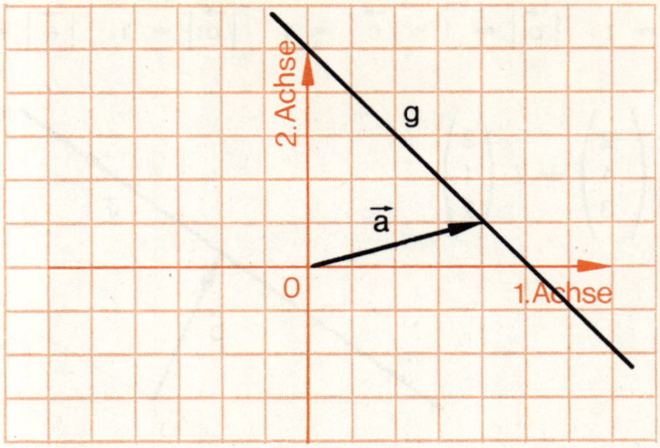

14 $|\vec{b}|^2 = 5^2 + (-3^2) = 34 \qquad |\vec{b}| = \sqrt{34} \approx 5{,}83$

$|\vec{c}| = \sqrt{32} \approx 5{,}66 \qquad |\vec{d}| = \sqrt{169} = 13$

15 $\vec{u}^{\,0} = \begin{pmatrix} \frac{5}{13} \\ \frac{12}{13} \\ 0 \end{pmatrix} \quad \vec{w}^{\,0} = \begin{pmatrix} \frac{\sqrt{3}}{3} \\ \frac{\sqrt{3}}{3} \\ \frac{\sqrt{3}}{3} \end{pmatrix}$

16 $\vec{a} + \vec{b} = \begin{pmatrix} 4 \\ 9 \end{pmatrix}$

17 $\vec{q} = \begin{pmatrix} 2 \\ 4 \end{pmatrix} \quad \vec{r} = \begin{pmatrix} -4 \\ 3 \end{pmatrix} \quad \vec{s} = \begin{pmatrix} 3 \\ -3 \end{pmatrix}$

$\begin{pmatrix} 5 \\ 2 \end{pmatrix} + \begin{pmatrix} -3 \\ 2 \end{pmatrix} = \begin{pmatrix} 2 \\ 4 \end{pmatrix}$

$\begin{pmatrix} 5 \\ 2 \end{pmatrix} + \begin{pmatrix} -9 \\ 1 \end{pmatrix} = \begin{pmatrix} -4 \\ 3 \end{pmatrix}$

$\begin{pmatrix} 5 \\ 2 \end{pmatrix} + \begin{pmatrix} -2 \\ -5 \end{pmatrix} = \begin{pmatrix} 3 \\ -3 \end{pmatrix}$

Lösungen der Aufgaben

3.1

1. $\vec{u} = \begin{pmatrix} -7 \\ 2 \end{pmatrix} \quad \vec{v} = \begin{pmatrix} 6 \\ 3 \end{pmatrix} \quad \vec{w} = \begin{pmatrix} 6 \\ -5 \end{pmatrix}$

2.

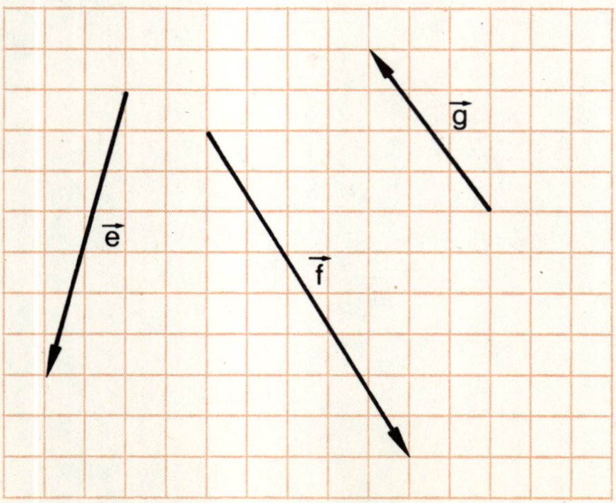

3. $\vec{x} = \begin{pmatrix} -3 \\ 5 \\ -2 \end{pmatrix}$

3.2

1. $\vec{a}+\vec{b} = \begin{pmatrix}1\\3\end{pmatrix}$ $\vec{a}-\vec{b} = \begin{pmatrix}3\\3\end{pmatrix}$ $\vec{a}+\vec{b}-\vec{c} = \begin{pmatrix}-3\\6\end{pmatrix}$

   $\vec{d}-\vec{a}-\vec{b}-\vec{c} = \begin{pmatrix}-6\\-2\end{pmatrix}$ $3\vec{a}-2\vec{b} = \begin{pmatrix}8\\9\end{pmatrix}$ $4\vec{b}+0{,}5\vec{c}-5\vec{d} = \begin{pmatrix}3\\8{,}5\end{pmatrix}$

2. a) $\vec{x} = \begin{pmatrix}2\\-11\end{pmatrix}$ b) $\vec{x} = \begin{pmatrix}-13\\10\end{pmatrix}$ c) $\vec{x} = \begin{pmatrix}1{,}5\\-18{,}5\end{pmatrix}$ d) $\vec{x} = \begin{pmatrix}3{,}1\\5{,}5\end{pmatrix}$

3. a) $\vec{d} = \begin{pmatrix}-8\\-8\end{pmatrix}$ b) $\vec{d} = \begin{pmatrix}-12\\-28\end{pmatrix}$

3.3

1. $|\vec{u}| = 1$ $|\vec{v}| = 2\sqrt{2}$ $|\vec{w}| = \sqrt{5}$

2. $|\vec{c}| = 11$ **3.** $x_3 = \sqrt{3}$ **4.** 20

5. z. B. $\begin{pmatrix}5\\0\end{pmatrix}, \begin{pmatrix}0\\5\end{pmatrix}, \begin{pmatrix}3\\4\end{pmatrix}, \begin{pmatrix}4\\3\end{pmatrix}, \begin{pmatrix}-3\\4\end{pmatrix}, \begin{pmatrix}-4\\-3\end{pmatrix}, \begin{pmatrix}2\\\sqrt{21}\end{pmatrix}$

6. $\vec{r}^{\,0} = \frac{1}{3}\begin{pmatrix}1\\2\\-2\end{pmatrix}$ $\vec{s}^{\,0} = \frac{2}{13}\begin{pmatrix}2{,}5\\0\\-6\end{pmatrix} = \frac{1}{13}\begin{pmatrix}5\\0\\-12\end{pmatrix}$

3.4

1. $\vec{a} = \begin{pmatrix}5\\2\end{pmatrix}$ $\vec{b} = \begin{pmatrix}-4\\-1\end{pmatrix}$ $\vec{c} = \begin{pmatrix}3\\-3\end{pmatrix}$

2. $|\vec{a}| = \sqrt{29} \approx 5{,}39$ $|\vec{b}| = \sqrt{17} \approx 4{,}12$ $|\vec{c}| = 3\sqrt{2} \approx 4{,}24$

3. Auf dem Kreis um den Nullpunkt mit Radius 1 .

3.5

1. P (4 | −1) Q (6 | 2) R (2 | −4)

2. $\vec{x} = \lambda \cdot \begin{pmatrix}1\\1\end{pmatrix}$ bzw. $\vec{x} = \lambda \cdot \begin{pmatrix}-1\\1\end{pmatrix}$

3. $\vec{a} = \begin{pmatrix}1\\2\end{pmatrix} + 2\cdot\begin{pmatrix}2\\5\end{pmatrix}$ ja $\vec{b}$ nein

4. g: $\vec{x} = \begin{pmatrix}1\\0\\-1\end{pmatrix} + \lambda\cdot\begin{pmatrix}0\\-1\\2\end{pmatrix}$

L

5. a) Es ist die 3. Achse.

b) Es ist die räumliche Diagonale des Koordinatensystems.

6. g: $\vec{x} = \begin{pmatrix} 2 \\ 0 \\ -1 \end{pmatrix} + \lambda \cdot \begin{pmatrix} 3 \\ 3 \\ 2 \end{pmatrix}$

7. K: $3 = 0 + \lambda \Rightarrow \lambda = 3$
$2 = 5 + \lambda \Rightarrow \lambda = -3$
$1 = -2 + \lambda \Rightarrow \lambda = 3$

K liegt nicht auf g .

L: $-2 = 0 + \lambda \Rightarrow \lambda = -2$
$3 = 5 + \lambda \Rightarrow \lambda = -2$
$-4 = -2 + \lambda \Rightarrow \lambda = -2$

L liegt auf g .

3.6

1. e: $\vec{x} = \begin{pmatrix} -2 \\ 0 \\ 3 \end{pmatrix} + \lambda \cdot \begin{pmatrix} -1 \\ 1 \\ 0 \end{pmatrix} + \mu \cdot \begin{pmatrix} 5 \\ 3 \\ 1 \end{pmatrix}$

2. P (3 | −2 | 8) Q (2 | −1 | 8) R (7 | −7 | 10) S (6 | −6 | 10)

3. e: $\vec{x} = \begin{pmatrix} 3 \\ 4 \\ 7 \end{pmatrix} + \lambda \cdot \begin{pmatrix} 1 \\ 2 \\ 3 \end{pmatrix} + \mu \cdot \begin{pmatrix} -1 \\ 0 \\ 1 \end{pmatrix}$

4. O: $0 = 1 + 2\lambda + 3\mu$
$0 = -3 + 3\lambda \Rightarrow \lambda = 1$
$0 = 2 + 2\mu \Rightarrow \mu = -1$ eingesetzt in die 1. Gleichung

$0 = 1 + 2 \cdot 1 + 3 \cdot (-1)$

O liegt auf e .

A: $2 = 1 + 2\lambda + 3\mu$
$-6 = -3 + 3\lambda \Rightarrow \lambda = -1$
$4 = 2 + 2\mu \Rightarrow \mu = 1$ $2 = 1 + 2 \cdot (-1) + 3 \cdot 1$

A liegt auf e .

B: $2 = 1 + 2\lambda + 3\mu$
$6 = -3 + 3\lambda \Rightarrow \lambda = 3$
$-4 = 2 + 2\mu \Rightarrow \mu = -3$ $2 \neq 1 + 2 \cdot 3 + 3 \cdot (-3)$

B liegt nicht auf e .

Wiederholungsaufgaben

1. $|\vec{a}| = 3 \quad |\vec{b}| = \sqrt{34} \quad |\vec{c}| = 13$

2. a) $\begin{pmatrix} 14 \\ -11 \\ -1 \end{pmatrix}$ b) $\begin{pmatrix} -32 \\ 13 \\ 4 \end{pmatrix}$ c) $\begin{pmatrix} 66 \\ -38 \\ 0 \end{pmatrix}$ d) $\begin{pmatrix} 32 \\ -13 \\ -4 \end{pmatrix}$ e) $\begin{pmatrix} -3 \\ 13{,}5 \\ 10{,}5 \end{pmatrix}$

3. a) $\vec{x} = \begin{pmatrix} -2 \\ 6 \\ 1 \end{pmatrix}$ b) $\vec{x} = \begin{pmatrix} 18 \\ -5 \\ 1{,}5 \end{pmatrix}$ c) $\vec{x} = \begin{pmatrix} -9 \\ 3\frac{2}{3} \\ 1 \end{pmatrix}$

4. $\vec{a}^{\,0} = \frac{1}{3} \cdot \begin{pmatrix} 2 \\ -1 \\ 2 \end{pmatrix} \qquad \vec{b}^{\,0} = \frac{1}{\sqrt{34}} \begin{pmatrix} 0 \\ 5 \\ 3 \end{pmatrix} \qquad \vec{c}^{\,0} = \frac{1}{13} \begin{pmatrix} 12 \\ -5 \\ 0 \end{pmatrix}$

5. g: $\vec{x} = \begin{pmatrix} 1 \\ 0 \\ -2 \end{pmatrix} + \lambda \cdot \begin{pmatrix} -1 \\ 3 \\ 6 \end{pmatrix}$

C:
$$\begin{aligned} 2 &= 1 - \lambda &&\Rightarrow \lambda = -1 \\ -1 &= 0 + 3\lambda &&\Rightarrow \lambda = -\frac{1}{3} \\ 2 &= -2 + 6\lambda &&\Rightarrow \lambda = \frac{2}{3} \end{aligned}$$

C liegt nicht auf g .

[6.] e: $\vec{x} = \begin{pmatrix} 1 \\ 0 \\ 2 \end{pmatrix} + \lambda \cdot \begin{pmatrix} 2 \\ 3 \\ 1 \end{pmatrix} + \mu \cdot \begin{pmatrix} -5 \\ 1 \\ -2 \end{pmatrix}$

S:
$$\begin{aligned} 1 &= 1 + 2\lambda - 5\mu \\ 1 &= 3\lambda + \mu \\ 1 &= 2 + \lambda - 2\mu \end{aligned}$$

Das Gleichungssystem ist widersprüchlich.
S liegt nicht auf e .

7. e: $\vec{x} = \begin{pmatrix} 1 \\ -3 \\ 2 \end{pmatrix} + \lambda \cdot \begin{pmatrix} 3 \\ 0 \\ 0 \end{pmatrix} + \mu \cdot \begin{pmatrix} 2 \\ 3 \\ 0 \end{pmatrix}$

O:
$$\begin{aligned} 0 &= 1 + 3\lambda + 2\mu \\ 0 &= -3 + 3\mu \\ 0 &= 2 \end{aligned}$$

Widerspruch: O liegt nicht auf e .

8. a) $g_1 \parallel g_2$, da $\begin{pmatrix} 6 \\ 7{,}5 \end{pmatrix} = 1{,}5 \cdot \begin{pmatrix} 4 \\ 5 \end{pmatrix}$

b) $g_1 \parallel g_2$, da $\begin{pmatrix} 2 \\ -4 \\ 6 \end{pmatrix} = (-2) \cdot \begin{pmatrix} -1 \\ 2 \\ -3 \end{pmatrix}$

9. e: $\vec{x} = \begin{pmatrix} 1 \\ 0 \\ 0 \end{pmatrix} + \lambda \cdot \begin{pmatrix} 2 \\ 1 \\ 0 \end{pmatrix} + \mu \cdot \begin{pmatrix} 0 \\ 1 \\ 1 \end{pmatrix}$

L

Lektion 4

Aufgaben im Text

1 $\lambda = 1 \qquad \mu = -2$

$1 + 3 \cdot 1 = 2 - 2 \cdot (-2)$

$4 = 6$ Widerspruch

2 $g_1 \parallel g_3$, da $\begin{pmatrix} 2 \\ 4 \\ -1 \end{pmatrix} = (-2) \cdot \begin{pmatrix} -1 \\ -2 \\ 0{,}5 \end{pmatrix}$

$g_3 \parallel g_4$, da $\begin{pmatrix} 1 \\ 2 \\ -\frac{1}{2} \end{pmatrix} = (-1) \cdot \begin{pmatrix} -1 \\ -2 \\ 0{,}5 \end{pmatrix}$

also auch $g_1 \parallel g_4$

g_2 ist nicht parallel zu g_1, g_3 und g_4.

3 $|\vec{a}| = 3 \qquad |\vec{b}| = \sqrt{41} \qquad |\vec{c}| = \sqrt{3}$

$\vec{a} \cdot \vec{b} = 18 \qquad \vec{a} \cdot \vec{c} = 5 \qquad \vec{b} \cdot \vec{c} = 9$

$\cos\gamma = \frac{18}{3 \cdot \sqrt{41}} \qquad \cos\beta = \frac{5}{3 \cdot \sqrt{3}} \qquad \cos\alpha = \frac{9}{\sqrt{41} \cdot \sqrt{3}}$

$\gamma = 20{,}4° \qquad \beta = 15{,}8° \qquad \alpha = 35{,}8°$

4

$$\begin{aligned} 2 - \lambda &= 5 + 2\mu \\ -2 + 5\lambda &= 7 + 2\mu \\ 1 + 3\lambda &= 2 - 2\mu \\ \hline \lambda + 2\mu &= -3 \\ -5\lambda + 2\mu &= -9 \\ \hline 6\lambda &= 6 \end{aligned}$$

5

$$\begin{aligned} 2\lambda - 2\mu_1 &= -1 \quad \Rightarrow \quad \mu_1 = \lambda + 0{,}5 \\ -\lambda - \mu_1 + \mu_2 &= 2 \\ 3\lambda - \mu_2 &= 2 \quad \Rightarrow \quad \mu_2 = 3\lambda - 2 \\ \hline -\lambda - \lambda - 0{,}5 + 3\lambda - 2 &= 2 \\ \lambda - 2{,}5 &= 2 \\ \lambda &= 4{,}5 \qquad \mu_1 = 5 \qquad \mu_2 = 11{,}5 \end{aligned}$$

$\vec{s} = \begin{pmatrix} 1 \\ 0 \\ 1 \end{pmatrix} + 4{,}5 \cdot \begin{pmatrix} 2 \\ -1 \\ 3 \end{pmatrix} \qquad S\,(10 \mid -4{,}5 \mid 14{,}5)$

6 $\begin{pmatrix} 3 \\ -2 \\ 1 \end{pmatrix} \cdot \begin{pmatrix} 1 \\ 2 \\ 1 \end{pmatrix} = 3 - 4 + 1 = 0$

$g_1 \perp g_2$

7 $\begin{pmatrix} 4 \\ 3 \end{pmatrix} \cdot \begin{pmatrix} -3 \\ 4 \end{pmatrix} = -12 + 12 = 0$

Lösungen der Aufgaben

4.1

1. $g_1 \parallel g_2$, da $\begin{pmatrix} 4 \\ -8 \end{pmatrix} = (-4) \cdot \begin{pmatrix} -1 \\ 2 \end{pmatrix}$

2. $g_1 \parallel g_2 \parallel g_3$

   g_4 nicht parallel zu den anderen.

   g_1 und g_3 identisch

3. a) $\vec{b} = (-2) \cdot \vec{a}$

   b) $\vec{a}$ und $\vec{c}$ linear unabhängig

   c) $\vec{b}$ und $\vec{c}$ linear unabhängig

   d) $\vec{a} + \vec{b}$ und $\vec{c}$ linear unabhängig

   e) $\vec{a} + \vec{b}$ und $\vec{b} + \vec{c}$ linear unabhängig.

4.2

1. a)
$$\begin{aligned} 7 + \lambda &= 2 + \mu \\ 9 + 2\lambda &= 1 + \mu \\ \hline 2 + \lambda &= -1 \\ \lambda &= -3 \\ \mu &= 2 \end{aligned}$$
S (4 | 3)

b)
$$\begin{aligned} 3 + 2\lambda &= 8 + 3\mu \\ 5 + 3\lambda &= 2 + \mu \\ \hline -12 - 7\lambda &= 2 \\ \lambda &= -2 \\ \mu &= -3 \end{aligned}$$
S (−1 | −1)

c)
$$\begin{aligned} 8 + 2\lambda &= 5 + 2\mu \\ 4 + \lambda &= 2 + 3\mu \\ -1 - 2\lambda &= 0 + 2\mu \\ \hline \mu &= -\lambda - 0{,}5 \\ \lambda + 3\lambda + 1{,}5 &= -2 \\ 4\lambda &= -3{,}5 \\ \lambda &= -0{,}875 \\ \mu &= 0{,}375 \end{aligned}$$
In der ersten Gleichung Widerspruch. Geraden windschief.

d)
$$\begin{aligned} 9 + 3\lambda &= 15 - 4\mu \quad (1) \\ -0{,}5\lambda &= -1 + \mu \quad (2) \\ 4 + \lambda &= 6 - 2\mu \quad (3) \\ \hline \text{aus (2)} \quad \mu &= 1 - 0{,}5\lambda \\ \text{in (3)} \quad 4 + \lambda &= 6 - 2 + \lambda \\ 4 &= 4 \\ \text{in (1)} \quad 9 + 3\lambda &= 15 - 4 + 2\lambda \\ \lambda &= 2 \\ \mu &= 0 \end{aligned}$$
S (15 | −1 | 6)

2.

$$\begin{aligned} 2 + \lambda_1 &= 1 + 2\lambda_2 \\ 5 + 2\lambda_1 &= -9 + 10\lambda_2 \\ 5 + \lambda_1 &= 2 + 3\lambda_2 \\ \hline \lambda_1 &= 2\lambda_2 - 1 \\ 5 + 4\lambda_2 - 2 &= -9 + 10\lambda_2 \\ \lambda_2 &= 2 \\ \lambda_1 &= 3 \end{aligned}$$
A (5 | 11 | 8)

$$\begin{aligned} 2 + \lambda_1 &= -3 + 3\lambda_3 \\ 5 + 2\lambda_1 &= 1 \\ 5 + \lambda_1 &= 1 + 2\lambda_3 \\ \hline \lambda_1 &= -2 \\ \lambda_3 &= 1 \end{aligned}$$
B (0 | 1 | 3)

$$\begin{aligned} 1 + 2\lambda_2 &= -3 + 3\lambda_3 \\ -9 + 10\lambda_2 &= 1 \\ 2 + 3\lambda_2 &= 1 + 2\lambda_3 \\ \hline \lambda_2 &= 1 \\ \lambda_3 &= 2 \end{aligned}$$
C (3 | 1 | 5)

L

3. Diagonalen

$$g_1:\ \vec{x} = \begin{pmatrix} 9 \\ 3 \\ 4 \end{pmatrix} + \lambda \cdot \begin{pmatrix} -6 \\ 2 \\ -4 \end{pmatrix} \qquad g_2:\ \vec{x} = \begin{pmatrix} 10 \\ -4 \\ 0 \end{pmatrix} + \mu \cdot \begin{pmatrix} -6 \\ 12 \\ 3 \end{pmatrix}$$

$$\begin{aligned} 9 - 6\lambda &= 10 - 6\mu \\ 3 + 2\lambda &= -4 + 12\mu \\ 4 - 4\lambda &= 3\mu \end{aligned}$$

$$\begin{aligned} 3\mu &= 4 - 4\lambda \\ 9 - 6\lambda &= 10 - 8 + 8\lambda \\ 7 &= 14\lambda \\ \lambda &= 0{,}5 \\ \mu &= \frac{2}{3} \end{aligned} \qquad S\,(6\,|\,4\,|\,2)$$

4.3

1. $\vec{a} \cdot \vec{b} = 0 \qquad \vec{b} \cdot \vec{c} = -13 \qquad \vec{c} \cdot \vec{a} = -14$

2. $\vec{a} \perp \vec{b}$

3. $\cos\gamma = \frac{\vec{u} \cdot \vec{v}}{|\vec{u}| \cdot |\vec{v}|} = \frac{3}{\sqrt{2} \cdot \sqrt{29}} \quad \Rightarrow \quad \gamma = 66{,}8°$

4. $\sphericalangle(\vec{a}, \vec{b}) = 90°$

$$\cos(\vec{b}, \vec{c}) = \frac{-13}{\sqrt{13} \cdot \sqrt{27}} \quad \Rightarrow \quad \sphericalangle(\vec{b}, \vec{c}) = 133{,}9°$$

$$\cos(\vec{a}, \vec{c}) = \frac{-14}{\sqrt{14} \cdot \sqrt{27}} \quad \Rightarrow \quad \sphericalangle(\vec{a}, \vec{c}) = 136{,}1°$$

[5.] $g_1:\ \vec{x} = \begin{pmatrix} -1 \\ 2 \end{pmatrix} + \lambda \cdot \begin{pmatrix} 5 \\ -2 \end{pmatrix}$ Zu g_1 senkrechte Gerade durch P ist

$g_2:\ \vec{x} = \begin{pmatrix} 1 \\ 0 \end{pmatrix} + \mu \cdot \begin{pmatrix} 2 \\ 5 \end{pmatrix}$ da $\begin{pmatrix} 5 \\ -2 \end{pmatrix} \cdot \begin{pmatrix} 2 \\ 5 \end{pmatrix} = 0$

Schnittpunkt S aus

$$\begin{aligned} -1 + 5\lambda &= 1 + 2\mu \\ 2 - 2\lambda &= 5\mu \end{aligned}$$

$$\begin{aligned} \lambda &= 1 - 2{,}5\,\mu \\ -1 + 5 - 12{,}5\mu &= 1 + 2\mu \\ 14{,}5\mu &= 3 \\ \mu &= \frac{6}{29} \qquad \lambda = \frac{14}{29} \end{aligned}$$

$$S\left(1\tfrac{12}{29} \,\middle|\, 1\tfrac{1}{29}\right) \qquad \overrightarrow{SP} = \begin{pmatrix} \frac{12}{29} \\ 1\frac{1}{29} \end{pmatrix}$$

$$|\overrightarrow{SP}| = \sqrt{\left(\frac{12}{29}\right)^2 + \left(\frac{30}{29}\right)^2} \approx \frac{32{,}3}{29} \approx 1{,}1$$

4.4

1. a)

$$\begin{array}{rcll} 1+2\mu_1+\mu_2 &=& 3\lambda & \\ 2 \quad +\mu_2 &=& 1+\lambda & \Rightarrow \quad \mu_2 = \lambda-1 \\ 3+\ \mu_1 &=& 1+\lambda & \Rightarrow \quad \mu_1 = \lambda-2 \end{array}$$

$1+2\lambda-4+\lambda-1 = 3\lambda$ Widerspruch g ist parallel e .

b)

$$\begin{array}{rcll} 1+2\mu_1+\mu_2 &=& 1+\lambda & \\ 2 \quad +\mu_2 &=& 2\lambda & \Rightarrow \quad \mu_2 = 2\lambda-2 \\ 3+\ \mu_1 &=& 1+3\lambda & \Rightarrow \quad \mu_1 = 3\lambda-2 \end{array}$$

$$\begin{array}{rcl} 1+6\lambda-4+2\lambda-2 &=& 1+\lambda \\ 7\lambda &=& 6 \\ \lambda &=& \frac{6}{7} \end{array}$$

Schnittpunkt $S\left(1\frac{6}{7}\middle|1\frac{5}{7}\middle|3\frac{4}{7}\right)$

c)

$$\begin{array}{rcll} 1+2\mu_1+\mu_2 &=& 1+3\lambda & \\ 2 \quad +\mu_2 &=& 2-\lambda & \Rightarrow \quad \mu_2 = -\lambda \\ 3+\ \mu_1 &=& 2\lambda & \Rightarrow \quad \mu_1 = 2\lambda-3 \end{array}$$

$$\begin{array}{rcl} 1+4\lambda-6-\lambda &=& 1+3\lambda \\ 3\lambda-5 &=& 1+3\lambda \end{array}$$

Widerspruch g ist parallel e .

2. g_1: $\vec{x} = \begin{pmatrix}0\\0\\5\end{pmatrix} + \lambda\cdot\begin{pmatrix}2\\1\\-1\end{pmatrix}$ g_2: $\vec{x} = \begin{pmatrix}0\\0\\5\end{pmatrix} + \lambda\cdot\begin{pmatrix}-1\\3\\2\end{pmatrix}$ g_3: $\vec{x} = \begin{pmatrix}0\\0\\5\end{pmatrix} + \lambda\cdot\begin{pmatrix}1\\4\\1\end{pmatrix}$

Wiederholungsaufgaben

1. a)

$$\begin{array}{rcll} 1+3\lambda &=& 2\mu & \Rightarrow \\ 2-2\lambda &=& 5+7\mu & \end{array} \qquad \begin{array}{rcl} \mu &=& 1{,}5\lambda+0{,}5 \\ 2-2\lambda &=& 5+10{,}5\lambda+3{,}5 \\ 12{,}5\lambda &=& -6{,}5 \\ \lambda &=& -\frac{13}{25} \end{array}$$

g_1 schneidet g_2

b) $\begin{pmatrix}2\\-1\\4\end{pmatrix} = (-2)\cdot\begin{pmatrix}-1\\0{,}5\\-2\end{pmatrix}$ $P(2\mid 0\mid 5)$ liegt nicht auf g_1 .

g_1 parallel zu g_2 (nicht identisch).

c) $\begin{pmatrix}-6\\2\\-8\end{pmatrix} = (-2)\cdot\begin{pmatrix}3\\-1\\4\end{pmatrix}$ $P(-1\mid 1\mid -3)$ liegt auf g_1 , da

$$\begin{pmatrix}-1\\1\\-3\end{pmatrix} = \begin{pmatrix}2\\0\\1\end{pmatrix} + (-1)\cdot\begin{pmatrix}3\\-1\\4\end{pmatrix}$$

g_1 und g_2 sind identisch.

2. g_2: $\vec{x} = \begin{pmatrix} 10 \\ -7 \end{pmatrix} + \mu \cdot \begin{pmatrix} 5 \\ 4 \end{pmatrix}$ da $\begin{pmatrix} 5 \\ 4 \end{pmatrix} \cdot \begin{pmatrix} -4 \\ 5 \end{pmatrix} = 0$

***3.** g_2: $\vec{x} = \begin{pmatrix} 3 \\ 0 \\ 4 \end{pmatrix} + \mu \cdot \begin{pmatrix} 1 \\ -2 \\ 0 \end{pmatrix}$ da $\begin{pmatrix} 1 \\ -2 \\ 0 \end{pmatrix} \cdot \begin{pmatrix} 2 \\ 1 \\ 2 \end{pmatrix} = 0$

4. a) $\vec{u} \cdot \vec{v} = -9$ b) $\vec{u} \cdot \vec{v} = 0$

5. $\vec{a} \perp \vec{b}$ $\vec{a} \perp \vec{d}$ $\vec{a} \perp \vec{e}$ $\vec{b} \perp \vec{c}$

6. g: $\vec{x} = \begin{pmatrix} 5 \\ 6 \end{pmatrix} + \lambda \cdot \begin{pmatrix} -1 \\ 3 \end{pmatrix}$ Zu g senkrechte Gerade durch O ist $\vec{x} = \mu \cdot \begin{pmatrix} 3 \\ 1 \end{pmatrix}$

$$\begin{aligned} 5 - \lambda &= 3\mu \\ 6 + 3\lambda &= \mu \\ \hline 21 &= 10\mu \\ \mu &= 2{,}1 \\ \lambda &= -1{,}3 \end{aligned}$$

Schnittpunkt S (6,3 | 2,1)

$|\vec{OS}| = \sqrt{6{,}3^2 + 2{,}1^2} \approx 6{,}64$

7.

$$\begin{aligned} \mu_1 - \mu_2 &= 2 \\ 1 + 4\mu_2 &= 4\lambda \quad \Rightarrow \quad \mu_2 = \lambda - 0{,}25 \\ -1 - 2\mu_1 &= 5 + 3\lambda \quad \Rightarrow \quad \mu_1 = -1{,}5\lambda - 3 \end{aligned}$$

$$\begin{aligned} -1{,}5\lambda - 3 - \lambda + 0{,}25 &= 2 \\ -2{,}5\lambda &= 4{,}75 \\ \lambda &= -1{,}9 \end{aligned}$$

S (2 | -7,6 | - 0,7)

8.

$$\begin{aligned} 2 + 2\mu_1 + 4\mu_2 &= 4 + 3\lambda \\ -4 + 3\mu_1 + 7\mu_2 &= 5\lambda \\ 3 - 2\mu_1 + 2\mu_2 &= 7 \quad \Rightarrow \quad \mu_2 = \mu_1 + 2 \\ \hline 2 + 2\mu_1 + 4\mu_1 + 8 &= 4 + 3\lambda \\ -4 + 3\mu_1 + 7\mu_1 + 14 &= 5\lambda \\ \hline 6\mu_1 + 10 &= 3\lambda + 4 \\ 10\mu_1 + 10 &= 5\lambda \quad \Rightarrow \quad \mu_1 = 0{,}5\lambda - 1 \\ \hline 3\lambda - 6 + 10 &= 3\lambda + 4 \\ 3\lambda + 4 &= 3\lambda + 4 \quad \text{für alle } \lambda \text{ erfüllt} \end{aligned}$$

g liegt in der Ebene e . Alle Punkte der Geraden sind gemeinsame Punkte.

9. g: $\vec{x} = \begin{pmatrix} 4 \\ 0 \\ 1 \end{pmatrix} + \lambda \cdot \begin{pmatrix} -5 \\ 5 \\ 1 \end{pmatrix}$

$$\begin{aligned} 2+4\mu_1-\ \ \mu_2 &= 4-5\lambda \quad\Rightarrow\quad \mu_2 = 5\lambda+4\mu_1-2 \\ 3-5\mu_1-2\mu_2 &= 5\lambda \\ -1+3\mu_1+8\mu_2 &= 1+\lambda \end{aligned}$$

$$\begin{aligned} 3-5\mu_1-10\lambda-8\mu_1+4 &= 5\lambda \\ -1+3\mu_1+40\lambda+32\mu_1-16 &= 1+\lambda \end{aligned}$$

$$\begin{aligned} -13\mu_1-15\lambda &= -7 \\ 35\mu_1+39\lambda &= 18 \end{aligned}$$

$$\lambda = \frac{11}{18} \quad \mu_1 = -\frac{3}{18} \quad \mu_2 = \frac{7}{18} \qquad S\left(-\frac{1}{18}\,\middle|\,3\frac{1}{18}\,\middle|\,1\frac{11}{18}\right)$$

Lektion 5

Aufgaben im Text

1 $|\vec{v}| = 6 \quad \vec{v}^0 = \frac{1}{6}\begin{pmatrix}1\\3\\5\\1\end{pmatrix}$

2 $\begin{pmatrix}0\\0\\0\end{pmatrix}$

3 $\begin{pmatrix}16750\\7600\\6200\\90\end{pmatrix}$

4 $x_1 = 6 \quad x_2 = 2$

$x_3 = 8 \quad x_4 = 6$

5 $\begin{pmatrix}-4\\29\\-15\\2\end{pmatrix}$

6 $\begin{pmatrix}60\\71\\36\end{pmatrix}$

7 Nur $\vec{w}$ ist eine Lösung.

Lösungen der Aufgaben

5.1 a) D: 21 230 E: 24 580 b) D: 20 780 E: 24 270 c) D: 22 300 E: 25 270

5.2

1. a) $|\vec{a}| = 4 \quad |\vec{b}| = 2 \quad |\vec{c}| = 6$

b) $\vec{a}\cdot\vec{b} = 7 \quad \vec{a}\cdot\vec{c} = 17 \quad \vec{b}\cdot\vec{c} = 9$

c) $\vec{a}^0 = \begin{pmatrix}0{,}5\\0{,}25\\0{,}75\\0{,}25\\0{,}25\end{pmatrix}$

2. a) $\begin{pmatrix}2&1&3&1&1\\1&1&1&0&1\\3&4&1&3&1\end{pmatrix}$ $a_{32} = 4$

b) $\begin{pmatrix}2&1&3\\1&1&4\\3&1&1\\1&0&3\\1&1&1\end{pmatrix}$ $a_{32} = 1$

L

5.3

1. 240 kg R_1 , 515 kg R_2 , 255 kg R_3 , 505 kg R_4 , 210 kg R_5

2.

	U	V	W	Stück	Arbeitsstunden
A	8	4	0	100	1000
B	2	0	3	50	800
C	5	10	7	200	2400

3. a) A: 34650 DM
B: 34460 DM
C: 33270 DM

C am günstigsten

b) A: $\begin{pmatrix} 8 \\ 10 \\ 45 \end{pmatrix} \begin{pmatrix} 10 \\ 15 \\ 60 \end{pmatrix} \begin{pmatrix} 5 \\ 10 \\ 40 \end{pmatrix}$ C: $\begin{pmatrix} 5 \\ 10 \\ 20 \end{pmatrix} \begin{pmatrix} 10 \\ 15 \\ 30 \end{pmatrix} \begin{pmatrix} 8 \\ 10 \\ 25 \end{pmatrix}$

5.4

1. $A \cdot \vec{u} = \begin{pmatrix} 25 \\ 27 \\ 49 \end{pmatrix}$ $A \cdot \vec{v} = \begin{pmatrix} 9 \\ 5 \\ 14 \end{pmatrix}$ $A \cdot \vec{w} = \begin{pmatrix} 19 \\ 23 \\ 40 \end{pmatrix}$ **2.** $\begin{pmatrix} 9 \\ 22 \\ -1 \end{pmatrix}$

3. a) $\begin{pmatrix} 2 \\ 5 \\ -3 \end{pmatrix}$ b) $\begin{pmatrix} x_3 \\ -x_1 \\ x_2 \end{pmatrix}$ **[4.]** $A = \begin{pmatrix} 0 & 1 \\ 1 & 0 \end{pmatrix}$ **5.** $M = \begin{pmatrix} 0 & 0 & 0 & 1 \\ 0 & 0 & 1 & 0 \\ 0 & 1 & 0 & 0 \\ 1 & 0 & 0 & 0 \end{pmatrix}$

5.5

1.
$$\begin{aligned} 2x_1 + 3x_2 + 4x_3 + 5x_4 &= 12 \\ 5x_1 + 10x_2 + 15x_3 + 20x_4 &= 40 \\ 10x_1 + 10x_2 + 10x_3 + 10x_4 &= 40 \\ 5x_2 + 10x_3 + 15x_4 &= 20 \end{aligned}$$

2.
$$\begin{aligned} 250x_1 + 500x_2 + 300x_3 + 300x_4 &= 10900 \\ 60x_2 + 200x_3 + 200x_4 &= 3900 \\ 180x_1 + 60x_2 + 100x_3 + 180x_4 &= 5060 \\ 4x_1 + x_2 \qquad + 4x_4 &= 93 \end{aligned}$$

Wiederholungsaufgaben

1. a) $|\vec{u}| = 3$ $|\vec{v}| = 8$ $|\vec{w}| = \sqrt{5}$ b) $\vec{u} \cdot \vec{v} = 19$ $\vec{u} \cdot \vec{w} = -3$ $\vec{v} \cdot \vec{w} = -4$

c) $1{,}5 \cdot \vec{u} = \begin{pmatrix} 1{,}5 \\ 0 \\ -3 \\ 3 \\ 0 \end{pmatrix}$ $1{,}5 \cdot \vec{v} = \begin{pmatrix} 7{,}5 \\ 4{,}5 \\ -7{,}5 \\ 3 \\ 1{,}5 \end{pmatrix}$ $1{,}5 \cdot \vec{w} = \begin{pmatrix} 1{,}5 \\ -1{,}5 \\ 1{,}5 \\ -1{,}5 \\ 1{,}5 \end{pmatrix}$

2. a) ja b) nein c) ja d) nein

3. a) vierte Zeile | siebte Spalte b) achte Zeile | dritte Spalte c) neunte Zeile | neunte Spalte

4. $\begin{pmatrix} 111 \\ 35 \\ 43 \end{pmatrix}$

5. a) $\begin{pmatrix} 11000 \\ 3720 \\ 2980 \\ 40 \end{pmatrix}$ b) $\begin{pmatrix} 22700 \\ 7700 \\ 9660 \\ 183 \end{pmatrix}$ c) $\begin{pmatrix} 83900 \\ 20800 \\ 18360 \\ 268 \end{pmatrix}$ d) $\begin{pmatrix} 103750 \\ 51520 \\ 42480 \\ 630 \end{pmatrix}$

6. $C \cdot \vec{u} = \begin{pmatrix} 35 \\ -1 \\ 1 \end{pmatrix}$ $A \cdot \vec{v} = \begin{pmatrix} -6 \\ 0 \\ -6 \end{pmatrix}$ $B \cdot \vec{v} = \begin{pmatrix} -3 \\ -12 \\ -1 \\ -2 \end{pmatrix}$ $A \cdot \vec{x} = \begin{pmatrix} 0 \\ 13 \\ -2 \end{pmatrix}$ $B \cdot \vec{x} = \begin{pmatrix} 10 \\ -2 \\ 13 \\ 24 \end{pmatrix}$

7. $\begin{pmatrix} 15 \\ 6 \\ 26 \end{pmatrix}$

8. $E = \begin{pmatrix} 1 & 0 & 0 \\ 0 & 1 & 0 \\ 0 & 0 & 1 \end{pmatrix}$

9. a) $A = \begin{pmatrix} 0 & 1 & 0 \\ 1 & 0 & 0 \\ 0 & 0 & 1 \end{pmatrix}$ b) $B = \begin{pmatrix} 1 & 0 & 0 \\ 0 & 1 & 0 \\ 0 & 0 & 0 \end{pmatrix}$ c) $C = \begin{pmatrix} k & 0 & 0 \\ 0 & k & 0 \\ 0 & 0 & k \end{pmatrix}$

10.

$$\begin{aligned} x_1 + 2x_2 - x_3 &= -3 \\ 3x_1 + 2x_3 &= 0 \quad \Rightarrow \quad x_3 = -1{,}5x_1 \\ -2x_1 + 5x_2 &= 1 \quad \Rightarrow \quad x_2 = 0{,}4x_1 + 0{,}2 \end{aligned}$$

$$\begin{aligned} x_1 + 0{,}8x_1 + 0{,}4 + 1{,}5x_1 &= -3 \\ 3{,}3x_1 &= -3{,}4 \\ x_1 &= -\frac{34}{33} = -1\frac{1}{33} \\ x_2 &= -\frac{7}{33} \\ x_3 &= 1\frac{18}{33} \end{aligned}$$

Lektion 6

Aufgaben im Text

1 $x_4 = 3$ $\quad -2x_3 + 9 = 1$, $x_3 = 4$ $\quad 2x_2 + 16 - 3 = 9$, $x_2 = -2$ $\quad 2x_1 - 6 - 4 + 15 = 15$, $x_1 = 5$

2 $\begin{pmatrix} 10900 \\ 3900 \\ 5060 \\ 93 \end{pmatrix}$

3 $x_3 + \frac{7}{3} = \frac{4}{3}$, $x_3 = -1$ $\quad x_2 - 5 + 2 = 1$, $x_2 = 4$ $\quad x_1 + 8 - 2 + 8 = 16$, $x_1 = 2$

4 $\begin{pmatrix} 8 \\ 1 \\ 0 \\ 16 \end{pmatrix}$

L

Lösungen der Aufgaben

6.1

1. a) $x_1 = 3\frac{10}{29}$, $x_2 = -4\frac{15}{29}$ b) $x_1 = 8$, $x_2 = 2$, $x_3 = -4$ c) $x_1 = 2$, $x_2 = 0$, $x_3 = -1$

2. a) $x_1 = 2$, $x_2 = 1$ b) $x_1 = 2$, $x_2 = 3$ c) $x_1 = 1$, $x_2 = -3$, $x_3 = 2$

6.2

1. $x_1 = -2 \quad x_2 = 3 \quad x_3 = 1 \quad x_4 = -1$

2. Zunächst erste mit der zweiten oder dritten Zeile vertauschen.

$x_1 = 1 \quad x_2 = 5 \quad x_3 = -2$

6.3

1. $x_1 = 5 \quad x_2 = 0 \quad x_3 = 1$ **2.** a) $\begin{pmatrix} 4 \\ -2 \\ 3 \\ 0 \end{pmatrix}$ b) $\begin{pmatrix} -1 \\ 2 \\ 0 \\ 1 \end{pmatrix}$

6.5

1. $x_1 = \frac{1}{2}(13 - r)$, $x_2 = \frac{1}{2}(7 - r)$, $x_3 = r$ z. B. $\begin{pmatrix} 6 \\ 3 \\ 1 \end{pmatrix}, \begin{pmatrix} 3 \\ 0 \\ 7 \end{pmatrix}, \begin{pmatrix} 0 \\ -3 \\ 13 \end{pmatrix}$

2. $x_1 = r$, $x_2 = \frac{1}{14}(194 - 31\,r)$, $x_3 = \frac{1}{7}(8\,r - 25)$, $x_4 = \frac{1}{14}(86 - 11\,r)$ z. B. $\begin{pmatrix} 4 \\ 5 \\ 1 \\ 3 \end{pmatrix}, \begin{pmatrix} 11 \\ -10{,}5 \\ 9 \\ -2{,}5 \end{pmatrix}, \begin{pmatrix} 18 \\ -26 \\ 17 \\ -8 \end{pmatrix}, \begin{pmatrix} -10 \\ 36 \\ -15 \\ 14 \end{pmatrix}$

3. a) nicht lösbar b) $x_1 = r + 1$, $x_2 = 2\,r + 2$, $x_3 = r$ z. B. $\begin{pmatrix} 1 \\ 2 \\ 0 \end{pmatrix}, \begin{pmatrix} 2 \\ 4 \\ 1 \end{pmatrix}, \begin{pmatrix} 0 \\ 0 \\ -1 \end{pmatrix}$

Wiederholungsaufgaben

1. $\begin{pmatrix} 5 \\ 3 \\ 1 \end{pmatrix}$ **2.** $\begin{pmatrix} 2 \\ 3 \\ 4 \\ 5 \end{pmatrix}$ **3.** a) $\begin{pmatrix} 1 \\ 2 \\ 3 \end{pmatrix}$ b) $\begin{pmatrix} 50 \\ 70 \\ 20 \end{pmatrix}$ **4.** $\begin{pmatrix} 5 \\ -3 \\ 1 \\ 0 \end{pmatrix}$

5. $\begin{pmatrix} 8{,}5 \\ 7 \\ 4{,}5 \\ 4 \end{pmatrix}$ Im Gauß-Algorithmus muß man einmal die dritte mit der vierten Zeile vertauschen.

6. $x_1 = -\frac{1}{3}(5r + 10s)$ z. B. $\begin{pmatrix}0\\0\\0\\0\end{pmatrix}, \begin{pmatrix}-1\frac{2}{3}\\-\frac{1}{3}\\1\\0\end{pmatrix}, \begin{pmatrix}-3\frac{1}{3}\\\frac{1}{3}\\0\\1\end{pmatrix}, \begin{pmatrix}-5\\0\\1\\1\end{pmatrix}$

$x_2 = \frac{1}{3}(s - r)$

$x_3 = r$

$x_4 = s$

7. $\begin{pmatrix}0\\-2\\1\\3\end{pmatrix}$

[8.] a) $x_1 = -\frac{1}{3}(5r + 10s) + 8$ z. B. $\begin{pmatrix}8\\-2\\0\\0\end{pmatrix}, \begin{pmatrix}3\\-2\\1\\1\end{pmatrix}, \begin{pmatrix}3\\-3\\3\\0\end{pmatrix}, \begin{pmatrix}-2\\-1\\0\\3\end{pmatrix}$

$x_2 = \frac{1}{3}(s - r - 6)$

$x_3 = r$

$x_4 = s$

b) $x_1 = -\frac{1}{3}(5r + 10s + 1)$ z. B. $\begin{pmatrix}-\frac{1}{3}\\6\frac{1}{3}\\0\\0\end{pmatrix}, \begin{pmatrix}-5\frac{1}{3}\\6\frac{1}{3}\\1\\1\end{pmatrix}, \begin{pmatrix}-2\\6\\1\\0\end{pmatrix}, \begin{pmatrix}-7\\7\\0\\2\end{pmatrix}$

$x_2 = \frac{1}{3}(s - r + 19)$

$x_3 = r$

$x_4 = s$

9. $\begin{pmatrix}-1\\3\\4\\-2\end{pmatrix}$

10. $x_1 = r + 2s$ z. B. $\begin{pmatrix}0\\4\\0\\0\end{pmatrix}, \begin{pmatrix}1\\2\\1\\0\end{pmatrix}, \begin{pmatrix}2\\1\\0\\1\end{pmatrix}, \begin{pmatrix}3\\-1\\1\\1\end{pmatrix}$

$x_2 = 4 - 2r - 3s$

$x_3 = r$

$x_4 = s$

Lektion 7

Aufgaben im Text

1 $\begin{pmatrix}2\\-1\end{pmatrix}$ $\begin{pmatrix}1\\3\end{pmatrix}$

2

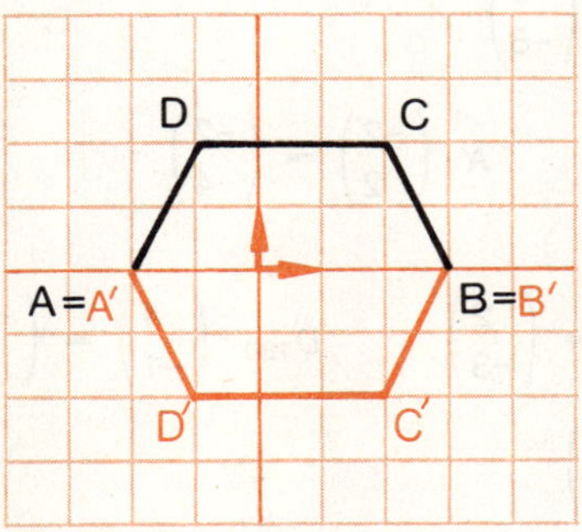

$S_1 \cdot \vec{a} = \begin{pmatrix}-2\\0\end{pmatrix}$ $S_1 \cdot \vec{b} = \begin{pmatrix}3\\0\end{pmatrix}$

$S_1 \cdot \vec{c} = \begin{pmatrix}2\\-2\end{pmatrix}$ $S_1 \cdot \vec{d} = \begin{pmatrix}-1\\-2\end{pmatrix}$

3

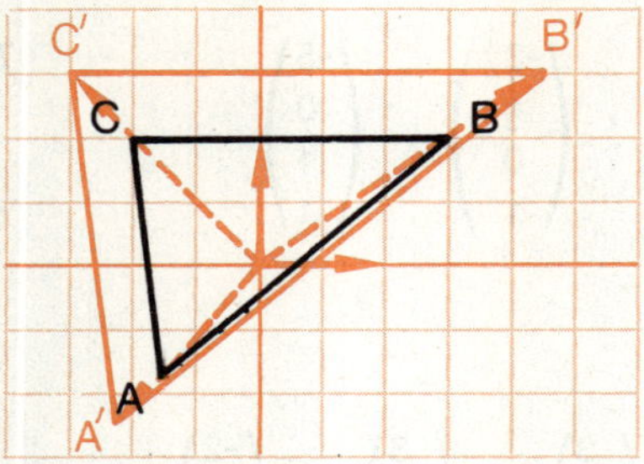

$\vec{a}\,' = \begin{pmatrix} -1{,}05 \\ -1{,}2 \end{pmatrix}$ $\vec{b}\,' = \begin{pmatrix} 2{,}25 \\ 1{,}5 \end{pmatrix}$

$\vec{c}\,' = \begin{pmatrix} -1{,}5 \\ 1{,}5 \end{pmatrix}$

4 $\begin{pmatrix} 1 & 1 \\ 0 & 1 \end{pmatrix} \cdot \begin{pmatrix} 3 \\ 1 \end{pmatrix} = \begin{pmatrix} 4 \\ 1 \end{pmatrix}$ $A \cdot \begin{pmatrix} 5 \\ 3 \end{pmatrix} = \begin{pmatrix} 8 \\ 3 \end{pmatrix}$

$A \cdot \begin{pmatrix} 3 \\ 5 \end{pmatrix} = \begin{pmatrix} 8 \\ 5 \end{pmatrix}$ $A \cdot \begin{pmatrix} 1 \\ 3 \end{pmatrix} = \begin{pmatrix} 4 \\ 3 \end{pmatrix}$

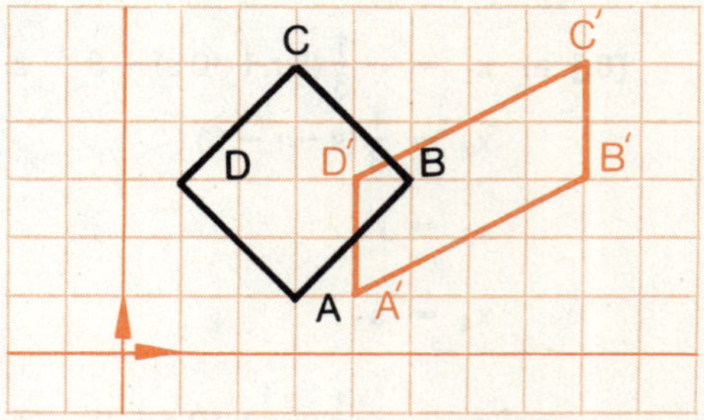

5

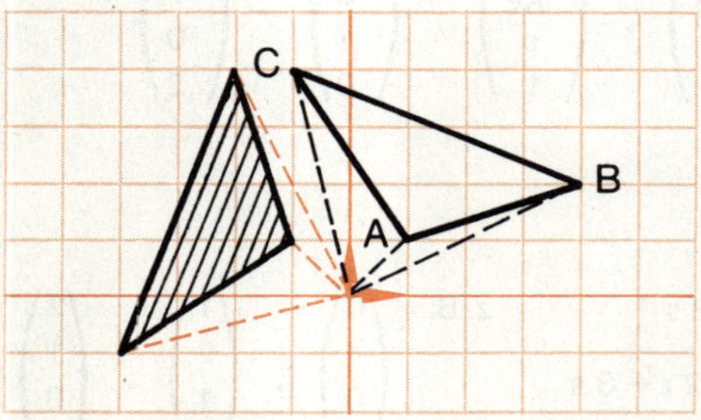

$\begin{pmatrix} 0 & -1 \\ 1 & 0 \end{pmatrix} \cdot \begin{pmatrix} 1 \\ 1 \end{pmatrix} = \begin{pmatrix} -1 \\ 1 \end{pmatrix}$

$D_{90} \cdot \begin{pmatrix} 4 \\ 2 \end{pmatrix} = \begin{pmatrix} -2 \\ 4 \end{pmatrix}$

$D_{90} \cdot \begin{pmatrix} -1 \\ 4 \end{pmatrix} = \begin{pmatrix} -4 \\ -1 \end{pmatrix}$

6 $\begin{pmatrix} -1 & 0 \\ 0 & 1 \end{pmatrix} \cdot \begin{pmatrix} 2 \\ -1 \end{pmatrix} = \begin{pmatrix} -2 \\ -1 \end{pmatrix}$

$S_2 \cdot \begin{pmatrix} 3 \\ 2 \end{pmatrix} = \begin{pmatrix} -3 \\ 2 \end{pmatrix}$ $S_2 \cdot \begin{pmatrix} -2 \\ 3 \end{pmatrix} = \begin{pmatrix} 2 \\ 3 \end{pmatrix}$

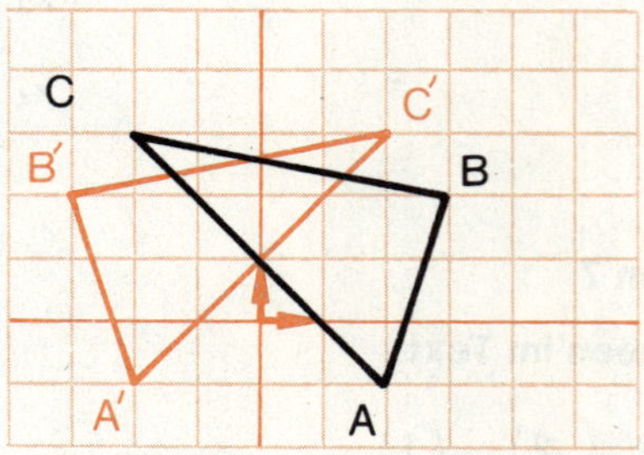

7

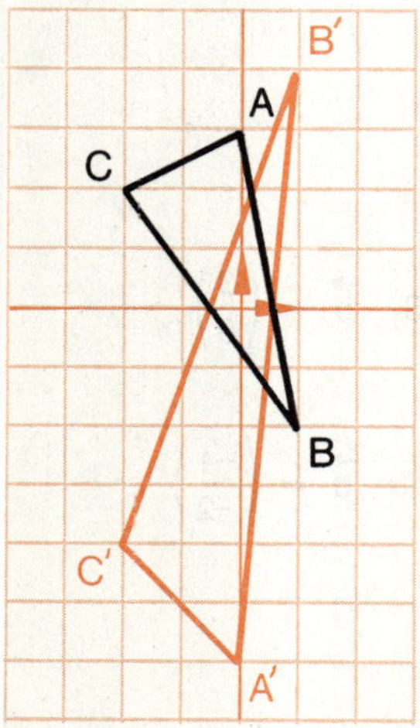

$\begin{pmatrix} 1 & 0 \\ 0 & -2 \end{pmatrix} \cdot \begin{pmatrix} 0 \\ 3 \end{pmatrix} = \begin{pmatrix} 0 \\ -6 \end{pmatrix}$

$A \cdot \begin{pmatrix} 1 \\ -2 \end{pmatrix} = \begin{pmatrix} 1 \\ 4 \end{pmatrix}$ $A \cdot \begin{pmatrix} -2 \\ 2 \end{pmatrix} = \begin{pmatrix} -2 \\ -4 \end{pmatrix}$

8 $\begin{pmatrix} -1 & 0 \\ 0 & -1 \end{pmatrix} \cdot \begin{pmatrix} -2 \\ 3 \end{pmatrix} = \begin{pmatrix} 2 \\ -3 \end{pmatrix}$ $D_{180} \cdot \begin{pmatrix} 4 \\ -1 \end{pmatrix} = \begin{pmatrix} -4 \\ 1 \end{pmatrix}$

$D_{180} \cdot \begin{pmatrix} 3 \\ 4 \end{pmatrix} = \begin{pmatrix} -3 \\ -4 \end{pmatrix}$

Lösungen der Aufgaben

7.1

1.

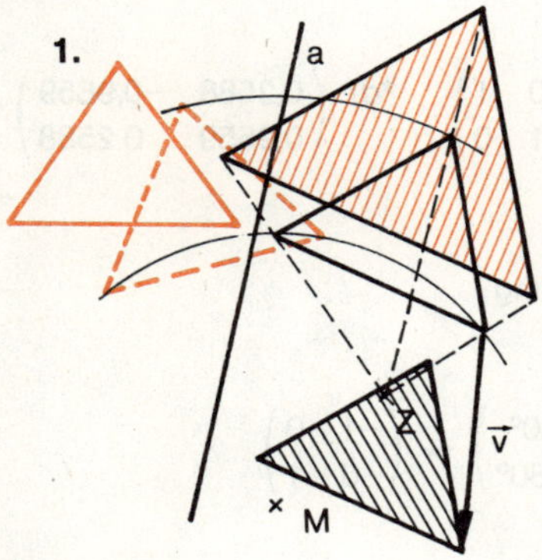

2.

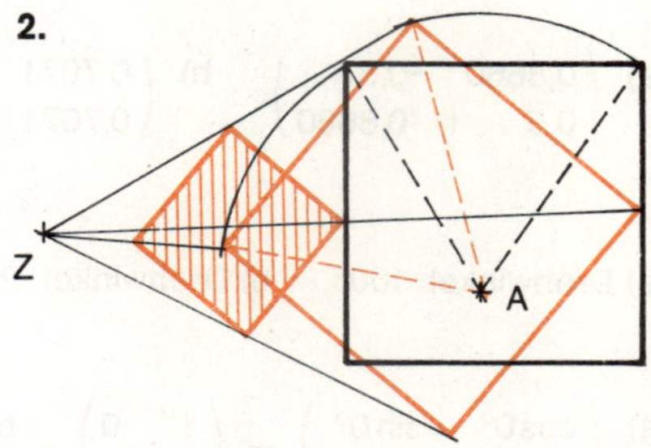

7.2

1. $\begin{pmatrix}1 & -1\\0 & 1\end{pmatrix}\cdot\begin{pmatrix}1\\1\end{pmatrix}=\begin{pmatrix}0\\1\end{pmatrix}$ $\quad A\cdot\begin{pmatrix}5\\1\end{pmatrix}=\begin{pmatrix}4\\1\end{pmatrix}$

$A\cdot\begin{pmatrix}7\\3\end{pmatrix}=\begin{pmatrix}4\\3\end{pmatrix}$ $\quad A\cdot\begin{pmatrix}3\\3\end{pmatrix}=\begin{pmatrix}0\\3\end{pmatrix}$

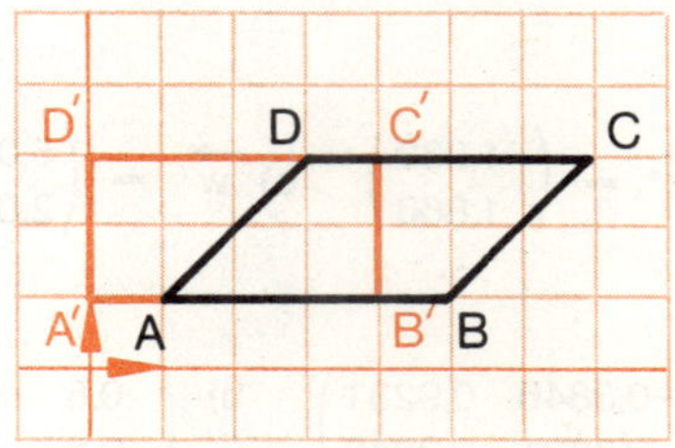

2. a) $\vec{e_1}' = \begin{pmatrix}5\\3\end{pmatrix}$; $\vec{e_2}' = \begin{pmatrix}-2\\4\end{pmatrix}$ b) $\vec{e_1}' = \begin{pmatrix}-0{,}5\\2\end{pmatrix}$; $\vec{e_2}' = \begin{pmatrix}-1\\0{,}2\end{pmatrix}$

c) $\vec{e_1}' = \begin{pmatrix}-1\\0\end{pmatrix}$; $\vec{e_2}' = \begin{pmatrix}1\\-1\end{pmatrix}$

3. $\vec{u}\,' = \begin{pmatrix}-1\\1\end{pmatrix}$ $\quad \vec{v}\,' = \begin{pmatrix}1\\-2\end{pmatrix}$ $\quad \vec{w}\,' = \begin{pmatrix}-2{,}5\\7\end{pmatrix}$ $\quad \vec{x}\,' = \begin{pmatrix}2\\-6\end{pmatrix}$ $\quad \vec{y}\,' = \begin{pmatrix}2\\-11\end{pmatrix}$

4. $$\begin{pmatrix}a_{11} & a_{12}\\a_{21} & a_{22}\end{pmatrix}\cdot\begin{pmatrix}ru_1+sv_1\\ru_2+sv_2\end{pmatrix}=\begin{pmatrix}a_{11}ru_1+a_{11}sv_1+a_{12}ru_2+a_{12}sv_2\\a_{21}ru_1+a_{21}sv_1+a_{22}ru_2+a_{22}sv_2\end{pmatrix}$$

$$=\begin{pmatrix}r(a_{11}u_1+a_{12}u_2)\\r(a_{21}u_1+a_{22}u_2)\end{pmatrix}+\begin{pmatrix}s(a_{11}v_1+a_{12}v_2)\\s(a_{21}v_1+a_{22}v_2)\end{pmatrix}=r\begin{pmatrix}a_{11} & a_{12}\\a_{21} & a_{22}\end{pmatrix}\cdot\begin{pmatrix}u_1\\u_2\end{pmatrix}+s\begin{pmatrix}a_{11} & a_{12}\\a_{21} & a_{22}\end{pmatrix}\cdot\begin{pmatrix}v_1\\v_2\end{pmatrix}$$

7.3

1. a) $\begin{pmatrix}\cos 90^\circ & -\sin 90^\circ\\ \sin 90^\circ & \cos 90^\circ\end{pmatrix}=\begin{pmatrix}0 & -1\\1 & 0\end{pmatrix}$ b) $\begin{pmatrix}\cos 180^\circ & -\sin 180^\circ\\ \sin 180^\circ & \cos 180^\circ\end{pmatrix}=\begin{pmatrix}-1 & 0\\0 & -1\end{pmatrix}$

2. a) $\begin{pmatrix} -0{,}4837 \\ 1{,}3289 \end{pmatrix}$ b) $\begin{pmatrix} 3{,}9256 \\ 3{,}6863 \end{pmatrix}$ c) $\begin{pmatrix} 3{,}8365 \\ -1{,}2373 \end{pmatrix}$ *d) $\begin{pmatrix} -2{,}4348 \\ 0{,}6940 \end{pmatrix}$

3. a) $\begin{pmatrix} 0{,}8660 & -0{,}5 \\ 0{,}5 & 0{,}8660 \end{pmatrix}$ b) $\begin{pmatrix} 0{,}7071 & -0{,}7071 \\ 0{,}7071 & 0{,}7071 \end{pmatrix}$ *c) $\begin{pmatrix} 0 & 1 \\ -1 & 0 \end{pmatrix}$ *d) $\begin{pmatrix} 0{,}2588 & -0{,}9659 \\ 0{,}9659 & 0{,}2588 \end{pmatrix}$

4. a) Drehwinkel 100° b) Drehwinkel 270° c) keine Drehung

5. a) $\begin{pmatrix} \cos 0° & \sin 0° \\ \sin 0° & -\cos 0° \end{pmatrix} = \begin{pmatrix} 1 & 0 \\ 0 & -1 \end{pmatrix}$ b) $\begin{pmatrix} \cos 180° & \sin 180° \\ \sin 180° & -\cos 180° \end{pmatrix} = \begin{pmatrix} -1 & 0 \\ 0 & 1 \end{pmatrix}$

c) $\begin{pmatrix} \cos 90° & \sin 90° \\ \sin 90° & -\cos 90° \end{pmatrix} = \begin{pmatrix} 0 & 1 \\ 1 & 0 \end{pmatrix}$

6. a) $\vec{w}\,' = \begin{pmatrix} -1{,}232 \\ 1{,}866 \end{pmatrix}$ b) $\vec{w}\,' = \begin{pmatrix} 5{,}098 \\ 2{,}83 \end{pmatrix}$ c) $\vec{w}\,' = \begin{pmatrix} -2 \\ -3{,}464 \end{pmatrix}$

7. a) $\begin{pmatrix} -0{,}3846 & 0{,}9231 \\ 0{,}9231 & 0{,}3846 \end{pmatrix}$ b) $\begin{pmatrix} 0{,}6 & -0{,}8 \\ -0{,}8 & -0{,}6 \end{pmatrix}$ *c) $\begin{pmatrix} 0{,}8824 & 0{,}4706 \\ 0{,}4706 & -0{,}8824 \end{pmatrix}$

8. a) keine Spiegelung b) Spiegelung an der 2. Winkelhalbierenden

c) Spiegelung an Ursprungsgeraden mit Steigung 0,2217 d) keine Spiegelung

7.4

1. a) Scherung b) senkrechte Dehnung c) – d) zentrische Streckung

e) – f) Scherung g) zentrische Streckung h) senkrechte Dehnung

2. a) $\vec{u}\,' = \begin{pmatrix} 4 \\ 0 \end{pmatrix}$ $\vec{v}\,' = \begin{pmatrix} -13 \\ 6 \end{pmatrix}$ $\vec{w}\,' = \begin{pmatrix} 0 \\ -2 \end{pmatrix}$

b) $\vec{u}\,' = \begin{pmatrix} 4 \\ 0 \end{pmatrix}$ $\vec{v}\,' = \begin{pmatrix} -1 \\ 3 \end{pmatrix}$ $\vec{w}\,' = \begin{pmatrix} -4 \\ -1 \end{pmatrix}$

3. a) g_1': $\vec{x} = \begin{pmatrix} 2 \\ -6 \end{pmatrix} + \lambda \cdot \begin{pmatrix} -4 \\ -10 \end{pmatrix}$

g_2': $\vec{x} = \begin{pmatrix} -4 \\ 2 \end{pmatrix} + \lambda \cdot \begin{pmatrix} 4 \\ 6 \end{pmatrix}$

g_3': $\vec{x} = \lambda \cdot \begin{pmatrix} 4 \\ -10 \end{pmatrix}$

b) g_1': $\vec{x} = \begin{pmatrix} -1 \\ 0{,}3 \end{pmatrix} + \lambda \cdot \begin{pmatrix} 2 \\ 0{,}5 \end{pmatrix}$

g_2': $\vec{x} = \begin{pmatrix} 2 \\ -0{,}1 \end{pmatrix} + \lambda \cdot \begin{pmatrix} -2 \\ -0{,}3 \end{pmatrix}$

g_3': $\vec{x} = \lambda \cdot \begin{pmatrix} -2 \\ 0{,}5 \end{pmatrix}$

c) g_1': $\vec{x} = \begin{pmatrix} 3{,}5 \\ 3 \end{pmatrix} + \lambda \cdot \begin{pmatrix} 9{,}5 \\ 5 \end{pmatrix}$

g_2': $\vec{x} = \begin{pmatrix} 0{,}5 \\ -1 \end{pmatrix} + \lambda \cdot \begin{pmatrix} -6{,}5 \\ -3 \end{pmatrix}$

g_3': $\vec{x} = \lambda \cdot \begin{pmatrix} 5{,}5 \\ 5 \end{pmatrix}$

7.5

1. a) $\begin{pmatrix} 1 \\ 1 \end{pmatrix}$ b) $\begin{pmatrix} 1\frac{1}{3} \\ 4\frac{1}{3} \end{pmatrix}$ *c) $\begin{pmatrix} -3 \\ 5 \end{pmatrix}$

2. a) Drehung um $-45°$ b) Spiegelung an der ersten Winkelhalbierenden
c) zentrische Stauchung; Faktor 0,25 d) senkrechte Dehnung mit dem 5-fachen.

[3.] a) $\begin{pmatrix} 0{,}7071 & -0{,}7071 \\ 0{,}7071 & 0{,}7071 \end{pmatrix}$ b) $\begin{pmatrix} 0 & 1 \\ 1 & 0 \end{pmatrix}$ c) $\begin{pmatrix} 4 & 0 \\ 0 & 4 \end{pmatrix}$ d) $\begin{pmatrix} 1 & 0 \\ 0 & 0{,}2 \end{pmatrix}$

$\begin{pmatrix} 0{,}7071 & 0{,}7071 \\ -0{,}7071 & 0{,}7071 \end{pmatrix}$ $\begin{pmatrix} 0 & 1 \\ 1 & 0 \end{pmatrix}$ $\begin{pmatrix} 0{,}25 & 0 \\ 0 & 0{,}25 \end{pmatrix}$ $\begin{pmatrix} 1 & 0 \\ 0 & 5 \end{pmatrix}$

Wiederholungsaufgaben

1. a) Scherung b) Drehung um 180° c) Spiegelung an der 1. Winkelhalbierenden
d) Drehung um 53,13° e) Spiegelung an g: $\vec{x} = \lambda \cdot \begin{pmatrix} 2 \\ 1 \end{pmatrix}$
f) zentrische Streckung g) identische Abbildung h) senkrechte Dehnung

2. a) $\begin{pmatrix} 1 \\ -2 \end{pmatrix}$ b) $\begin{pmatrix} -3 \\ 2 \end{pmatrix}$ c) $\begin{pmatrix} -2 \\ 3 \end{pmatrix}$ d) $\begin{pmatrix} 3{,}4 \\ 1{,}2 \end{pmatrix}$ e) $\begin{pmatrix} 0{,}2 \\ 3{,}6 \end{pmatrix}$ f) $\begin{pmatrix} 9 \\ -6 \end{pmatrix}$ g) $\begin{pmatrix} 3 \\ -2 \end{pmatrix}$ h) $\begin{pmatrix} 3 \\ 6 \end{pmatrix}$

3. a) g': $\vec{x} = \begin{pmatrix} 3 \\ 2 \end{pmatrix} + \lambda \cdot \begin{pmatrix} 3 \\ 5 \end{pmatrix}$ b) g': $\vec{x} = \begin{pmatrix} -1 \\ -2 \end{pmatrix} + \lambda \cdot \begin{pmatrix} 2 \\ -5 \end{pmatrix}$

c) g': $\vec{x} = \begin{pmatrix} 2 \\ 1 \end{pmatrix} + \lambda \cdot \begin{pmatrix} 5 \\ -2 \end{pmatrix}$ d) g': $\vec{x} = \begin{pmatrix} -1 \\ 2 \end{pmatrix} + \lambda \cdot \begin{pmatrix} -5{,}2 \\ 1{,}4 \end{pmatrix}$

e) g': $\vec{x} = \begin{pmatrix} 2{,}2 \\ -0{,}4 \end{pmatrix} + \lambda \cdot \begin{pmatrix} 2{,}8 \\ -4{,}6 \end{pmatrix}$ f) g': $\vec{x} = \begin{pmatrix} 3 \\ 6 \end{pmatrix} + \lambda \cdot \begin{pmatrix} -6 \\ 15 \end{pmatrix}$

g) g': $\vec{x} = \begin{pmatrix} 1 \\ 2 \end{pmatrix} + \lambda \cdot \begin{pmatrix} -2 \\ 5 \end{pmatrix}$ h) g': $\vec{x} = \begin{pmatrix} 1 \\ -6 \end{pmatrix} + \lambda \cdot \begin{pmatrix} -2 \\ -15 \end{pmatrix}$

4. a) $\begin{pmatrix} -0{,}5 & -0{,}8660 \\ 0{,}8660 & -0{,}5 \end{pmatrix}$ b) $\begin{pmatrix} 0{,}6428 & 0{,}7660 \\ 0{,}7660 & -0{,}6425 \end{pmatrix}$ c) $\begin{pmatrix} 0{,}8 & 0{,}6 \\ 0{,}6 & -0{,}8 \end{pmatrix}$

L

d) $\begin{pmatrix} -3 & 0 \\ 0 & -3 \end{pmatrix}$ e) $\begin{pmatrix} 1 & 0 \\ 0 & 0{,}3 \end{pmatrix}$ f) $\begin{pmatrix} 1 & 4 \\ 0 & 1 \end{pmatrix}$

5. $\vec{v} = \begin{pmatrix} 2 \\ -3 \end{pmatrix}$ **6.** $\vec{v} = \begin{pmatrix} 3 \\ -7 \end{pmatrix}$ **7.** a) $\vec{v} = \begin{pmatrix} -2 \\ 0 \end{pmatrix}$ b) $\begin{pmatrix} -2 \\ 5 \end{pmatrix}$ c) $\begin{pmatrix} 3 \\ -0{,}5 \end{pmatrix}$

Lektion 8

Aufgaben im Text

1 $\begin{pmatrix} -32 \\ -18 \\ -29{,}5 \\ -24 \end{pmatrix}$ **2** $\begin{pmatrix} 1 & 4 \\ 0 & 2 \end{pmatrix} \begin{pmatrix} 2 \\ -1 \end{pmatrix} = \begin{pmatrix} -2 \\ -2 \end{pmatrix}$ **3** $\begin{pmatrix} 55 \\ 82 \\ 25 \\ 48 \end{pmatrix}$

4

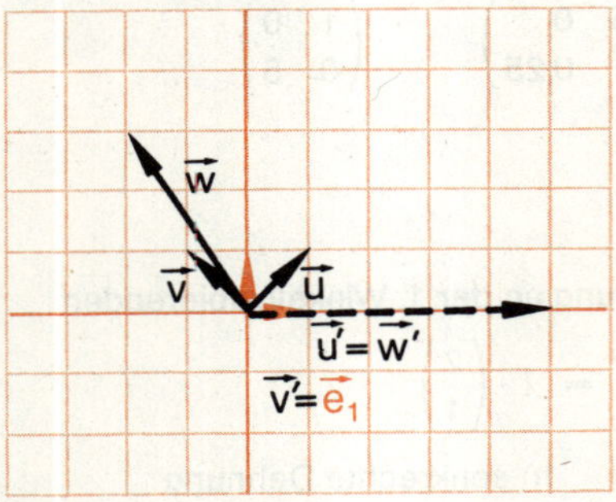

5 $\begin{pmatrix} 11 \\ 7 \\ 7{,}5 \\ 7 \end{pmatrix}$, $\begin{pmatrix} -2 \\ 1 \\ -2{,}5 \\ -1 \end{pmatrix}$, $\begin{pmatrix} -1 \\ 0 \\ -0{,}5 \\ 0 \end{pmatrix}$, $\begin{pmatrix} 17 \\ 11 \\ 8 \\ 9 \end{pmatrix}$

6

1	4	1	0
0	2	0	1
1	4	1	0
0	1	0	0,5
1	0	1	-2
0	1	0	0,5

7

$A \cdot \begin{pmatrix} 3 \\ 11 \\ 3 \end{pmatrix} = \begin{pmatrix} 2 \\ 1 \\ 1 \end{pmatrix}$ $A^{-1} \cdot \begin{pmatrix} 2 \\ 1 \\ 1 \end{pmatrix} = \begin{pmatrix} 3 \\ 11 \\ 3 \end{pmatrix}$

$A \cdot \begin{pmatrix} 3 \\ 8 \\ 10 \end{pmatrix} = \begin{pmatrix} 1 \\ -1 \\ 0 \end{pmatrix}$ $A^{-1} \cdot \begin{pmatrix} 1 \\ -1 \\ 0 \end{pmatrix} = \begin{pmatrix} 3 \\ 8 \\ 10 \end{pmatrix}$

$A \cdot \begin{pmatrix} 20 \\ 55 \\ 60 \end{pmatrix} = \begin{pmatrix} 10 \\ -5 \\ 0 \end{pmatrix}$ $A^{-1} \cdot \begin{pmatrix} 10 \\ -5 \\ 0 \end{pmatrix} = \begin{pmatrix} 20 \\ 55 \\ 60 \end{pmatrix}$

8 $\begin{pmatrix} 1 & -2 \\ 0 & 0{,}5 \end{pmatrix} \cdot \begin{pmatrix} -2 \\ -2 \end{pmatrix} = \begin{pmatrix} 2 \\ -1 \end{pmatrix}$

Lösungen der Aufgaben

8.1

1. Drehung um 90° $D_{90} = \begin{pmatrix} 0 & -1 \\ 1 & 0 \end{pmatrix}$

$D_{270} = \begin{pmatrix} 0 & 1 \\ -1 & 0 \end{pmatrix}$ z. B. $\vec{v} = \begin{pmatrix} -4 \\ 3 \end{pmatrix}$; $\vec{v}' = D_{270} \cdot \vec{v} = \begin{pmatrix} 3 \\ 4 \end{pmatrix}$

$\vec{v} = D_{90} \cdot \vec{v}' = \begin{pmatrix} -4 \\ 3 \end{pmatrix}$

2. $\begin{pmatrix} 1 & -\frac{1}{3} \\ 0 & 1 \end{pmatrix}$

3. $\vec{a} = \begin{pmatrix} 1 \\ 2 \end{pmatrix}$ $\vec{b} = \begin{pmatrix} -3 \\ 1 \end{pmatrix}$ $\vec{c} = \begin{pmatrix} 0{,}5 \\ -0{,}1 \end{pmatrix}$ $\vec{v} = \begin{pmatrix} \frac{1}{3} & 0 \\ 0 & \frac{1}{3} \end{pmatrix} \cdot \vec{v}'$

4. Umkehrabbildung $\begin{pmatrix} 1 & -1 \\ 0 & \frac{1}{2} \end{pmatrix}$

8.2

1. a) $\begin{pmatrix} -1 & 0 \\ 0 & 1 \end{pmatrix}$ b) $\begin{pmatrix} 1 & -0{,}2 \\ 0 & 1 \end{pmatrix}$ c) $\begin{pmatrix} \cos\varphi & \sin\varphi \\ -\sin\varphi & \cos\varphi \end{pmatrix}$ d) $\begin{pmatrix} \frac{1}{3} & 0 \\ 0 & \frac{1}{3} \end{pmatrix}$ [e)] $\begin{pmatrix} -0{,}5 & 0 \\ 0 & 0{,}5 \end{pmatrix}$

2. a) $\vec{x} = \begin{pmatrix} -12 \\ -34 \\ -42 \end{pmatrix}$ b) $\vec{x} = \begin{pmatrix} 3 \\ 5 \\ -3 \end{pmatrix}$ c) $\vec{x} = \begin{pmatrix} 12 \\ 45 \\ 8 \end{pmatrix}$ d) $\vec{x} = \begin{pmatrix} 9 \\ 29 \\ 25 \end{pmatrix}$

8.3

1. a)

3	1	1	0
5	2	0	1
1	$\frac{1}{3}$	$\frac{1}{3}$	0
0	$\frac{1}{3}$	$-\frac{5}{3}$	1
1	$\frac{1}{3}$	$\frac{1}{3}$	0
0	1	-5	3
1	0	2	-1
0	1	-5	3

$A^{-1} = \begin{pmatrix} 2 & -1 \\ -5 & 3 \end{pmatrix}$

b) $A^{-1} = \begin{pmatrix} 4 & -13 \\ -3 & 10 \end{pmatrix}$

c) $A^{-1} = \begin{pmatrix} 2{,}5 & -3 \\ -1{,}5 & 2 \end{pmatrix}$

d) $A^{-1} = \begin{pmatrix} \frac{2}{5} & \frac{1}{5} \\ -\frac{1}{5} & \frac{2}{5} \end{pmatrix}$

L

2. a)

$$\begin{array}{rrr|rrr}
\hline
2 & -1 & 1 & 1 & 0 & 0 \\
1 & 0{,}5 & 0 & 0 & 1 & 0 \\
0 & 2 & 1 & 0 & 0 & 1 \\
\hline
1 & -0{,}5 & 0{,}5 & 0{,}5 & 0 & 0 \\
0 & 1 & -0{,}5 & -0{,}5 & 1 & 0 \\
0 & 2 & 1 & 0 & 0 & 1 \\
\hline
1 & -0{,}5 & 0{,}5 & 0{,}5 & 0 & 0 \\
0 & 1 & -0{,}5 & -0{,}5 & 1 & 0 \\
0 & 0 & 2 & 1 & -2 & 1 \\
\hline
1 & -0{,}5 & 0{,}5 & 0{,}5 & 0 & 0 \\
0 & 1 & -0{,}5 & -0{,}5 & 1 & 0 \\
0 & 0 & 1 & 0{,}5 & -1 & 0{,}5 \\
\hline
1 & 0 & 0{,}25 & 0{,}25 & 0{,}5 & 0 \\
0 & 1 & -0{,}5 & -0{,}5 & 1 & 0 \\
0 & 0 & 1 & 0{,}5 & -1 & 0{,}5 \\
\hline
1 & 0 & 0 & 0{,}125 & 0{,}75 & -0{,}125 \\
0 & 1 & 0 & -0{,}25 & 0{,}5 & 0{,}25 \\
0 & 0 & 1 & 0{,}5 & -1 & 0{,}5 \\
\hline
\end{array}$$

$$A^{-1} = \begin{pmatrix} \frac{1}{8} & \frac{3}{4} & -\frac{1}{8} \\ -\frac{1}{4} & \frac{1}{2} & \frac{1}{4} \\ \frac{1}{2} & -1 & \frac{1}{2} \end{pmatrix}$$

b) $A^{-1} = \begin{pmatrix} 2 & 0 & -1 \\ 0 & 1 & 0 \\ -1 & 1 & 1 \end{pmatrix}$

*c) $A^{-1} = \begin{pmatrix} 1 & -1 & -0{,}5 \\ -2 & 4 & 1 \\ -3 & 6 & 2 \end{pmatrix}$

3. $A^{-1} = \begin{pmatrix} 0{,}85 & -0{,}4 & -0{,}3 \\ -0{,}1 & 0{,}4 & -0{,}2 \\ -0{,}8 & 1{,}2 & 0{,}4 \end{pmatrix}$ a) $\vec{x} = \begin{pmatrix} 5 \\ 2 \\ 2 \end{pmatrix}$ b) $\vec{x} = \begin{pmatrix} -1{,}5 \\ 7 \\ 18 \end{pmatrix}$ c) $\vec{x} = \begin{pmatrix} 3 \\ 2 \\ 1 \end{pmatrix}$

8.4

1. a) nicht invertierbar, da nicht quadratisch

b) $A^{-1} = \begin{pmatrix} 4 & -3 \\ -9 & 7 \end{pmatrix}$ c) $A^{-1} = \begin{pmatrix} 0{,}6 & 0{,}8 \\ 0{,}4 & 1{,}2 \end{pmatrix}$

d) nicht invertierbar; erste Zeile ist das (−2)-fache der zweiten.

e) nicht invertierbar, da nicht quadratisch

f) $A^{-1} = \begin{pmatrix} \frac{1}{6} & \frac{2}{3} & \frac{1}{2} \\ \frac{1}{9} & -\frac{5}{9} & -\frac{1}{3} \\ \frac{1}{18} & \frac{2}{9} & -\frac{1}{6} \end{pmatrix}$

g) nicht invertierbar; dritte Zeile ist die Differenz aus zweiter Zeile minus 2 mal erste Zeile.

h) nicht invertierbar; erste und dritte Zeile sind gleich.

2. a) $\begin{pmatrix} -1 & 0 \\ 1 & 0 \end{pmatrix} \cdot \begin{pmatrix} v_1 \\ v_2 \end{pmatrix} = \begin{pmatrix} -v_1 \\ v_1 \end{pmatrix} = v_1 \cdot \begin{pmatrix} -1 \\ 1 \end{pmatrix}$ Alle Bildvektoren auf der Geraden $\vec{x} = \lambda \cdot \begin{pmatrix} -1 \\ 1 \end{pmatrix}$

b) $\begin{pmatrix} 1 & 0 \\ 0 & 0 \end{pmatrix} \cdot \begin{pmatrix} v_1 \\ v_2 \end{pmatrix} = \begin{pmatrix} v_1 \\ 0 \end{pmatrix} = v_1 \cdot \begin{pmatrix} 1 \\ 0 \end{pmatrix}$ Alle Bildvektoren auf der ersten Achse.

c) $\begin{pmatrix} 0 & 0 \\ -1 & -1 \end{pmatrix} \begin{pmatrix} v_1 \\ v_2 \end{pmatrix} = \begin{pmatrix} 0 \\ -v_1 - v_2 \end{pmatrix} = (v_1 + v_2) \cdot \begin{pmatrix} 0 \\ -1 \end{pmatrix}$ Alle Bildvektoren auf der zweiten Achse.

3. $\vec{u}\,' = \begin{pmatrix} 2 \\ 5 \\ 0 \end{pmatrix}$; $\vec{v}\,' = \begin{pmatrix} 0 \\ 1 \\ 0 \end{pmatrix}$; $\vec{w}\,' = \begin{pmatrix} -9 \\ 4 \\ 0 \end{pmatrix}$

8.5

1. $A^{-1} = \begin{pmatrix} -0{,}15 & 0{,}07 & 0{,}24 & -0{,}1 \\ 0{,}1 & 0 & -0{,}1 & 0 \\ 0{,}03 & -0{,}03 & -0{,}12 & 0{,}1 \\ 0 & 0{,}02 & 0{,}14 & -0{,}1 \end{pmatrix}$

erste zweite dritte vierte Woche

$\begin{pmatrix} 10 \\ 30 \\ 50 \\ 2 \end{pmatrix}$ $\begin{pmatrix} 25 \\ 30 \\ 15 \\ 20 \end{pmatrix}$ $\begin{pmatrix} 32 \\ 25 \\ 18 \\ 16 \end{pmatrix}$ $\begin{pmatrix} 5 \\ 35 \\ 26 \\ 20 \end{pmatrix}$

2. $A^{-1} = \begin{pmatrix} 0 & -0{,}5 & 1 \\ 1 & 2 & -5 \\ -1 & -1{,}5 & 5 \end{pmatrix}$

a) $\begin{pmatrix} 5 \\ 35 \\ 26 \end{pmatrix}$ b) $\begin{pmatrix} 10 \\ 25 \\ 15 \end{pmatrix}$ c) $\begin{pmatrix} 12 \\ 20 \\ 30 \end{pmatrix}$

d) $\begin{pmatrix} 100 \\ 120 \\ 80 \end{pmatrix}$ e) $\begin{pmatrix} 120 \\ 50 \\ 150 \end{pmatrix}$

Wiederholungsaufgaben

1. a) zentrische Stauchung; Umkehrung $\begin{pmatrix} -5 & 0 \\ 0 & -5 \end{pmatrix}$

b) Spiegelung an einer Nullpunktsgeraden, die den Winkel 50° mit der ersten Achse einschließt;

Umkehrung $\begin{pmatrix} -0{,}1736 & 0{,}9848 \\ 0{,}9848 & 0{,}1736 \end{pmatrix}$

c) Scherung um $\frac{1}{2}$ nach links, Umkehrung $\begin{pmatrix} 1 & \frac{1}{2} \\ 0 & 1 \end{pmatrix}$

d) Drehung um den Nullpunkt mit dem Winkel 40° ;

Umkehrung $\begin{pmatrix} 0{,}7660 & 0{,}6428 \\ -0{,}6428 & 0{,}7660 \end{pmatrix}$

2. $A^{-1} = \begin{pmatrix} 1 & -1{,}6 \\ 0 & 1 \end{pmatrix}$; $A^{-1} \cdot \begin{pmatrix} -3{,}6 \\ -1 \end{pmatrix} = \begin{pmatrix} -2 \\ -1 \end{pmatrix}$; $A^{-1} \cdot \begin{pmatrix} 8 \\ 5 \end{pmatrix} = \begin{pmatrix} 0 \\ 5 \end{pmatrix}$; $A^{-1} \cdot \begin{pmatrix} 1 \\ 2{,}5 \end{pmatrix} = \begin{pmatrix} -3 \\ 2{,}5 \end{pmatrix}$

L

[3.] a) $\begin{pmatrix} \frac{3}{2} & -1 \\ -\frac{5}{2} & 2 \end{pmatrix}$

b) nicht invertierbar, da nicht quadratisch

c) nicht invertierbar, da zweite Zeile das Vierfache der ersten.

d) $\begin{pmatrix} -3 & -2 \\ 2 & \frac{3}{2} \end{pmatrix}$ e) $\begin{pmatrix} -3 & -14 & 4 \\ 0 & 1 & 0 \\ 2 & 11 & -3 \end{pmatrix}$ f) nicht invertierbar:
zweite Zeile = dritte Zeile − 2 · erste Zeile

g) nicht invertierbar, da nicht quadratisch.

[4.] $A^{-1} = \begin{pmatrix} 3 & 0 & -5 \\ 8 & 1 & -13 \\ -1 & 0 & 2 \end{pmatrix}$ a) $\begin{pmatrix} -2 \\ 0 \\ 3 \end{pmatrix}$ b) $\begin{pmatrix} -1 \\ 2 \\ -1 \end{pmatrix}$ c) $\begin{pmatrix} 0 \\ 1 \\ 2 \end{pmatrix}$

Lektion 9

Aufgaben im Text

1

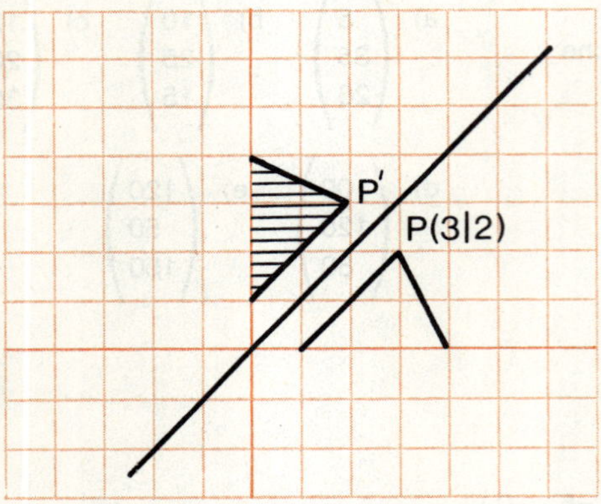

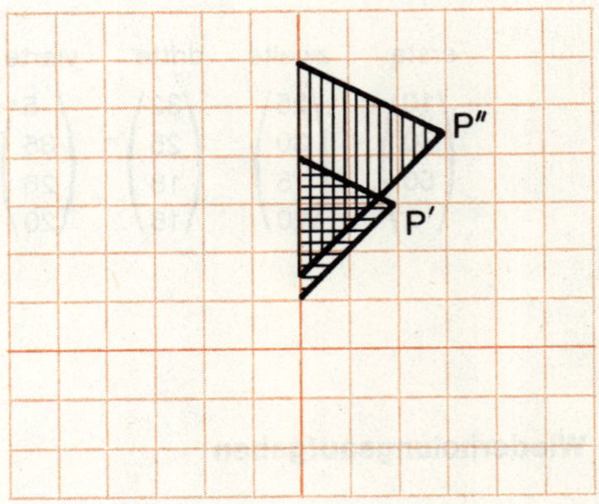

$\vec{p}\,' = \begin{pmatrix} 2 \\ 3 \end{pmatrix}$ $\vec{p}\,'' = \begin{pmatrix} 3 \\ 4{,}5 \end{pmatrix}$

2 $\begin{pmatrix} 1 & 0 \\ 0 & 0{,}5 \end{pmatrix} \cdot \left[\begin{pmatrix} 0 & -1 \\ 1 & 0 \end{pmatrix} \cdot \begin{pmatrix} 1 \\ 0 \end{pmatrix}\right] = \begin{pmatrix} 1 & 0 \\ 0 & 0{,}5 \end{pmatrix} \cdot \begin{pmatrix} 0 \\ 1 \end{pmatrix} = \begin{pmatrix} 0 \\ 0{,}5 \end{pmatrix}$ entsprechend für $\begin{pmatrix} 0 \\ 1 \end{pmatrix}$

Entsprechend für das 2. Beispiel.

3 $\begin{pmatrix} 10 & 6 \\ 3 & 15 \end{pmatrix}$

4

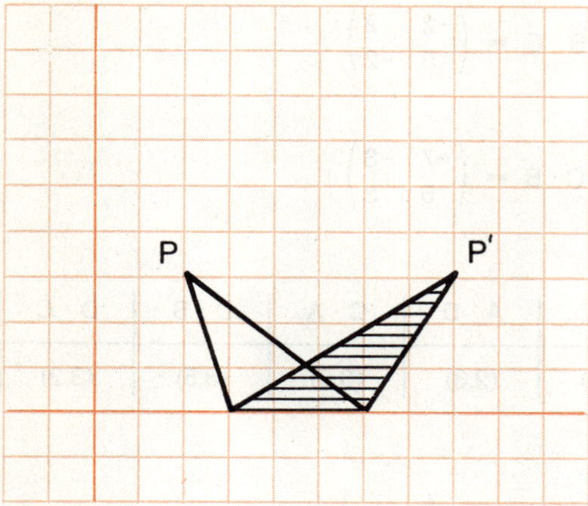

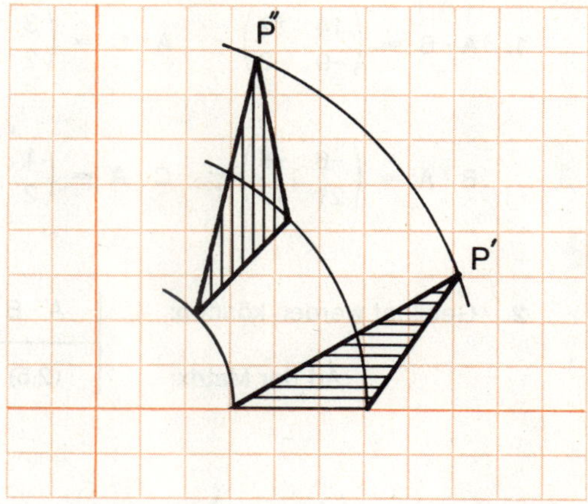

$\vec{p}\,' = \begin{pmatrix} 8 \\ 3 \end{pmatrix}$

$\vec{p}\,'' = \begin{pmatrix} 0{,}7071 & -0{,}7071 \\ 0{,}7071 & 0{,}7071 \end{pmatrix} \cdot \begin{pmatrix} 8 \\ 3 \end{pmatrix} = \begin{pmatrix} 3{,}54 \\ 7{,}78 \end{pmatrix}$

5 $\begin{pmatrix} 18 & -2 \\ 3 & 7 \end{pmatrix}$

6 $\begin{pmatrix} 1 & 0 & 0 \\ 0 & 1 & 0 \\ 0 & 0 & 1 \end{pmatrix}$ $\begin{pmatrix} 1 & 0 \\ 0 & 1 \end{pmatrix}$

7 $\begin{pmatrix} 1 & 0 \\ 0 & 1 \end{pmatrix}$

Lösungen der Aufgaben

9.1

1. a) $\begin{pmatrix} -1 & 0 \\ 0 & 1 \end{pmatrix}$ b) $\begin{pmatrix} 2 & 0 \\ 0 & 1 \end{pmatrix}$ c) $\begin{pmatrix} -1 & 1 \\ 0 & 1 \end{pmatrix}$

2. a) $\begin{pmatrix} -1 & 0 \\ 0 & 1 \end{pmatrix}$ b) $\begin{pmatrix} 2 & 0 \\ 0 & 1 \end{pmatrix}$ c) $\begin{pmatrix} -1 & -1 \\ 0 & 1 \end{pmatrix}$

3. $\begin{pmatrix} -1 & 0 \\ 0 & -1 \end{pmatrix}$

4. a) $\begin{pmatrix} -1 & 0 \\ 0 & -1 \end{pmatrix}$ b) $\begin{pmatrix} 1 & 0 \\ 0 & 1 \end{pmatrix}$

5. $\begin{pmatrix} 1 & 0 \\ 0 & 1 \end{pmatrix}$ Die Verkettung einer Achsenspiegelung mit sich selbst ergibt stets die identische Abbildung.

9.2

1. $A \cdot B = \begin{pmatrix} 14 & 12 \\ -9 & -3 \end{pmatrix}$; $A \cdot C = \begin{pmatrix} 3 & 1 \\ 2 & -3 \end{pmatrix}$; $B \cdot C = \begin{pmatrix} -2 & 2 \\ 5 & -2 \end{pmatrix}$;

$B \cdot A = \begin{pmatrix} -6 & -8 \\ 21 & 17 \end{pmatrix}$; $C \cdot A = \begin{pmatrix} 1 & 5 \\ 2 & -1 \end{pmatrix}$; $C \cdot B = \begin{pmatrix} -7 & -3 \\ 5 & 3 \end{pmatrix}$

2. Gebildet werden können:

	A · B	A · C	A · D	C · A	D · B	D · C
Art der Matrix:	(2,5)	(2,2)	(2,3)	(3,3)	(3,5)	(3,2)

3. $A \cdot C = \begin{pmatrix} 8 & -4 & 3 \\ 1 & -2 & 3 \\ 0 & -4 & 7 \end{pmatrix}$; $C \cdot A = \begin{pmatrix} 7 & 2 \\ 0 & 6 \end{pmatrix}$; $B \cdot A = \begin{pmatrix} 5 & -2 \\ 7 & 9 \\ 2 & 8 \end{pmatrix}$;

$C \cdot B = \begin{pmatrix} 1 & -4 & -5 \\ -2 & 14 & -3 \end{pmatrix}$; $B \cdot B = \begin{pmatrix} -1 & -8 & -4 \\ 2 & 9 & -6 \\ 14 & 0 & 7 \end{pmatrix}$

9.3

1. $D_{90} = \begin{pmatrix} 0 & -1 \\ 1 & 0 \end{pmatrix}$ $\quad D_{-90} = \begin{pmatrix} 0 & 1 \\ -1 & 0 \end{pmatrix}$ $\quad D_{90} \cdot D_{-90} = \begin{pmatrix} 1 & 0 \\ 0 & 1 \end{pmatrix}$

2. Das Ergebnis ist stets die Einheitsmatrix.

3. Das Ergebnis ist stets die Einheitsmatrix.

9.4

1. $\begin{pmatrix} 75 & 32 & 69 \\ 37 & 13 & 27 \\ 76 & 38 & 84 \end{pmatrix} \cdot \begin{pmatrix} 200 \\ 400 \\ 500 \end{pmatrix} = \begin{pmatrix} 62\,300 \\ 26\,100 \\ 72\,400 \end{pmatrix}$

2.

	Y_1	Y_2	Y_3
R_1	5	6	10
R_2	6	0	5

	Z_1	Z_2	Z_3
Y_1	10	0	2
Y_2	1	4	3
Y_3	0	5	2

	E_1	E_2	E_3	E_4
Z_1	3	1	0	0
Z_2	4	1	0	5
Z_3	0	1	2	3

Produktmatrix

	E_1	E_2	E_3	E_4
R_1	464	178	96	514
R_2	280	107	44	191

9.5

1.

von / zu	S	B	A
S	0,6	0,2	0,1
B	0,2	0,5	0,2
A	0,2	0,3	0,7

1. Nachfolgegeneration $\begin{pmatrix} 22000 \\ 26000 \\ 52000 \end{pmatrix}$

4. Nachfolgegeneration $\begin{pmatrix} 25124 \\ 28502 \\ 46374 \end{pmatrix}$

2. $A^4 = \begin{pmatrix} 0{,}25 & 0 \\ 0 & 0{,}25 \end{pmatrix}$ $\quad A^6 = \begin{pmatrix} 0{,}125 & 0 \\ 0 & 0{,}125 \end{pmatrix}$

DIN A 4 $\begin{pmatrix} 29{,}7 \\ 21{,}0 \end{pmatrix}$ $\quad$ DIN A 6 $\begin{pmatrix} 14{,}9 \\ 10{,}5 \end{pmatrix}$

Wiederholungsaufgaben

1. a) $\begin{pmatrix} 0{,}5 & -0{,}8660 \\ 0{,}8660 & 0{,}5 \end{pmatrix} \cdot \begin{pmatrix} 1 & 0 \\ 0 & 0{,}8 \end{pmatrix} = \begin{pmatrix} 0{,}5 & -0{,}6928 \\ 0{,}8660 & 0{,}4 \end{pmatrix}$

b) $\begin{pmatrix} -1 & 0 \\ 0 & 1 \end{pmatrix} \cdot \begin{pmatrix} 4 & 0 \\ 0 & 4 \end{pmatrix} = \begin{pmatrix} -4 & 0 \\ 0 & 4 \end{pmatrix}$ $\quad$ c) $\begin{pmatrix} 1 & 3 \\ 0 & 1 \end{pmatrix} \cdot \begin{pmatrix} 0 & 1 \\ 1 & 0 \end{pmatrix} = \begin{pmatrix} 3 & 1 \\ 1 & 0 \end{pmatrix}$

d) $\begin{pmatrix} 0 & -1 \\ 1 & 0 \end{pmatrix} \cdot \begin{pmatrix} 1 & 0{,}1 \\ 0 & 1 \end{pmatrix} = \begin{pmatrix} 0 & -1 \\ 1 & 0{,}1 \end{pmatrix}$

2. a) $\begin{pmatrix} 1 & 0 \\ 0 & 0{,}8 \end{pmatrix} \cdot \begin{pmatrix} 0{,}5 & -0{,}8660 \\ 0{,}8660 & 0{,}5 \end{pmatrix} = \begin{pmatrix} 0{,}5 & -0{,}8660 \\ 0{,}6928 & 0{,}4 \end{pmatrix}$

b) $\begin{pmatrix} 4 & 0 \\ 0 & 4 \end{pmatrix} \cdot \begin{pmatrix} -1 & 0 \\ 0 & 1 \end{pmatrix} = \begin{pmatrix} -4 & 0 \\ 0 & 4 \end{pmatrix}$ $\quad$ c) $\begin{pmatrix} 0 & 1 \\ 1 & 0 \end{pmatrix} \cdot \begin{pmatrix} 1 & 3 \\ 0 & 1 \end{pmatrix} = \begin{pmatrix} 0 & 1 \\ 1 & 3 \end{pmatrix}$

d) $\begin{pmatrix} 1 & 0{,}1 \\ 0 & 1 \end{pmatrix} \cdot \begin{pmatrix} 0 & -1 \\ 1 & 0 \end{pmatrix} = \begin{pmatrix} 0{,}1 & -1 \\ 1 & 0 \end{pmatrix}$

3. $A \cdot C = \begin{pmatrix} -3 & 4 & 1 \\ 2 & -4 & 0 \end{pmatrix}$; $\quad A \cdot D = \begin{pmatrix} 2 & 0 & 1 \\ 0 & 2 & 0 \end{pmatrix}$; $\quad A \cdot G = \begin{pmatrix} 0 & 2 & -1 \\ 4 & 2 & 4 \end{pmatrix}$;

L

$$B \cdot A = \begin{pmatrix} 1 & 0 & 1 \\ -1 & 4 & -1 \\ 2 & -2 & 2 \\ 3 & -4 & 3 \end{pmatrix}; \quad B \cdot F = \begin{pmatrix} 1 & 2 & 3 & 4 \\ 5 & 2 & -1 & -4 \\ -1 & 2 & 5 & 8 \\ 3 & 2 & 7 & 12 \end{pmatrix}; \quad C \cdot C = \begin{pmatrix} -4 & 0 & -2 \\ -2 & 6 & 2 \\ 5 & -12 & -5 \end{pmatrix};$$

$$C \cdot D = \begin{pmatrix} 2 & 2 & 0 \\ 1 & -2 & 1 \\ -4 & 2 & -3 \end{pmatrix}; \quad C \cdot G = \begin{pmatrix} 2 & 6 & 4 \\ -3 & -2 & -5 \\ 2 & 0 & 7 \end{pmatrix}; \quad D \cdot C = \begin{pmatrix} -3 & 4 & 1 \\ 1 & -2 & 0 \\ 0 & 2 & 2 \end{pmatrix};$$

$$D \cdot G = \begin{pmatrix} 0 & 2 & -1 \\ 2 & 1 & 2 \\ 1 & 0 & -1 \end{pmatrix}; \quad F \cdot B = \begin{pmatrix} 17 & -7 \\ 3 & 3 \end{pmatrix}; \quad G \cdot C = \begin{pmatrix} 3 & 0 & 3 \\ -5 & 6 & 2 \\ 2 & -6 & -2 \end{pmatrix};$$

$$G \cdot G = \begin{pmatrix} 2 & -2 & -1 \\ 2 & 5 & 0 \\ 3 & 2 & 5 \end{pmatrix}; \quad D \cdot D = \begin{pmatrix} 2 & 0 & 1 \\ 0 & 1 & 0 \\ 1 & 0 & 1 \end{pmatrix};$$

4. $$A \cdot C^2 = \begin{pmatrix} 1 & -12 & -7 \\ -4 & 12 & 4 \end{pmatrix}; \quad F \cdot B \cdot A = \begin{pmatrix} 17 & -14 & 17 \\ 3 & 6 & 3 \end{pmatrix};$$

$$A \cdot D^2 = \begin{pmatrix} 3 & 0 & 2 \\ 0 & 2 & 0 \end{pmatrix}; \quad A \cdot G \cdot C = \begin{pmatrix} 5 & -6 & 1 \\ -10 & 12 & 4 \end{pmatrix}$$

[5.] $$C^{-1} = \begin{pmatrix} -\frac{1}{3} & -1 & -\frac{2}{3} \\ -\frac{1}{6} & -1 & -\frac{1}{3} \\ \frac{2}{3} & 1 & \frac{1}{3} \end{pmatrix} \quad D^{-1} = \begin{pmatrix} 0 & 0 & 1 \\ 0 & 1 & 0 \\ 1 & 0 & -1 \end{pmatrix}$$

$$G^{-1} = \begin{pmatrix} \frac{4}{9} & \frac{2}{9} & -\frac{1}{9} \\ \frac{2}{9} & \frac{1}{9} & \frac{4}{9} \\ -\frac{5}{9} & \frac{2}{9} & -\frac{1}{9} \end{pmatrix}$$

6.

	G_1	G_2	G_3	G_4
A	151	95	32	55
B	38	56	72	154
C	77	61	38	95
D	58	58	99	102

$$\begin{pmatrix} 58450 \\ 56900 \\ 45250 \\ 72000 \end{pmatrix}$$

Lektion 10

Lösungen der Aufgaben

10.1

	W	S	K	Z_1	Z_2	A	B
W	0	0	0	3	2	0	0
S	0	0	0	2	2	0	0
K	0	0	0	0	4	0	0
Z_1	0	0	0	0	0	2	5
Z_2	0	0	0	0	0	3	2
A	0	0	0	0	0	0	0
B	0	0	0	0	0	0	0

$$\begin{pmatrix} 0&0&0&3&2&0&0\\ 0&0&0&2&2&0&0\\ 0&0&0&0&4&0&0\\ 0&0&0&0&0&2&5\\ 0&0&0&0&0&3&2\\ 0&0&0&0&0&0&0\\ 0&0&0&0&0&0&0 \end{pmatrix} = M$$

$(E - M) \cdot \vec{x} = \vec{b}$ liefert das Gleichungssystem

$$\begin{aligned}
x_1 - 3x_4 - 2x_5 &= 200 & \quad x_1 &= 200 + 3 \cdot 1950 + 2 \cdot 1220 = 8490\\
x_2 - 2x_4 - 2x_5 &= 100 & \quad x_2 &= 100 + 2 \cdot 1950 + 2 \cdot 1220 = 6440\\
x_3 - 4x_5 &= 150 & \quad x_3 &= 150 + 4 \cdot 1220 = 5030\\
x_4 - 2x_6 - 5x_7 &= 50 & \quad x_4 &= 50 + 400 + 1500 = 1950\\
x_5 - 3x_6 - 2x_7 &= 20 & \quad x_5 &= 20 + 600 + 600 = 1220\\
x_6 &= 200 & &\\
x_7 &= 300 & &
\end{aligned}$$

10.2

1. $\begin{pmatrix} 1 & -0{,}2 & -0{,}4 \\ -0{,}01 & 1 & -0{,}02 \\ -0{,}06 & -0{,}2 & 1 \end{pmatrix} \cdot \vec{x} = \begin{pmatrix} 0 \\ 193600 \\ 201600 \end{pmatrix} \Rightarrow \vec{x} = \begin{pmatrix} 140000 \\ 200000 \\ 250000 \end{pmatrix}$

2. a) $\vec{x} = \begin{pmatrix} 184{,}615 \\ 169{,}230 \end{pmatrix}$ b) $\vec{x} = \begin{pmatrix} 500 \\ 500 \end{pmatrix}$

3. a) Landwirtschaft 1600
Industrie 1200
Dienstleistungen 2000

b) $T = \begin{pmatrix} 0{,}3 & 0{,}12 & 0{,}14 \\ 0{,}1 & 0{,}44 & 0{,}18 \\ 0 & 0{,}2 & 0{,}4 \end{pmatrix}$

c) $\begin{pmatrix} 0{,}7 & -0{,}12 & -0{,}14 \\ -0{,}1 & 0{,}56 & -0{,}18 \\ 0 & -0{,}2 & 0{,}6 \end{pmatrix} \cdot \vec{x} = \begin{pmatrix} 400 \\ 1000 \\ 1600 \end{pmatrix} \Rightarrow \vec{x} = \begin{pmatrix} 1900 \\ 3340 \\ 3780 \end{pmatrix}$

10.3

1. $$\begin{pmatrix} 0{,}3 & -0{,}5 & -0{,}1 \\ -0{,}2 & 0{,}6 & -0{,}1 \\ -0{,}1 & -0{,}1 & 0{,}2 \end{pmatrix} \cdot \vec{x} = \vec{o} \quad \Rightarrow \quad \vec{x} = \begin{pmatrix} 33\,r \\ 15\,r \\ 24\,r \end{pmatrix}$$

und mit $x_1 + x_2 + x_3 = 90000$

ergibt sich $x_1 = 41250 \quad x_2 = 18750 \quad x_3 = 30000$

2. $$\left[E - \begin{pmatrix} 0{,}96 & 0{,}01 \\ 0{,}04 & 0{,}99 \end{pmatrix}\right] \cdot \vec{x} = \vec{o} \quad \Rightarrow \quad \vec{x} = \begin{pmatrix} 20\% \\ 80\% \end{pmatrix}$$

3. a) $\left[E - \begin{pmatrix} -1 & 0 \\ 0 & 1 \end{pmatrix}\right] \cdot \vec{x} = \vec{o} \quad \Rightarrow \quad x_1 = 0$, x_2 beliebig — Alle Punkte auf der zweiten Achse sind Fixpunkte.

b) $\left[\begin{pmatrix} 1 & 0 \\ 0 & 1 \end{pmatrix} - \begin{pmatrix} 1 & 2 \\ 0 & 1 \end{pmatrix}\right] \cdot \vec{x} = \vec{o} \quad \Rightarrow \quad x_2 = 0$, x_1 beliebig — Alle Punkte auf der ersten Achse sind Fixpunkte.

c) $\left[\begin{pmatrix} 1 & 0 \\ 0 & 1 \end{pmatrix} - \begin{pmatrix} 3 & 0 \\ 0 & 3 \end{pmatrix}\right] \cdot \vec{x} = \vec{o} \quad \Rightarrow \quad \vec{x} = \begin{pmatrix} 0 \\ 0 \end{pmatrix}$ — Nur der Nullpunkt ist Fixpunkt.

d) $\left[\begin{pmatrix} 1 & 0 \\ 0 & 1 \end{pmatrix} - \begin{pmatrix} 1 & 0 \\ 0 & 0{,}5 \end{pmatrix}\right] \cdot \vec{x} = \vec{o} \quad \Rightarrow \quad x_2 = 0$, x_1 beliebig — Alle Punkte auf der ersten Achse sind Fixpunkte.

Wiederholungsaufgaben

1.

	a	b	c	d	e
a	0	0	6	0	4
b	0	0	3	5	1
c	0	0	0	2	2
d	0	0	0	0	4
e	0	0	0	0	0

= T

Für ein Stück Endprodukt braucht man $\begin{pmatrix} 64 \\ 51 \\ 10 \\ 4 \\ 1 \end{pmatrix}$

2. $$\begin{pmatrix} 0{,}5 & -0{,}2 & -0{,}1 \\ -0{,}1 & 0{,}5 & -0{,}2 \\ -0{,}2 & -0{,}1 & 0{,}5 \end{pmatrix} \cdot \vec{x} = \begin{pmatrix} 3000 \\ 2000 \\ 1000 \end{pmatrix} \quad \Rightarrow \quad \vec{x} = \begin{pmatrix} 11627{,}9 \\ 9767{,}4 \\ 8604{,}7 \end{pmatrix}$$

3.

	W_1	W_2
W_1	3000	5000
W_2	6000	2000

$\vec{b} = \begin{pmatrix} 22000 \\ 12000 \end{pmatrix} \qquad \vec{x} = \begin{pmatrix} 30000 \\ 20000 \end{pmatrix}$

$T = \begin{pmatrix} 0{,}1 & 0{,}25 \\ 0{,}2 & 0{,}1 \end{pmatrix} \qquad \begin{pmatrix} 0{,}9 & -0{,}25 \\ -0{,}2 & 0{,}9 \end{pmatrix} \cdot \vec{x} = \begin{pmatrix} 30000 \\ 15000 \end{pmatrix} \quad \Rightarrow \quad \vec{x} = \begin{pmatrix} 40460{,}5 \\ 25657{,}8 \end{pmatrix}$

Wichtige Definitionen, Formeln und Sätze

Vektoren

Summe und Differenz

$$\vec{a} \pm \vec{b} = \begin{pmatrix} a_1 \\ a_2 \\ . \\ . \\ a_n \end{pmatrix} \pm \begin{pmatrix} b_1 \\ b_2 \\ . \\ . \\ b_n \end{pmatrix} = \begin{pmatrix} a_1 \pm b_1 \\ a_2 \pm b_2 \\ . \\ . \\ a_n \pm b_n \end{pmatrix}$$

S-Multiplikation

$$r \cdot \vec{a} = r \cdot \begin{pmatrix} a_1 \\ a_2 \\ . \\ . \\ a_n \end{pmatrix} = \begin{pmatrix} r \cdot a_1 \\ r \cdot a_2 \\ . \\ . \\ r \cdot a_n \end{pmatrix} \qquad r \in \mathbb{R}$$

Skalarprodukt

$$\vec{a} \cdot \vec{b} = \begin{pmatrix} a_1 \\ a_2 \\ . \\ . \\ a_n \end{pmatrix} \cdot \begin{pmatrix} b_1 \\ b_2 \\ . \\ . \\ b_n \end{pmatrix} = a_1b_1 + a_2b_2 + \ldots + a_nb_n$$

$\vec{a} \cdot \vec{b} = |\vec{a}| \cdot |\vec{b}| \cdot \cos\gamma$ $\quad\gamma$ der (kleinere) Winkel zwischen $\vec{a}$ und $\vec{b}$.

Betrag (bzw. Länge)

$$|\vec{a}| = \sqrt{a_1^2 + a_2^2 + \ldots + a_n^2}$$

Einheitsvektor

Der Einheitsvektor in Richtung des Vektors $\vec{a}$ ist $\vec{a}^0 = \frac{\vec{a}}{|\vec{a}|}$

Koordinateneinheitsvektoren sind die in positiver Richtung der Koordinatenachsen zeigenden Einheitsvektoren.

Geraden und Ebenen

Geradengleichung $\quad g: \vec{x} = \vec{a} + \lambda \cdot \vec{v} \qquad \lambda \in \mathbb{R}$

Ebenengleichung $\quad e: \vec{x} = \vec{a} + \lambda \cdot \vec{u} + \mu \cdot \vec{v} \qquad \lambda, \mu \in \mathbb{R}$

Schnittpunktbestimmung erfolgt durch Gleichsetzen der rechten Seiten der Gleichungen.

Lineare Abhängigkeit bzw. Unabhängigkeit von Vektoren

Vektoren $\vec{v}_1, \vec{v}_2, \ldots, \vec{v}_n$ heißen linear abhängig, wenn einer von ihnen sich als Vielfachsumme der anderen darstellen läßt.

Vektoren $\vec{v}_1, \vec{v}_2, \ldots, \vec{v}_n$ heißen linear abhängig, wenn es reelle Zahlen $\lambda_1, \lambda_2, \ldots, \lambda_n$ gibt, die nicht alle null sind, so daß

$$\lambda_1 \cdot \vec{v}_1 + \lambda_2 \cdot \vec{v}_2 + \ldots + \lambda_n \cdot \vec{v}_n = \vec{o} \quad \text{ist.}$$

Ist die Gleichung $\lambda_1 \cdot \vec{v}_1 + \lambda_2 \cdot \vec{v}_2 + \ldots + \lambda_n \cdot \vec{v}_n = \vec{o}$ nur für $\lambda_1 = 0, \lambda_2 = 0, \ldots, \lambda_n = 0$ erfüllt, so heißen $\vec{v}_1, \vec{v}_2, \ldots, \vec{v}_n$ linear unabhängig.

Matrizen

Produkt einer Matrix mit einem Vektor

Eine (m,n)-Matrix kann mit einem Vektor mit n Komponenten multipliziert werden.

$$A \cdot \vec{v} = \begin{pmatrix} a_{11} & a_{12} & \ldots & a_{1n} \\ a_{21} & a_{22} & \ldots & a_{2n} \\ . & . & \ldots & . \\ . & . & \ldots & . \\ a_{m1} & a_{m2} & \ldots & a_{mn} \end{pmatrix} \cdot \begin{pmatrix} v_1 \\ v_2 \\ . \\ . \\ v_n \end{pmatrix} = \begin{pmatrix} a_{11}v_1 + a_{12}v_2 + \ldots + a_{1n}v_n \\ a_{21}v_1 + a_{22}v_2 + \ldots + a_{2n}v_n \\ \ldots \\ \ldots \\ a_{m1}v_1 + a_{m2}v_2 + \ldots + a_{mn}v_n \end{pmatrix}$$

Summe und Differenz

Zwei (m,n)-Matrizen können addiert bzw. subtrahiert werden.

$$A \pm B = \begin{pmatrix} a_{11} & a_{12} & \ldots & a_{1n} \\ a_{21} & a_{22} & \ldots & a_{2n} \\ . & . & \ldots & . \\ . & . & \ldots & . \\ a_{m1} & a_{m2} & \ldots & a_{mn} \end{pmatrix} \pm \begin{pmatrix} b_{11} & b_{12} & \ldots & b_{1n} \\ b_{21} & b_{22} & \ldots & b_{2n} \\ . & . & \ldots & . \\ . & . & \ldots & . \\ b_{m1} & b_{m2} & \ldots & b_{mn} \end{pmatrix} = \begin{pmatrix} a_{11} \pm b_{11} & \ldots & a_{1n} \pm b_{1n} \\ a_{21} \pm b_{21} & \ldots & a_{2n} \pm b_{2n} \\ . & \ldots & . \\ . & \ldots & . \\ a_{m1} \pm b_{m1} & \ldots & a_{mn} \pm b_{mn} \end{pmatrix}$$

Produkt

Eine (m,n)-Matrix kann mit einer (n,k)-Matrix multipliziert werden.

$$A \cdot B = \begin{pmatrix} a_{11} & a_{12} & \ldots & a_{1n} \\ a_{21} & a_{22} & \ldots & a_{2n} \\ . & . & \ldots & . \\ . & . & \ldots & . \\ a_{m1} & a_{m2} & \ldots & a_{mn} \end{pmatrix} \cdot \begin{pmatrix} b_{11} & b_{12} & \ldots & b_{1k} \\ b_{21} & b_{22} & \ldots & b_{2k} \\ . & . & \ldots & . \\ . & . & \ldots & . \\ b_{n1} & b_{n2} & \ldots & b_{nk} \end{pmatrix} =$$

$$= \begin{pmatrix} \vec{a}_1 \\ \vec{a}_2 \\ . \\ . \\ \vec{a}_m \end{pmatrix} \cdot (\vec{b}_1 \; \vec{b}_2 \; \ldots \; \vec{b}_k) = \begin{pmatrix} \vec{a}_1 \cdot \vec{b}_1 & \ldots & \vec{a}_1 \cdot \vec{b}_k \\ \vec{a}_2 \cdot \vec{b}_1 & \ldots & \vec{a}_2 \cdot \vec{b}_k \\ . & \ldots & . \\ . & \ldots & . \\ \vec{a}_m \cdot \vec{b}_1 & \ldots & \vec{a}_m \cdot \vec{b}_k \end{pmatrix}$$

Das Produkt $C = A \cdot B$ zweier Matrizen A und B läßt sich immer dann bilden, wenn A eine (m,n)-Matrix und B eine (n,k)-Matrix ist. Für die Produktmatrix C gilt:

> Das Element c_{ij} ist das Skalarprodukt der i-ten Zeile von A mit der j-ten Spalte von B .

Die Produktmatrix C ist dann eine (m,k)-Matrix .
Das Produkt zweier quadratischer Matrizen mit gleicher Zeilenzahl ist wieder eine quadratische Matrix mit dieser Zeilenzahl.

Potenzen

Da man eine quadratische Matrix mit sich selbst multiplizieren kann, lassen sich auch Potenzen von quadratischen Matrizen bilden.

$$A^n = \underbrace{A \cdot A \cdot \ \dots \ \cdot A}_{\text{n Faktoren A}}$$

Nullmatrix

Eine Matrix, deren Elemente alle Nullen sind, heißt Nullmatrix.

Einheitsmatrix

Eine quadratische Matrix, deren Elemente in der Diagonalen lauter Einsen und sonst nur Nullen sind, heißt Einheitsmatrix E.

Dreiecksmatrix

Eine quadratische Matrix, deren Elemente links unterhalb der Diagonalen lauter Nullen sind, heißt obere Dreiecksmatrix.

Inverse Matrix

Gibt es zu einer Matrix A eine Matrix A^{-1} mit $A \cdot A^{-1} = E$, so heißt A^{-1} die inverse Matrix zu A (kurz: die Inverse zu A).
Eine nicht-quadratische Matrix besitzt keine Inverse.
Eine quadratische Matrix besitzt genau dann eine Inverse, wenn die Zeilen der Matrix linear unabhängig sind.

Lineare Gleichungssysteme

Ein lineares Gleichungssystem $A \cdot \vec{x} = \vec{b}$ ist genau dann eindeutig lösbar, wenn es zu A die inverse Matrix A^{-1} gibt. Die Lösung ist dann

$$\vec{x} = A^{-1} \cdot \vec{b}$$

Die Lösung eines linearen Gleichungssystems kann man mit dem Gauß-Algorithmus berechnen (vgl. Seite 105 ff.)

Geometrische Abbildungen in der Ebene

Geometrische Abbildungen lassen sich durch Matrizen darstellen.

Abbildung	Abbildungsmatrix
Drehung um den Nullpunkt mit dem Drehwinkel φ	$\begin{pmatrix} \cos\varphi & -\sin\varphi \\ \sin\varphi & \cos\varphi \end{pmatrix}$
Spiegelung an der Nullpunktsgeraden, die mit der 1. Achse den Winkel α bildet.	$\begin{pmatrix} \cos 2\alpha & \sin 2\alpha \\ \sin 2\alpha & -\cos 2\alpha \end{pmatrix}$
Punktspiegelung am Nullpunkt	$\begin{pmatrix} -1 & 0 \\ 0 & -1 \end{pmatrix}$
Zentrische Streckung vom Nullpunkt aus mit dem Streckfaktor k $(k \neq 0)$	$\begin{pmatrix} k & 0 \\ 0 & k \end{pmatrix}$
Zur 1. Achse senkrechte Dehnung bzw. Stauchung mit dem Dehnungsfaktor k.	$\begin{pmatrix} 1 & 0 \\ 0 & k \end{pmatrix}$
Scherung bezüglich der 1. Achse mit der Scherungszahl a.	$\begin{pmatrix} 1 & a \\ 0 & 1 \end{pmatrix}$

Verkettung

Die Nacheinanderausführung geometrischer Abbildungen heißt Verkettung. Der Verkettung geometrischer Abbildungen entspricht die Multiplikation ihrer Abbildungsmatrizen.

Fixpunkte

Punkte, die bei einer geometrischen Abbildung an ihrer Stelle bleiben (fixiert bzw. fix bleiben), heißen Fixpunkte der Abbildung. Wird die geometrische Abbildung durch die Matrix A dargestellt, so errechnen sich die Fixpunkte aus der Gleichung $A \cdot \vec{x} = \vec{x}$ bzw. $(E - A) \cdot \vec{x} = \vec{o}$.

Register